Kartographische Oberflächen

Nach dem Abitur an einem naturwissenschaftlichen Gymnasium in Saarbrücken hat Wolf-Dieter Rase Geographie und Sportwissenschaft an der Universität des Saarlandes studiert und das Studium als Diplom-Geograph abgeschlossen. Danach folgte ein zweijähriges Aufbaustudium an der Simon Fraser University in Vancouver-Burnaby, Kanada. Nach einigen Jahren Berufstätigkeit in einer Bundesforschungsanstalt promovierte er an der Freien Universität Berlin bei Prof. Ulrich Freitag zum Dr. rer. nat. mit einer Dissertation zur Interpolation und Darstellung kartographischer Oberflächen. Die Forschungs- und Entwicklungsarbeiten zu Oberflächen hat er nach der Pensionierung weitergeführt und mit diesem Buch zu einem (vorläufigen) Abschluss gebracht.

Wolf–Dieter Rase

Kartographische Oberflächen

Interpolation, Analyse, Visualisierung

Die Titelseite zeigt die Residuen-Oberfläche der Arbeitslosenquoten in den Raumordnungsregionen der Bundesrepublik Deutschand im Jahr 2006. Für die Berechnung der Residuen wurde die z-Werte der Oberfläche, die mit dem Verfahren der pyknophylaktischen Interpolation erzeugt wurde, von den Werten der Trend-Oberfläche 5. Grades subtrahiert.

Ein paar Worte vorweg

Meine ersten Arbeiten mit der Interpolation und Darstellung von kartographischen Oberflächen begannen im Jahr 1969, als ich ein Aufbaustudium an der Simon Fraser University in Vancouver-Burnaby aufnahm. Während der Zeit in Kanada habe ich die ersten Versuche durchgeführt, Teile der Erdoberfläche durch Isolinien und andere Techniken darzustellen. Viele Jahre später habe ich mich im Rahmen einer Dissertation wieder mit der Interpolation und Visualisierung von Oberflächen intensiv beschäftigt. Meiner beruflichen Umgebung entsprechend wurden die Oberflächen aus statistischen Informationen berechnet, etwa der Bevölkerungsdichte oder dem Brutto-Inlandsprodukt. Zur besseren Unterscheidung von der Erdoberfläche habe ich diese bivariaten Kurven *immaterielle Oberflächen* genannt. Neben den Interpolationsverfahren wurden konventionelle und experimentelle Darstellungstechniken für Oberflächen implementiert und getestet.

Vor einiger Zeit habe ich sehr gute Erfahrungen mit dem Druck eines Buches nach dem Konzept des *print on demand* gemacht. Eine Produktionsfirma – das Wort „Verlag" wäre eine irreführende Bezeichnung – druckt das vom Autor fertig gesetzte Buch. Gegen einen Aufpreis können zusätzlich Optionen für ein E-Buch und weitere Dienstleistungen erworben werden. Wenn gewünscht, wird auch eine ISBN (Internationale Standard-Buchnummer) vergeben, damit das Werk über den Buchhandel vertrieben werden kann.

Diese neue Art der Publikation hat mich zusätzlich motiviert, meine Kenntnisse und Erfahrungen auf dem Gebiet der Interpolation, Analyse und Visualisierung von kartographischen Oberflächen in einem Buch zusammenzufassen. Frühere Texte wurden überarbeitet und auf den aktuellen Stand gebracht, mit Berücksichtigung neuerer Literatur. Zusätzliche Informationen zur Nutzung von häufig angewendeten Software-Paketen für Geo-Informationssysteme, vor allem ArcGIS for Desktop, Surfer und weiteren Programmen für anspruchsvolle graphische Darstellungen wurden hinzugefügt.

Ebenfalls neu sind die Adressen von Publikationen und anderen Referenzen, die über das World Wide Web frei verfügbar sind. Bei manchen Formaten von E-Books kann direkt durch Anklicken des Hyperlinks auf die www-Seite oder die PDF-Datei zugegriffen werden. Das Datum hinter der www-Adresse (Monat/Jahr) gibt den Zeitpunkt des letzten Zugriffs an. Für einige Referenzen konnten aus rechtlichen Gründen keine www-Adressen angegeben werden. Oft führt aber die Anfrage über Suchmaschinen zum gewünschten Dokument.

Der Text wendet sich an alle Nutzer von Geo-Informationssystemen, die kontinuierliche Oberflächen aus unregelmäßig verteilten Datenpunkten oder aus Polygonen mit einem aufsummierten Datenwert erzeugen wollen. Die überwiegende Mehrzahl der Anwender wird dafür die gängigen GIS-Pakete nutzen. Das sind vor allem ArcGIS for Desktop mit Erweiterungen oder das Programm Surfer. In anderen Software-Paketen sind ebenfalls Optionen für die Interpolation und Visualisierung von Oberflächen enthalten, auch in Open-Source-Programmen. Viele der Optionen in der freien Software sind mit den hier diskutierten Verfahren identisch. Für die Experten, die noch selbst programmieren und sich damit die Werkzeuge anfertigen, die in den Standardprogrammen fehlen, stellt der Text einige Grundlagen und weiterführende Referenzen zur Verfügung.

Für die Visualisierung von 2½D-Oberflächen ist die Wahrscheinlichkeit geringer als bei den Interpolationsmethoden, dass sich Anwender ihre eigene Software schreiben werden. Das Angebot an freier und kommerzieller Computergraphik-Software ist sehr groß, zumindest für die gängigen Visualisierungsverfahren. Für manche Methoden, die etwas weiter von den häufig angewendeten Techniken entfernt sind, ist manchmal die Programmierung eigener Software notwendig, zumindest aber von Brücken für den Übergang zwischen unterschiedlichen Programmen und Datenformaten.

Für einige experimentelle Interpolations- und Darstellungstechniken und den Datenaustausch wurde das Programm Konkar geschrieben. Konkar ist über Jahrzehnte gewachsen, mit vielen im Laufe der Zeit hinzugefügten Anbauten, die nicht immer gut integriert waren. Deshalb war es dringend notwendig, das Programm inhaltlich und programmtechnisch gründlich zu überarbeiten. Dieser Prozess hat sich als weit umfangreicher herausgestellt als erwartet, zumal während der Arbeit dauernd neue Baustellen auftauchen. Wann ein einigermaßen stabiler Status einschließlich ausreichender Dokumentation erreicht sein wird, ist im Augenblick nicht abzusehen. Deshalb kann Konkar vorerst nicht für den allgemeinen Gebrauch freigegeben werden.

Wer möchte, kann mir eine E-Mail an die Adresse *wolf.rase@t-online.de* senden, bitte mit vollem Namen, Institution, Telefonnummer und E-Mail-Adresse. Der Kontakt soll dazu dienen, über Neuigkeiten, Weiterentwicklungen und Ergänzungen zu diesem Text und zu Konkar zu informieren. Diese persönlichen Angaben werden Dritten selbstverständlich nicht zugänglich gemacht.

Dieses Buch wäre ohne die Ermunterung und Unterstützung durch die Professoren (emeriti) Ulrich Freitag (Freie Universität Berlin), Thomas Poiker (Simon Fraser University) und Waldo Tobler (University of California at Santa Barbara) wahrscheinlich nicht geschrieben worden. Ich danke ihnen herzlich für die Hilfe und die Ratschläge über viele Jahre hinweg.

Inhalt

1 Von Symap zu Geo-Informationssystemen   1
Karten aus dem Zeilendrucker   1
Software-Unterstützung   2
Geo-Informationssysteme   3
Interpolation von Oberflächen aus Punkten und Polygonen   4
Visualisierung von Oberflächen   5
Standard-Pakete für Geo-Informationssysteme   6
Freie Software für GIS und Visualisierung   9

2 Kartographische Oberflächen   11
Funktionen von Karten   11
Anwendung von kartographischen Oberflächen   12
Modell und Darstellung   17
Immaterielle Oberflächen   18
Probleme der Anwendung   18

3 Datenmodelle und Datenstrukturen für Oberflächen   21
Geometrische und topologische Kodierung   21
Datenstrukturen für 2½D-Oberflächen   22
Abgrenzung des Untersuchungsgebietes   25
Netz aus unregelmäßigen Dreiecken   26
Datenstrukturen für 3D-Körper   30
Dateiformate   32

4 Geo-Basisdaten   37
Das Erdellipsoid oder Geoid   37
Topographische Informationen, Grenzen   38
Crowdsourcing   40
Digitale Geländemodelle   42
Bodenbedeckung und Landnutzung   45
Fachdaten   47

5 Interpolation von Oberflächen   51
Erhaltung der Eigenschaften   51
Interpolation von Kontinua   52
Auswahl des Interpolationsverfahrens   57
Welches Interpolationverfahren sollte man anwenden?   59

6 Punkte auf regelmäßige Gitter   63
Berechnung des gewichteten Mittelwerts   64
Modifizierte Shepard-Interpolation   69
Radiale Basisfunktionen   73
Kriging   75
Lokale Polynome   78

Spline-Interpolation 80
Splines unter Spannung mit minimaler Krümmung 85
Interpolation mit sehr dichten Ausgangsdaten 86

7　Punkte auf ein unregelmäßiges Dreiecksnetz 91
Vorteile der Interpolation auf ein TIN 91
Qualitäts-Netze 92
Der Algorithmus von CHEW 93
Programm Triangle 93
Interpolation auf ein unregelmäßiges Dreiecksnetz 97

8　Interpolation von flächenbezogenen Daten 99
Stützpunkte als geometrische Stellvertreter 100
Pyknophylaktische Interpolation 101
Volumenerhaltung mit Iteration 103
Probleme beim regelmäßigen Gitter 109
Pyknophylaktische Interpolation im Dreiecksnetz (TIN) 110
Regelmäßiges Gitter oder unregelmäßiges Dreiecksnetz? 112
Areal interpolation: Umrechnung auf andere Raumgliederungen 113
Flächenbezogene Interpolation in ArcGIS 113

9　Interpolation von Oberfläche zu Oberfläche 117
Bilineare Interpolation im Gitter 117
Spline-Interpolation von Gitter auf Gitter 119
Allgemeines Verfahren für die Gitter-Interpolation 119
Interpolation von Dreiecksnetz auf Dreiecksnetz 121

10　Trend-Oberflächen 123
Trend-Oberflächen als bivariate Polynome höheren Grades 124
Räumlicher Trend der Arbeitslosigkeit 127
Residuen-Analyse 127

11　Punktmuster-Analyse 133
Windkraft-Anlagen in Deutschland 133
Globale Punktverteilung: R-Statistik 134
Quadrat-Analyse 137
Bivariate Kerndichte-Schätzung 138
Kerndichte-Schätzung für Windenergie-Anlagen 140
Probleme mit der Vermittelbarkeit der Kerndichte-Schätzung 141

12　Arithmetische Operationen 145
Einfache Verknüpfungen über die Grundrechenarten 145
Digitale Filter 146
Ableitungen und Funktionen 149

13　Formen und Eigenschaften 151
Exposition und Hangneigung 151

Wölbung 154
Sichtbarkeit 155
Reliefenergie 156

14 Charakteristische Punkte, Linien und Flächen 159
Analyse der Erdoberfläche 160
Immaterielle Oberflächen 161
Auffinden der Charakteristika 164

15 Datenreduktion 171
Vereinfachung und Generalisierung 171
Regelmäßige Auswahl im Gitter 173
Vom regelmäßigen Gitter zum TIN 174
Datenreduktion im Dreiecksnetz 180
Punktbezogene Datenreduktion 183

16 Kartographische Visualisierung 187
Darstellung von Oberflächen 187
Graphische Semiologie 188
Funktion der visuellen Variablen 189

17 Isolinien und Isoplethen 195
Identifizierung der Isolinien-Höhen 196
Zusammengesetzte Liniensignaturen 197
Isoflächen oder Schichtflächen 198
Verwandte der Isolinien-Darstellung 200
Isolinien-Darstellungen erfordern Expertenwissen 203

18 Simulation der Beleuchtung 205
Schattenplastik 205
Berechnung der Facetten-Helligkeit 206
Diffuse Reflexion 208
Mehrere Lichtquellen 213
Kombination von Visualisierungstechniken 215
Weitere Kombinationsmöglichkeiten 218
Simulierte Beleuchtung schafft Tiefenwirkung 222

19 Darstellung mit wertproportionalen Zeichen 225
Größenproportionale Punktsymbole 226
Streifen oder Bänder 232
Streupunkte 233
Schwärzungsgrad und Helligkeit 236
Ausmessbarkeit 238

20 Perspektivische Darstellungen 241
3D-Visualisierung in der Kartographie 241
Oberflächen in Schrägansicht 242

Rechnergestützte Realisierung   244
Das Verfahren der Strahlverfolgung   250
Das Programm POV-Ray   251
Visualisierung von kartographischen Oberflächen   253
Redundanzerhöhung durch Kombination visueller Variablen   256
Gute Annäherung an das gewohnte Sehen   261

21 Stereogramme   265
Stereopsis   265
Stereopaare in Aufsichts-Projektion   269
Stereogramme am Bildschirm   270
Stereogramme in einem Bild   272
Lentikular-Bilder   276
Autostereogramme   280
Beste Simulation der Wirklichkeit mit Stereogrammen   286

22 Reale 3D-Modelle   291
3D-Drucker für den Endverbraucher   292
Schnelle Prototypen-Fertigung   293
Technische Lösungen für RP   294
3D-Modelle von Oberflächen   301
3D-Modelle für die großräumige Planung   303
Bau von Landschaftsmodellen über das Internet   306
Nicht nur gucken, auch anfassen   313

23 Text- und Handbücher, Software   317
Geo-Informationssysteme   317
Visualisierung   318
Computergraphik, Interpolation, Mathematik, Geometrie   318
Software-Pakete für GIS und Visualisierung   319
Programmbibliotheken für Geometrie und Computergraphik   320

Stichwörter   321

1 Von Symap zu Geo-Informationssystemen

Karten aus dem Zeilendrucker

Im Jahr 1969 begann ich an der Simon Fraser University (SFU) in Vancouver-Burnaby, British Columbia, Kanada, ein Aufbaustudium im Fach Geographie. Ein paar Jahre zuvor hatte ich während eines Ferienjobs bei der Firma IBM eine Einführung in die Datenverarbeitung erhalten und programmieren gelernt. Diese Fertigkeiten habe ich in den folgenden Jahren in Vorlesungen und Übungen an der Universität und bei kleineren Programmieraufträgen weiter ausgebaut. In meiner Diplomarbeit spielte die multivariate Statistik und die Anwendung der Datenverarbeitung eine nicht unbedeutende Rolle. Es war deshalb sehr erfreulich, dass die SFU über eine sehr gute Computer-Ausstattung verfügte, zumindest im Vergleich mit deutschen Universitäten. Mit der Rechenanlage der SFU konnte ich die computergestützten räumlichen Analysen und die Arbeiten zur kartographischen Automation weiterführen, jetzt ohne die zeitlichen und finanziellen Beschränkungen für die Nutzung des Computersystems.

Meine Vorkenntnisse in der Datenverarbeitung und Programmierung führten dazu, dass ich bald die Betreuung eines damals sehr verbreiteten Computerprogramms für kartographische Anwendungen übernahm. Mit dem Programm *Symap* konnte man Isoplethen-Karten und Choroplethen-Karten auf dem Zeilendrucker der Rechenanlage ausgeben (RASE & PEUCKER 1971). Symap stammte aus dem *Laboratory for Computer Graphics and Spatial Analysis* der Harvard-Universität (mehr dazu bei CHRISMAN 2006). Mit einem Zeilendrucker war es möglich, durch geschickte Auswahl der gedruckten Zeichen im Druckraster Graphiken mit unterschiedlichen Helligkeitswerten zu erzeugen. Durch Mehrfachdruck auf die gleiche Druckzeile waren mehr Graustufen als mit dem üblichem Einfachdruck zu erzielen.

Die graphische Auflösung der Karten war sehr grob, normalerweise das Schnelldrucker-Raster von 10 Zeichen und 6 oder 8 Zeilen pro Zoll. Für Veröffentlichungen wurde die Karte so groß wie möglich ausgedruckt, meist auf mehreren Druckbahnen, die zusammengeklebt und fotografisch verkleinert wurden. Farbige Karten aus dem Drucker sind damit ebenfalls produziert worden. Wie bei einer Einnutzen-Druckmaschine wurden mehrere Druckgänge hintereinander ausgeführt, jeweils mit einem Druckband in einer anderen Farbe. Später wurden auch Druckketten mit speziellen Zeichen und engerem Raster entwickelt, die für die Ausgabe von Karten mit dem Zeilendrucker optimiert waren. Das Programm Symap wurde als Quellentext in der Programmiersprache Fortran geliefert. Ich konnte es mir nicht verkneifen, zusätzliche Funktionen zu programmieren, die in spätere offizielle Versionen von Symap übernommen wurden, etwa die Berechnung von Trend-Oberflächen.

Im Rechenzentrum der Simon Fraser University war auch ein computergesteuertes Zeichengerät vorhanden. Damit war es möglich, farbige Schraffuren für Choroplethenkarten in besserer Qualität als mit dem Schnelldrucker zu erzeugen. Mit dem Zeichengerät konnte auch die Erdoberfläche durch Isolinien und andere Techniken visualisiert werden. Mit diesem Gerät wurde experimentelle Software für die Zeichnung von Isolinien und schrägen Schnittflächen realisiert (PEUCKER et al. 1972).

Software–Unterstützung

In den ersten Jahren meiner Berufstätigkeit habe ich mich vorwiegend mit der rechnerunterstützten Zeichnung von Choroplethen- und Proportionalsymbol-Karten beschäftigt, für Präsentationen und Veröffentlichungen in der raumbezogenen Forschung. Kartographische Oberflächen spielten vorübergehend keine große Rolle mehr. Einige Jahre später konnte ich im Rahmen einer Dissertation die Arbeiten zur Interpolation und Visualisierung von Oberflächen wieder aufnehmen. Diese Oberflächen wurden aus statistischen Informationen interpoliert, wie sie in der raumbezogenen Forschung verwendet werden. Zur Unterscheidung von der Erdoberfläche habe ich diese Kurven *immaterielle Oberflächen* genannt.

Die damals verfügbare Software-Pakete für Geo-Informationssysteme und kartographische Anwendungen enthielten nur eine beschränkte Auswahl von Interpolations-Algorithmen und Darstellungstechniken für kontinuierliche Oberflächen. Als notwendiges Werkzeug für die Forschungsarbeit mit Oberflächen entstand deshalb das Programm *Konkar*. Konkar enthält viele Optionen für die Interpolation aus Datenpunkten und Polygonen.

Im Programm Konkar sind außer den Interpolations-Algorithmen viele Optionen für häufig angewendete kartographische Darstellungstechniken enthalten. Das sind zum Beispiel Isolinien, Isoplethen und wertproportionale Darstellungen. In Konkar wurden auch experimentelle Visualisierungstechniken realisiert, etwa simulierte Beleuchtung, perspektivische Darstellungen, Stereogramme und „echte" 3D-Modelle. Die modernen Techniken werden von den Standardprogrammen für kartographische Anwendungen, zum Beispiel ArcGIS und Surfer, so gut wie nicht unterstützt. Für diese Oberflächen muss man auf CAD-Software zurückgreifen, die die von ArcGIS oder Surfer interpolierten Dateien importieren kann.

Inzwischen hat sich diese Situation erheblich verbessert. ArcGIS for Desktop mit seinen Erweiterungen bietet eine Vielfalt an Interpolationsverfahren an. Das Angebot an Visualisierungstechniken ist aber noch verbesserungsfähig. Das Programm Surfer in der Version 13 stellt ebenfalls viele Werkzeuge für die Interpolation und Bearbeitung bereit. In Bezug auf die Visualisierung hat Surfer leichte Vorteile gegenüber ArcGIS, zumindest für die Anwendungen, die hier im Vordergrund stehen.

Geo-Informationssysteme

Ende der siebziger Jahre wurden computergestützte Werkzeuge für Daten-Management, räumliche Analysen und kartographische Visualisierung zu Software-Systemen zusammengeführt. Die Kombination dieser Techniken in einem Paket erleichtert und beschleunigt die Speicherung raumbezogener Informationen, den Zugriff, die Analyse und Visualisierung von Grunddaten und Ergebnissen. Die Nutzung von graphischen Benutzer-Oberflächen (GUI) und anderen interaktiven Techniken der Computergraphik machen die Systeme benutzerfreundlicher. Das war ein Fortschritt gegenüber den bis dahin üblichen Programmen mit textorientierter Kommandozeilen-Steuerung. Insbesondere sollten auch Fachanwender dazu gebracht werden, die GIS-Software eigenhändig für ihre Analysen zu nutzen.

Eine Anmerkung zu den Begriffen muss hier eingeschoben werden. Oft findet man noch die Bezeichnung „Geographisches Informationssystem". Das ist eine falsche Übersetzung des englischen Fachterminus *„geographical information system"*. Im Englischen bezieht sich ein Adjektiv immer auf den ersten Teil eines zusammengesetzten Begriffs. Die korrekte Übersetzung wäre also „System für geographische Informationen", also Daten, die eine Lage-Information zur Verortung der Objekte auf der Erdoberfläche tragen. Das ist sprachlich etwas umständlich, deshalb hat man sich auf die Bezeichnung *Geo-Informationssystem* geeinigt (BILL 2010). Mit diesem Begriff wird auch dem Missverständnis vorgebeugt, dass die Systeme nur im Fach Geographie angewendet werden. Mit der Vorsilbe *Geo* wird ausgedrückt, dass alle raumbezogenen Disziplinen (Geographie, Geodäsie, Geologie, Geochemie usw.) die Techniken nutzen können. Die Abkürzung GIS bleibt die gleiche wie für die englische Bezeichnung. Inzwischen werden solche Informationssysteme auch für die Oberfläche anderer Himmelskörper genutzt, etwa Mars, Venus und der großen Monde von Jupiter und Saturn.

Bestandteile eines Geo-Informationssystems

Hier ist noch einmal kurz zusammengefasst, was in diesem Kontext unter einem Geo-Informationssystem verstanden wird.

- Ein Geo-Informationssystem besteht aus einer *Datenbasis* und *Werkzeugen*.
- In der Datenbasis sind *Modelle* der realen Welt gespeichert, vereinfachte Abbilder der Wirklichkeit, die mit einer bestimmten Handlungsabsicht konstruiert wurden. Zur Unterscheidung vom umgangssprachlichen Verständnis von Modellen, also einem verkleinerten Abbild eines Gegenstands (Modell-Eisenbahn, Modell-Auto), fügt man oft

noch ein Attribut hinzu, zum Beispiel *logisches Modell* oder *konzeptionelles Modell*. Das Abbild der realen Welt ist in *Objekte* unterteilt, die für Analysen und graphische Darstellungen benutzt werden. Ein Objekt ist zum Beispiel eine Bezugseinheit wie Kreis oder Gemeinde.

- Die *Werkzeuge* sind Computerprogramme, die zum Aufbau, zur Fortführung, Auswertung, Präsentation und Dokumentation der Datenbasis benötigt werden. Der Software-Hersteller legt in der Regel auch die Datenstrukturen und die Dateiformate für die Datenbasis fest. Leider sind die Software-Hersteller wenig interessiert, die Interna der Datenspeicherung zu beschreiben und damit den Datenaustausch zwischen unterschiedlichen Systemen zu erleichtern, aus nachvollziehbaren Gründen.

Nach dieser Definition sind *ArcGIS* oder andere Software-Pakete keine Geo-Informationssysteme, sondern Programmpakete, mit denen Geo-Informationssysteme aufgebaut und genutzt werden können. Die kartographischen Module in GIS-Paketen sind Instrumente zur Visualisierung von modellhaften Ausschnitten und Vereinfachungen der realen Welt, die in der Datenbasis des GIS abgebildet sind.

In Bezug auf die Erzeugung, Speicherung, Analyse und Darstellung von kartographischen Oberflächen haben in den letzten Jahren die Anbieter von GIS-Software zunehmend mehr Interpolationsalgorithmen und Darstellungstechniken bereitgestellt. Die Standard-Pakete enthalten eine Vielzahl von Werkzeugen für Routine-Anwendungen. Zwei GIS-Pakete mit großem Funkionsumfang haben weite Verbreitung gefunden und werden in diesem Text verwendet, *ArcGIS for Desktop* von ESRI und *Surfer* von Golden Software. Für besondere Anforderungen muss manchmal auf Spezialprogramme wie POV-Ray oder Konkar zurückgegriffen werden. Auch ein Blick auf kostenfreie GIS-Software wie GRASS, QGIS oder SAGA ist manchmal vorteilhaft.

Interpolation von Oberflächen aus Punkten und Polygonen

Ein Schwerpunkt des Textes ist eine Einführung in die Methoden und Techniken der Interpolation von kartographischen Oberflächen. Aus beliebig in der Bezugsebene verteilten Punkten mit einem Höhen- oder Datenwert wird eine kontinuierliche Oberfläche konstruiert. In den meisten Fällen hat die Oberfläche eine erheblich dichtere Auflösung als die ursprüngliche Punktmenge. Die Auswahl der hier behandelten Interpolationsverfahren orientiert sich im wesentlichen an den Optionen, die in im Software-Paket ArcGIS for Desktop 10.3 (mit den Erweiterungen *3D Analyst, Geostatistical Analyst und Spatial Analyst*) und im Programm Surfer V13 vorhanden sind.

Für die Interpolation von kontinuierlichen Oberflächen aus flächenhaften Bezugseinheiten wird die Methode der *pyknophylaktischen Interpolation* beschrieben (TOBLER 1979). Die Bezugseinheiten sind Polygone, etwa Verwaltungseinheiten wie Gemeinden oder Kreise, die mit statistischen Informationen verknüpft mit. Durch einen iterativen Algorithmus wird sichergestellt, dass das Volumen über jeder Polygon-Grundfläche während der Glättung erhalten bleibt, bis auf einen unvermeidlichen kleinen Restfehler.

Das Verfahren der *volumenerhaltenden Interpolation*, so der deutsche Begriff, wurde ursprünglich im eigenen Programm Konkar realisiert und steht jetzt auch in ArcGIS ab der Version 10.1 zur Verfügung.

Für die Repräsentation der Oberfläche nutzen die meisten kommerziellen Software-Pakete ein quadratisches oder rechteckiges Gitter mit horizontalen und vertikalen Schnittlinien parallel zu den Koordinatenachsen. Bei manchen Anwendungen ist ein Netz von unregelmäßigen Dreiecken (TIN, *triangular irregular network*) das besser geeignete Datenmodell. Die Größe der Dreiecke im Netz kann in Abhängigkeit von der lokalen Änderung in der Oberflächenhöhe (Reliefenergie) variiert werden. Alle Datenpunkte bleiben als Eckpunkte der Dreiecke unverändert erhalten. Das Dreiecksnetz kann so konfiguriert werden, dass die ursprünglichen Linien und Polygone auf den Kanten der Dreiecke liegen und damit ihre Form behalten. Im Programm Konkar kann sowohl für die Interpolation aus Punkten wie für die volumenerhaltende Interpolation ein unregelmäßiges Dreiecksnetz verwendet werden.

Visualisierung von Oberflächen

In weiteren Kapiteln werden die am häufigsten angewandten Methoden und Techniken für die Visualisierung der kartographischen Oberflächen behandelt. Darunter fallen die bewährten Techniken für planare Karten in Aufsichtsprojektion als auch perspektivische Zeichnungen, Stereogramme und reale dreidimensionale Modelle. Die letztere Technik hat mit der Entwicklung von 3D-Druckern an Aktualität gewonnen. Es ist zu erwarten, dass in absehbarer Zeit relativ preiswerte 3D-Drucker mit integriertem Farbauftrag verfügbar sein werden. Mit der Farbe als visuelle Variable ist eine wesentliche Voraussetzung für die Nutzung von 3D-Druckern für kartographische Anwendungen erfüllt, die bei den preiswerten 3D-Druckern für den Privatgebrauch fehlt.

Unterschiedliche Dauer der Innovationszyklen

Wenn neue technische Verfahren genutzt werden sollen, wie etwa der 3D-Druck, sind Spezialprogramme notwendig. Die großen Anbieter von GIS-Software sind aus wirtschaftlichen Gründen nicht in der Lage, mit dem technischen Fortschritt in der Visualisierung zeitnah Schritt zu halten. Die Innovationszyklen in der IT-Technik sind unterschiedlich lang:

- für die Hardware rechnet man etwa ein bis fünf Jahre,
- für die Software fünf bis zehn Jahre,
- beim Personal zehn bis zwanzig Jahre.

Aufgrund der unterschiedlichen zeitlichen Dauer der Zyklen lassen sich die Verzögerungen in der Realisierung von Innovationen erklären. Bis integrierte Lösungen in den Standard-Paketen zur Verfügung stehen, muss man sich mit Brücken für den Übergang zwischen spezialisierten Programmen zufrieden geben, etwa für die Konvertierung von Dateiformaten und Steuerungsanweisungen. Im Programm Konkar sind einige solcher Brücken realisiert.

Mit den vorgestellten Methoden werden aus unregelmäßig verteilten Punkten auf der 2D-Bezugsebene Oberflächen interpoliert, die durch ein regelmäßiges Gitter repräsentiert sind. In den drei Programmpaketen Surfer V13, ArcGIS (mit den drei Erweiterungen *3D Analyst*, *Geostatistical Analyst* und *Spatial Analyst*) und im eigenen Programm Konkar sind diese Verfahren in unterschiedlichem Anzahl und mit unterschiedlichen Optionen implementiert. Das Programm Surfer enthält die meisten Verfahren.

Bei einigen Methoden sind Bruchlinien (*breaklines*) und Barrieren (*faults*) möglich. Auch die Berücksichtigung von Anisotropie durch Ersatz des Suchkreises für die benachbarten Punkte durch eine Suchellipse mit schiefer Hauptachse ist vorgesehen. In Surfer und ArcGIS sind nur Rechteck-Gitter möglich, in Konkar auch Gitter aus gleichseitigen Dreiecken gleicher Größe. In Tabelle 1 sind die Produkte zusammengestellt, die für diesen Text benutzt wurden.

Die Beschränkung auf rechteckige Gitter in den kommerziellen Software-Paketen engt die Möglichkeiten der Oberflächen-Repräsentation und Visualisierung etwas ein. In ArcGIS sind die ersten Ansätze für die Nutzung von unregelmäßigen Dreiecksnetzen vorhanden, die, wie zu hoffen ist, in zukünftigen Versionen weiter ausgebaut werden. Konkar unterstützt Gitter aus regelmäßigen Rechtecken und Dreiecken und Netze aus unregelmäßigen Dreiecken (TIN).

Standard–Pakete für Geo–Informationssysteme

Dieser Text ist keine Bedienungsanleitung für GIS-Software wie ArcGIS, Surfer, Konkar und noch weitere Programme, die hier für die Demonstration der Methoden und die Abbildungen genutzt werden. Es wird vorausgesetzt, dass die Anwender mit den Standard-Paketen umgehen können. Für die Nutzung der Interpolationsmethoden werden zusätzliche Erklärungen und Empfehlungen gegeben, die die Interpolation von Oberflächen mit der genannten GIS-Software erleichtern sollen.

ArcGIS for Desktop

Wie erwähnt sind in jedem Programmpaket zum Betrieb eines Geo-Informationsystems kartographische Werkzeuge in mehr oder weniger großem Umfang und unterschiedlichen Stufen der Benutzerfreundlichkeit vorhanden. Mit dem Programmpaket ArcGIS und den zugehörigen Erweiterungen *3D Analyst*, *Spatial Analyst* und *Geostatistical Analyst* kann eine Oberfläche aus unregelmäßig verteilten Punkten interpoliert werden. Allerdings ist nur ein regelmäßiges Rechteck-Gitter als Speichermodell für Oberflächen möglich. Die Oberfläche lässt sich mit Isolinien und Isoplethen, Netz- und Profillinien oder simulierter Beleuchtung in der Aufsicht oder in perspektivischer Darstellung visualisieren.

Die Erweiterung *Geostatiscal Analyst* enthält auch die gängigen Prüfverfahren, die für geologische Anwendungen unbedingt notwendig sind. ArcGIS und seine Erweiterungen stellen verschiedene Darstellungsmethoden bereit. Auf der Oberfläche können Punktsymbole, Linien oder Namen als topographische Anhaltspunkte oder weitere Informationen eingetragen werden. In den neueren Versionen von ArcGIS ist der Datentyp

Programme / Verfahren	Surfer V13	Bruchl.	Barr.	ArcGIS V10.3	Bruchl.	Konkar
Inverse Distance Weighting, z. T. mit Gradientenschätzung	•	⚡	◄	•		••
Modifizierte Shepard-Interpolation, quadratisch, kubisch, Cosinus-Reihe	•					•••
Natürlicher Nachbar	•	⚡	◄	•		
Radiale Basisfunktionen, mit mehreren Interpolatoren	•••	⚡		•••		•
Kriging, mit mehreren Interpolatoren	••••	⚡		••		
Lokale Polynome	••	⚡	◄	••		
Spline-Funktionen mit Triangulation				•••	⚡	••
Minimale Krümmung	•	⚡	◄			
Flächenbezogene Interpolation (pyknophylaktische Interpolation)				•		•••
Interpolation auf reguläres Gitter ■ = Rechteckgitter, ▲= Dreiecksgitter	■			■		■ ▲
Interpolation auf unregelmäßiges Dreiecksnetz (TIN)						•••
Trend-Oberfläche	••			••		•••
Kernel Density Estimation (KDE)	••			••		
Arithmetische Operationen	•••			•••		•
Charakteristika	•					
Isolinien, Isoplethen	•••			•		•★
Simulierte Beleuchtung	•			•		★
Perspektivische Darstellungen	••			•		★
Stereogramme						★
3D-Modelle						•

★   mit POV-Ray
⚡   Bruchlinie möglich
◄   Barriere möglich

Tabelle 1-1
Software-Produkte für GIS-Anwendungen, die für diesen Text verwendet wurden.

Geländemodell (terrain) als Erweiterung von allgemeinen Oberflächen vorhanden. Damit wird der Umgang mit Ausschnitten der Erdoberfläche erleichtert. Die Werkzeuge zur Visualisierung der Oberflächen lassen allerdings noch einige Wünsche offen.

Surfer

Das Programm *Surfer* der Firma Golden Software, zur Zeit (2015) in der Version 13, bietet ebenfalls viele Interpolationsalgorithmen, allerdings nur für Rechteck-Gitter. Die mit Surfer produzierten Graphiken sind besser als die Karten aus ArcGIS. Für den anspruchsvollen Kartographen bleibt immer noch Raum für Verbesserungen. Durch Export der Karten in eine passendes Dateiformat lassen sich die Graphiken mit Vektor-Zeichenprogrammen wie CorelDraw oder Adobe Illustrator weiter ergänzen, etwa mit Text oder zusätzlichen Graphiken.

Polygonbezogene Interpolation

Für spezielle Verfahren, die nicht allgemein verfügbar sind, ist manchmal ein eigenes Programm oder zumindest ein Skript notwendig. Interpolationsverfahren, die aus flächenbezogenen Daten eine kontinuierliche Oberfläche berechnen, waren bis vor kurzem in den Standard-Software-Paketen für GIS und Kartographie nicht verfügbar. Die Ausweichmöglichkeit über einen Zentralpunkt als geometrischen Stellvertreter für das Polygon hat den Nachteil, dass ein wichtiges Kriterium, die Erhaltung des Volumens über den Bezugseinheiten, nicht erfüllt wird. Beim Verfahren der *pyknophylaktischen* Interpolation ist die Volumenerhaltung ein Ziel des Rechenverfahrens (TOBLER 1979). Für die Realisierung der volumenerhaltenden Interpolation und anderer Techniken für die Interpolation und Darstellung immaterieller Oberflächen wurde das Programm Konkar geschrieben. Inzwischen ist in ArcGIS ab Version 10.1 ein Werkzeug für die pyknophylaktische Interpolation verfügbar (siehe Kapitel 8).

Qualitäts-Dreiecksnetze als Alternative zu regelmäßigen Gittern

Das Netz aus unregelmäßigen Dreiecken (*triangular irregular network*, TIN) hat bei bestimmten Fragestellungen Vorteile gegenüber dem regelmäßigen Gitter aus Rechtecken oder Dreiecken. Qualitätsnetze sind eine Erweiterung der unregelmäßigen Dreiecksnetze. Sie müssen bestimmten Kriterien genügen, etwa die minimale oder maximale Größe der Innenwinkel in den Dreiecken, die durchschnittliche oder maximale Fläche der Dreiecke, konkave Polygone für die Definition der äußeren Grenze des Untersuchungsgebietes und noch andere Bedingungen.

Das Programm *Triangle* (SHEWCHUK 1997) erzeugt ein *Qualitätsnetz*, ein Dreiecksnetz, das bestimmte Vorgaben erfüllt, unter anderen für die maximale Größe der Dreiecke und ihre Innenwinkel. Das Dreiecksnetz ist von konkaven Polygonen begrenzt, die das Untersuchungsgebiet definieren. Triangle kann als selbständiges Programm aufgerufen werden. Der Datenaustausch erfolgt über Textdateien. Das Programm verfügt auch über eine Programmier-Schnittstelle, die von einem anderen Programm direkt aufgerufen werden kann. Die Informationen werden in Datenstrukturen ausgetauscht. nutzt diese

Schnittstelle. Qualitätsnetze werden auch benötigt, um Eingabedateien für 3D-Drucker zu erzeugen. Die Software dieser Drucker verlangt in der Regel die Außenhaut des 3D-Modells als Dreiecksnetz für den 3D-Druck.

Brücken zwischen den Software-Paketen

Um eine gute Gesamtlösung von Interpolation und Darstellung zu erreichen, ist es manchmal notwendig, die Fähigkeiten von unterschiedlichen Programmen zu kombinieren. Zum Austausch der Daten zwischen den Teillösungen sind Brücken notwendig, die in der Regel durch Eigenprogrammierung bereitgestellt werden. Für die Verfahren und Abbildungen in diesem Text wurden solche Brücken im Programm Konkar genutzt. Mit Konkar werden auch die Dateien erzeugt, die für die Fertigung von realen Modellen von Oberflächen auf einem 3D-Farbdrucker notwendig sind.

Die vorgestellten Methoden der Interpolation von kartographischen Oberflächen in 2½D sind mit Beispielen illustriert, die zur besseren Vergleichbarkeit mit einem Test-Datensatz konstruiert wurden. Es werden aber auch kartographische Anwendungen aus der großräumigen Planung in der Bundesrepublik Deutschland gezeigt. Die Oberflächen in den Abbildungen wurden mit den Programmpaketen Surfer, ArcGIS und dem eigenen Programm Konkar interpoliert. Das Basispaket von ArcGIS allein enthält keine Funktionen für die Interpolation von unregelmäßig verteilten Punkten auf ein Rechteckgitter. Dafür sind die Erweiterungen *3D Analyst, Geostatistical Analyst* oder *Spatial Analyst* erforderlich.

Freie Software für GIS und Visualisierung

Visualisierung mit POV-Ray

Für einige der Abbildungen in den folgenden Kapiteln wurde das Programm POV-Ray (*Persistence of Vision Raytracer*) in der Version 3.7 verwendet. POV-Ray ist Freeware, die für private und wissenschaftliche Zwecke kostenfrei genutzt werden kann. Mit POV-Ray lassen sich Bilder in annähernd fotorealistischer Qualität erzeugen. In der perspektivischen Darstellung und die Schattenplastik mit mehreren Lichtquellen werden auch Oberflächenformen sichtbar, die in Isolinien- oder Isoplethen-Darstellung nicht zu erkennen sind. In Surfer und ArcGIS sind perspektivische Darstellung und simulierte Beleuchtung verbesserungsfähig, sowohl in Bezug auf die Qualität als auch auf die Bedienungsfreundlichkeit.

Die Dateiformate für Surfer sind gut dokumentiert, die Dateien für ArcGIS weniger gut bis überhaupt nicht. Die Werkzeugkiste (*toolbox*) von ArcGIS enthält einige Module, mit denen die proprietären Formate von ArcGIS in andere Formate oder Klartext-Dateien überführt werden können. Einige dieser Formate werden von Surfer akzeptiert oder lassen sich mit einem einfachen Konverter-Programm in POV-Ray-Dateien umsetzen.

GIS-Pakete

GRASS ist eine Paket für Geo-Informationssysteme, das kostenfrei aus dem WWW heruntergeladen werden kann. Die Software QGIS ist ist ebenfalls ohne Kosten nutzbar, aber die

Anzahl der Interpolationsverfahren ist sehr beschränkt. QGIS enthält Brücken zu GRASS und dem Paket SAGA. In SAGA sind viele Interpolationsverfahren verfügbar, die auch in ArcGIS und Surfer vorhanden sind. QGIS und SAGA stellen einige Software-Werkzeuge bereit, die für die Oberflächen-Analyse genutzt werden können (Links in Kapitel 23).

Literatur

ArcGIS 10.3 Help, ArcGIS Resources
  http://resources.arcgis.com/en/help/ (11/2013)

BILL R (2010) Grundlagen der Geo-Informationssysteme. 5., völlig neu bearbeitete Auflage. Wichmann, Offenbach

CHRISMAN N (2006) Charting the unknown: How computer mapping at Harvard became GIS. Environmental Systems Research Institute, Redlands, CA Kurzfassung:
  http://www.cs.duke.edu/brd/Historical/hlcg/HarvardBLAD_screen.pdf (9/2014)

GI GEOINFORMATIK (2015) ArcGIS 10.3: Das deutschsprachige Handbuch für ArcGIS for Desktop mit allen Funktionen von ArcGIS online für Desktopanwender. Wichmann-Verlag

PEUCKER TK, TICHENOR M, RASE WD (1972) Die Automatisierung der Methode der schrägen Schnittflächen. Kartographische Nachrichten, 22. Jahrgang, Heft 4, August 1972, 143–148
  http://www.wdrase.de/SchraegeSchnittflaechen-KN41972.pdf (1/2015)

RASE WD, PEUCKER TK (1971) Erfahrungen mit einem Computerprogramm zur Herstellung thematischer Karten. Kartographische Nachrichten, Heft 2, 1971, 50–57
  http://www.wdrase.de/Symap-KN21971.pdf (10/2015)

SHEWCHUK JR (1996) Triangle: Engineering a 2D quality mesh generator and Delaunay triangulator. In: MING, MANOCHA (ed.) Applied Computational Geometry: Towards Geometric Engineering. Lecture Notes in Computer Science, Vol. 1148, Springer, Berlin, 203–222
  http://www.cs.cmu.edu/~quake/triangle.html (11/2015)

Surfer® User's Guide (2014) Contouring and 3D surface mapping for scientists and engineers. Golden Software, Inc., Golden, CO, USA

TOBLER WR (1979) Smooth pycnophylactic interpolation for geographical regions. Journal of the American Statistical Association, Vol. 74, No. 357, 519–535

2 Kartographische Oberflächen

Ein Bild sagt mehr als tausend Worte: der Wert einer Graphik als Komplement zur verbalen und tabellarischen Darstellung eines Sachverhalts ist unbestritten. Eine Karte sagt mehr als eine Million Worte: es gibt kein besseres Medium, wenn Informationen und Prozesse präsentiert werden sollen, die über einen Ausschnitt der Erdoberfläche verteilt sind. Bis vor einigen Jahren war die Erstellung von Karten aufgrund des hohen Anteils von personalintensiver Zeichenarbeit relativ kostspielig. Die Anfertigung von Karten war deshalb vorwiegend der Dokumentation des Endergebnisses vorbehalten. Durch die Entwicklung und Verbreitung von Software für Geo-Informationssysteme, die daraus resultierende Verfügbarkeit von kartographischen Programmen und die fortschreitende Kostensenkung in der Computertechnik sind viele wirtschaftliche Hürden gefallen, die in der Vergangenheit die Nutzung von Karten eingeschränkt oder verhindert haben.

Karten sind ein unverzichtbares Werkzeug zur Analyse, Dokumentation und Präsentation von räumlich verteilten Strukturen und Vorgängen in allen raumbezogenen Forschungsdisziplinen, in Wirtschaft, Politik und Verwaltung. Die Nutzung von Karten für die räumliche Analyse und für raumbezogenes Handeln scheint so selbstverständlich, dass man sich kaum noch Gedanken zur Funktion einer Karte und ihren Vorteilen gegenüber der rein verbalen oder tabellarischen Darstellung macht. Es kann nicht schaden, sich ab und zu die Grundfunktionen von Karten ins Gedächtnis zu rufen, um den Status der Nutzung zu überprüfen und Weichen für die Weiterentwicklung zu stellen.

Funktionen von Karten

Karten sind ein Mittel der Kommunikation, ein Medium zur Übermittlung von Informationen von einem Sender zu einem Empfänger. Für den Entwurf von Karten, ihre Rezeption und die Wahrnehmung der graphischen Zeichen, mit denen die Information kodiert wird, sind bestimmte Regeln zu beachten. BERTIN hat 1967 ein leicht merkbares System der visuellen oder graphischen Zeichen für die kartographische Kommunikation entwickelt. Die deutsche Übersetzung und eine kürzere Fassung folgten einige Jahre später (BERTIN 1974, BERTIN & SCHARFE 1982).

Aufbauend auf Erkenntnissen aus der Kommunikationstheorie, Wahrnehmungspsychologie und Zeichentheorie hat Freitag (1991) folgende allgemeine Modellfunktionen für Karten definiert:

- Erkenntnis (Beispiel: Karten für die Wissenschaft),
- Demonstration und Erklärung (Karten für die Schule),
- Variation und Optimierung (Karten für die Planung)
- Prüfung und Verifikation (Aufnahmekarten),
- Projektierung und Konstruktion (Baupläne),
- Steuerung (Navigationskarten),

dazu die Ersatzfunktion als Reliefkarte.

Die verschiedenen Modellfunktionen sind in bestimmten Kartentypen besonders stark ausgeprägt. Schon bei oberflächlicher Betrachtung sind die Funktionen der Steuerung, der Projektierung und Konstruktion und der Prüfung und Verifikation weniger wichtig für die Karten, die in der räumlichen Analyse und Raumplanung eingesetzt werden. Die Funktionen der Erkenntnis, der Demonstration und Erklärung und der Variation und Optimierung sind vorherrschend in Planungskarten.

Anwendung von kartographischen Oberflächen

Die kartographischen Darstellungsformen, die man häufig in den Publikationen zu Raumordnung, Landesplanung, Regionalanalyse und verwandten Arbeitsgebieten findet, sind *Choroplethen-Karten* und Karten mit *Proportionalsymbolen*. Die Repräsentation von geordneten Reihen und Typen durch Ausfüllen der Flächen mit einer Farbe oder Flächensignatur ist die geeignete Darstellung, wenn die Variablen für die Flächen erfasst wurden. Das gilt auch, wenn sich der aus der Analyse abgeleitete Handlungsbedarf auf die dargestellten Einheiten bezieht.

Choroplethen-Karten sind auch für weniger erfahrene Betrachter gut lesbar, weil die quantitative Information auf eine überschaubare Anzahl von Klassen oder Typen reduziert ist. Auch deshalb werden Choroplethen-Karten mit zunehmender Häufigkeit in den Medien genutzt, um einen räumlich verteilten Sachverhalt zu erklären. Die technische Realisierung wird erleichtert durch die Verfügbarkeit von spezialisierten Computerprogrammen. Leider werden diese Programme nicht immer mit der notwendigen Sachkenntnis für die Nutzung der visuellen Variablen genutzt.

Die Daten, die in einer Choroplethen-Karte als Flächensignatur repräsentiert werden, sind in der Regel relative Größen. Die absoluten Werte, zum Beispiel die Einwohner einer Bezugseinheit, werden durch eine Bezugsgröße dividiert, zum Beispiel die Fläche des einschließenden Polygons. Das Ergebnis ist in diesem Fall die relative Größe *Bevölkerungsdichte*. Durch die Normierung mit Bezugswerten sollen die Größenunterschiede der Bezugseinheiten ausgeglichen und der interregionale Vergleich erleichtert werden. Das Ziel ist die Aufdeckung und Visualisierung von Disparitäten in der räumlichen Verteilung der Lebensgrundlagen.

Choroplethen-Karten und Karten mit Proportionalsymbolen sind nicht immer das optimale Werkzeug für die Analyse der Raumstruktur und zur Visualisierung von Grundlagen und Konzepten für die großräumige Planung. Die Darstellung als Oberfläche kann ein geeignetes Komplement zu den Choroplethen-Karten und Karten mit Proportionalsymbolen sein. Dafür gibt es mehrere Gründe, die sich aus dem Untersuchungsgegenstand und dem Verwendungszweck der Karte ergeben:

- Kontinuierliche Sachverhalte,
- Verknüpfung von naturräumlichen und sozioökonomischen Variablen in einem Indikator,
- Absolutwert in flächenbezogener Darstellung,
- Trend-Oberflächen,
- Unscharfe Objekte,
- Synthese und Generalisierung,
- Darstellung gleitender Übergänge

Kontinuierliche Sachverhalte

Der Sachverhalt ist von Natur aus kontinuierlich. Die meisten geophysikalischen Variablen, zum Beispiel Luftdruck, Lufttemperatur, Stärke oder Richtung des Erdmagnetfeldes fallen in diese Kategorie. Bei zunehmend kleinerem Maßstab und der für die großräumige Analyse adäquaten Körnigkeit wachsen diskrete Verteilungen so zusammen, dass sie als kontinuierliche Phänomene erscheinen (FREITAG 1971). Das Modell, mit dem ein Sachverhalt berechnet wird, ist kontinuierlich oder zumindest so feinkörnig, dass es als kontinuierlich aufgefasst werden kann. Ein Beispiel dafür sind Zeitentfernungen und Erreichbarkeitswerte im Individual-Fernverkehr. Das Straßennetz in der Bundesrepublik Deutschland ist aus der Betrachtungshöhe der Bundesregierung so fein gegliedert, dass eine quasi-kontinuierliche Oberfläche der Erreichbarkeit angenommen werden kann.

Die abrupten Übergänge, die zwischen zwei benachbarten Bezugseinheiten auf einer Choroplethenkarte auftreten können, werden in erster Linie durch die Art der Datenerhebung und die Darstellung verursacht und geben nicht das tatsächliche Bild der Verteilung wieder. Die Bevölkerung eines Kreises ist zum Beispiel nicht homogen über die Fläche verteilt, wie es die Choroplethenkarte der Bevölkerungsdichte einem naiven Kartennutzer suggerieren könnte. Eine solche Verteilung ist gut als Oberfläche modellierbar und darstellbar.

Verknüpfung von naturräumlichen und sozio–ökonomischen Variablen

Für die Beschreibung eines bestimmten Zustandes oder Prozesses im Raum wird ein Indikator durch Verknüpfung von naturräumlichen Komponenten und sozio-ökonomischen Variablen gebildet. In den meisten Fällen stimmen die Grenzen von naturräumlichen Einheiten und Verbreitungen nur selten mit den administrativen Grenzen überein. Die bisher übliche Darstellung als Teil- oder Schnittmengen in den administrativen Einheiten einer Choroplethenkarte wird der Verteilung des Indikators im Raum nicht gerecht.

Die starken Sprünge an den Grenzen der Gebietseinheiten entsprechen nicht der tatsächlichen Verteilung auf der Bezugsfläche. Die Darstellung als Oberfläche repräsentiert den Indikator besser als eine Choroplethenkarte.

Absolutwert in flächenbezogener Darstellung

In der Karte soll der Flächenbezug, aber auch die absoluten Unterschiede im Wert des Indikators deutlich sichtbar gemacht werden. Eine Möglichkeit ist zum Beispiel die perspektivische Darstellung einer Choroplethen-Karte mit höhenproportionalen Prismen mit der Bezugseinheit als Grundfläche, eine andere Möglichkeit eine stetige Oberfläche mit Erhaltung des Volumens in jeder Bezugseinheit.

Trend-Oberflächen

Aus den Ausgangswerten wird eine kontinuierliche Funktion über die Dimensionen der Bezugsebene berechnet. Häufig werden zweidimensionale Polynome benutzt, die nach dem Kriterium der kleinsten Quadrate die Werte an den Stützpunkten approximieren. Durch die Modellierung als kontinuierliche Funktion sollen Ungenauigkeiten von Messwerten in den Ausgangswerten ausgeglichen oder ein genereller Trend in der Verteilung über die Erdoberfläche sichtbar gemacht werden.

Unscharfe Objekte

Wirtschaftsregionen, Planungsräume, Entwicklungsachsen und -zonen sind in der Regel nicht durch exakt definierbare Linien abgegrenzt. Zum einen ist die tatsächliche Verbreitung von räumlichen Phänomenen selten an innerstaatlichen administrativen Grenzen orientiert. Die in thematischen Karten dargestellte sozioökonomische Situation ist somit ein bereits abstrahiertes Abbild der Wirklichkeit, unter anderem, weil die amtliche Statistik auf das administrative Bezugssystem angewiesen ist. Planungskonzepte, also normative Zielvorstellungen für die räumliche Situation in der Zukunft, enthalten viele Unwägbarkeiten, sowohl zur sachlichen Ausrichtung als auch zur räumlichen Verbreitung. Die Orientierung an den vorhandenen Grenzen ist weder sinnvoll noch wünschenswert, umso mehr, wenn sich die Konzepte über Länder mit unterschiedlichen Wirtschafts- und Gesellschaftsstrukturen, anderen Paradigmen und Organisationsformen für die räumliche Planung erstrecken.

Die Regionsgrenzen sind nicht als Barrieren mit unmissverständlichem Hier und Dort aufzufassen, sondern sind ein Übergangsband, ein unterschiedlich breites *sowohl als auch*. Kleinräumige Übergangszonen sind zum Beispiel die nicht genau fassbare natürliche Grenze zwischen Wald und Wiese oder der Spülsaum zwischen Land und Meer.Bei der Operationalisierung von Übergangszonen stößt man sehr schnell an die Grenzen der heute verfügbaren Werkzeuge für die Verknüpfung und Visualisierung von raumbezogenen Informationen. Der übliche Weg der Synthese von Planungskonzepten aus dem *status quo* und den Visionen zu einem zukünftigen Zustand ist die Nutzung der Fähigkeit des menschlichen Auge-Gehirn-Systems zur Mustererkennung und Generalisierung. Diese Fähigkeit sollte man nicht gering schätzen, sie hat aber den Nachteil, über weite Strecken nicht nachvollziehbar und kommunizierbar zu sein. Das ist ein wichtiger Gesichtspunkt für großräumige Planungskonzepte, die in fast allen Fällen iterativ unter Beteiligung von vielen Personen und Institutionen erarbeitet werden.

Synthese und Generalisierung

Eine Lösung des Kommunikationsproblems in Planungskarten ist die Verwendung einer allgemeinverständlichen graphischen Sprache oder eines graphischen Zeichensystems. Die Zwischen- und Endergebnisse der Synthese werden als Bild oder Karte vermittelt, die möglichst intuitiv verstanden wird, ohne die Notwendigkeit von ausführlichen Erklärungen oder Legenden. Dieser Weg hat sich zum Beispiel im multilingualen europäischen Umfeld als besser geeignet erwiesen als die Kommunikation über die rein verbale Ebene, aus für Geographen und Kartographen eigentlich selbstverständlichen Gründen.

Für die technische Realisierung der Kartengraphik wird heute das elektronische Pendant des Kartenzeichners in Form von kartographischen und graphischen Programmen benutzt, bei Bedarf ergänzt durch CAD-Software oder Freihand-Zeichenprogramme. Einige Beispiele für diese Vorgehensweise sind dokumentiert in der Veröffentlichung über die Trendszenarien der Raumentwicklung in Deutschland und Europa (BfLR 1995).

Die Synthese und die dabei ablaufenden Generalisierungsprozesse sind damit aber noch nicht so beschrieben, dass sie nachvollziehbar und nachprüfbar werden. Der nächste Schritt wäre die Erstellung eines Arbeitsplanes, in dem festgelegt ist, was bis jetzt mehr oder weniger intuitiv im Auge-Gehirn-System des Menschen abläuft. Der Arbeitsplan ist die Grundlage für einen Algorithmus und nachfolgend das Computerprogramm, das die Generalisierung und Synthese durchführt.

Darstellung gleitender Übergänge

Mit dem logischen Konzept der Karten-Algebra ist das Problem der gleitenden Übergänge an den Grenzen von Verbreitungsgebieten nicht zu lösen. Die Operationen, mit denen *fuzzy sets* miteinander verknüpft werden, lassen sich zwar gut definieren. Die verfügbaren GIS-Pakete haben aber keine direkte Möglichkeit, *fuzzy objects*, also Objekte mit unscharfen Rändern, Übergangszonen oder abgestuften Übergangswahrscheinlichkeiten, wie immer man das nennen mag, zu definieren und zu speichern. Man behilft sich zum Beispiel damit, den Objekten durch eine geometrische Vergrößerung (*buffering*) eine Einflusszone mit abgestufter Wahrscheinlichkeit zuzuordnen. Die Zone ist aber gleichmäßig mit dem Wert belegt. Eine abgestufte Zone muss man durch eine Kaskadierung, also eine Reihung mehrerer Zonen mit abnehmenden Werten, erzeugen.

Ein anderer Weg ist die Abbildung des flächenhaften Objekts als Gitter von Höhenwerten und die Zuordnung von abgestuften Intensitäten an jedem Gitterpunkt in Abhängigkeit von seiner Lage im Herkunftsobjekt. Die Gitterpunkte näher am Rand erhalten niedrigere Werte als die Punkte in der Mitte der Fläche. Sind die Objekte oder Bezugseinheiten flächendeckend über die Ebene verteilt, kann man die Gitterpunkte oder -zellen als Stützpunkte einer Oberfläche auffassen. Die Rückführung der Punkte auf die Ebene der Bezugseinheiten ist unter Umständen schwierig oder unmöglich. Das Konzept erfordert die Beschäftigung mit der Modellierung und Darstellung von Oberflächen, allein schon aus dem Grund, die Verknüpfungsoperationen und ihre Ergebnisse zu überprüfen und den Gang des Verfahrens zu verfolgen.

Die beiden Möglichkeiten für die Definition eines unscharfen Objekts stehen für zwei grundsätzliche Vorgehensweisen, die man bei der Modellierung und Verknüpfung von Objekten nutzen kann. Die Pufferbildung ist *vektororientiert*: die Fläche ist durch die Vektoren (Punkte und Strecken) der Umrisslinie definiert, der Puffer wird als parallele Linie dazu berechnet. Die Oberfläche dagegen ist *gitterorientiert*: sie besteht aus vielen Punkten oder Facetten, die in einem regelmäßigen Gitter angeordnet sind. Gitterorientierte Operationen sind leichter zu realisieren, unter anderem, weil alle Programmiersprachen die Sprachelemente für die Behandlung von rechteckigen Gittern enthalten. Mit gitterorientierten Systemen, verwendet etwa in den Programmpaketen ArcGIS und Surfer, lassen sich die grundsätzlichen Fähigkeiten von Geo-Informationssystemen für die räumliche Modellbildung sehr einfach demonstrieren.

Kontinuierliche Oberflächen ohne Interpolation

Wenn sehr viele Daten- oder Messpunkte unregelmäßig in der Ebene verteilt sind, ist das menschliche Gehirn oft überfordert, Muster in der Verteilung zu erkennen. Die Visualisierung der Muster in Karten kann Aufschlüsse über die zugrunde liegenden Vorgänge liefern. Wenn die Datenpunkte dazu noch qualitative und quantitative Merkmale tragen, ist die einfache Repräsentation der Punkte durch ein Symbol in der Ebene wenig aufschlussreich, ebenso wie eine Oberfläche, die durch die Punkte geht. Es muss ein Verfahren angewendet werden, das die Punktverteilung und die Merkmale in einem anschaulichen Bild generalisiert. Ein direkter Bezug zu den Punktdaten wie bei einer interpolierten Oberfläche ist meistens nicht mehr herzustellen. Das Bild soll einen Sachverhalt oder eine mathematisches Modell so visualisieren, dass die Karte intuitiv erfassbar ist.

Eine Methode ist die Kerndichte-Schätzung (*kernel density estimation*, KDE). Die Verfahren der KDE ergeben eine kontinuierliche Oberfläche, die nicht mit einer interpolierten Oberfläche verwechselt werden darf. Auch die Vermittlung von Planungskonzepten erfordert neue Darstellungsmethoden, die mehr im Bereich des Graphik-Designs angesiedelt und den traditionellen kartographischen Darstellungsformen nur entfernt ähnlich sind (RASE & SINZ 1993).

Der *Atlas der politischen Landschaften* der Schweiz (HERMANN & LEUTHOLD 2003) war eine der ersten Publikationen, die mit innovativen Techniken der Visualisierung von sozialräumlichen Zusammenhängen größere Aufmerksamkeit in den Medien erfuhren, zumindest in der Schweiz. Die Techniken der Visualisierung von räumlichen Zusammenhängen über die traditionellen Methoden hinaus wurden als *Geodesign* bezeichnet, mit einem etwas ironischen Unterton. Inzwischen sind die erweiterten Möglichkeiten der Visualisierung in der wissenschaftlichen Gemeinschaft und auch von Kartographen und Raumplanern akzeptiert (ANDRIENKO und ANDRIENKO 2005, HERMANN 2009).

Visualisierung

Ein wichtiger Aspekt ist die graphische Darstellung der Oberflächen, einmal zur Überprüfung und Beurteilung der Interpolationsmethoden, aber auch für die Vermittlung der Ergebnisse an Raumwissenschaftler und Entscheidungsträger in der Raumplanung und Politik. In der Computergraphik wurden fortgeschrittene Techniken zur Visualisierung von dreidimensionalen Körpern und damit auch Oberflächen entwickelt. Sie gehen über die traditionellen Darstellungsformen als zweidimensionalen Karten in Aufsichtsprojektion und die Medien Papier und Bildschirm hinaus. Dazu gehören zum Beispiel perspektivische Ansichten, Techniken für die Erzeugung und Betrachtung von Stereogrammen, computergenerierte Animationen und reale Oberflächen-Modelle mit Farbtextur, die mit 3D-Druckern gefertigt werden und die man anfassen kann (RASE 2010).

Modell und Darstellung

Ein wichtiges Ergebnis der Anwendung von Geo-Informationssystemen ist die Erkenntnis, dass die Modelle der realen Welt und ihre Darstellung in Karten logisch voneinander getrennt werden müssen. Die Karten in der traditionellen Form, insbesondere die amtlichen topographischen Karten, erfüllten beide Funktionen in einem Medium. Sie dienten als Datenspeicher für das abstrahierte Bild der realen Landschaft (Modell) und gleichzeitig als Visualisierungsmedium für dieses Modell. Die topographischen Karten sind ein Kompromiss zwischen der durch das Medium und die Visualisierung eingeschränkten Speicherkapazität einerseits und der Lesbarkeit und Orientierung auf eine möglichst breite Zielgruppe andererseits. Der letztere Punkt ist nicht unwichtig, weil sich die hohen Kosten der Herstellung durch eine hohe verkaufte Auflage amortisieren müssen.

Mit der Möglichkeit, das Modell der Landschaft in einem Geo-Informationssystem abzubilden, wurde die Speicherungsfunktion der Karte auf die elektronischen Medien übertragen. Modell und graphische Darstellung sind nicht mehr untrennbar verbunden wie in den topographischen Karten im traditionellen Verständnis. Das in Dateien gespeicherte Modell kann mehr Informationen enthalten als die Karte, mit der ein Teil des Modells sichtbar gemacht wird. Eine weitere Folge der Trennung von Modell und Darstellung ist die Möglichkeit, die Kartengraphik individuell dem Verwendungszweck und der Zielgruppe der Karte anzupassen. Die gedruckte Karte ist auch nicht mehr das alleinige Medium der Verbreitung (GANSER 1974). Sowohl das Modell als auch seine kartographische Repräsentation können dem Nutzer als Dateien über Datenträger oder Kommunikationseinrichtungen zugänglich gemacht werden.

Beim Aufbau der flächendeckenden Systeme für Basis-Geoinformationen wurden diese Erkenntnisse berücksichtigt. Mit ATKIS (Automatisiertes Topographisch-Kartographisches Informationssystem) wurde die Trennung in das Digitale Landschaftsmodell (DLM) und das Digitale Kartographische Modell (DKM) eingeführt. Vereinfacht formuliert dient das DLM als Anweisung für die Erfassung und Speicherung der Landschaft und der Landmarken und das DKM als Anweisung für die Umsetzung des Modells in eine Karte.

Die Notwendigkeit der Trennung von Modell und Darstellung wird nicht immer mit der notwendigen Deutlichkeit erkannt. Zum Beispiel beschreibt Mischke (1995) ein Verfahren, um Unstetigkeiten auf der Erdoberfläche, etwa Geländekanten, in einer Isolinienkarte zu erhalten. Bei näherem Hinsehen erkennt man, dass der Autor sich auf die Kanten im Modell bezieht, das mit Isolinien dargestellt wird. Nicht die Isolinien sind fehlerhaft interpoliert, sondern das Modell der Oberfläche ist falsch erfasst und gespeichert.

Einheit von Modell und Darstellung

Die gedankliche Trennung von Modell und Darstellung bedeutet aber nicht, dass beide Felder unabhängig voneinander behandelt werden müssen. Adäquate Darstellungstechniken sind unbedingt notwendig, um die Qualität der interpolierten Oberfläche und damit die Eignung des Interpolationsverfahrens beurteilen zu können. Die visuelle Inspektion ist oft die einzige Möglichkeit zur Begutachtung. „Objektive", weil nachvollziehbare Bewertungsverfahren sind nur in speziellen Fällen einsetzbar.

Immaterielle Oberflächen

Zur Unterscheidung von der Erdoberfläche werden die schon erwähnten „gedachten" Oberflächen, die als gedankliches Modell aus einer diskreten Verteilung von Variablenwerten konstruiert sind, im folgenden *immaterielle, virtuelle* oder *konzeptionelle Oberflächen* genannt. Als virtuelle Oberflächen könnte man auch physikalische Kontinua wie Luftdruck oder Luftfeuchte ansehen. Anders als die Oberflächen aus sozioökonomischen oder demographischen Variablen und Indikatoren sind die physikalischen Kontinua real vorhanden, wenn auch nicht direkt sichtbar und greifbar wie die Erdoberfläche.

Oberflächendarstellungen und Choroplethenkarten

Nach den bisherigen Ausführungen ist die Oberflächendarstellung die adäquate Visualisierung für kontinuierliche Modelle, etwa für geophysikalische Daten auf der Erdoberfläche. Sind Diskreta ausreichend feinkörnig, können sie als Oberfläche modelliert und dargestellt werden. Dazu gehören sowohl punktbezogene Informationen, etwa Zeitentfernungen, als auch flächenbezogene Werte, etwa demographische und sozioökonomische Variablen und Indikatoren aus der amtlichen Statistik.

Die Oberfläche und ihre Visualisierung sollte ein Komplement zu den gewohnten Darstellungsformen in Planungskarten gesehen werden. Die Modellierung und Darstellung als Oberfläche wird auch in manchen Fällen bewusst der Choroplethenkarte vorgezogen, um den direkten Bezug auf administrative Grenzen zu vermeiden.

Probleme der Anwendung

Bei der Evaluierung von Softwarepaketen für die Modellierung und Darstellung von Oberflächen und des Einsatzes von Oberflächendarstellungen in der Regionalanalyse und Planung kann man folgende Probleme erkennen:

- **Ausrichtung auf DGM:** Die allgemein verfügbaren Software-Systeme für GIS und Kartographie enthalten vorwiegend Modelle und Darstellungsformen, die sich auf die Erdoberfläche beziehen (Digitale Geländemodelle, DGM).
- **Punktbezogene Interpolationsverfahren:** Die GIS-Pakete enthalten meist nur Verfahren für die Interpolation von Punkten auf Rechteck-Gitter. Das schränkt die Verwendung von flächenhaften Objekten als Ausgangsdaten stark ein oder führt zu missverständlichen Ergebnissen und falschen Schlussfolgerungen aus den Karten.
- **Unzureichende Erklärung und Dokumentation:** Die Modelle und Interpolationsverfahren sind in den Anwender-Handbüchern oft nur unzureichend beschrieben. Der Anwender hat keine Informationen über die Art des Verfahrens und seine spezifischen Stärken und Schwächen für seinen Anwendungsfall.
- **Unkenntnis der Regeln der Graphischen Semiologie:** Das Wissen über die Regeln der Graphischen Semiologie ist nicht so weit verbreitet, dass immer die geeignete Darstellungsform gewählt wird, auch bei Choroplethen- und Symbol-Karten.
- **Unsachgemäße Anwendung:** Die leichte Verfügbarkeit der Oberflächendarstellung einerseits und die unzureichende Information über die Verfahren führt zu unkritischer und falscher Anwendung dieser Darstellungsform.
- **Beschränktes Angebot an Darstellungstechniken:** In den gängigen Softwarepaketen sind nur die traditionellen Darstellungsverfahren verfügbar, zum Beispiel die Visualisierung mit Isolinien und Isoplethen.

Der Grund für die starke Orientierung der GIS-Pakete auf die Erdoberfläche und punktbezogene Modellierungsverfahren ist vor allem das wirtschaftliche Interesse im Wechselspiel von Angebot und Nachfrage. Die Software-Anbieter realisieren vorrangig in ihren Paketen die Verfahren, die für einen möglichst großen Kundenkreis von Interesse sind. Auf der anderen Seite nutzen die Anwender aus Mangel an Alternativen nur die Verfahren, die in den Standard-Programmpaketen angeboten werden.

Einige Problemfelder, so interessant und wichtig sie auch sind, können in diesem Text nicht in allen Aspekten berücksichtigt werden. So sind viele der untersuchten Methoden und Techniken auf alle Kontinua auf der Bezugsebene des Geoids oder sogar ganz allgemein auf alle Funktionen mit zwei unabhängigen Variablen anwendbar. Die Erdoberfläche hat eine Reihe von Charakteristika, die bei der Modellierung und Darstellung beachtet werden müssen, die aber für immaterielle Oberflächen weniger wichtig sind. Für die praktischen Fragen der Darstellung der Erdoberfläche sei auf die Arbeit von BÄR (1996) hingewiesen, die sich speziell mit Geländemodellen und den dafür geeigneten computergestützten Werkzeugen für die Modellierung und Visualisierung beschäftigt.

Literatur

ANDRIENKO N, ANDRIENKO G (2005) Exploratory analysis of spatial and temporal data. A systematic approach. Springer, Berlin

BÄR HR (1996) Interaktive Bearbeitung von Geländeoberflächen. Konzepte, Methoden, Versuche. Geoprocessing-Reihe Vol. 25, Geographisches Institut, Universität Zürich

BERTIN, J (1967) Sémiologie Graphique. Mouton, Paris

BERTIN J (1974) Graphische Semiologie. Diagramme, Netze, Karten. de Gruyter, Berlin

BERTIN J, SCHARFE W (Bearb.) (1982) Graphische Darstellungen und die graphische Weiterverarbeitung der Information. de Gruyter, Berlin

BfLR (1995) Trendszenarien der Raumentwicklung in Deutschland und Europa. Beiträge zu einem Europäischen Raumentwicklungskonzept. Bundesforschungsanstalt für Landeskunde und Raumordnung, Bonn

FREITAG U (1971) Semiotik und Kartographie. Über die Anwendung kybernetischer Disziplinen in der theoretischen Kartographie. Kartographische Nachrichten, Heft 3, 171

FREITAG U (1991) Theoretische Aspekte der Kommunikation mit Planungskarten. In: MOLL (Hrsg.), Aufgabe und Gestaltung von Planungskarten. Forschungs- und Sitzungsberichte Nr. 185, Akademie für Raumforschung und Landesplanung, Hannover 1991, 20-29

GANSER K (1974) Die Aufgabe der Karte im Informationssystem Raumentwicklung. Kartographische Nachrichten, 24. Jahrgang 1974, 169–173

HERMANN M, LEUTHOLD H (2003) Atlas der politischen Landschaften. Ein weltanschauliches Porträt der Schweiz. vdf Hochschulverlag, Zürich

HERMANN M (2009) Kartographie sozialräumlicher Zusammenhänge. Informationen zur Raumentwicklung, H. 10/11.2009, 701–709

MISCHKE A (1995) Die kartographische Darstellung von Isolinien an Unstetigkeitsstellen. Kartographische Nachrichten, 45. Jahrgang, Heft 5, Oktober 1995, 182-186

RASE WD (2010) Karten aus dem 3D-Drucker. Kartographische Nachrichten, Jahrgang 60, Heft 1, Februar 2010, 38–41
http://www.wdrase.de/RaseIzR10112009.pdf (10/2015)

RASE WD, SINZ, M (1993) Kartographische Visualisierung von Planungskonzepten. Kartographische Nachrichten, Heft 3/4, August 1993, 139–145
http://www.wdrase.de/KartoVisuali-KN41993.pdf (10/2015)

3

3 Datenmodelle und Datenstrukturen für Oberflächen

In diesem Kontext ist ein Modell die Vorschrift für die Abbildung von Sachverhalten der realen Welt in einem Geo-Informationssystem (GIS). Die Realität wird in der für den Verwendungszweck notwendigen und angemessenen Abstraktion, Struktur und Genauigkeit repräsentiert, entweder in einer Datei auf einem Datenträger oder temporär als Zwischenergebnis im Arbeitsspeicher des Rechners. Das Modell der Oberfläche wird mit den Software-Werkzeugen des Geo-Informationssystems erstellt und verarbeitet.

Die Datenstruktur ist die Realisierung des Modells, mit Berücksichtigung der technischen Umgebung, etwa der System-Plattform (Hardware und Betriebssystem), des Datenmanagement-Systems, der Programmiersprache, der Software-Bibliotheken und der Anwendungsprogramme. Die Datenstruktur ist abhängig von

- den Algorithmen für die Abstraktion, Speicherung und Verarbeitung der Objekte,
- der Menge der Daten,
- der Häufigkeit der Anwendung bestimmter Arbeitsschritte.

Für die gleichen Objekte sind unterschiedliche Datenstrukturen möglich und in den meisten Fällen auch notwendig.

Man kann Datenmodell und Datenstruktur als die zwei Seiten der gleichen Medaille sehen. Das Datenmodell ist die Betrachtungsweise von außen auf das Informationssystem, die Sicht des Anwenders, der mit dem Informationssystem ein Problem lösen will. Die Datenstruktur ist der Blickwinkel des Informatikers oder Programmierers, der das gedankliche Konzept in die Realität der Rechnerumgebung umzusetzen hat. Es ist deshalb kein Zufall, dass in den Text- und Handbüchern der Informatik vor allem die Datenstrukturen und weniger die Datenmodelle behandelt werden.

Geometrische und topologische Kodierung

Die Objekte in der Datenbasis des GIS haben geometrische Attribute, die den geometrischen Ort des Objekts beschreiben, meistens in Bezug auf das Geoid. Eine häufig angewandte Einteilung der Objekte ist die Gruppierung nach der Anzahl ihrer geometrischen Dimensionen (Abb. 3-1). Die Objekte können aus anderen Objekten der gleichen oder einer tieferen geometrischen Hierarchiestufe zusammengesetzt sein.

- Eine Linie besteht zum Beispiel aus aufeinanderfolgenden Punkten, die selbst wieder Paare oder Tripel von orthogonalen Koordinaten sind.

- Eine Fläche ist als Folge von Punkten oder Linien definiert.

- Eine Oberfläche wird durch eine Matrix von Punkten oder eine Menge von planaren oder nichtplanaren Flächen repräsentiert.

- Ein Körper kann eine Kombination von Flächen, Kurven oder anderen Körpern sein.

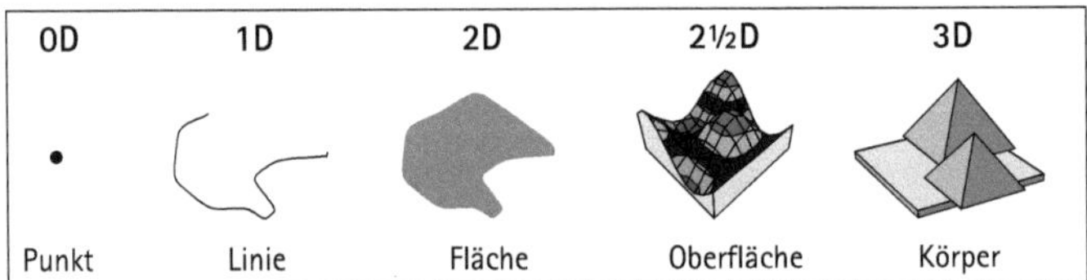

Abbildung 3-1
Geometrische Objekte nach ihrer Dimension

Die Objekte sind durch die geometrischen Örter und die topologischen Beziehungen der Objekte und ihrer Teile definiert. Die topologischen Beziehungen sind zum Beispiel in einem Feld oder einer mehrdimensionalen Matrix durch die Abfolge der Speicherung kodiert. Zum Beispiel folgt in einer Linie auf den Punkt mit dem Index 1 der Punkt mit dem Index 2. Mit Zeigern (*pointer*) werden Verbindungen hergestellt, wenn das nächste Element nicht im Speicher direkt folgt. Mit Zeigern lassen sich komplexe topologische Strukturen aufbauen, zum Beispiel über Verweislisten und unterschiedliche Arten von Baumstrukturen.

Datenstrukturen für 2½D-Oberflächen

Für die meisten Fragestellungen in den Geowissenschaften ist die Einschränkung möglich, dass für jeden Punkt in der Ebene (der fiktiven Erdoberfläche, eventuell nach Projektion auf eine planare Fläche) nur ein Höhenwert in der Oberflächen-Repräsentation zulässig ist. Mit dieser Einschränkung lässt sich die Datenstruktur erheblich vereinfachen. Dieser Typ von Oberflächen wird oft als 2½D-Oberfläche bezeichnet. Dieser Begriff ist nicht ganz korrekt, weil die Anzahl der Dimensionen nach allgemeinem Verständnis nur ganzzahlig sein kann. Mit dem Kürzel 2½D will man die Einschränkung gegenüber „echtem" 3D kenntlich machen. Auch die Schreibweise „2.5D-Oberfläche" wird benutzt, um das Sonderzeichen zu vermeiden. Die Bezeichnung mit der halben Dimension hat sich so allgemein eingebürgert, dass sie auch hier verwendet wird, mit der ausdrücklichen Warnung vor der fehlerhaften Semantik.

Regelmäßige Gitter

Der einfachste Fall für ein Oberflächenmodell ist ein regelmäßiges Gitter aus regelmäßigen Vielecken. An den Schnittpunkten der Gitterlinien wird der Höhenwert eingesetzt oder der Wert der Funktion(en) bei der Interpolation berechnet. Die Vielecke können regelmäßige Dreiecke, Rechtecke oder Sechsecke sein (Abb. 3-2). In der praktischen Anwendung werden fast ausschließlich Quadrate verwendet.

Rechtecke und Quadrate

Gitter aus Rechtecken oder Quadraten sind ohne großen Aufwand zu implementieren. Die meisten höheren Programmiersprachen unterstützen die komfortable Definition und Bearbeitung von zweidimensionalen Feldern. Die einfachste Datenstruktur für das Rechtecknetz mit achsenparallelen Gitterlinien besteht aus den Koordinaten für die Gitterlinien in beiden Achsenrichtungen und einem zweidimensionalen Feld mit Höhenwerten.

Die Gitterlinien müssen nicht äquidistant sein. In Bereichen mit niedriger Reliefenergie können die Linien weiter von einander entfernt sein als in Gebieten mit hoher Reliefenergie Der Vorteil der Ersparnis von Speicherkapazität wiegt den Nachteil des zusätzlichen Aufwandes bei der Implementierung nicht auf, zumal es andere Konzepte für die adaptive Modellierung von Oberflächen gibt, etwa Netze mit unregelmäßigen Dreiecken. Deshalb werden fast ausschließlich gleichabständige Gitterlinien verwendet.

Bei manchen Software-Produkten ist es nicht eindeutig erkennbar, ob die xy-Koordinaten den Ort der Gitterlinien oder die Mittelpunkte von Gitterzellen definieren. Das Dateiformat GRID-ASCII (Text) für das Softwarepaket ArcGIS definiert zum Beispiel die Anzahl der Gitterlinien, die Maschenweite und der Nullpunkt im Dateikopf. Daraus lassen

Abbildung 3-2
Regelmäßige Gitter aus Rechtecken oder Dreiecken, mit Höhenwerten an den Schnittpunkten der Gitterlinien

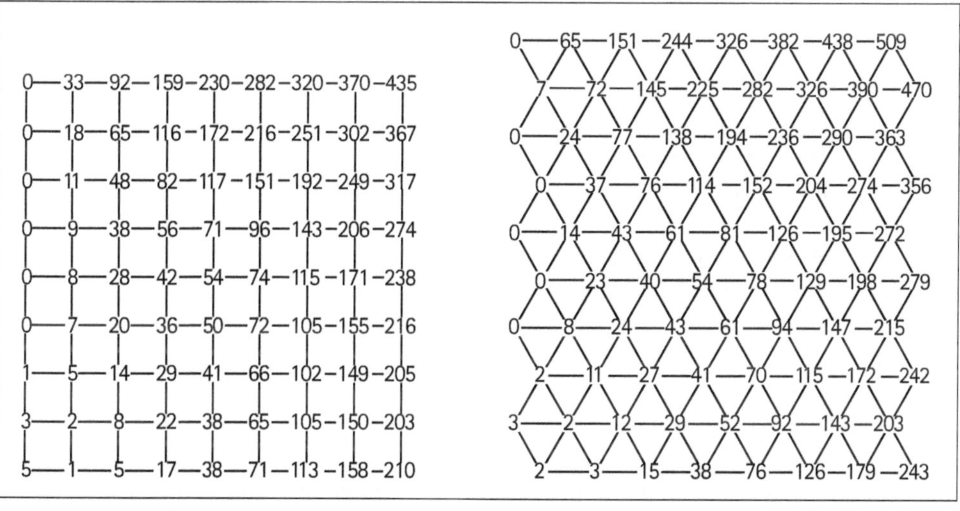

sich die Koordinaten der äquidistanten Gitterlinien berechnen. Die z-Werte beziehen sich auf die Schnittpunkte der Gitterlinien. Im Format GRID, ebenfalls für ArcGIS, bezieht sich der z-Wert hingegen auf die Mitte der Gitterzelle. Die z-Werte sind also gegenüber dem Gitter im Format GRID-ASCII um eine halbe Maschenweite versetzt. Man sollte sich deshalb immer im Klaren darüber sein, welcher Bezugspunkt für die Höhe benutzt wird, auch wenn bei Gittern mit vielen Maschen die geringfügige Verschiebung kaum auffällt.

Gleichseitige Dreiecke

Die Alternative zum rechteckigen Gitter ist die Teilung der Ebene durch gleichseitige Dreiecke. Das regelmäßige Dreiecksnetz hat gegenüber der Teilung mit Rechtecken oder Quadraten einige theoretische Vorteile:

- Ein Dreiecksnetz erfordert etwa 30 Prozent weniger Punkte für die gleiche Dichte der Ebenenbedeckung als ein Quadratnetz.

- Alle Eckpunkte eines Dreiecks liegen in einer Ebene. Damit sind nicht eindeutige Orientierungen der Facetten – wie bei Rechtecken einer Oberfläche – ausgeschlossen.

- Alle Gitterpunkte sind in drei Richtungen gleich weit entfernt, anstatt nur in zwei Richtungen wie im Quadratgitter. Dadurch wird die Richtungsunabhängigkeit (Isotropie) für die Interpolation aus unregelmäßig verteilten Punkten und die Darstellung erhöht. Nur eine zufallsverteilte Punktmenge hätte eine höhere Isotropie (WATSON 1992).

Der zusätzliche Programmieraufwand für die Verarbeitung von Dreiecks-Gittern im Vergleich mit Rechteck-Gittern ist nicht sehr groß. In jeder zweiten Linie parallel zur x-Achse wird zur x-Koordinate des Punktes die halbe Seitenlänge des Dreiecks addiert.

Das Gitter aus regelmäßigen Sechsecken ist eine weitere Möglichkeit zur Teilung der Ebene mit regelmäßigen Vielecken. Das Sechseck-Gitter kann vom Gitter aus gleichseitigen Dreiecken abgeleitet werden. Da die Speicherung und Bearbeitung eines Sechseck-Gitters mehr programmtechnischen Aufwand erfordert, wird es nur in Ausnahmefällen angewendet.

Wenn die Geschwindigkeit der graphischen Ausgabe eine wichtige Rolle spielt, etwa für Echtzeit-Anwendungen, hat das Dreiecksnetz einen zusätzlichen Vorteil. Leistungsfähige Graphik-Karten sind für die Darstellung von dreidimensionalen Dreiecken optimiert, einschließlich Berechnung der Textur und der Beleuchtung. Die heute verfügbaren Graphikkarten in Arbeitsplatzrechnern können bis zu mehreren Millionen Dreiecke pro Sekunde darstellen. Die Dreiecke aus dem regelmäßigen Gitter werden mit Farbe, Textur und Beleuchtungsparametern an die Hardware übergeben.

Dennoch wird das regelmäßige Dreiecksnetz in den hier betrachteten GIS-Paketen ArcGIS und Surfer nicht verwendet. Der Vorteil der Speicherplatzersparnis ist bei den heutigen Kosten für die Hardware nicht mehr relevant, sowohl im Hinblick auf den internen Arbeitsspeicher als auch die externen Speicher wie Magnetplatten und SSD (*solid state disk*). Die Kosten der Programmierung und Laufendhaltung der Software-Pakete über einen langen Zeitraum spielen eine größere Rolle. Deshalb beschränkt man sich in kommerziellen Produkten auf Rechteck-Gitter für die Modellierung von Oberflächen. Die niedrigen Speicherkosten und die höhere Rechenleistung erlauben auch die Verfeinerung des Gitters ohne Einschränkung des Durchsatzes insgesamt.

Gitter oder Raster?

In der Fachliteratur wird manchmal ein Rechteck-Gitter für die Oberflächen-Repräsentation *Raster* genannt. Im deutschen Sprachraum, insbesondere im graphischen Gewerbe, wird als Raster meistens das Druck- oder Offset-Raster bezeichnet, also die Auflösung von Linien und Flächen in sehr kleine, mit dem bloßen Auge nicht mehr erkennbare Punkte für den Offset-Druck. Um Missverständnisse zu vermeiden, sollte man sich an diesen Sprachgebrauch halten:

- Gitter als Datenmodell für Oberflächen, nicht nur das Gitter aus gleichen Rechtecken oder Dreiecken,
- Raster für die Auflösung von Flächen und Linien in Punkte für den Offset-Druck oder als rechteckige Matrix von Bildpunkten, etwa in einem Digital-Foto.

Ein Offset-Raster muss auch nicht notwendigerweise rechteckig sein. Im Programm Surfer wird durchgängig der Begriff *grid* verwendet, der direkt mit *Gitter* übersetzt werden kann. Im Paket ArcGIS ist man weniger konsequent und gebraucht sowohl den Begriff *grid* als auch *raster* in der Bedeutung als Datenstruktur für Oberflächen.

Abgrenzung des Untersuchungsgebietes

Das Untersuchungsgebiet ist selten eine rechteckige Fläche. Meistens sind es ein oder mehrere Polygone, wie etwa die Bundesrepublik Deutschland mit den Inseln in der Nord- und Ostsee. Diese Polygone werden auch Maske genannt, weil sie die graphischen Elemente außerhalb der Polygone maskieren. Es ist sinnvoll, die Gebiete außerhalb der Maske besonders zu kennzeichnen. Die außerhalb liegenden Gitterpunkte sollen nicht in die Interpolation einbezogen werden. Die Höhenwerte der Gitterpunkte außerhalb des Untersuchungsgebiets erhalten selten sinnvolle Werte, weil die Datenpunkte sehr weit entfernt sind.

Die Lösung mit vergleichsweise geringem Aufwand ist das Auffinden aller Gitterpunkte innerhalb des Untersuchungsgebietes mit einem Punkt-in-Polygon-Algorithmus (O'ROURKE 1997). Die Gitterpunkte außerhalb des Untersuchungsgebietes werden mit einem speziellen Höhenwert gekennzeichnet, der zum Beispiel kleiner als das Datenminimum oder größer als das Datenmaximum ist. Mit der Kennzeichnung von „innen" und „außen" lässt sich Rechenzeit einsparen, denn für die Gitterpunkte außerhalb des Untersuchungsgebietes muss kein Höhenwert interpoliert werden. Im Programm Surfer ist die Kennzeichnung von Punkten außerhalb des Untersuchungsgebietes erst nach der Interpolation des Gitters möglich.

Werden nur die Gitterzellen dargestellt, die vollständig innerhalb des Untersuchungsgebietes liegen, entstehen Lücken zwischen den innen liegenden Maschen und der äußeren Grenze. Die Grenze ist selten mit den Gitterlinien identisch. Die Lücken kann man durch eine höhere Auflösung des Gitters und die resultierende Verkleinerung der Gitterzellen verringern, aber nie ganz beseitigen. Ein Trick, der nicht immer zum gewünschten Ergebnis führt, ist die Zeichnung einer breiten Linie für die Grenzdarstellung. Dadurch werden die Lücken etwas verdeckt.

Eine aufwendigere Lösung für den Ausschluss der Regionen außerhalb des Untersuchungsgebietes ist der geometrische Schnitt der Gitterzellen mit den Grenzpolygonen. Dabei entstehen aus den Rechtecken in der Nähe der Grenzen neue unregelmäßige Polygone. Diese Polygone erfordern einen höheren Aufwand für die graphische Darstellung, sodass die Standard-Software-Pakete meistens darauf verzichten.

Netz aus unregelmäßigen Dreiecken

Regelmäßige Gitter mit Höhenwerten an den Schnittpunkten der Gitterlinien sind programmtechnisch einfach zu implementieren. Sie haben aber einige Nachteile für die Modellierung von Oberflächen. Wenn ein Stützpunkt nicht genau auf einem Schnittpunkt des Gitters liegt, verschwindet der exakte Höhenwert, weil der Punkt buchstäblich durch den Rost fällt. In manchen Anwendungen ist dies sogar ein erwünschter Effekt, etwa um Ungenauigkeiten bei der Datenerfassung auszugleichen. Mit der Korrektur vermeintlich fehlerhafter Daten können aber auch wichtige Eigenschaften der Oberfläche verloren gehen, die vielleicht für die Erklärung und Darstellung der räumlichen Zustände und Prozesse notwendig sind. Linienförmige Elemente in der Oberfläche können nur durch eine Folge von Gitterpunkten, -linien oder -zellen angenähert werden. Das kann, insbesondere bei einer geringen Auflösung des Gitters, eine unzulässige Vereinfachung sein.

Um die Charakteristika der Oberfläche zu erhalten, wurden Modelle entwickelt, die Punkte und Linien der Ausgangsdaten unverändert lassen. Das am häufigsten verwendete Modell ist ein Netz aus ungleich großen Dreiecken (*unregelmäßiges Dreiecksnetz* oder TIN, *triangular irregular network*, PEUCKER et al. 1978). Das Konzept ist schon früher für die Analyse von Belastungen in Werkstücken und Bauteilen verwendet worden, genannt *finite element method*, kurz FEM (FENNER 2013) . Mit dieser Methode werden Druck-, Zug- und Beugebelastungen mittels der numerischen Repräsentation eines Werkstücks simuliert, bevor das Teil „in echt" gefertigt wird. Durch diese Analyse lassen sich notwendige Konstruktionsänderungen vor Anlauf der Produktion durchführen und damit Zeit und Kosten sparen. Das unregelmäßige Dreiecksnetz wird von manchen Autoren auch als FEM bezeichnet.

Die unregelmäßig verteilten Datenpunkte bilden die Knoten des Netzwerks. Die Knoten werden so durch Strecken verbunden, dass sich Dreiecke ergeben. Die Oberfläche ist durch ein Netz von dreieckigen Facetten unterschiedlicher Größe und Seitenlängen repräsentiert (Abb. 3-3). Das TIN-Modell ist *adaptiv*, denn die Größe der Dreiecke kann der Reliefenergie der Oberfläche angepasst werden. In flachen Regionen (wenig Reliefenergie) können die Dreiecke größer, in Regionen mit hoher Reliefenergie (große und häufige Wechsel der Höhe) kleiner und zahlreicher sein.

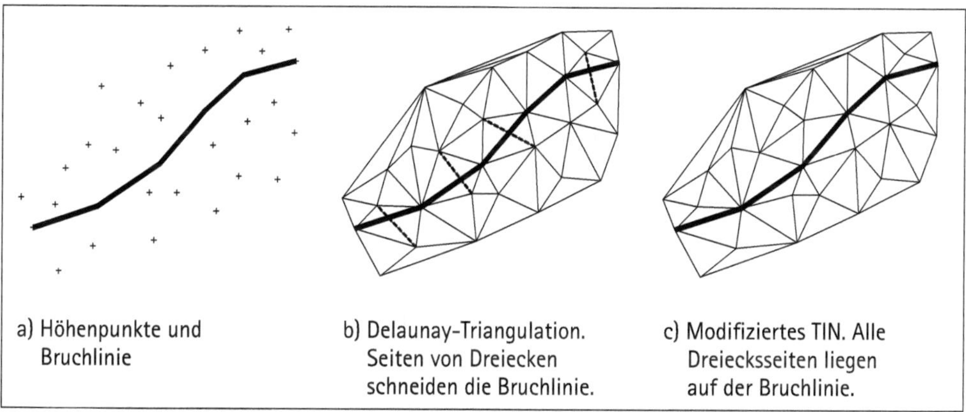

Abbildung 3-3
Erhaltung von Linien im Dreiecksnetz durch Modifikation der Delaunay-Triangulation

In den Dreiecksnetzen nach dem TIN-Konzept bleiben die Stützpunkte in der Oberfläche erhalten. Die charakteristischen Linien einer Oberfläche, etwa scharfe Kanten, Grate oder Entwässerungsrinnen, werden durch eine Folge von Dreiecksseiten repräsentiert. Die verhältnismäßig große Anzahl der Punkte auf der Linie und die Unstetigkeiten der Oberfläche an den Knicken und Falten können allerdings viele kleine Dreiecke ergeben. Je mehr Dreiecke im Netz vorhanden sind, um so höher ist der Aufwand für die Speicherung und Verarbeitung (DOUGLAS 1986). Besondere Probleme bereiten die möglicherweise vorhandenen spitzwinkligen Dreiecke: eine Seite oder ein Winkel ist sehr klein oder sehr groß im Verhältnis zu den anderen Seiten oder Winkeln des Dreiecks. Unter anderem wegen der endlichen Genauigkeit der Zahlendarstellung in einem Computerprogramm können diese Dreiecke arithmetische Probleme verursachen, deren Lösung oder Umgehung zusätzlichen Aufwand für die Programmierung und Ausführung nach sich zieht.

Die Datenstruktur für die Repräsentation eines Netzes aus unregelmäßigen Dreiecken ist komplexer als die Struktur eines regelmäßigen Gitters. Die Geometrie und Topologie werden mit Feldern, Listen, Zeigern oder Bäumen kodiert. Eine relativ einfache Datenstruktur für ein unregelmäßiges Dreiecksnetz findet man in der Programmsammlung TRIPACK von RENKA (1996a). Komplexere Datenstrukturen werden bei SHEWCHUCK (1997) oder JOE (1996, 2012) benutzt.

Delaunay-Triangulation

Die Konstruktion des unregelmäßigen Dreiecksnetzes kann nach unterschiedlichen Kriterien erfolgen. Allgemein wird ein Dreiecksnetz nach der *Delaunay-Triangulation* als die beste Annäherung an die ideale homogene Verteilung in einem Netz aus gleichseitigen Dreiecken angesehen:

> Ein Dreiecksnetz entspricht einer Delaunay-Triangulation, wenn der Umkreis jedes Dreiecks keinen Eckpunkt eines anderen Dreiecks enthält.

Aus diesem Kriterium lassen sich einige Regeln ableiten, die für die Konstruktion des Netzes genutzt werden können. Das fertige Delaunay-Netz ist unabhängig von der Reihenfolge der Stützpunkte, was bei nicht bei allen Verfahren sicher ist. Viele Verfahren und Programmen zur Konstruktion von Dreiecksnetzen nach dem Delaunay-Kriterium sind veröffentlicht und oft für die wissenschaftliche Anwendung frei verfügbar (CHENG et al. 2013). Die Programme von RENKA (1996a) sind eine ausgewogene Lösung bezüglich der Anforderungen an Rechenzeit und Speicherplatz.

Viele Entwickler von Interpolations-Algorithmen benutzen die Triangulierungs-Routinen von Renka als Basis für ihre eigenen Methoden (PREUSSER 1990, SPÄTH 1991, AKIMA 1996). Bei SKIENA (2008) findet man einige Hinweise zu einigen Verfahren und Implementierungen, zum Beispiel die Pakete GEOMPACK90 (JOE 2012), Triangle (SHEWCHUK 1996) oder BL2D (LAUG & BOROUCHAKI 1996). OWEN (1998, 1999) liefert Übersichten zu den Software-Paketen zur Erzeugung von unregelmäßigen Netzen in 2D und 3D.

Erhaltung von Linien im Dreiecksnetz

In einem Dreiecksnetz, das streng nach dem Delaunay-Kriterium konstruiert wird, ist nicht sicher, ob der Verlauf einer Linie einschließlich der Höhenwerte durchgehend erhalten bleibt. Durch entsprechende Vorkehrungen im Programm zur Erzeugung des Dreiecksnetzes lässt sich die Erhaltung der Linie erzwingen. Das Dreiecksnetz entspricht dann aber nicht mehr einem idealen Delaunay-Netz, weil möglicherweise ein Stützpunkt innerhalb eines Dreiecks-Umkreises liegen kann.

In Abbildung 3-3b schneidet die Bruchlinie mehrere Dreiecksseiten des nach dem Delaunay-Kriterium konstruierten Netzes. Ist der Schnittpunkt zufällig höher als die durch die Bruchlinie verbundenen Eckpunkte, fließt ein Bach entlang der Bruchlinie mal bergauf, mal bergab. Deshalb werden an dieser Stelle die Diagonalen der aus den beiden benachbarten Dreiecken gebildeten Vierecke vertauscht. Es entstehen neue Dreiecke, auf deren gemeinsamen Seiten die Bruchlinie verläuft. Durch die Vertauschung entspricht das Dreiecksnetz nicht zwingend dem idealen Delaunay-Kriterium. Diese Abweichung verringert in der praktischen Anwendung kaum die Qualität des Netzes und kann deshalb als vernachlässigbar betrachtet werden.

Bedingte Delaunay-Triangulierung

Bei einer einfachen Delaunay-Triangulierung entspricht die äußere Grenze des Netzes dem konvexen Hülle der Punkte. Soll die äußere Grenze des Dreiecksnetzes identisch mit den Grenzen des Untersuchungsgebietes sein, etwa der Bundesgrenze, müssen auch die Polygongrenzen als Linien erhalten bleiben. Zusätzlich fallen alle Dreiecke außerhalb des Untersuchungsgebietes weg. Mit den beiden Bedingungen – Grenzlinien bleiben erhalten, nur Dreiecke innerhalb – wird die Einhaltung des Delaunay-Kriteriums bei allen Dreiecken des Netzwerks weiter eingeschränkt (KRÄMER 1995). Diese Sonderform wird *constrained Delaunay triangulation* (CDT) genannt (CHENG et al. 2013). Das Wort *constrained* kann man sowohl mit *begrenzt* (durch die äußere Grenze) wie mit *eingeschränkt* (bezogen auf das Delaunay-Kriterium) übersetzen.

In der ganz allgemeinen Form kann ein CDT Löcher und Inseln enthalten, auch mehrfach und geschachtelt wie zum Beispiel der Chiemsee mit den Inseln Herrenchiemsee und Frauenchiemsee und den Wasserflächen auf den Inseln.

Modifikation des unregelmäßigen Dreiecksnetzes

Durch die Einschränkung des Delaunay-Kriteriums in einem CDT können unter Umständen Dreiecke entstehen, die für die Weiterverarbeitung unerwünschte Eigenschaften besitzen. Diese unerwünschten Eigenschaften sind zum Beispiel sehr kleine oder sehr große Innenwinkel oder sehr kleine Dreiecke. Insbesondere für Anwendungen in der mechanischen Konstruktion (CAD, *computer assisted design*) und der rechnerunterstützte Fertigung (CAM, *computer assisted manufacturing*) sind die spitzen und relativ kleinen Dreiecke sehr störend. Bei professionellen Anwendungen der Delaunay-Triangulierung wird deshalb versucht, diese Probleme zu vermindern. Im Abschnitt über die Interpolation von 2½D-Oberflächen mit einem TIN werden Kriterien und Algorithmen behandelt, die für die Konstruktion und Verdichtung von solchen *Qualitätsnetzen* zur Anwendung kommen.

Voronoi-Diagramme

Der duale Graph zur Delaunay-Triangulation ist das Voronoi-Diagramm (Abb. 3-4). Eine Kante im Voronoi-Netz ist die Grenze des Einflussbereiches eines Datenpunktes gegenüber den nächsten Nachbarn (AURENHAMMER et al. 2013). Die nächsten Nachbarn eines Punktes sind die Punkte, die mit über eine Kante im Delaunay-Netz verbunden sind. Voronoi-Diagramme sind auch als *Dirichlet-Tessellation* oder *Thiessen-Polygone* bekannt. Georgi Feodosjewitsch Voronoi (auch Woronoi, 1868–1908) war ein russischer, Johann Peter Gustav Lejeune Dirichlet (1805–1859) ein deutscher Mathematiker, Alfred H. Thiessen (1872–1950?) ein amerikanischer Meteorologe. Sie haben unabhängig voneinander diesen Graphen für ihre Forschungen entwickelt.

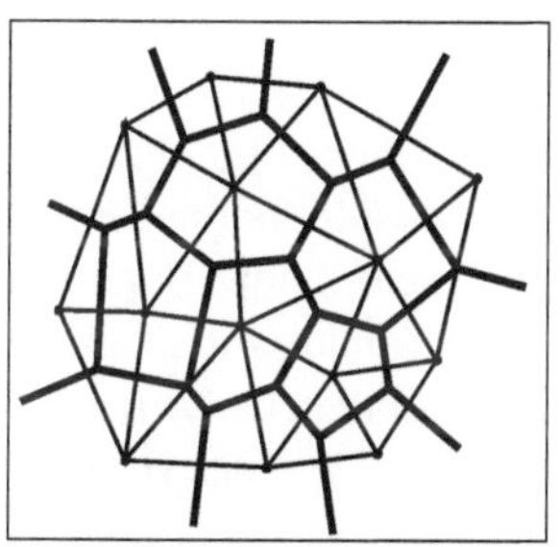

Abbildung 3-4
Delaunay-Dreiecksnetz und zugehöriges Voronoi-Diagramm
(dickere Linien)

Die Flächen eines Voronoi-Diagramms werden als angenäherte Gebietsgrenzen für die kartographische Darstellung mit Choroplethenkarten benutzt. Zum Beispiel erstreckt sich der Sachverhalt über eine Region, deren Grenzen nicht genau bekannt sind. Oder die Datenquelle ist nur als Punkt verfügbar, etwa bei linguistischen Untersuchungen, deren Ausgangsdaten in einem Sprachatlas an einem Punkt angeordnet sind (GOEBL 1984). Eine weitere Anwendung von Voronoi-Netzen ist die Interpolationsmethode der natürlichen Nachbarn (siehe Kapitel 6).

Netze aus unregelmäßigen Vierecken oder Sechsecken

Die Ebene lässt sich mit Netzen aus unregelmäßigen Vierecken oder Sechsecken unterteilen. Auch Netze aus einer Mischungen von unregelmäßigen Polygonen mit unterschiedlicher Eckenzahl sind möglich. Solche Netze werden in der computergestützten mechanischen Konstruktion (CAD) verwendet, wenn zum Beispiel die Form von polygonalen Flächen und Objekten erhalten bleiben muss (OWEN 1999).

Datenstrukturen für 3D-Körper

Kartographische Oberflächen in 2½D können in 3D-Modelle umgewandelt werden. Die Oberfläche wird zusammen mit Legenden, Textketten und Situation – Symbole, Linien, Polygone – und weiteren kartographischen Zeichen auf einem Sockel platziert. Für die Darstellung als perspektivische Zeichnung oder die Konstruktion eines realen 3D-Modells genügt die äußere Begrenzung des 3D-Körpers. Die Außenhaut wird am einfachsten als Netz von unregelmäßigen Dreiecken in 3D repräsentiert. Das Modell kann für den 3D-Druck auch hohl sein, um Material, Bauzeit und Gewicht einzusparen.

Entfällt die Einschränkung, dass an einem Punkt in der Ebene nur ein Höhen- oder Funktionswert vorhanden sein darf, sind die beschriebenen Datenstrukturen nicht mehr anwendbar. Es muss ein Beschreibung verwendet werden, das konkave Oberflächen mit Überhängen oder auch mit einer inneren Differenzierung des Körpers repräsentiert, etwa geologische Schichten in der Erdkruste oder Gewebeschichten bei der medizinischen Bildgebung. Bei der Interpolation von 2½D-Oberflächen sind diese Datenstrukturen nicht zwingend notwendig, wohl aber bei der Fertigung eines „echten" 3D-Modells mit einem 3D-Drucker. Der Vollständigkeit halber werden die wichtigsten Modelle beschrieben. Bei den Interpolationsmethoden werden sie nicht weiter berücksichtigt.

Voxel-Repräsentation von Körpern

Ein *Voxel* (volume element) ist das dreidimensionale Äquivalent zu einem Pixel (picture element) eines Rasterbilds. Ein dreidimensionaler Körper wird durch viele kleine Würfel oder Prismen repräsentiert, so wie ein zweidimensionales Bild in viele kleine Quadrate oder Rechtecke aufgelöst werden kann. Mit einer Voxel-Struktur kann man auch das Innere eines Körpers definieren, anders als bei den bisher betrachteten Datenstrukturen für Oberflächen in 2½D. Jedem Voxel sind Eigenschaften zugeordnet, die in einer Graphik durch Farb- oder Helligkeitswerte transkribiert werden.

Die Approximation einer Kugel in Abbildung 3-5 ist ein einfaches Beispiel für einen Körper mit Hohlräumen. Die Annäherung an die tatsächliche Form des Körpers ist umso besser, je kleiner die Voxel sind. Die Zahl der Voxel wächst kubisch zur linearen Auflösung, entsprechend wächst der Speicherbedarf und die Verarbeitungszeit. Viele der für zwei Dimensionen entwickelten Verfahren der Bildverarbeitung lassen sich in die drei Dimensionen der Voxel-Struktur erweitern, unter anderem die Techniken zur Datenkompression oder zur internen Strukturierung des Körpers.

Voxel-Strukturen werden vorwiegend eingesetzt, wenn das Innere eines Körpers differenziert beschrieben und dargestellt werden soll (ELVINS 1992). Haupt-Anwendungsgebiete sind zum Beispiel die medizinische Bildgebung oder in den Geowissenschaften die Repräsentation der Erdkruste mit dem geologischen Aufbau.

Für die Darstellung von Oberflächen in 2½D ist das Voxel-Modell eine mögliche, aber nicht die optimale Lösung. Der Bedarf an Speicherplatz und Rechenzeit ist bei ausreichend kleinen Voxels relativ umfangreich, denn die Anzahl der Voxel wächst kubisch mit der Zunahme der linearen Auflösung. Es ist aber damit zu rechnen, dass aufgrund des großen Interesses in anderen Anwendungsgebieten in einigen Jahren schnelle Hardware für die Visualisierung von Voxel-Strukturen mit den zugehörigen Programm-Bibliotheken zur Verfügung steht. Für Echtzeit-Anwendungen, bei denen kurze Antwortzeiten verlangt werden, ist es dann sinnvoll, diese Datenstruktur auch für die Darstellung von 2½D-Oberflächen zu verwenden.

Tetraeder-Netze

Das dreidimensionale Äquivalent zu den unregelmäßigen Dreiecksnetzen sind Tetraeder-Netze. Die dreidimensionalen Punkte des Körpers werden so miteinander verbunden, dass ein Netz aus unregelmäßigen Tetraedern entsteht. Für die Konstruktion des Tetraeder-Netzes wird das Delaunay-Kriterium in die dritte Dimension ausgedehnt. Die Punkte werden so miteinander verbunden, dass sich in der Umkugel eines Tetraeders keine Punkte von anderen Tetraedern befinden.

Abbildung 3-5
Voxel-Approximation einer Kugel mit Hohlraum

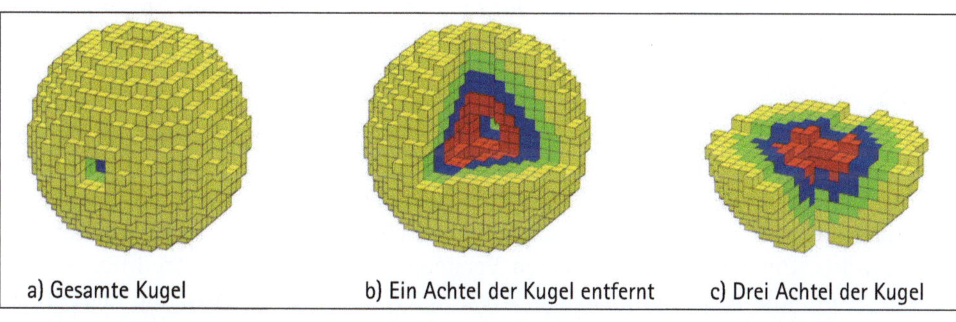

In Abbildung 3-6 wurden die Eckpunkte eines Würfels zur Konstruktion eines Netzes von Tetraedern verwendet. Bei diesem einfachen Körper stößt man schon an die Grenzen der Darstellung von dreidimensionalen Körpern in zwei Dimensionen. Die visuelle Unterscheidung der einzelnen Tetraeder im Würfel ist nicht einfach, selbst mit fotorealistischen Darstellungsverfahren. Für die Konstruktion des Tetraeder-Netzes wurde das Programmpaket GEOMPACK (JOE 2012) angewendet.

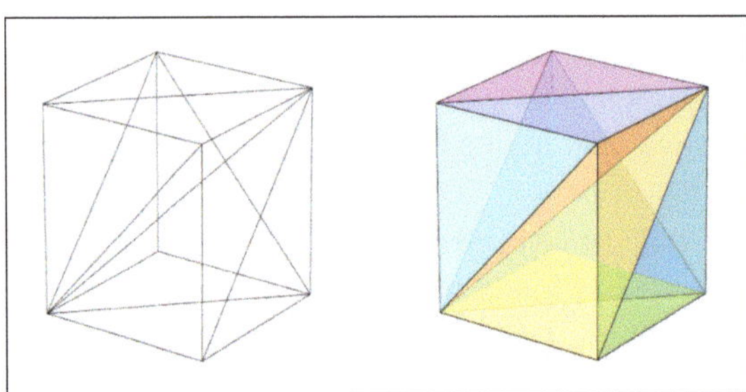

Abbildung 3-6
Tetraeder-Netz in einem Würfel

Dateiformate

Datenmodelle und Datenstrukturen sind logische Konzepte für die numerische Repräsentation von Oberflächen und 3D-Körpern. Das Dateiformat ist die Umsetzung der Datenstruktur in einer realen informationstechnischen Umgebung. Für den Austausch und die längerfristige Aufbewahrung wird die Datenstruktur als Datei auf einem Datenträger gespeichert. Das interne Format der Datei ist für den Anwender weniger relevant, wenn für die Verarbeitung das gleiche Software-Paket eingesetzt wird. Sobald aber die Daten zwischen unterschiedlichen Programmen ausgetauscht werden müssen, sind Werkzeuge für den Import und Export der Daten notwendig. Viele GIS-Pakete enthalten Optionen für das Lesen und Schreiben der häufig vorkommenden Dateiformate.

Wenn eigene Verarbeitungsprogramme für Spezialzwecke genutzt werden, muss der Programmierer das Format der in Frage kommenden Export- und Import-Dateien kennen. Er benötigt Angaben über die numerische Repräsentation der geometrischen und fachlichen Informationen, die Kodierung der topologischen Beziehungen und die implizite und explizite Reihenfolge der Informationen in der Datei. Mit diesen Spezifikationen können Module für den Import und Export der Dateien erstellt werden.

ArcGIS

In ArcGIS werden intern unterschiedliche Dateiformate verwendet, die jedes für sich besondere Vorteile für den Anwendungzweck oder das Datenmodell haben, etwa in Bezug auf den Speicheraufwand, die Verarbeitungsgeschwindigkeit oder die Interaktion mit dem Anwender. Ein Grund für die Beibehaltung vieler interner Formate ist die notwendige Abwärts-Kompatibilität zu früheren Versionen von ArcGIS bzw Arc/Info, wie das Vorgänger-Produkt hieß. Bei manchen Werkzeugen fällt auf, wie weit die angestrebte

Kompatibilität zeitlich zurückreicht. Es werden zum Beispiel manchmal Dateinamen verlangt, die nicht länger als 13 Zeichen sein dürfen, ein Relikt aus frühen Versionen des Betriebssystems. Eine weiterer Grund ist die angestrebte Kundenbindung: ein Anwender soll nur Programme aus der ArcGIS-Familie benutzen und nicht in Versuchung geraten, Produkte von Mitbewerbern auszuprobieren.

Die Firma ESRI ist sehr zurückhaltend, die internen Dateiformate von ArcGIS offenzulegen. Nur für das Shapefile-Format ist eine ausführliche Dokumentation verfügbar (ESRI 1998). Für einige einfache Geometrie-Daten ohne topologische Definitionen sind Beschreibungen in den Help-Funktionen von ArcGIS enthalten. Der Anwender, der mit eigener Software Geometrie-Daten aus ArcGIS nutzen möchte, bleibt im wesentlichen nur das Shapefile-Format als Austauschformat.

Multipatch geometry type

Die Geometriedaten in den frühen Versionen von ArcGIS sind auf 2½D beschränkt. Mit der Einbeziehung von 3D-Geometrie, zum Beispiel für die Repräsentation von Gebäuden oder die Definition von Höhlen oder Überhängen bei Oberflächen, musste ein neues Dateiformat bereitgestellt werden. ESRI hat dafür den Datentyp *multipatch geometry type* definiert (ESRI 2008). Für diesen Geometrietyp sind in den neueren Versionen von ArcGIS einige Werkzeuge hinzugekommen, etwa um ältere Datenstrukturen in den Multipatch-Typ zu überführen oder 3D-Körper im Multipatch-Format zu verändern. Beispiele für diese 3D-Werkzeuge sind die Boolschen Operationen *Differenz* oder *Union*. Die Beschreibung des Multipatch-Typs ist möglicherweise für die Programmierung von Konvertern für den Austausch von ArcGIS-Dateien mit anderen 3D-Programmen geeignet.

Surfer

Für das Programm Surfer sind die verschiedenen Dateiformate so gut dokumentiert, dass ein Programmierer ohne Schwierigkeiten eigene Werkzeuge und Module für Surfer-spezifische Geometrie- und Gitterdateien realisieren kann. Das Programm Konkar enthält einige Schnittstellen für den Import und Export von Surfer-Dateien, um die Stärken von Surfer bei bestimmten Interpolationstechniken, für die Bearbeitung und Darstellung von Oberflächen zu nutzen. Die von Surfer erstellten Gitterdateien werden auch von ArcGIS akzeptiert, ohne dass darauf besonders hingewiesen wird.

Allgemeine Dateiformate für 3D-Körper

Die Hersteller von CAD-Software haben für ihre Produkte viele unterschiedliche Dateiformate geschaffen, die für die Speicherung von numerischen Repräsentationen von Werkstücken verwendet werden. Die Dateien mit den Typen 3ds, obj, dxf, stl, ply und noch einige mehr sind Formate, die sich aus proprietären Software-Produkten entwickelt, aber inzwischen den Status von Quasi-Standards erreicht haben. Leider sind die Beschreibungen der Formate nicht immer ausreichend eindeutig für eigene Programme. Manchmal bleibt Raum für Interpretationen, nicht immer zum Vergnügen der Anwender, die mit solchen Unzulänglichkeiten umgehen müssen.

Ein Quasi-Standard für die schnelle Prototypen-Fertigung ist das STL-Format. Ursprünglich entwickelt für die Stereo-Lithographie (daher die Abkürzung STL), wird das Format auch bei anderen Herstellungsverfahren verwendet. Für jedes Dreieck der Oberfläche des Werkstücks werden neben den Koordinaten der Eckpunkte auch die Koeffizienten der Ebenengleichung gespeichert, um die Orientierung des Dreiecks festzustellen und damit die Fehlerprüfung zu vereinfachen. Im Format STL wird nur die geometrische Form des Modells durch eine Menge von Dreiecken beschrieben. Die Kodierung von Farbinformationen ist in der ursprünglichen Definition des Formats nicht vorgesehen. Es gibt proprietäre Erweiterungen von STL mit Farbinformationen, die aber nicht Standard sind und nicht erkannt oder unterschiedlich verarbeitet werden.

Für Modelle mit Farbinformationen ist es deshalb besser, das Format VRML (*Virtual Reality Markup Language*) zu verwenden. VRML ist ein allgemeiner Standard für die Beschreibung von dreidimensionalen Szenen einschließlich Beleuchtung, Interaktion und Bewegungen in Raum und Zeit. Ausführliche Informationen zu VRML sind zum Beispiel bei HASE (1997) zu finden. Für die Definition der Modelle sind nur die Befehle für die Beschreibung der Geometrie einschließlich der Farbe notwendig. Inzwischen gibt es einen Nachfolger von VRML, das Format X3D, das viele Konzepte und Sprachelemente von VRML übernommen hat (KLOSS 2010).

Die Facetten des Modells (die in VRML und X3D nicht unbedingt Dreiecke sein müssen), werden durch Verweise auf dreidimensionale Punkte definiert. Die Koordinaten der Punkte, die gemeinsam von mehreren Dreiecken benutzt werden, werden deshalb nur einmal gespeichert. Aus diesem Grund sind VRML-Dateien in der Regel auch kleiner als STL-Dateien mit dem gleichen Modell. Jedem Dreieck wird die Farbe über einen Zeiger auf einen Farbvektor zugewiesen.

Literatur

AKIMA H (1996) Algorithm 761: Scattered-data surface fitting that has the accuracy of a cubic polynomial. ACM Transactions on Mathematical Software, Vol. 22, No. 3, 362-371
http://calgo.acm.org (10/2015)

AURENHAMMER F, KLEIN R, LEE DS (2013) Voronoi diagrams and Delaunay triangulations. World Scientific, Singapur

CHENG SW, DEY TK, SHEWCHUK JR (2013) Delaunay mesh generation. Chapman & Hall/CRC Press, Boca Raton, FL

DOUGLAS DH (1986) Experiments to locate ridges and channels to create a new type of digital elevation model. Cartographica, Vol. 23, No. 4, 1986, 29-61

ELVINS T (1992) A survey of algorithms for volume visualization. Computer Graphics, Vol. 26, No. 3, August 1992, 194-201

ESRI (1998) ESRI Shapefile technical description. An ESRI White paper
http://support.esri.com/en/knowledgebase/whitepapers/download/fileid/282 (10/2015)

ESRI (2008) The multipatch geometry type. An ESRI White paper
http://support.esri.com/en/knowledgebase/whitepapers/download/fileid/5111 (10/215)

Fenner RT (2013) Finite element methods for engineers, 2nd ed. Imperial College Press, London

Goebl H (1984) Dialektometrische Studien anhand italoromanischer, rätoromanischer und galloromanischer Sprachmaterialien aus AIS und ALF, Band I – III. Max Niemayer, Tübingen

Hase HL (1997) Dynamische virtuelle Welten mit VRML 2.0. Einführung, Programme und Referenz. dpunkt.verlag

Joe B (1996) Three-dimensional boundary-constrained triangulations. Manuscript, Department of Computing Science, University of Alberta, Canada.

Joe B (2012) Geompack++ meshing operations, Technical Report ZCS2012-01, September 2012
http://members.shaw.ca/bjoe/techrep/zcs12-01.pdf (11/2015)

Kloss JH (2010) X3D. Programmierung interaktiver 3D-Anwendungen für das Internet. Addison-Wesley

Krämer J (1995) Delaunay-Triangulierungen in zwei und drei Dimensionen. Diplomarbeiten Agentur diplom.de

Laug P, Borouchaki H (1996) The BL2D mesh generator: Beginner's guide, user's and programmer's manual. RT-0194, INRIA, Paris, France
https://hal.inria.fr/inria-00069977/document (1/2016)

O'Rourke J (1997) Computational geometry in C, second edition. Cambridge University Press

Owen SJ (1998) A survey of unstructured mesh generation technology. 7th International Meshing Roundtable, October 26-28, 1998, Dearborn, Michigan

Owen SJ (1999) Non-simplical unstructured mesh generation. PhD dissertation, Department of Civil and Environmental Engineering, Carnegie Mellon University, Pittsburgh, PA, USA

Peucker TK, Fowler RJ, Little JJ, Mark D (1978) Digital representation of three-dimensional surfaces by triangulated irregular networks (TIN). Proceedings Digital Terrain Modeling Symposium, May 1978, ASP, 516-540

Preusser A (1990) Algorithm 684: C1-and C2-Interpolation on triangles with quintic and nonic bivariate polynomials. ACM Transactions on Mathematical Software, Vol. 16, No. 3, September 1990, 253-257
http://calgo.acm.org (10/2015)

Renka RJ (1996a) Algorithm 751: TRIPACK: a constrained two-dimensional Delaunay triangulation package. ACM Transactions on Mathematical Software, Vol. 22, No. 1, March 1996, 1-8
http://calgo.acm.org/ (10/2015)

SHEWCHUK JR (1997) Triangle: engineering a 2D quality mesh generator and Delaunay triangulator. School of Computer Science, Carnegie Mellon University, Pittsburgh http://www.cs.cmu.edu/~quake/triangle.html (10/2015)

SKIENA SS (2008) The algorithm design manual, 2nd edition. Springer, London

SPÄTH H (1991) Zweidimensionale Spline-Interpolations-Algorithmen. Oldenbourg, München

SURFER 13 (2015) Contouring & 3D surface mapping for scientists & engineers. User's Guide, Golden Software, Golden, CO, USA

WATSON DF (1992) Contouring. A guide to the analysis and display of spatial data. Pergamon Press, Oxford

4 Geo-Basisdaten

Ein unverzichtbarer Bestandteil aller Geo-Informationssysteme sind die Geo-Basisdaten. Die räumlich verteilten Objekte des Systems sind nach einheitlichen Regeln und Speicherformaten in einer Datenbasis zusammengestellt. Die Objekte sind *georeferenziert*: sie enthalten geometrische Informationen über die Lage auf der Bezugsebene. Die Ebene ist in den meisten Fällen die Oberfläche der Erde oder anderer Himmelskörper wie der Mond, die Planeten unseres Sonnensystems und deren Satelliten. Die annähernd kugelförmige Oberfläche wird mit verschiedenen Verfahren in die zweidimensionale Zeichnungsebene umgerechnet.

Das Erdellipsoid oder Geoid

Die Erde ist keine Kugel, sondern annähernd ein Ellipsoid, der Rotationskörper einer Ellipse um die kleine Achse. Der Durchmesser am Äquator (die große Achse) ist größer als der Durchmesser entlang der Rotationsachse, also die kleine Achse von Pol zu Pol. Die Erde entspricht nicht genau der idealen mathematischen Form des Ellipsoids, unter anderem aufgrund des nicht homogenen Schwerefeldes mit Eindellungen und Erhebungen. Mit dem Begriff Geoid soll auch der Unterschied zum streng mathematischen Körper betont werden (SCHMIDT-FALKENBERG 2015). Im Laufe der Zeit sind verschiedene Definitionen für das Geoid in Gebrauch gekommen. Bei der Georeferenzierung, also der Lagebestimmung von Objekten auf der Erdoberfläche, und der Umrechnung auf die Ebene sind diese unterschiedlichen Definitionen zu beachten.

Projektionen und Netzentwürfe

Zur kartographischen Darstellung – auf Papier, einem Bildschirm oder als 3D-Modell – wird die Geoid-Oberfläche ganz oder als Ausschnitt auf ein orthogonales Koordinatensystem in 2D oder 3D umgerechnet. Die ersten Umrechnungsverfahren waren echte Projektionen, so wie eine punktförmige Lichtquelle das Netz von Längen- und Breitenkreisen als Schatten auf Papier werfen würde. Die bekannteste Projektion ist die Mercator-Projektion. Insbesondere für die Navigation auf dem offenen Meer in den frühen Zeiten der

Seefahrt hatte sie große Bedeutung, weil die Richtung auf der Karte fast identisch mit der Kompassweisung ist. Die Mercator-Projektion ist wegen der starken Verzerrung in der Nachbarschaft der Pole kaum als Netzentwurf für Weltkarten zu gebrauchen, weil die polnahen Regionen bis zur Unkenntlichkeit verzerrt sind.

Die heute am häufigsten verwendeten Netzabbildungen sind mathematische Umformungen, die die Abbildung des Geoids nach bestimmten Kriterien optimieren. Je nach Lage des Ausschnitts auf dem Geoid werden unterschiedliche Bezugspunkte und -linien für die Umformung verwendet. Eine gute Übersicht speziell für die Anwendung mit ArcGIS findet man bei FLACKE et al. (2015).

Zusammen mit den Fachdaten sind die Geo-Basisdaten die Informationsbasis für alle Geo-Informationssysteme. Die Geo-Basisdaten können aus verschiedenen Quellen stammen und mit unterschiedlichen Genauigkeiten, Maßstäben und räumlichen Begrenzungen gespeichert sein. Die wichtigsten Geo-Basisdaten und einige Bezugsquellen werden hier kurz vorgestellt.

Topographische Informationen, Grenzen

Die Form der Oberfläche in einem begrenzten Ausschnitt des Geoids hat einen großen Einfluss auf viele räumliche Interaktionen, die unser Leben beeinflussen. Deshalb hat die Darstellung der Erdoberfläche auch eine große wirtschaftliche Bedeutung, etwa in der raumbezogenen Planung, der Geophysik, der Hydrologie, im Wasser- und Straßenbau, für die Errichtung von Gebäuden und noch vielen anderen Anwendungen der Verwaltung und Zukunftsvorsorge.

Für die Erfassung und Speicherung der topographischen Informationen, unter anderem die Höhe, die Nutzungsflächen und die wichtigsten Landmarken, haben die Vermessungsverwaltungen in Deutschland das *Digitale Landschaftsmodell* (DLM) definiert. Im Laufe der zurückliegenden Jahrzehnte wurden die analogen topographischen Karten nach den Regeln der DLM-Vereinbarung in digitale Form überführt und durch zusätzliche Inhalte ergänzt. Im ATKIS-Basis-DLM sind die Nutzungsflächen mit hoher Auflösung erfasst, unterhalb der Gemeindeflächen bis zu einer Maschenweite von 100 m (KRÜGER et al. 2015).

Die DLM-Dateien werden für unterschiedliche Interessenlagen und Bedürfnisse ausgewertet und die Inhalte selektiv und zweckgerichtet dargestellt. Ein Konzept für die Visualisierung des Landschaftsmodells ist das *Digitale Kartographische Modell* (DKM). Das DKM lehnt sich sehr stark an die Darstellung in den früheren topographischen Karten an, vor allem wahrscheinlich, um den die traditionellen Nutzern der amtlichen Karten keine größeren Umstellungen zuzumuten.

Bei der Erfassung und Speicherung der Landmarken auf der Erdoberfläche sind Kompromisse erforderlich. Die wirtschaftlichen Randbedingungen, die Erhaltung des gewohnten Erscheinungsbildes und die Nutzung von Papier als Medium spielen eine nicht unbedeutende Rolle, obwohl die heutigen Visualisierungstechniken mehr Möglichkeiten bieten.

Verfügbarkeit der Geo-Basisdaten für Deutschland

Mit einigen Jahren Verspätung wurde in Deutschland die gesetzliche Grundlage für Geo-Basisdaten und ihre Verfügbarkeit den Konventionen in anderen Ländern angepasst. Die mit Geldern aus den öffentlichen Haushalten erhobenen Informationen, auch die Geo-Basisdaten, sollen nach Möglichkeit allen Interessenten zur Verfügung stehen. Das bis vor einigen Jahren vorherrschende Besitzdenken und die wirtschaftlichen Interessen der öffentlichen Verwaltung haben sich glücklicherweise zugunsten der Bedürfnisse der Bürger und der Wirtschaft gewandelt. Folgerichtig betrachten sich die meisten Vermessungsverwaltungen heute vorwiegend als hoheitliche Einrichtung zur Erfassung und Laufendhaltung der Geo-Basisdaten. Die früher von der Politik vorgegebene Gewinnerzielung, etwa durch Herausgabe und den Druck topographischer Karten und anderer Dienstleistungen, ist in den Hintergrund getreten. In vielen Fällen hatte dieser Paradigmenwechsel auch Folgen für die Aufgaben, die Organisation und die Namensgebung der früheren Vermessungsämter in den Bundesländern.

Nach dem *Geodatenzugangsgesetz* sind die kartographischen Dateien für die Bundesrepublik Deutschland erhältlich. Das Bundesamt für Kartographie und Geodäsie (BKG) führt die von den zuständigen Institutionen der Länder bereitgestellten Geo-Basisdaten blattschnittfrei zusammen und gibt sie in mehreren Auflösungen und Projektionen weiter (näheres auf den WWW-Seiten des BKG und dem Geodatenzentrum des BKG). Beim BKG können die wichtigsten Dateien, etwa die Verwaltungsgrenzen für die administrativen Einheiten, von Gemeinden bis zu Ländern, und noch andere Informationen kostenfrei heruntergeladen werden. Dieser Dienst ist Teil der Nationalen Geoinformationsstrategie Deutschlands (NGDI-DE), ein Vorhaben von Bund, Ländern und Kommunen zur Vernetzung und Bereitstellung von Geo-Basisdaten.

Andere Länder

Für andere Länder als Deutschland gibt es sehr unterschiedliche Regelungen. Für die USA beispielsweise ist der Zugriff auf fast alle Geo-Basisdaten kostenfrei, sofern sie nicht der militärischen und nachrichtendienstlichen Geheimhaltung unterliegen. Die Regierung der USA ist der Auffassung, dass alle mit öffentlichen Mitteln erfassten Daten allen Bürgern der USA zur Verfügung stehen sollen, so auch die Daten des Geologischen Dienstes (USGS), der für die topographischen Karten zuständig ist, des Statistischen Bundesamtes (USCensus) und der NASA.

Die Firma ESRI, der Eigentümer des Paketes ArcGIS, stellt mit der Benutzungslizenz eine Auswahl von Geo-Basisdaten der USA und der Welt zur Verfügung. Von der Firma Golden Software, dem Eigentümer des Programms Surfer, sind ebenfalls Geo-Basisdaten für die USA erhältlich, für andere Länder als die USA etwas sparsamer als bei ESRI.

Ein erster Ansatzpunkt für Interessenten der Geo-Basisdaten in anderen Ländern sind die WWW-Seiten der dafür verantwortlichen Institutionen. Dort wird man wahrscheinlich Hinweise zur Verfügbarkeit und die Benutzungskosten der geometrischen Informationen finden.

Ein noch nicht gelöstes Problem sind die unterschiedlichen Konventionen für die Erfassung, Klassifizierung und Darstellung der topographischen Informationen in den europäischen Ländern. Seit einigen Jahren bemühen sich die nationalen Institutionen, gemeinsam mit der Europäischen Union, einheitliche Konzepte zu erarbeiten, um die topographischen Informationen und Karten grenzübergreifend vergleichbar zu machen. Es wird sicher noch einige Zeit dauern, bis die historisch gewachsenen Regeln durch neue Konventionen abgelöst sind.

Fahrzeug-Navigation

Für die Fahrzeug-Navigation existieren riesige Datenbestände mit dem Verlauf der Verkehrswege und zusätzlichen Informationen zu den Eigenschaften der Straßen, bis herunter zur Ebene der Wege für Radfahrer und Wanderer. Die Navigationsgeräte verbinden die jeweilige Position des Fahrzeugs, ermittelt mit GPS, GLONASS und vielleicht auch bald mit Galileo, mit den Informationen über das Straßennetz, die im Gerät gespeichert sind. Es ist nachvollziehbar, dass die Urheber der Straßen-Informationen die Daten als ihr wirtschaftliches Eigentum betrachten und weder den Mitbewerbern noch der Öffentlichkeit zugänglich machen. Die Navigationsdaten scheiden zur Zeit als Quelle für Geo-Basidaten aus.

Crowdsourcing

Die amtlichen Stellen in der Bundesrepublik Deutschland und auch der anderen europäischen Länder, die über Geo-Basisdaten verfügen, waren noch bis vor einigen Jahren sehr zurückhaltend, diese Daten weiterzugeben, selbst an Bundesbehörden oder für Forschungsprojekte. Für amtliche Geoinformationen mussten sehr hohe Lizenzgebühren gezahlt werden. Folglich waren nur große Firmen und Behörden in der Lage, die amtlichen Geo-Basisdaten für die kartographische Visualisierung einzusetzen. Für wissenschaftliche Untersuchungen oder die Lehre an den Hochschulen war es nahezu unmöglich, an die Geo-Basisdaten der Vermessungsverwaltungen heranzukommen. Manche Interessenten haben sich damit geholfen, die geometrischen Daten selbst zu erfassen, nicht immer in einer für die allgemeine Verwendung akzeptablen Form und Genauigkeit, ganz abgesehen von den Einschränkungen durch Gesetze und Verordnungen.

OpenStreetMap

Die schlechte Verfügbarkeit der topographischen Informationen war ein Grund für das Projekt *OpenStreetMap* (OSM), das im Jahr 2004 startete. Einige engagierte Forscher und Studenten setzten dabei auf *crowdsourcing,* die Erfassung der Geo-Basisdaten durch eine große Zahl von Freiwilligen, der *crowd,* die ihre Dienste ohne Bezahlung zur Verfügung stellen (ARSANJANI et al. 2015). Die sprachliche Ähnlichkeit mit *crowdfunding* (Vorfinanzierung der Fertigung von experimentellen Geräten durch viele zukünftige Nutzer) und *outsourcing* (Ausgliederung von Service-Leistungen) ist wohl nicht zufällig. Für diese Art der kartographischen Datenerfassung und -speicherung wird auch der Begriff *volunteered geographic information* verwendet.

Die Erfassung, Verarbeitung, Speicherung und der Zugriff über das WWW wird nach einheitlichen Regeln und Verfahren vorgenommen. Zur Zeit (2015) zählt die OSM-Gemeinschaft über eine Million Mitglieder, von denen die meisten wahrscheinlich Nutzer der OpenStreeMap-Daten sind. Nach der Anschubfinanzierung werden die laufenden Kosten, etwa für die Server mit der OSM-Datenbasis, von Sponsoren und aus Spenden aufgebracht.

Ein solches Projekt wäre ohne Internet-Unterstützung und die Infrastruktur des World Wide Web nicht durchführbar. Die zunehmende Verbreitung von Smartphones mit GPS-Funktionen und von tragbaren GPS-Rekordern erleichtert das Vorhaben noch weiter. Die Daten werden nach den Bedingungen der *Open Database License* (ODbL) weitergegeben, die unter bestimmten Voraussetzungen auch die kommerzielle Nutzung erlaubt (MAYR 2015).

Die Laufendhaltung der Datenbestände von OpenStreetMap erfolgt ebenfalls über freiwillige Beiträge. Viele Mitglieder der OSM-Gemeinschaft melden neue Objekte und Veränderungen an vorhandenen Objekten an einen zentralen Internet-Server. Die Meldungen werden geprüft, falls notwendig korrigiert und in die Datenbasis eingespeichert. Die korrigierten Daten sollten innerhalb kurzer Zeit der OSM-Gemeinschaft zur Verfügung stehen.

Ein adäquater deutscher Begriff für *crowdsourcing* ist bisher nicht gefunden worden. *Crowd* könnte man mit *Schwarm* übersetzen, aber dieses Wort weckt weniger angenehme Assoziationen mit Vogelschwärmen und Heuschrecken, realen wie sprichwörtlichen. *Schwarmfinanzierung* für crowdfunding ginge vielleicht noch, aber *Schwarmintelligenz* für crowdsourcing trifft die Bedeutung nicht. *Nutzergenerierte Daten* ist vielleicht noch die beste Annäherung (HAUTHAL & BURGHARDT 2015). Wir werden auch weiterhin mit der englischen Bezeichnung leben müssen.

Weitere Crowdsourcing-Projekte

Mit den gleichen Methoden und Techniken wie im OpenStreetMap-Projekts lassen sich auch raumbezogene Informationen erfassen, die außerhalb der Zuständigkeit der staatlichen Stellen für Geo-Basisdaten liegen. So haben zum Beispiel einige Semester von Geographiestudenten in Bonn und in anderen Städten die Eignung von Wegen für Blinde und Nutzern von Rollstuhl und Rollator erhoben. Damit wurden Karten der barrierefreien Wege und der Zugangshindernisse aller Art angefertigt.

Auch für Krisensituationen und humanitäre Katastrophen ist die Bereitstellung von Geodaten durch Freiwillige eine willkommene zusätzliche Hilfe (MÖLLER & FUHRMANN 2015). In anderen Projekten werden historische Ortsnamen und die Inhalte alter topographischer Karten mit Hilfe von *crowdsourcing*-Techniken erfasst (WALTER & BILL 2015, BILL et al. 2015).

Sensor-Netzwerke mit preiswerten Nanocomputern

Die *crowd* kann auch aus einem Netzwerk von kleinen Computern anstatt einer Menge von freiwillig tätigen Menschen bestehen. KARRASCH et al. (2015) beschreiben unter diesem Etikett ein Projekt zur flächendeckenden Erfassung von Umweltdaten. Die Messplätze bestehen aus einem preiswerten Nanocomputer aus der Arduino-Familie und daran angeschlossenen Sensoren und Modulen für die drahtlose Datenübermittlung. Die kleinen Computer speichern die Umweltdaten von den Sensoren, etwa Temperatur, Luftfeuchte, Konzentrationen von Gasen und anderen Parametern. Die Daten werden über unterschiedliche Übertragungsarten drahtlos an einen Server übermittelt und können von dort zeitnah analysiert werden.

Der Vorteil gegenüber den traditionellen Messstationen für Umweltdaten sind die erheblich geringeren Kosten für einen Messplatz. Es können mehr Messstationen aufgestellt werden, die räumliche Auflösung ist erheblich höher als die jeweiligen Gesetze zur Umweltbeobachtung vorschreiben. Die Messungen sind in sehr kurzen Zeitabständen möglich, anders als bei meteorologischen Stationen mit wenigen festen Zeitpunkten für die Erfassung.

Digitale Geländemodelle

Ein *Digitales Geländemodell* (DGM) repräsentiert die Form der Erdoberfläche als Menge von Höhenpunkten über der Referenzoberfläche, dem Geoid. Die häufigste Datenstruktur ist eine rechteckige Matrix von Bezugspunkten, aber auch Netze mit unregelmäßigen Dreiecken (TIN) oder unvernetzte Einzelpunkte mit xyz-Koordinaten sind gebräuchlich.

Geländemodelle der Bundesamtes für Kartographie und Geodäsie

Vom Bundesamt für Kartographie und Geodäsie (BKG) sind digitale Geländemodelle für die Bundesrepublik Deutschland verfügbar, in zwei Auflösungen mit 200 und 1000 m Maschenweite. Neben den rechteckigen Gittern kann das Geländemodell auch als Satz einzelner Punkte mit xyz-Koordinaten heruntergeladen werden (Geodatenzentrum des Bundesamts für Kartographie und Geodäsie). Einige Bundesländer stellen Geländemodelle mit noch feinerer Auflösung und besserer Genauigkeit für die Höhenangaben bereit. Die Software ArcGIS enthält Funktionen für die Verarbeitung der vom BKG verwendeten Transformationsverfahren.

GTOPO30

Der Datensatz GTOPO30 ist ein Höhenmodell der gesamten Erde, dessen Inhalt vorwiegend von Regierungsbehörden der USA zusammengetragen wurde. Die Höhenpunkte sind die Schnittpunkte eines Gradnetzes mit einer Auflösung von 30 Bogensekunden (deshalb der Name GTOPO30). In den mittleren Breiten entsprechen 30 Bogensekunden etwa 1 km auf dem Geoid. Das gesamte Netz enthält 43.200 Linien in horizontaler und 21.600 Linien in vertikaler Richtung, das ergibt insgesamt 933.120.000 Punkte. Die Höhenwerte reichen von -407 bis 8.752 m. In den Ozeanen sind die Höhenwerte auf -9999 gesetzt.

Der Datensatz kann von mehreren Servern kostenlos heruntergeladen werden, etwa beim US Geological Service (USGS). Damit die Übertragungszeiten im vernünftigen Rahmen bleiben, ist der gesamte Datensatz in Kacheln (*tiles*) eingeteilt. Das Gebiet der Bundesrepublik Deutschland enthält ungefähr zwei Millionen Höhenpunkte. Die Daten sind mit den Software-Werkzeugen von vielen GIS-Paketen verarbeitbar, auch mit ArcGIS. Im WWW kann man mit etwas Geduld auch kostenlose Software finden, die GTOPO30-Daten einliest und Oberflächendarstellungen erzeugt, zum Beispiel bei *Geocities*.

Zum Teil gehen die Höhendaten von GTOPO30 auf einen Datenbestand mit dem Namen *Globe* zurück, der von der NOAA (National Oceanic and Atmospheric Administration) aufgebaut wurde. Der Globe-Datensatz ist wie die meisten Informationen von US-Bundesbehörden frei im Internet verfügbar.

SRTM-Mission

Im Februar 2000 wurde während eines Spaceshuttle-Fluges eine Höhenmessung der gesamten Erdoberfläche mit Ausnahme der Polkappen durchgeführt (SRTM, *Shuttle Radar Topography Mission*). Die Mikrowellen-basierte Technik hat den Vorteil, dass sie auch bei Wolkenbedeckung eingesetzt werden kann, im Gegensatz zu optischen Sensoren. An Bord des Shuttle waren zwei Radar-Geräte installiert, eines am Shuttle, das andere an einem etwa 100 m langen Ausleger. Mit aktivem Radar wurde die Entfernung der beiden Geräte von der Erdoberfläche entlang der Flugbahn vermessen.

Aus den Messwerten beider Radargeräte und den Bahndaten des Shuttle wurde ein Höhenmodell der Erde konstruiert, wie es bisher weder in der Ausdehnung noch in dieser Genauigkeit vorhanden war. Nach Abschluss der Messungen stellte sich heraus, dass die Genauigkeit etwas geringer ausgefallen war als erwartet. Es wird berichtet, dass der lange Ausleger mit dem zweiten Radargerät zu stark schwankte. Dazu reagierte die Lageregelung des Shuttle zu träge für die genaue Einhaltung der notwendigen Lagestabilität. Deshalb war es nicht möglich, die angestrebte Präzision zu erzielen.

Das SRTM-Modell hat für die ganze Welt eine Gitterweite von 3 Bogensekunden, das entspricht etwa 90 m am Äquator. Die Höhengenauigkeit wird mit weniger als 16 m angegeben. Der Datensatz ist in Kacheln von 5 mal 5 Grad eingeteilt, um die Handhabung zu erleichtern. Für die USA ist eine Version mit 1 Bogensekunde Auflösung (30 m) und einer Höhengenauigkeit von 6 m verfügbar. Die Untermenge X-SAR vom Deutschen Zentrum für Luft- und Raumfahrt (DLR) hat eine höhere Genauigkeit, deckt jedoch nur 40 % der Erdoberfläche ab.

ASTER GDEM

Im Projekt ASTER (Advanced Spaceborne Thermal Emission and Reflection Radiometer) der NASA und dem japanischen Minsterium für Raumfahrt (METI) wurde ein globales Höhenmodell aus Stereopaaren des Terra-Satelliten zusammengestellt. Die letzte Version von GDEM wurde 2011 freigeben und kann kostenlos heruntergeladen und genutzt werden. Die Maschenweite des Höhenmodells beträgt ca. 30 m. Der gesamte Datensatz ist in Kacheln von 1 Grad Seitenlänge eingeteilt

Globales Höhenmodell ALOS

Die japanische Raumfahrt-Agentur JAXA bereitet eine Datenbasis mit einem globalen Höhenmodell mit einer Gitterweite von 1 Bogensekunde (ca. 30 m) vor. Das Gitter basiert auf dem DSM-Datensatz mit 5 m Maschenweite und den Daten des Landbeobachtungs-Satelliten Daichi. Die Höhengenauigkeit wird mit 5 m angegeben.

Die Datenbasis kann kostenfrei heruntergeladen und genutzt werden, wenn der Anwender mit den Nutzungsbedingungen einverstanden ist. In der ersten Ausbaustufe sind nur Gebiete in Südostasien einschließlich Japan verfügbar. Nach und nach wird die Datenbasis auf die ganze Welt zwischen den nördlichen und südlichen Breitenkreisen von 82 Grad ausgedehnt (Takaku et al. 2014).

TerraSAR-X/TanDEM-X

Seit 2010 wird die Erde mit den beiden Radar-Satelliten TerraSAR-X und TanDEM-X neu vermessen, mit noch größerer Auflösung und Höhengenauigkeit als die anderen Missionen vorher. Die beiden Satelliten fliegen im Abstand von etwa 120 Metern in wechselnden Konfigurationen. Der Abstand der Satelliten muss bis auf einige Millimeter genau bestimmt und die Sychronizität der beiden Borduhren innerhalb eine Billionstel Sekunde bleiben. Sonst ist die geforderte Messgenauigkeit der Höhe der Erdoberfläche von unter zwei Metern nicht zu erreichen.

Die große Menge der Messdaten, die von den Satelliten bei den Operationszentralen eintreffen, erfordert riesige Speicherkapazitäten und lange Auswertezeiten. Bisher sind nur wenige Kacheln – sphärische Quadrate von ungefähr 100 km Seitenlänge – verfügbar. Die Kacheln werden nach Abschluss der Auswertung zu einem Mosaik der Erdoberfläche zusammengesetzt. Über die Zeitpunkte der Verfügbarkeit von bestimmten Kacheln und die Kosten für die Endverbraucher in Wissenschaft, Verwaltung und Wirtschaft ist bisher nichts näheres bekannt.

Eigene Erfassung von Geländemodellen

Wenn für eine Untersuchungsgebiet kein Geländemodell in der notwendigen Auflösung und Höhengenauigkeit aus den vorher genannten Quellen verfügbar sind, bleibt dem der Anwender keine anderer Weg, als die notwendigen Daten selbst zu erfassen oder erfassen lassen. Dank der Fortschritte in der Technik sind heute Dienstleister in der Lage, die Informationen schneller und preiswerter als mit den klassischen geodätischen und photogrammetrischen Techniken bereitzustellen. Die ferngesteuerten Multikopter ermöglichen eine relativ preiswerte Datenerfassung, denn für die Luftaufnahmen muss kein teures Fluggerät mit einem Piloten an Bord aufsteigen. Wenn die Anforderungen an die Höhengenauigkeit moderat sind, lässt sich aus mehreren Bildern der Multikopter-Kamera ein digitales Geländemodell ableiten.

Bodenbedeckung und Landnutzung

Flächennutzung im ATKIS-Basis-DLM

Als zusätzliche Information zu den Landmarken sind im Digitalen Landschaftsmodell der Vermessungsverwaltungen die Nutzungsflächen gespeichert. Die Hauptgruppen Verkehrsfläche, Siedlungsfläche und Freiraumfläche werden weiter untergliedert auf insgesamt 36 Grundflächenarten, die der Systematik der amtlichen Flächenerhebung entsprechen. Die Systematik wurde im Laufe der Zeit aufgrund der während der Realisierung von ATKIS gewonnenen Erfahrungen angepasst. Inzwischen liegen fünf Zeitschnitte vor. Damit sind Zeitreihen und die Analyse von Entwicklungen möglich (KRÜGER et al. 2015).

In manchen Fällen ist das Bild der Erdoberfläche und der im Foto erkennbaren Bodenbedeckung die einzige Möglichkeit, die Informationen zu gewinnen, die für administrative und politische Entscheidungen notwendig sind. In früheren Zeiten hat man mit Flugzeugen großformatige Luftbilder aufgenommen, die mit analogen Geräten vermessen wurden. Die Bilder dienen heute als Quellen für historische Untersuchungen zur Landnutzung und Bodenbedeckung in früherer Zeit.

Bodenbedeckung aus Satellitenbildern

Seit mehreren Jahrzehnten stehen Bilder von Kameras an Bord von erdumkreisenden Satelliten zur Verfügung. Im Laufe der Zeit ist die räumliche und spektrale Auflösung immer besser geworden, so dass sie auch für die kleinräumige Visualisierungen genutzt werden können. Ein Problem der optischen Datenerfassung der Erde sind die atmosphärischen Störungen wie Wolken oder Nebel. Aus diesem Grund stehen für unsere Breiten selten Bilder in einem zeitnahen und engen Zeitfenster zur Verfügung. Für die reine Visualisierung der Oberfläche spielt das keine große Rolle, wohl aber für Untersuchungen, in denen zeitliche Entwicklungen analysiert werden sollen, etwa in Abhängigkeit vom Jahres- oder sogar im Extremfall vom Tagesablauf.

Am bekanntesten sind die Satellitenbilder, die von der Firma Google zu einer erdumfassenden Datenbasis zusammengestellt wurden. Mit den Diensten *Google Maps* oder *Google Earth* kann man sich die Bodenbedeckung in beliebigen Ausschnitten der Erdoberfläche ansehen. Die Bilddaten sind in einem standardisierten Format zugreifbar. In Google Earth wird das Aufnahmedatum der Bilder angegeben. Die meisten Bilder sind zum größten Teil mehrere Jahre alt. Man bemerkt den länger zurückliegende Zeitpunkt der Aufnahme vielleicht auch daran, dass der Baum im eigenen Garten, den man vor einigen Jahren gefällt hat, immer noch bei Google Earth sichtbar ist.

Nano-Satelliten als Bildquellen

Vielen Interessenten ist die Zeitspanne von der Aufnahme bis zur Veröffentlichung der Satellitenbilder viel zu lang. Deshalb sind in der letzten Zeit einige private Unternehmen entstanden, die Bilder aus dem Orbit erheblich schneller und billiger liefern wollen als die etablierten großen Institutionen wie die NASA oder ESA. Die bildgebenden Satelliten sind dank der Fortschritte in der Mikroelektronik wesentlich kleiner geworden, von 5 bis 50 cm Kantenlänge, und auch leichter, mit einer Masse von 180 g bis 100 kg. Diese *Nanosats* eignen sich sehr gut als modulare Beiladung, wenn eine Rakete mit einem großen Satelliten oder einer Transportkapsel zur Internationalen Raumstation noch Ladekapazität frei hat. Etwa 100 Kleinsatelliten in Schuhschachtel-Größe befinden sich bereits im Orbit. Die Zahl soll in den nächsten Jahren auf mehrere Hundert anwachsen (Schulz 2015).

Je nach Typ des Nanosats und der Sensoren an Bord variiert die Auflösung der Bilder von 1 bis 50 m auf der Erdoberfläche. Über die Preise, die Verfügbarkeit und die zeitliche Verzögerung von der Aufnahme bis zur Veröffentlichung ist noch wenig bekannt, ebensowenig wie über die Änderungen im Bildmaterial aus Gründen der nationalen Sicherheit der USA. Es besteht die Hoffnung, dass sich die Firmen gegenseitig genug Konkurrenz machen, damit die Nutzungskosten für den Endverbraucher niedrig bleiben.

Weitere Quellen

Mit *Bing Maps Service* wollte sich Microsoft als Konkurrenz zu Google Maps etablieren. Um den Dienst ist es etwas still geworden. Eine Sammlung von Satellitenbildern, wahrscheinlich ebenfalls von NASA-Satelliten, steht auch bei Bing Maps Service zur Verfügung.

Für die Nutzer von ArcGIS stellt die Firma ESRI eine Sammlung von Satellitenbildern bereit. Die aktuellen Bezugs- und Nutzungsbedingungen muss man bei ESRI erfragen. Bei einer Suche im Internet wird man noch andere Bezugsquellen für Satellitenbilder ausfindig machen können. Nutzer des Programms Surface können von einer Datenbasis der Mutterfirma Golden Software Satellitenbilder und Grenzen und noch andere Daten herunterladen, die für die Visualisierung nutzbar sind. Bezüglich Umfang und Einheitlichkeit der geometrischen Daten und Bilder bleiben einige Wünsche offen, insbesondere für Nutzer außerhalb der USA.

CORINE Land Cover

CORINE ist die Kurzbezeichnung für *Coordination of Information on the Environment*, ein Projekt zur einheitlichen Klassifikation der Landnutzung und der räumlichen Verortung der klassifizierten Nutzflächen in Europa. Die Kommission der Europäischen Union hat das Projekt CORINE auf den Weg gebracht und weitgehend finanziert. Etwa seit Mitte der 1980er Jahre wurden mit Satellitenbildern (vor allem vom Satelliten Landsat 7) die Fläche der Europäischen Union nach ihrer Landnutzung klassifiziert und georeferenziert. Die Ergebnisse der ersten beiden Projektphasen von 1990 und 2000 stehen als Geo-Basisdaten in Maßstäben um 1 : 100 000 auf CD-ROM zur Verfügung. Die dritte Aufnahmephase mit dem Bezugsjahr 2006 mit einer höheren Auflösung wurde im Januar 2010 abgeschlossen. Aktuell sind die CORINE-Landbedeckungsdaten mit dem Referenzjahr 2012 ab dem Jahr 2014 erhältlich.

Die Landnutzungsarten sind in 13 Hauptklassen gegliedert. Die Hauptklassen wurden weiter unterteilt, insbesondere für die landwirtschaftliche Nutzung. Insgesamt ergeben sich 44 Nutzungsklassen für das Gebiet der Europäischen Union. Ein großer Nachteil der Ersterfassung war, dass die Nutzungsflächen mindestens 20 Hektar groß sein mussten. Damit waren kleinräumige Untersuchungen und Verschneidungen mit digitalen Datenbeständen erschwert oder unmöglich.

In der dritten Phase des CORINE-Projektes sollten einige Probleme der ersten beiden Phasen bezüglich der Erfassung und Klassifizierung der Objekte besser gelöst werden. Ob dieses Ziel erreicht wurde, muss sich noch zeigen.

Fachdaten

Außer den geometrischen Basisdaten sind für Regionalanalysen weitere Fachdaten notwendig, die mit den Bezugseinheiten verknüpft sind. Die thematischen Informationen werden für die Analyse und Dokumentation in Karten dargestellt. Regional und thematisch differenzierte Fachdaten stehen an verschiedenen Stellen im Internet zur Verfügung. Hinweise auf einige Bezugsquellen findet man zum Beispiel bei BAGER (2015). In diesem Beitrag sind auch Kartendienste und freie Software für die Erstellung von Choroplethen-Karten kurz beschrieben.

Eine Stichwort-Suche im WWW wird zu weiteren Fundstellen für Fachdaten aus vielen Themen- und Anwendungsbereichen und mit unterschiedlichen Raumbezügen führen. Das Problem ist weniger die Verfügbarkeit von Daten aus nicht-amtlichen Quellen als die Beurteilung der Qualität und Validität der Inhalte. Wenn in einer Datenbasis für Windkraftanlagen die physikalischen Größen Energie und Leistung durchgängig verwechselt werden, spricht das nicht unbedingt für die Sachkunde und Professionalität des Datenbank-Betreibers. Die demographischen und sozio-ökonomischen Informationen aus den statistischen Ämtern sind aber auch nicht frei von Fehlern und Ungereimtheiten. Aber die Regionalforscher geben sich oft damit zufrieden, dass ihnen überhaupt regionalisierte Informationen zu bestimmten Merkmalen zur Verfügung stehen. Die kleinen Abweichungen verändern das generelle Bild nicht wesentlich, das sich aus den Analysen ergibt.

INKAR

Das Bundesinstitut für Bau-, Stadt- und Raumforschung (BBSR) unterhält in Zusammenarbeit mit den statistischen Ämtern des Bundes und der Länder eine Datenbasis mit regionalisierten Fachdaten für die Bundesrepublik Deutschland. Die Datenbasis INKAR enthält über 600 Indikatoren zu den Themen Bevölkerung, Wohnen, Bildung, Soziales, Wirtschaft und Umwelt. Früher auschließlich als CD-ROM oder DVD erhältlich, ist der Zugriff auf die INKAR-Datenbasis seit dem Jahr 2015 nur noch online über das World Wide Web möglich. Die Datenbasis wird je nach Verfügbarkeit der Basisdaten jährlich fortgeschrieben, um die Informationen und damit die Analyse und Präsentation so zeitnah wie möglich zu halten.

Über die Standard-Browser kann der Anwender einzelne Indikatoren auswählen und in Tabellen zusammenstellen. Die Tabellen lassen sich in mehreren Formaten exportieren. Die Daten sind für unterschiedliche Raumgliederungen aufbereitet, in der administrativen Gliederung für Länder, Kreise und Gemeindeverbände, für Bezugseinheiten außerhalb der Verwaltungshierarchie, etwa die Raumordnungsregionen der Bundesrepublik Deutschland, Kreisregionen, Arbeitsmarktregionen, Mittelbereiche, die Einheiten für europaweite Daten (bis zur Ebene NUTS2) und verschiedene Regionstypen. Für einige Indikatoren sind auch Zeitreihen vorhanden.

Die Indikatoren lassen sich auch online als Choroplethen-Karten visualisieren. Der Anwender kann entweder voreingestellte Klasseneinteilungen und Farbzuordnungen nutzen oder die Schwellenwerte und Flächenfüllungen selbst definieren. Die Karten und die zugehörigen Legenden sind als Rasterdateien in mehreren Größen und Formaten exportierbar. Für weitergehende Analysen und Visualisierungen können die exportierten Tabellen mit den Werkzeugen des eigenen Geo-Informationssystems verarbeitet und mit anderen Daten zusammengeführt werden.

Die Indikatoren und Dienste von INKAR sind kostenfrei nutzbar, auch für kommerzielle Anwendungen. Die Daten können nach Belieben in Geschäftsprozesse, Analysen und Präsentationen des Anwenders eingebunden werden. Die Nutzer müssen sich lediglich verpflichten, die Herkunft der Indikatoren durch einen Quellenvermerk eindeutig zu kennzeichnen. Bei der Präsentation im Internet und in digitalen Publikationen soll mit einen Link auf INKAR und das BBSR verwiesen werden.

Literatur

ARSANJANI J, ZIPF A, MOONEY P, HELBICH M (eds.) (2015) OpenStreetMap in GIScience. Experiences, Research, and Applications. Lecture Notes in Geoinformation and Cartography. Springer, Heidelberg

BAGER J (2015) Zahlen zeigen - Geoinformationen selbst aufbereiten. c't magazin für computertechnik 2015/12, 166–169

BILL R, KOLDRACK N, WALTER K (2015) Georeferenzierung alter topographischer Karten - Crowdsourcing versus Bildverarbeitung. AGIT Journal für Angewandte Geoinformatik 1-2015, 540–549
http://gispoint.de/fileadmin/user_upload/paper_gis_open/537557074.pdf (8/2015)

FLACKE W, DIETRICH M, GRIWODZ U, THOMSEN B (2015) Koordinatensysteme in ArcGIS: Praxis der Transformationen und Projektionen, 3., neu bearbeitete Auflage. Wichmann-Verlag

HAUTHAL E, BURGHARDT D (2015) Erfassung, Analyse und Visualisierung emotionsbezogener, räumlicher Informationen aus nutzergenerierten Daten. Kartographische Nachrichten 4/2015, 216–229

Karrasch P, Henzen D, Müller M (2015) Entwicklung und Analyse eines Modells zur raumzeitlichen Modellierung von Umweltinformationen auf Basis von Crowdsourcingdaten. AGIT Journal für Angewandte Geoinformatik 1-2015, 404–408
http://gispoint.de/fileadmin/user_upload/paper_gis_open/537557056.pdf (8/2015)

Krüger T, Hennersdorf J, Meinel G, Behnisch M (2015) Migration des ATKIS-Basis-DLM - Auswirkungen auf die Nutzung für das Flächenmonitoring. Kartographische Nachrichten 2/2015, 59–66

Mayr M (2015) Lizenzen in freier Wildbahn. Kartographische Nachrichten 1/2015, 14–21

Möller A, Fuhrmann S (2015) Cloud mapping im Krisenfall. Kartographische Nachrichten 1/2015, 7–14

Schmidt-Falkenberg H (2015) Die Sekunde, das Meter und die Höhenlinie. Kartographische Nachrichten, 1/2015, 28–32

Schulz, T (2015) Der Planeten-Scanner. DER SPIEGEL, Nr. 5, 24. 1. 2015

Takaku J, Tadono T, Tsutsui K (2014) Generation of High Resolution Global DSM from ALOS PRISM. The International Archives of the Photogrammetry, Remote Sensing and Spatial Information Sciences, Vol. XL-4, 243–248
http://www.int-arch-photogramm-remote-sens-spatial-inf-sci.net/XL-4/243/2014/isprsarchives-XL-4-243-2014.pdf (9/2015)

TanDEM-X. Eine neue Landkarte der Erde - in 3D und hochpräzise.
http://www.dlr.de/dlr/presse/desktopdefault.aspx/tabid-10172/213_read-10323/

Walter K, Bill R (2015) Aufbau eines crowdsourcing-basierten Verzeichnisses für historische Ortsnamen. AGIT Journal für Angewandte Geoinformatik 1-2015, 432–439
http://gispoint.de/fileadmin/user_upload/paper_gis_open/537557060.pdf (8/2015)

Links

Institution

Bundesamt für Kartographie und Geodäsie (BKG)
http://www.bkg.bund.de (10/2015)

Bundesamt für Kartographie und Geodäsie, Geodatenzentrum
http://www.geodatenzentrum.de/geodaten/gdz_rahmen.gdz_div

BBSR, Bundesinstitut for Bau-, Stadt- und Raumforschnung, INKAR-Datenbasis
http://www.inkar.de (10/2015)

Geocities
http://www.geocities.com/TimesSquare/1658/mapper.html

National Oceanic and Atmospheric Administration (NOAA)
http://www.noaa.gov

United States Geological Survey (USGS)
http://edcdaac.usgs.gov, http://earthexplorer.usgs.gov

Datenbasis

ALOS DEM
  http://www.eorc.jaxa.jp/ALOS/en/aw3d30/index.htm (9/2015)
  http://www.eorc.jaxa.jp/ALOS/en/aw3d/index_e.htm (9/2015)
ASTER GDEM
  https://asterweb.jpl.nasa.gov/gdem.asp
Global DEM, GTOPO30
  https://lta.cr.usgs.gov/GTOPO30
Global DEM with bathymetry, ETOPO
  https://www.ngdc.noaa.gov/mgg/global/global.html
OpenStreetMap
  http://openstreetmap.de
SRTM Mission
  http://www.dlr.de/srtm/
  http://www.cgiar-csi.org/data/srtm-90m-digital-elevation-database-v4-1 (9/2015)
TanDEM-X DEM
  https://tandemx-science.dlr.de

5

5   Interpolation von Oberflächen

Die Ausgangsdaten für die Konstruktion von Oberflächen sind diskrete Objekte mit geometrischen und thematischen Daten. In der Regel ist die Auflösung der Ausgangsdaten viel geringer als die Auflösung, die für eine visuell ansprechende Darstellung der Oberfläche erforderlich ist. Deshalb muss die relativ grobe Auflösung der Ausgangsdaten so verdichtet werden, dass eine Oberfläche mit ausreichend hoher Auflösung entsteht. Die notwendige Dichte oder Auflösung ist vom Darstellungsverfahren abhängig, zum Beispiel

- grob für proportionale Größensymbole,
- mittelfein für Isolinien,
- fein für die simulierte Beleuchtung.

Die Dichte in der räumlichen Verteilung der Objekte kann in manchen Fällen durch zusätzlichen Aufwand bei der Erfassung der Daten gesteigert werden. Im Fall der Erdoberfläche werden zusätzliche geometrischen Objekten aus Karten in größeren Maßstäben oder durch Messungen im Gelände aufgenommen. Bei immateriellen Oberflächen wird in der Regel aus den Ausgangsdaten die feiner aufgelöste Oberfläche durch *Interpolation* berechnet.

Erhaltung der Eigenschaften

Die Eigenschaften von Oberflächen sind durch charakteristische Elemente festgelegt. Die Charakteristika definieren die Oberfläche. Einige haben darüber hinaus einen besonderen Wert für die Wiedererkennung und Orientierung. Alle Charakteristika müssen im digitalen Modell und in der graphischen Darstellung erhalten bleiben. Neben der Lage der Elemente im dreidimensionalen Raum sind auch das Verhalten der Oberfläche in der unmittelbaren Nachbarschaft der Elemente von Bedeutung.

- **1D:** Punktförmige Charakteristika sind Höhenwerte an einem bestimmten Punkt in der Ebene. Die Oberfläche geht in der Regel durch diese Punkte. Charakteristisch für die Erdoberfläche sind lokale Minima und Maxima (Gipfel und Senken), an denen sich die Neigung und Orientierung der benachbarten Flächen mehr oder weniger abrupt ändern kann.

- **2D:** Linienförmige Charakteristika haben den höchsten Wiedererkennungswert, wenn sie Unstetigkeiten im Verlauf der Erdoberfläche kennzeichnen, zum Beispiel Grate, Stufen, Klippen, Abbrüche oder Rinnen. Der Verlauf von Fließgewässern hat Einfluss auf die Oberflächengestalt. Bestimmte physikalische Gesetzmäßigkeiten sind einzuhalten, etwa dass Wasser in einem Fließgewässer nicht bergauf fließen kann. Administrative oder natürliche Grenzen, der Verlauf von Fließgewässern, die Uferlinie von stehenden Gewässern oder die Küstenlinie sind weitere bestimmende Elemente.
- **3D:** Dreidimensionale Charakteristika sind die Neigung und Exposition von Hängen, oder geometrische Formen, etwa Berge, Hügel, Rücken, Becken oder Mulden.

Flächenhafte Bezugseinheiten

Im Gegensatz zur Erdoberfläche können die Ausgangsobjekte für immaterielle Oberflächen auch flächenhafte Bezugseinheiten sein, denen ein Wert zugeordnet ist. Flächenbezogene Variablen und Indikatoren stammen in der Regel aus Großzählungen und dem Verwaltungsvollzug. Die Zähleinheiten, zum Beispiel Personen, Haushalte oder Kraftfahrzeuge, werden für jede administrative Einheit addiert und als Summe ausgewiesen. Die Summe ist die absolute Kennzahl für die Einheit. Die Division durch die Fläche der Bezugseinheit (oder eine andere Bezugsgröße) ergibt die relative Kennzahl. Den Absolutwert kann man als Prisma über der Bezugsfläche, den Relativwert, der sich auf die Fläche bezieht, als Höhe des Prismas kartographisch darstellen (Abb. 5-1).

Die Prismen bildet eine diskontinuierliche Oberfläche, mit starken Höhenunterschieden an den Grenzen der Bezugseinheiten. Aus den vorher genannten Gründen ist es manchmal sinnvoll, die unstetige Oberfläche der Ausgangsdaten in eine stetige Oberfläche umzusetzen, unter bestimmten Annahmen und Kriterien für die Ausformung der Oberfläche (TOBLER 1979). Für die Interpolation immaterieller Oberflächen werden in der Regel nur punktförmige oder flächenbezogene Ausgangsdaten verwendet.

Interpolation von Kontinua

Die Auflösung der Erdoberfläche kann theoretisch unbeschränkt fortgeführt werden, bis auf die Ebene der Atome. Die wirtschaftlichen Randbedingungen setzen aber Grenzen, die manchmal nicht überschritten werden können. Immaterielle Oberflächen werden meistens aus Messpunkten interpoliert, die unregelmäßig in der Bezugsebene verteilt sind. Die Messpunkte können zum Beispiel Wetterstationen sein, die Luftdruck und Temperatur erfassen. Die Ausgangsdaten für Erreichbarkeits-Oberflächen sind meistens Quell- und Zielpunkte in Verkehrsnetzen.

Die dreidimensionalen Funktion zwischen den Stützpunkten oder den Höhenwerten über beliebigen Punkten in der Bezugsebene wird aus Annahmen über das übliche Verhalten der Oberfläche abgeleitet. Die Annahmen stützen sich auf die Anordnung und die Werte der benachbarten Stützpunkte, auf Erfahrungen zum Verhalten von Oberflächen

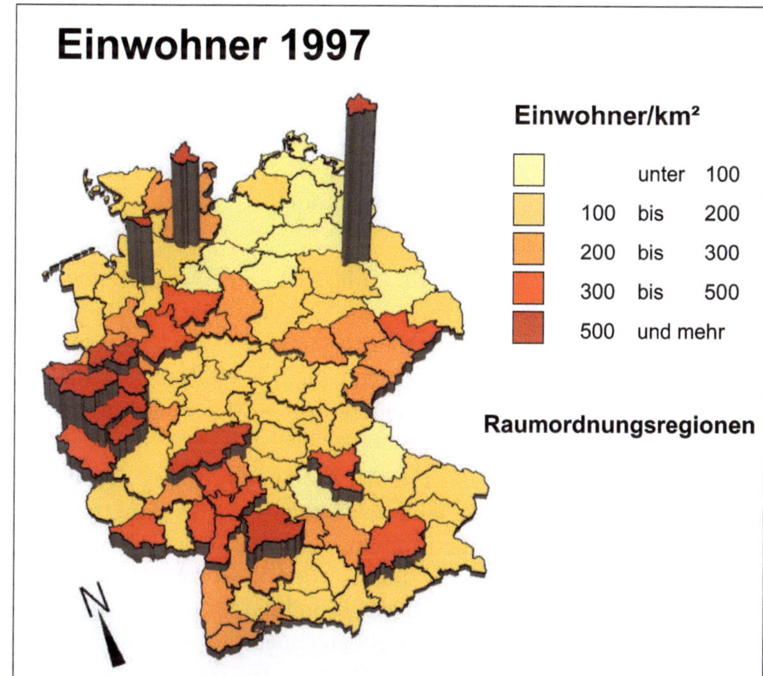

Abbildung 5-1
Perspektivische
Darstellung von
flächenbezogenen
Daten

unter ähnlichen Bedingungen, auf Expertenwissen zur Genese von Oberflächen und auf normative Vorgaben.

Das Formelwerk für alle Interpolationsverfahren ist sehr umfangreich, so dass es in diesem anwendungsorientierten Text nicht in voller Breite wiedergegeben werden kann. Die wichtigsten Formeln, die verbale Beschreibung und die Visualisierung der Verfahren an Beispielen sollen ausreichen. Für die eingehende mathematische Diskussion der Rechenverfahren mit allen Formeln und Herleitungen wird auf die Originalbeiträge verwiesen. Bei LANCASTER & SALKAUSKAS (1986), SPÄTH (1991) und WATSON (1992) sind viele Interpolations-Algorithmen eingehend beschrieben, aber auch nicht immer mit allen Formeln. Im Text von SPÄTH sind Formeln und einige Fortran-Programme abgedruckt. Dem Buch von WATSON ist eine Diskette mit BASIC-Programmen beigelegt. In beiden letzteren Büchern sind viele Literaturhinweise auf weitere Programme für Interpolation und Darstellung von Oberflächen enthalten.

Forderungen an das Interpolationsverfahren

Für die Interpolationsverfahren sind Qualitätskriterien zu definieren, mit denen die Verfahren und ihre Eignung für den jeweiligen Anwendungszweck geprüft werden:

- Erhaltung der charakteristischen Merkmale der Oberfläche,

- Erhaltung des Volumens bei flächenbezogenen Daten,
- Stetigkeit der interpolierten Oberfläche,
- gute Qualität des visuellen Erscheinungsbildes.

In manchen Fällen schließen die Kriterien einander aus, etwa das Kriterium der Erhaltung der Charakteristika in Form von Bruchlinien und die Stetigkeit bei der Erdoberfläche, der Erhalt der Höhe an den Stützpunkten und die Volumenerhaltung. .

Erhaltung der charakteristischen Merkmale

Das Interpolationsverfahren soll die charakteristischen Merkmale des Ausgangsmodells so gut wie möglich im Darstellungsmodell erhalten. Für die Erdoberfläche sind Datenmodelle und Verfahren notwendig, die die Charakteristika in ihren punktförmigen und linienförmigen Ausprägungen bewahren, etwa ein unregelmäßiges Dreiecksnetz (TIN). Das Interpolationsverfahren soll die Unstetigkeiten im Darstellungsmodell abbilden, damit sie auch in der graphischen Darstellung sichtbar und erkennbar bleiben.

Die Entwickler von Interpolations-Algorithmen testen die Qualität ihres Verfahrens manchmal mit synthetischen Oberflächen, etwa einer zweidimensionalen Funktion. Mit Stützpunkten, deren z-Wert dem Funktionswert entspricht, wird eine Oberfläche interpoliert. An Orten, die nicht mit den Stützpunkten der Interpolation identisch sind, wird die Abweichung der Oberfläche vom Funktionswert festgestellt und daraus ein globales Maß für die Güte der Interpolation und damit des Verfahrens berechnet.

Anstelle der Funktion kann man auch eine Testoberfläche oder ein *Eichmodell* verwenden. Eichmodelle für die Erdoberfläche sind zum Beispiel Datensätze mit charakteristischen Elementen, die in mehreren Stufen der Wiedergabe-Genauigkeit zur Verfügung stehen, also mit einer unterschiedlicher Anzahl von Stützpunkten. Mit einer Untermenge der Stützpunkte wird eine Interpolation vorgenommen. Am Ort der übrigen Stützpunkte werden Oberflächenwerte berechnet und mit den tatsächlichen z-Werten verglichen. Die Abweichungen sind wieder das Maß für die Güte der Interpolation. Durch Variationen in der Auswahl der Untermenge kann man die Stabilität des Verfahrens prüfen. Weiterhin könnte man durch Vergleich mehrerer Oberflächen unterschiedlicher Ausprägung versuchen, typische Muster in den Abweichungen zu finden und daraus auf die Qualität des Verfahrens zu schließen. Diese Tests werden meistens mit einer geringen Anzahl von Stützpunkten durchgeführt, so dass sich lediglich Anhaltspunkte für die Erhaltung der Höhenwerte an den bekannten Stützpunkten ergeben. Die anderen Charakteristika der Oberfläche (Linien) bleiben unberücksichtigt.

Erhaltung des Volumens

Die meisten Variablen und Indikatoren für immaterielle Oberflächen beziehen sich auf administrative Gebietsgliederungen. Bei Großzählungen, den regelmäßigen Erhebungen der amtlichen Statistik und der Datengewinnung aus dem Verwaltungsvollzug werden die demographischen und sozioökonomischen Individualdaten (zum Beispiel Personen, Haushalte, Gebäude oder Kraftfahrzeuge) auf die administrativen Einheiten aggregiert. Die Summen werden für diese Flächeneinheiten ausgewiesen und veröffentlicht, wenn die Zahl über der Grenze liegt, die für den Schutz der privaten Sphäre und der wirtschaftlichen Geheimhaltung eingehalten werden muss.

Die Flächeneinheiten können innerhalb oder außerhalb der administrativen Hierarchie zu größeren Einheiten zusammengefasst werden, je nach der für die Untersuchung notwendigen Granularität oder dem Geheimhaltungsbedarf. Auch ursprünglich nicht für die Einheiten der amtlichen Statistik erhobenen oder verfügbaren Informationen werden für diese Gebietsgliederungen umgerechnet, um sie mit den demographischen oder sozioökonomischen Informationen verknüpfen zu können (Umschätzung, Disaggregierung).

Werden bei der Interpolation flächenbezogene Variablen und Indikatoren verwendet, sollte das Volumen für jede Bezugseinheit, also das Produkt aus Höhe (Datenwert) und Grundfläche, so weit wie möglich erhalten bleiben. Zum Beispiel dürfen Personen, die in einer Bezugseinheit gezählt wurden, bei der Erzeugung der stetigen Oberfläche nicht zufällig oder verfahrensbedingt einer benachbarten Einheit zugeschlagen werden. Dieser Effekt ist mit der Erosion auf der Erdoberfläche vergleichbar: an exponierten Stellen wird Material abgetragen, und mit dem „Schutt" werden die Täler aufgefüllt. Diese Art von „Erosion" kann bei einigen Interpolationsverfahren auftreten, ohne dass man es steuern oder verhindern kann. Die Volumenerhaltung ist deshalb eine wichtige, wenn nicht eine unabdingbare Forderung für die Interpolation einer stetigen Oberfläche aus flächenbezogenen Informationen. Die Größe der Abweichung von dieser Forderung ist ein Qualitätskriterium für das Interpolationsverfahren.

Für immaterielle Oberflächen haben Tests mit Eichmodellen keine oder nur sehr eingeschränkte Bedeutung. Es gibt keine Eichmodelle wie im Fall der Erdoberfläche, die als Referenz für die Berechnung der Abweichungen und der Güte der Interpolation dienen können. Der z-Wert am Ort der Stützpunkte ist das einzige charakteristische Merkmal von immateriellen Oberflächen, die aus Punkten interpoliert werden. Bei der Interpolation aus flächenhaften Objekten ist das Volumen über der Bezugseinheit das wichtigste Kriterium für die Beurteilung.

Stetigkeit der Oberfläche

Für immaterielle Oberflächen sind in der Regel nur die Höhenwerte bekannt, entweder als z-Wert an den Stützpunkten oder als Höhe oder Volumen der Prismen bei flächenförmigen Bezugseinheiten. Da über Unstetigkeiten keine Informationen vorhanden sind, wird vorausgesetzt, dass der Verlauf der Oberfläche kontinuierlich und stetig ist. Die Oberfläche ist frei von Sprungstellen und plötzlichen Änderungen im Gradienten. Für eine Menge von unregelmäßig verteilten Punkten werden eine oder mehrere Funktionen $z_{i,j} = f(x_i, y_i)$ gesucht, die folgende Bedingungen erfüllen sollen:

- An den Stützpunkten soll der Wert der Funktion exakt dem ursprünglichen Höhenwert entsprechen (Höhe als charakteristisches Merkmal).
- Die Funktion oder die Summe der Funktionen soll eine stetige Oberfläche ergeben.

Eine Kurve ist im streng mathematischen Sinn stetig, wenn sie zweifach differenzierbar ist. Die Differenzierbarkeit ist dabei eine hinreichende, aber keine notwendige Bedingung.

Eine Oberfläche kann stetig sein, auch wenn die Kurve nicht differenzierbar ist. In der praktischen Anwendung reicht die einfache Differenzierbarkeit als Kriterium für die Stetigkeit aus (Lancaster & Salkauskas 1986, Späth 1991).

Diskontinuitäten und Barrieren

Bei der Visualisierung der Erdoberfläche sollten die Unstetigkeiten unbedingt erhalten bleiben. Diskontinuitäten in einer immateriellen Oberfläche sind im Vergleich mit der Erdoberfläche relativ selten. Durch eine Verdichtung des Messnetzes könnte man vielleicht Unstetigkeiten ausfindig machen, aber der Aufwand dafür ist hoch. Bei immateriellen Oberflächen wird in der Regel angenommen, dass sie kontinuierlich oder stetig sind. Plötzliche Wechsel im Gradienten der Oberfläche kommen nicht vor oder können zumindest nicht belegt werden.

In manchen Fällen gibt es auch bei diesen Oberflächen Anhaltspunkte für Diskontinuitäten. Natürliche Hindernisse, etwa ein breiter Fluss oder ein Gebirge, bilden Barrieren für die räumliche Interaktion. Ebenso haben historische Sprach-, Religions- oder Herrschaftsgrenzen in der Kulturlandschaft ihre Spuren hinterlassen, die heute noch direkt oder indirekt sichtbar sind. Diese Diskontinuitäten sind weniger scharf ausgeprägt und deshalb weniger gut sichtbar als zum Beispiel ein steiler Abbruch auf der Erdoberfläche. Sie sind kaum als Linie zu erfassen, eher als mehr oder weniger breites Band oder eine Übergangszone.

Erhalt von Unstetigkeiten

Unstetigkeiten oder Diskontinuitäten in der Oberfläche sind abrupte Wechsel in der Höhe der Oberfläche. Auf der Erdoberfläche sind das zum Beispiel Bruchkanten, in geologischen Schichten Brüche und Verwerfungen. In physikalischen Kontinua wie Luftdruck oder Schadstoffgehalt können ebenfalls Diskontinuitäten auftreten. Sie sind aber nicht direkt sichtbar und aufgrund des meistens grobmaschigen Messnetzes selten quantitativ erfassbar. Auch in nichtphysikalischen Kontinua können Unstetigkeiten vorhanden sein, etwa an Gebiets- und Sprachgrenzen. Die Wirkung von Unstetigkeits-Linien wird unterschiedlich definiert.

ArcGIS

Das Paket ArcGIS kennt *soft breaklines, hard breaklines* und *faults*. Weiche Bruchlinien sollen den Verlauf einer Linie in einem unregelmäßigen Dreiecksnetz (TIN) erhalten, etwa einen Wasserlauf oder eine Straße. Harte Bruchlinien definieren eine Unterbrechung in der Stetigkeit der Oberfläche, die bei der Interpolation berücksichtigt werden sollte. Die Hänge beiderseits der harten Bruchlinie haben meistens entgegengesetzte Richtungsvektoren.

Faults werden als steile Brüche in der Oberfläche verstanden, deren Wände senkrecht oder nahezu senkrecht verlaufen. Bei gitterbasierten Oberflächen muss die Auflösung sehr hoch bzw. die Zellengröße sehr niedrig sein, damit die Bruchlinien überhaupt sichtbar werden.

Surfer

Im Programm Surfer wird zwischen Bruchlinien (*breaklines*) und Barrieren (*faults*) unterschieden. Bruchlinien sind definiert als dreidimensionale Linien mit einem z-Wert. Sie beeinflussen die Höhenwerte des interpolierten Gitters aufgrund der Entfernung in drei Dimensionen. Die Interpolation erfolgt mit Einbeziehung der Nachbarschaftsverhältnisse, als ob keine Bruchlinie vorhanden wäre. Barrieren dagegen sind Linien nur mit xy-Koordinaten an den Linienpunkten. Sie sind eine Grenze für die Interpolation aus benachbarten Punkten. Die Stützpunkte, die vom Interpolationspunkt aus gesehen jenseits der Barriere liegen, gehen nicht in die Berechnung des z-Werts für den Interpolationspunkt ein (Abb. 5-2).

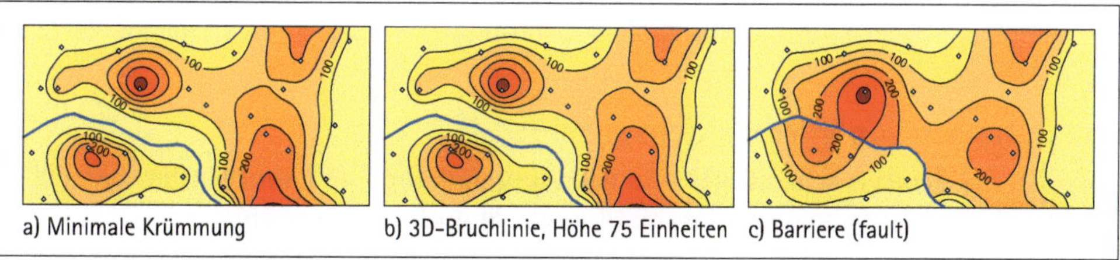

Abbildung 5-2
Interpolation mit dem Verfahren der minimalen Krümmung. a) ohne Störung b) 3D-Bruchline mit 75 Höheneinheiten c) Barriere für den Ausschluss der Punkte jenseits der **Barriere**

Bruchlinien und Barrieren sind nicht bei allen Interpolationsverfahren anwendbar. In den Menus des Programms Surfer wird zum Beispiel die Eingabe von Bruchlinien und Barrieren nur angeboten, wenn ihre Anwendung bei dem ausgewählten Verfahren möglich ist.

Auswahl des Interpolationsverfahrens

Vor der Beschreibung der Rechenverfahren sind einige grundsätzliche Überlegungen zur Auswahl der Interpolationsmethode notwendig. Gleich zu Anfang: das beste Interpolationsverfahren gibt es nicht. Die Frage muss lauten, welches Verfahren dem betreffenden Forschungsgegenstand, den Kenntnissen über die Wirkungszusammenhänge und den Grunddaten angemessen ist. Die Erfahrung des Anwenders spielt auch eine Rolle, etwa in der Anwendung der Geostatistik.

Oberflächenmodell

Der häufigste Fall der Transformation von numerischen Modellen einer Oberfläche ist die Interpolation eines regelmäßigen Gitters mit Höhenwerten aus einer Menge von Stützpunkten. Die Stützpunkte sind meistens unregelmäßig über die Bezugsebene verteilt, etwa Höhenpunkte der Erdoberfläche, Messstationen für meteorologische und andere geophysikalische Daten, Bezugspunkte für Zeitentfernungen und Erreichbarkeiten. In der Regel sind keine weiteren Informationen über die Gestalt des Kontinuums verfügbar. Als Darstellungsmodell für die Oberfläche wird sehr häufig das regelmäßige Gitter aus Rechtecken oder Dreiecken verwendet. An den Schnittpunkten der Gitterlinien wird der Wert der Funktion(en) berechnet und als Höhenwert in einer Matrix gespeichert.

Die hier behandelten Interpolationsverfahren sind für beide Strategien der Konstruktion der Oberflächen geeignet. Nach vorbereitenden Rechenschritten wird für jeden Interpolationspunkt ein Höhenwert interpoliert. Dabei spielt es aus der Sicht des Algorithmus keine Rolle, ob diese Punkte ein regelmäßiges Gitter bilden oder beliebig im Raum verteilt sind. Die Interpolationspunkte sollten auf jeden Fall in der konvexen Hülle der Stützpunkte liegen. Ist der Interpolationspunkt zu weit von der Hülle entfernt, sind die interpolierten Werte nicht mehr vertrauenswürdig. Ist das Untersuchungsgebiet nicht konvex, sollte ein Gültigkeitsbereich für die zu interpolierenden Punkte definiert werden, etwa die Staatsgrenze der Bundesrepublik Deutschland als äußere Begrenzung für bundesweite Karten.

Hauptgruppen von Interpolationsverfahren

Nach Art der geometrischen Objekte in den Ausgangsdaten und des Oberflächenmodells lassen sich die Interpolationsverfahren in folgende große Gruppen einteilen

1. Bezugseinheiten sind unregelmäßig verteilte Punkte in der Bezugsebene. Interpolation der z-Werte auf
   a. ein regelmäßiges Gitter von Rechtecken oder Dreiecken,
   b. ein Netz von unregelmäßiges Dreiecken (TIN).
2. Bezugseinheiten sind Flächen oder Polygone, denen ein Wert zugeordnet ist. Interpolation auf
   a. ein regelmäßiges Gitter von Rechtecken oder Dreiecken,
   b. ein Netz von unregelmäßiges Dreiecken.
3. Verdichtung des Oberflächenmodells im
   a. regelmäßigen Gitter,
   b. unregelmäßigen Dreiecksnetz.

Diese grobe Einteilung lässt sich durch zusätzliche Kriterien weiter differenzieren.

Minimum und Maximum der Oberfläche

Bei manchen Interpolationsverfahren sind die Extremwerte der interpolierten Oberfläche nicht tiefer oder höher als die Extremwerte der Datenpunkte. Man kann diese Einschränkung auch durch explizites Setzen der Grenzwerte in der Höhe der Oberfläche erzwingen (*clamping*). Die Oberfläche sieht in den meisten Fällen aber „natürlicher" aus, wenn Teile der Oberfläche auch unter oder über den Extremwerten der Datenpunkte liegen können.

Interpolation oder Approximation

In den meisten Fällen wird gefordert, dass die interpolierte Oberfläche exakt durch die Datenpunkte geht. Für bestimmte Anwendungen ist aber durchaus sinnvoll, wenn die Oberfläche die Höhenwerte nur approximiert. Die z-Werte der Datenpunkte können in diesem Fall unter oder über der Oberfläche liegen. Die Berechnung einer Ausgleichskurve durch die Datenpunkte ist ein adäquates Verfahren, wenn bekannt ist, dass die Höhenwerte mit Fehlern behaftet sind. Mit der Ausgleichskurve werden die lokalen Abweichungen „ausgebügelt" und/oder ein lokaler Trend sichtbar gemacht. Ein globaler Trend, also über das gesamte Untersuchungsgebiet, wird repräsentiert durch eine Trend-Oberfläche. Diese Ausgleichskurve ist definiert durch Polynome mit wählbarer Ordnung und Koeffizientenzahl, die mit der Methode der kleinsten Quadrate (*least squares*, LSQ) in die Punktverteilung eingepasst werden.

Extrapolation

Streng genommen können gültige Werte für die Höhe der Oberfläche nur innerhalb des einhüllenden Polygons der Datenpunkte interpoliert werden. Bei manchen Verfahren lassen sich auch z-Werte berechnen, wenn die Interpolationspunkte – Schnittpunkte eines regelmäßigen Gitters, Punkte im unregelmäßigen Dreiecksnetz – außerhalb der einschließenden Hülle der Datenpunkte liegen. Der Abstand vom Hüllpolygon sollte nicht zu groß sein.

Welches Interpolationverfahren sollte man anwenden?

Wie beurteilt man nun die Qualität der resultierenden Oberfläche und damit die Qualität und Eignung des Interpolationsverfahrens? FRANKE (1982) gibt einige Anhaltspunkte für die Kriterien, die bei der Beurteilung anzulegen sind:

- Genauigkeit,
- visuelles Erscheinungsbild,
- Empfindlichkeit für Parameter-Änderungen,
- Aufwand für die Implementierung,
- Rechenzeit,
- Speicherbedarf.

Die Punkte *Rechenzeit* und *Speicherbedarf* kann man eher vernachlässigen. Aufgrund der Fortschritte in der Computertechnik sind diese beiden Faktoren für die meisten Anwendungen heute nachrangig, wenn nicht unbedeutend geworden. Die Ausnahme sind sehr große Mengen von Eingabedaten, wie sie bei bei einem erdumfassenden Datensatz auftreten können (Stichwort *big data*).

Der Aufwand für die Implementierung des Programms spielt schon eine größere Rolle. Qualifizierte Software-Designer und Programmierer sind eine rare Resource, die deshalb auch gut bezahlt werden. Aber heute hat der Anwender eher die Qual der Wahl der Software als das Problem der Kosten für die individuelle Programmierung.

Genauigkeit

Man kann die *Genauigkeit* eines Verfahrens zum Beispiel dadurch prüfen, indem die Differenzen zwischen den Werten einer kontinuierlichen Funktion und an den gleichen Punkten interpolierten Werten analysiert werden (FRANKE 1982, RENKA 1999a, 1999b). Dieses Verfahren hat aber wenig Aussagekraft für „natürliche" Oberflächen, mit den wir es in der täglichen Praxis der Raumwissenschaften zu tun haben. Bei der Erdoberfläche sind vergleichende Tests mit Datensätzen denkbar, die Untermengen eines dichten Netzes von Stützpunkten sind (Eichnetz). Die mit der Submenge von Stützpunkten interpolierten Höhenwerte an den Eichpunkten werden mit den Höhenwerten im Eichnetz verglichen. Die Abweichungen können ein Maß für die Qualität des Verfahrens sein.

Die Empfindlichkeit für die *Änderung von Parameterwerten* ist ein kritischer Punkt für viele Verfahren. Wir werden im nächsten Kapitel an einem Beispiel sehen, wie die Veränderung des Exponenten der Distanz von 2 auf 4 die Gestalt der Oberfläche beeinflusst. Bei manchen Verfahren ist die Gestaltänderung erklärbar, etwa bei Wechseln in der Orientierung der Tangentialebene an den Stützpunkten. Bei anderen Verfahren ist nicht auf Anhieb eine logische Erklärung für den Gestaltwechsel zu erkennen, zumindest für den durchschnittlichen Anwender. Die Empfehlungen von Autoren für Parameterwerte in ihren Verfahren können nur für die von ihnen getesteten Beispiele Gültigkeit haben.

Visuelles Erscheinungsbild

Für identische Stützpunkte erhält man nur durch Veränderungen der Parameter des Rechenverfahrens sehr unterschiedliche Oberflächenformen, wie zum Beispiel SPÄTH (1991) in zahlreichen Abbildungen demonstriert. Bei wenigen Stützpunkten und fundiertem Wissen über die zu erwartende Form der Oberfläche kann der Experte vielleicht noch entscheiden, welche Verfahren mit welchen Parameterwerten „visuell gefälligere Ergebnisse liefern" (SPÄTH 1991). Diese Beurteilung allein nach dem visuellen Erscheinungsbild ist wissenschaftlich unbefriedigend, weil sie weder reproduzierbar noch mit Maßzahlen belegbar ist.

Dazu hat jeder Kartenentwerfer und jeder Kartennutzer eine individuelle Auffassung davon, was „visuell gefällig" bedeutet. Das Kriterium der visuellen Qualität ist aber meistens die einzige Möglichkeit, die Eignung eines Interpolationsalgorithmus für die viele Anwendungen festzustellen. Man sollte die Fähigkeiten des menschlichen Auge-Gehirn-Systems in Bezug auf Mustererkennung und Generalisierung nicht zu gering schätzen, auch wenn die Ergebnisse nicht immer in Zahlenwerten ausgedrückt werden können.

Dem Anwender wird in den meisten Fällen nichts anderes übrigbleiben, als die Qualität der Interpolation nach dem visuellen Erscheinungsbild zu beurteilen. Zum gleichen Schluss kommt auch SPÄTH (1991). Für einen Satz von Ausgangsdaten werden mehrere Oberflächen mit unterschiedlichen Verfahren interpoliert und dargestellt. Die Alternativen werden visuell geprüft, unter Nutzung des Fachwissens zu den kausalen Zusammenhängen und der Genese der Oberfläche. Die Oberfläche wird ausgewählt, die dem Expertenwissen visuell am besten entspricht. Der Vergleich ist natürlich subjektiv. Verschiedene Personen werden zu verschiedenen Zeitpunkten zu verschiedenen Ergebnissen kommen. FRANKE (1982) hat aber berechtigte Zweifel, dass bei der visuellen Inspektion wirklich schlechte und ungeeignete Oberflächen unentdeckt bleiben.

Dieses „intelligente Raten" scheint eine unwissenschaftliche Methode zu sein, weil keine objektiven und nachvollziehbaren Kriterien für die Beurteilung des Verfahrens und seine Eignung für einen bestimmten Zweck herangezogen werden. Die visuelle Inspektion unter Nutzung des Expertenwissens ist meistens die einzig sinnvolle Möglichkeit der Beurteilung. Voraussetzung für die visuelle Prüfung sind adäquate Werkzeuge für die Darstellung der Oberfläche. In dieser Hinsicht sind seit der vergleichenden Untersuchung von FRANKE (1982) große Fortschritte erzielt worden.

Anwendung von geostatistischen Verfahren

Naturwissenschaftler sind es gewohnt, in kausalen Zusammenhängen und Gesetzmäßigkeiten zu denken, die sich aus den Beziehungen zwischen den Daten und – in den Geowissenschafen – der Lage auf der Erdoberfläche ergeben. Wenn Entscheidungen allein aufgrund von subjektiven Beurteilungen getroffen werden, ist das für einen Naturwissenschaftler nicht zufriedenstellend. Geostatistische Verfahren können ein Mittel sein, um etwas bessere Anhaltspunkte für die Charakterisierung und Schätzung von räumlich korrelierten Daten zu gewinnen. Die Ergebnisse der statistischen Analyse liefern Hinweise für die Beurteilung der mit dem jeweiligen Interpolationsverfahren konstruierten Oberfläche. Ob die Ergebnisse damit wirklich objektiv sind, ist eine andere Frage.

Eine weitere Anwendung der Geostatistik ist die Modellbildung. Aus den Beziehungen zwischen räumlich verteilten Messwerten sollen allgemeingültiges Regeln oder Gesetze abgeleitet werden, die auch für die räumliche Prädiktion, also die Berechnung der Höhe der Oberfläche zwischen den Messstellen, genutzt werden können.

Das weite Feld der Geostatistik, eine Unterabteilung der allgemeinen Statistik, kann in diesem Kontext nicht ausführlich behandelt werden. Mit einer Suchanfrage im WWW findet man zahlreiche Fundstellen zu diesem Gebiet, viele Lehrbücher, aber kürzere Einführungen in die Thematik, die kostenfrei als PDF-Dateien zur Verfügung stehen, zum Beispiel HENGL (2007, 2009). Die Handbücher und Hilfe-Funktionen der GIS-Programme liefern ebenfalls Hinweise für die Nutzung der geostatistischen Optionen. Für das Paket ArcGIS ist die Erweiterung *Geostatistical Analyst* verfügbar, die den Nutzer sehr komfortabel durch den Analysevorgang führt (KRIVORUCHKO 2011).

Nur ein paar Sätze zur am häufigsten verwendeten geostatistischen Analysemethode, dem Semivariogramm (kurz Variogramm): Das Verfahren stellt die räumliche Beziehung eines Punktes zu den Nachbarpunkten dar. Dazu werden in verschiedenen Entfernungsstufen Punktpaare gebildet. Die quadrierten Differenzen der Paare werden aufsummiert und durch die Menge der Punkte dividiert. Es ergibt sich die Semivarianz, die in einem zweidimensionalen Diagramm als Funktion der Entfernung zum Bezugspunkt dargestellt wird (GITTA 2011).

Semivariogramme werden vor allem bei einer Gruppe von Verfahren angewendet, die mit dem Oberbegriff *Kriging* bezeichnet werden. Die Messwerte erhalten je nach Distanz zum gesuchten Schätzwert in Abhängigkeit vom Semivariogramm unterschiedliche Gewichtungsfaktoren, mit denen sie in die Berechnung des Oberflächenwerts eingehen. Kriging wird vor allem für geophysikalische Fragestellungen genutzt, die in der Regel nur wenig Messpunkte haben.

Literatur

FRANKE R (1987) Recent advances in the approximation of surfaces from scattered data. In: CHUE CK, SCHUMAKER LL, UTERAS FI (eds.), Topics in multivariate approximation. Academic Press, Boston, 79-98

GITTA (2011) Geographic Information Technology Training Alliance http://www.gitta.info/ContiSpatVar/de/html/unit_SpatDependen.xhtml (11/2015)

HENGL T (2007) A practical guide to geostatistical mapping of environmental variables. European Commission, Joint Research Center, Institute for Environment and Sustainability
http://eusoils.jrc.ec.europa.eu/ESDB_Archive/eusoils_docs/other/EUR22904en.pdf (2/2016)

HENGL T (2009) A practical guide to geostatistical mapping. 2nd. extend edition http://spatial-analyst.net/book/system/files/Hengl_2009_GEOSTATe2c1w.pdf (2/2016)

KRIVORUCHKO K (2011) Spatial statistical data analysis for GIS users. Book on DVD. ESRI Press

LANCASTER P, SALKAUSKAS K (1986) Curve and surface fitting. An introduction. Academic Press, London

RENKA RJ (1999a) Algorithm 790: CSHEP2D: Cubic Shepard method for bivariate interpolation of scattered data. ACM Transactions on Mathematical Software, Vol. 25, No. 1, March 1999, 70-73
http://calgo.acm.org/

RENKA RJ (1999b) Algorithm 791: TSHEP2D: Cosine series Shepard method for bivariate interpolation of scattered data. ACM Transactions on Mathematical Software, Vol. 25, No. 1, March 1999, 74-77
http://calgo.acm.org/

SPÄTH H (1991) Zweidimensionale Spline-Interpolations-Algorithmen. Oldenbourg, München

SURFER 13 (2015) Contouring & 3D surface mapping for scientists & engineers. User's Guide, Golden Software, Golden, CO, USA

TOBLER WR (1979) Smooth pycnophylactic interpolation for geographical regions. Journal of the American Statistical Association, Vol. 74, No. 357, 519-535

WATSON, DF (1992) Contouring. A guide to the analysis and display of spatial data. Pergamon Press, Oxford.

6 Punkte auf regelmäßige Gitter

Der häufigste Anwendungsfall sind unregelmäßig in der Ebene verteilte Datenpunkte, auch Messpunkte, Stützpunkte, Ausgangspunkte oder Originalpunkte genannt. Aus den z-Werten am Ort der Stützpunkte werden neue z-Werte an den Schnittpunkten eines regelmäßigen Gitters (Interpolationspunkte) berechnet. In der Regel sind die Gitterlinien rechtwinklig und die Gitterzellen Quadrate oder Rechtecke. Gitter aus gleichseitigen Dreiecken sind ebenfalls möglich, werden aber aus programmtechnischen Gründen selten angewendet (Lewis et al. 2010).

Beispiel-Datensatz und Visualisierung

In den folgenden Abschnitten werden die am häufigsten verwendeten Methoden zur Interpolation von unregelmäßig verteilten Punkten auf ein regelmäßiges Gitter beschrieben. Für die Beispiele wird ein fiktiver Datensatz mit 25 Höhenpunkten verwendet. Zusätzlich sind vier Datenpunkte an den Ecken des rechteckigen Gebietes vorhanden, die auf den Wert 0 gesetzt sind. Mit den vier zusätzlichen Eckpunkten soll verhindert werden, dass die Oberfläche außerhalb der konkaven Hülle der Stützpunkte zu sehr entartet und die Visualisierung stört.

Für die Darstellung der interpolierten Oberfläche werden in den Abbildungen verschiedene Visualisierungstechniken eingesetzt:

- Isolinien und Isoplethen: Die Linien und Flächen gleichen Wertes sind eine oft angewandte Visualisierungstechnik, etwa für die Temperaturkarten im Wetterbericht. Die Isoplethen sind keine Flächen parallel zur Bezugsebene, sondern sie symbolisieren Wertebereiche in der glatten Oberfläche, nicht Stufen am Ort der Isolinien.
- Simulierte Beleuchtung der Oberfläche, ergänzt durch Isolinien und Isoplethen: Für die Oberfläche werden Variationen in der Helligkeit berechnet, die sich durch simulierte Lichtquellen und perspektivische Projektion ergeben würden. Der Sichtstrahl der Kamera liegt senkrecht zur Bezugsebene. Durch die Helligkeitsveränderung werden auch Variationen im Verhalten der Kurve innerhalb eines Isoplethen-Bereichs sichtbar.

Die Isolinien und Isoplethen sind Ergänzungen, die bei der Abschätzung der Höhe sehr hilfreich sind.

- Perspektivische Darstellung mit simulierter Beleuchtung, Isolinien und Isoplethen. Die Höhe und Gestalt der Oberfläche ist sehr gut erfassbar. Allerdings sind die vom Auge oder der fiktiven Kamera abgewandten Hänge nicht sichtbar.

Der Ort der Datenpunkte wird durch Symbole sichtbar gemacht, in den Abbildungen mit simulierter Beleuchtung durch farbige Kugeln. Die Kugeln verschwinden ganz oder teilweise bei den Oberflächen, die nicht genau durch die Datenpunkte gehen.

Benutzte Software

Die Oberflächen in den Beispielen wurden fast alle mit dem Programmpaket Surfer in der Version 13 (2015) interpoliert. Die Abbildungen mit Isolinien und Isoplethen sind ebenfalls mit Surfer gefertigt worden. Oberflächendarstellung mit simulierter Beleuchtung ist mit Surfer möglich. Das Programm POV-Ray liefert aber erheblich bessere Ergebnisse. Das eigene Programm Konkar übersetzt das mit Surfer interpolierte Gitter in die Datenstruktur von POV-Ray, ergänzt durch die Farben der Wertbereiche, fügt die Definitionen für Isolinien, die Punktsymbole und bei Bedarf auch für andere Linien und textliche Informationen hinzu, weiterhin die Parameter für die Kamera, die Lichtquellen und das Bildformat.

Das Programmpaket ArcGIS und seine Erweiterungen *3D Analyst, Geostatistical Analyst* und *Spatial Analyst* enthalten Optionen für die Interpolation von Oberflächen und ihre Visualisierung. Die Anzahl der Interpolationsmethoden ist geringer als in Surfer, sie reichen aber für die meisten Anwendungsfälle aus. Mit der Erweiterung *Geostatistical Analyst* lassen sich geostatistische Analysen ausführen, mit der die Eignung des Verfahrens und seiner Parameter für den speziellen Anwendungsfall beurteilt werden kann.

Berechnung des gewichteten Mittelwerts

„Alles hängt mit allem zusammen, aber näheres hängt enger zusammen", so das „Erste Gesetz der Geographie" in der – zuerst nicht ganz ernst gemeinten – Formulierung von TOBLER (1970). Eine Anwendung dieses „Gesetzes" ist die Berechnung des z-Wertes an einem Punkt in der Ebene (Interpolationspunkt) aus dem Durchnitt der gewichteten z-Werten der Stütz- oder Datenpunkte in der engeren oder weiteren Nachbarschaft des Interpolationspunktes.

Die Interpolationsverfahren mit gewichteten Mittelwerten werden in der englischsprachigen Literatur auch als *inverted distance weighted interpolation* (Kurzform IDW), *inverted distance to a power, moving averages, weighted moving averages, local weighted averaging* und noch anderen Namen bezeichnet. Da in der praktischen Anwendung nur die in der näheren Nachbarschaft zum Interpolationspunkt liegenden Datenpunkte zur Berechnung des Mitelwertes herangezogen werden, spricht man auch von lokalen Verfahren.

Für die Berechnung des Interpolationswertes geht man von folgenden Überlegungen aus:

- Der Höhenwert des Interpolationspunktes ist der Durchschnittswert aus den Höhen der benachbarten Stützpunkte.
- Ein Stützpunkt, der nahe beim Interpolationspunkt liegt, hat einen höheren Anteil am Durchschnittswert als ein Stützpunkt, der weiter entfernt ist.

Ganz allgemein lässt sich das Verfahren der gewichteten Mittelwerte in folgender Formel ausdrücken:

$$zin_i = \frac{\sum\limits_{j=1}^{m} z_j * w_j}{\sum\limits_{j=1}^{m} w_j}$$

zin_i Höhenwert des interpolierten Punktes

z_j Höhenwert des Punktes j der m benachbarten Punkte

w_j Gewichtungsfaktor für den benachbarten Punkt j

Die Definition des Gewichtungsfaktors unterscheidet die verschiedenen Verfahren nach dem generellen Konzept der gewichteten Mittelwerte voneinander.

Das Verfahren von Shepard

Der z-Wert der benachbarten Stützpunkte wird bei der Berechnung des Durchschnitts mit einem Faktor gewichtet. Die Bedeutung eines Stützpunktes und damit sein Anteil am Mittelwert kann umgekehrt proportional zur Entfernung vom Interpolationspunkt gesetzt werden. SHEPARD (1968) benutzt in Analogie zum Gravitationsmodell von Newton den Kehrwert der quadrierten Entfernung für die Gewichtung der Anteile an der Summe:

$$w_j = 1 / d_j^2$$

d_j Entfernung vom Interpolationspunkt i zum Punkt j

Die Entfernung bzw. deren Quadrat wird aus den Koordinaten der Stützpunkte berechnet:

$$d_j^2 = (xin_i - x_j)^2 + (yin_i - y_j)^2$$

xin_j x-Koordinate des Interpolationspunktes j

yin_j y-Koordinate des Interpolationspunktes j

Wird der Exponent zu p verallgemeinert, ergibt sich

$$d_j^2 = (xin_i - x_j)^p + (yin_i - y_j)^p$$

und

$$w_j = d_j^{-p}$$

bzw.

$$zin_i = \frac{\sum_{j=1}^{m} z_j * d_j^{-p}}{\sum_{j=1}^{m} d_j^{-p}}$$

oder

$$zin_i = \frac{\sum_{j=1}^{m} z_j * 1/(xin_i - x_j)^p + (yin_i - y_j)^p}{\sum_{j=1}^{m} 1/(xin_i - x_j)^p + (yin_i - y_j)^p}$$

Der Wert des Exponenten p sollte größer 1 und nicht größer als 4 sein. Meistens wird der Wert 2 verwendet, wie auch für die Interpolation der Oberfläche in Abbildung 6-1a. Kleinere Werte als 2 ergeben eine relativ flache Oberfläche mit steilen Erhebungen in der unmittelbaren Nachbarschaft der Stützpunkte. Ein Wert größer 2 führt zu ausgedehnten flachen Plateaus um die Stützpunkte mit steileren Übergängen zwischen den Plateaus (Abb. 6-1b). Ist der Wert des Exponenten kleiner oder gleich 1, ist die Oberfläche nicht mehr einfach differenzierbar und damit nicht stetig.

SHEPARD (1968) hat die Methode der gewichteten Mittelwerte für das Programm SY-MAP entwickelt. Symap war um 1970 eines der ersten allgemein verfügbaren Programme zur Darstellung von Oberflächen und Choroplethen (RASE & PEUCKER 1971). Das kann ein Grund dafür sein, dass die ganze Familie dieser Verfahren mit dem Namen von Shepard verbunden ist, obwohl ähnliche Algorithmen schon vorher angewendet wurden, wie

Abbildung 6-1
Oberflächen interpoliert mit IDW, Exponenten 2 und 4. a) Höhenwerte an den Datenpunkten; b) Isolinienwerte

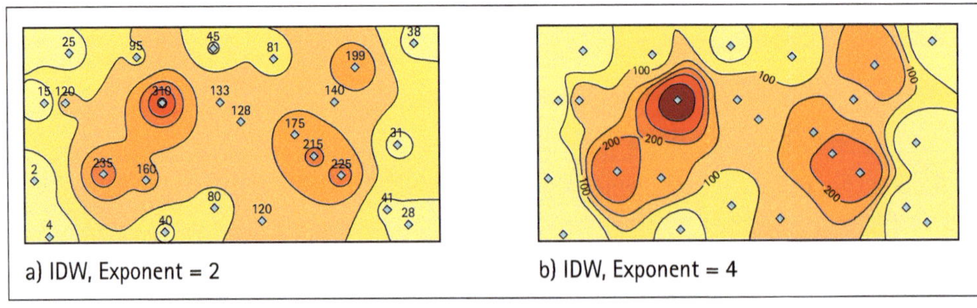

Watson & Philip (1985) feststellen. Man muss aber auch beachten, dass nicht alles, was als Shepard-Algorithmus bezeichnet wird, dem ursprünglichen Verfahren entspricht. In manchen Fällen wird der Name *Shepard-Interpolation* als Sammelbegriff für die ganze Familie der Verfahren der gewichteten Mittelwerte benutzt.

Der Anteil weit entfernter Punkte am Durchschnittswert ist sehr klein, so dass man die Berechnung der Funktion auf eine kleine Zahl von unmittelbaren Nachbarn beschränken kann. Aus dem globalen Verfahren (alle Stützpunkte) wird ein lokales Verfahren (nur benachbarte Stützpunkte). Als Nachbarn des Gitterpunktes können angesehen werden

- alle Stützpunkte in zunehmender Entfernung vom Gitterpunkt, bis eine vorgegebene Mindestanzahl von Stützpunkten erreicht ist,
- alle Stützpunkte, die innerhalb eines Kreises mit vorgegebenem Radius liegen.

Shepard empfiehlt eine Kombination beider Kriterien. Bei Stützpunkten, die in Bezug auf den Gitterpunkt in einem schmalen Sektor hintereinander liegen, können Abschattungs- und Überlagerungseffekte auftreten. Deshalb hat Shepard vorgeschlagen, neben der Entfernung auch die Richtung der Stützpunkte zum Gitterpunkt bei der Berechnung der Gewichtungsfaktoren zu berücksichtigen.

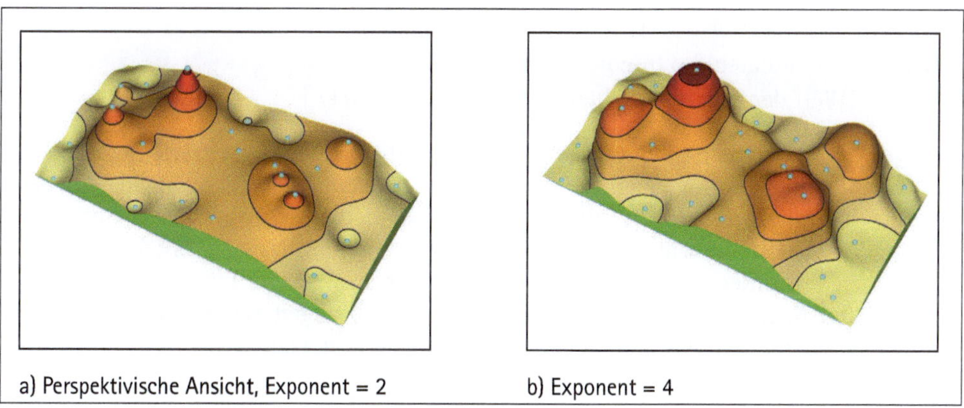

Abbildung 6-2
Perspektivische Darstellung der mit IDW interpolierten Oberflächen, Exponentenwerte 2 und 4

Bei der Shepard-Interpolation in der ursprünglichen Fassung ist der Wert der ersten partiellen Ableitung an jedem Stützpunkt gleich 0, die Tangentialebene an diesem Ort somit horizontal (Abb. 6-2). Kein Punkt der interpolierten Oberfläche ist höher als der höchste Datenpunkt. Die Erhebungen und Tröge in den Oberflächen sind nahezu radial, mit fast kreisförmigen Isolinien um viele Stützpunkte. Zwischen Punkten fast identischer Höhe bilden sich Plateaus, wie in der Mitte der Oberfläche. Die Änderung des Exponenten auf den Wert 4 macht die Erhebungen breiter und flacher. Die ausgeprägten radialen Isolinien, auch "Ochsenaugen" (*bull's eyes*) genannt, sind eine charakteristische Erscheinung bei der Darstellung von Oberflächen, die mit dem Shepard-Algorithmus interpoliert wurden.

Der Shepard-Algorithmus verhindert unter anderem auch die Ausbildung von langgestreckten Rücken. Diese Eigenschaft macht den Algorithmus nach Ansicht von Experten ungeeignet als allgemein anwendbares Interpolationsverfahren (Gordon & Wixom 1978).

Addition der Gradientenvektoren an den Stützpunkten

Seit der Veröffentlichung von Shepard (1968) sind zahlreiche Vorschläge für die Erweiterung und Generalisierung des Algorithmus gemacht worden. Sie haben unter anderem das Ziel, die Plateaubildung abzuschwächen oder zu eliminieren (Franke 1982, 1987, Watson & Philip 1985, Farwig 1986). Statt der euklidischen Distanz werden andere Funktionen und Metriken benutzt, die sogar für jeden Stützpunkt unterschiedlich sein können (Gordon & Wixom 1978).

Ein Vorschlag ist die Veränderung der Höhenwerte an den Stützpunkten. Der z-Wert wird durch Addition des Produkts von Entfernung und der ersten partiellen Ableitungen am Ort der Stützpunkte in beiden Achsenrichtungen modifiziert:

$$zmo_j = z_j + (xin_i - x_j) * zx_j + (yin_i - y_j) * zy_j$$

zmo_j modifizierter z-Wert für Punkt j

xin_j, yin_j Koordinaten des Interpolationspunktes i

zx_j, zy_j Wert der ersten partiellen Ableitungen am Punkt j

Späth (1991) hat ein Programm für die Oberflächenberechnung mit gewichteten Mittelwerten unter Einbeziehung der ersten partiellen Ableitungen veröffentlicht, das relativ einfach strukturiert und deshalb gut nachvollziehbar ist (realisiert in der Subroutine SHEPG). Wie Späth selbst feststellt, ist SHEPG nicht optimal für eine größere Anzahl von Stützpunkten. Die Rechenzeit ist verhältnismäßig hoch, weil alle Punkte und nicht nur die nächsten Nachbarn des Interpolationspunktes einbezogen werden. Unter anderem deshalb ist auch die numerische Stabilität für größere Punktzahlen (>100) nicht in allen Fällen gewährleistet.

Die Ermittlung oder besser Schätzung der Werte für die ersten partiellen Ableitungen an den Stützpunkten (Gradientenschätzung) ist nicht so einfach wie für Kurven in 1D oder Datenwerten auf den Schnittpunkten eines achsenparallelen Gitters. Späth (1991) beschreibt mehrere Verfahren zur Gradientenschätzung. Die Gradientenschätzung mit dem Unterprogramm GRADLA (Späth 1991) ergibt eine Oberfläche, die der Oberfläche aus dem unveränderten Shepard-Verfahren sehr ähnlich sieht. Die drei Unterprogrammen GRADG, GRADL und GRADC wenden eine Dreiecksvermaschung für die Schätzung an (Renka 1996b, 1999a, b).

Bei allen vier Versionen liegen die Stützpunkte genau auf der Oberfläche. Die Tangentialebene an den Stützpunkten ist aber nicht mehr horizontal. Man muss sich das Berechnungsverfahren wie eine biegsame Platte oder eine steife Membran vorstellen, die an den Stützpunkten flexibel befestigt ist. Die Gradientenschätzung ist eine Art intelligentes Raten zur Form der Oberfläche. Die Schätzung führt dazu, dass Teile der Oberfläche zwischen den Stützpunkten höher als das Datenmaximum oder tiefer als das Datenminimum werden können.

Anisotropie

Zur Verminderung des Such- und Rechenaufwandes werden oft nur die Punkte für die Mittelwertbildung herangezogen, die in einem Kreis mit definiertem Radius um den Interpolationspunkt liegen. Manchmal haben physikalische Prozesse, etwa Sedimentationsvorgänge in der Geologie, bevorzugte Richtungen, das Phänomen ist *anisotrop*. Bei einigen Interpolationsverfahren ist es möglich, diese Anisotropie zu berücksichtigen. Ein einfaches Verfahren ist zum Beispiel der Ersatz des Suchkreises für die Nachbarpunkte durch eine Ellipse. Dadurch wird Richtung und Stärke der Anisotropie approximiert. Im Programm Surfer kann zum Beispiel der Anwender die beiden Radien der Ellipse und den Winkel der Ellipsen-Hauptachse zur x-Achse vorgeben. Damit werden eine unterschiedliche Anzahl von Punkten in den Achsenrichtungen der Ellipse in die Mittelwertberechnung einbezogen.

Bei Nutzung der Ellipse an Stelle des Suchkreises muss man aber sehr genaue Informationen zur Anisotropie im speziellen Fall besitzen, um sinnvolle Werte für die Achsenrichtung und die Radien festlegen zu können. Die Berücksichtigung von Anisotropie ist wie die Wirkung von Bruchlinien und Barrieren ein nicht ganz einfaches Gebiet. Lieber sollte man bei der Anwendung dieser Optionen Vorsicht walten lassen und aufgrund von möglicherweise falschen Annahmen zusätzliche Komplikationen einführen.

Modifizierte Shepard–Interpolation

FRANKE & NIELSON (1980) schlagen eine Modifikation des Shepard-Verfahrens vor, die von RENKA (1988a) erweitert und implementiert wurde. Das generelle Konzept der Shepard-Interpolation – gewichtete Mittelwerte aus den benachbarten Datenpunkten – wird verallgemeinert durch zwei Änderungen:

- Die Gewichtung, bei Shepard die inverse quadrierte Entfernung, wird durch eine andere arithmetische Formulierung ersetzt.

- Anstelle des Höhenwerts z_j der benachbarten Punkte wird eine Funktion q_j verwendet, deren Wert die aus den z-Werten der benachbarten Punkte berechnet wird.

Die Gewichtsfaktoren w_j für jeden benachbarten Stützpunkt werden mit dieser Formel definiert:

$$w_j = \left(\frac{max(0, rw - d_j)}{rw * d_j} \right)^2$$

rw Einflussradius um Punkt i

d_j euklidische Entfernung zum benachbarten Punkt j

Der Einflussradius ist definiert als der Radius um einen Stützpunkt, in dem nw Nachbarpunkte liegen. Als Anhaltswert für nw empfiehlt Renka den Wert 19.

Die zweite Änderung ist der Ersatz des Höhenwertes z_j durch eine Funktion q_j. Die Funktion wird nach der Methode der kleinsten Quadrate aus den Werten der nächsten Nachbarn mit einem quadratischen Polynom und mit der gleichen Gewichtungsformel wie oben berechnet, diesmal mit den nq nächsten Nachbarn im Radius rq. Als Ausgangswert für nq empfiehlt Renka den Wert 13. Wenn das Gleichungssystem für die Bestimmung des Funktionswertes schlecht konditioniert ist, sind Korrekturen vorgesehen, etwa die Einbeziehung weiterer Punkte.

Das Verfahren ist implementiert im Programm QSHEP2D (RENKA 1988b). Das Programm legt nach dem Aufruf eine Zellenstruktur für die räumliche Ordnung der Stützpunkte an. Durch die räumliche Ordnung wird die Suche nach den nächsten Nachbarn jedes Interpolationspunktes erheblich beschleunigt. Deshalb ist das Programm auch gut geeignet für Datensätze mit vielen Stützpunkten.

Im Programm-Modul CSHEP2D (RENKA 1999a) wird das Konzept erweitert. Das quadratische Polynom zur Ermittlung des Funktionswertes wird durch eine kubisches Polynom ersetzt. Der Wert des Exponenten für die Distanzfunktion wurde außerdem von 2 auf 3 verändert. Als optimale Anzahl der nächsten Nachbarn empfiehlt Renka die Werte 30 und 17.

Eine weitere Variante des Verfahrens ist die Verwendung einer bivariaten Cosinus-Reihe für die Ermittlung des Funktionswertes im Programm-Modul TSHEP2D anstelle der quadratischen oder kubischen Polynome (RENKA 1999b). Die Distanzfunktion bleibt gleich. Für die optimale Anzahl der Nachbarn wird 32 bzw. 18 angegeben. In Abbildung 6-3 sind die Oberflächen aus den drei Rechenverfahren zum Vergleich gegenübergestellt.

Auch in diesem Fall hat der Anwender die Freiheit der Wahl, welche Oberfläche am besten seinem Expertenwissen von den Wirkungszusammenhängen und der Genese entspricht. Die kubische Funktion führt zu einem „Ausreißer" im Nordosten außerhalb der konvexen Hülle der Stützpunkte. Der hohe Wert kann aus der generellen Eigenschaft von

Abbildung 6-3
Modifiziertes Shepard-Verfahren mit den drei Versionen von Renka: quadratisch (QSHEP2), kubisch (CSHEP2) und Cosinus-Reihe (TSHEP2).

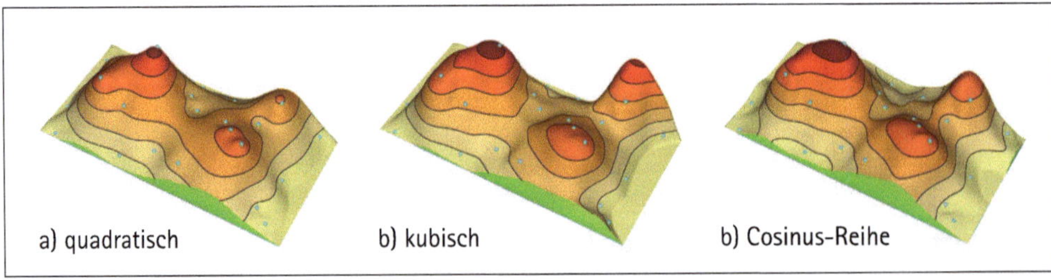

kubischen Gleichungen erklärt werden, die mehr Extremwerte haben. Die Cosinus-Reihe als periodische Funktion ist besonders für Daten mit räumlich wiederkehrenden Mustern geeignet.

Das Verfahren ist für die Interpolation in drei Dimensionen erweitert worden (Programm QSHEP3, RENKA 1988). Das Programm QSHEP5 ist eine Version für fünf Dimensionen, übersetzt in die Sprache C++ (BERRY & MINSER 1999).

Wertebereich der interpolierten Oberfläche

Bei der ursprünglichen Shepard-Interpolation (IDW) liegen alle interpolierten Werte innerhalb des Wertebereichs der Ausgangsdaten. Wenn die Berührungsebene an den Datenpunkten nicht mehr parallel zur xy-Ebene ist, können die Werte der Oberfläche größer oder kleiner als die Extremwerte der Datenpunkte sein. Das ist zum Beispiel problematisch bei Daten, in denen keine negativen Werte vorkommen können, etwa bei Niederschlag oder Bevölkerungsdichte, das Interpolationsverfahren aber negative Werte aufgrund der Verteilung der z-Werte berechnet. Die einfache Lösung ist in diesem Fall, den negativen Wert auf 0 anzuheben.

Die gleiche Lösung kann man anwenden, wenn bei der Interpolation zu hohe, logisch nicht nachvollziehbare z-Werte entstehen, etwa an der Peripherie des Untersuchungsgebietes. Die unverhältnismäßig hohen Werte erschweren die Visualisierung. Bei einer 3D-Darstellung muss die Skalierung der gesamten Oberfläche angepasst werden. Dadurch ist die Variation der z-Werte in den weniger hohen Gebieten nicht mehr erfassbar. Die sehr hohen Werte werden auf einen vom Anwender vorgegebenen maximalen Wert gesenkt. Im Programm Surfer ab Version 13 ist diese Möglichkeit zur Setzung von Minimal- und Maximalwerten bei der Auswahl des Interpolationsverfahrens möglich. In früheren Versionen von Surfer musste man die Setzung der Begrenzungen durch eine arithmetische Umformung in einem weiteren Arbeitsschritt vorgeben.

Die Beschränkung des Wertebereichs durch vorgegebene Extremwerte für die Oberfläche (*clamping*) hat den Nachteil, dass die interpolierte 3D-Kurve möglicherweise nicht mehr stetig ist. Damit wird eines der Kriterien für das Interpolationsverfahren, die Konstruktion einer kontinuierlichen Oberfläche, verletzt. Deshalb sind Verfahren entwickelt worden, die negative Werte vermeiden, indem Begrenzungen des Wertebereiches in den Berechnungsalgorithmus einbezogen werden. BRODLIE et al. (2005) haben den modifizierten IDW-Algorithmus so verändert, dass keine negativen Werte berechnet werden und die Stetigkeit der Kurve erhalten bleibt. Ob in diesen Fällen der Stetigkeit eine so hohe Bedeutung zugemessen werden soll oder ob nicht die einfache Einschränkung des Wertebereiches ausreicht, kann hier nicht beantwortet werden.

Natürlicher Nachbar (natural neighbor)

Eine weitere Variante der Interpolation mit gewichteten Mittelwerten ist die Methode der natürlichen Nachbarn (*natural neighbour interpolation*, SIBSON 1981, WATSON 1992, 1994). Nächste Nachbarn in einer 2D-Punktverteilung sind alle Punkte, die durch eine Kante in der Delaunay-Triangulierung verbunden sind. Der Einflussbereich eines Punktes sind die Polygone im Voronoi-Diagramm, des dualen Graphen zur Delaunay-Triangulation (OWEN 1992, AURENHAMMER et al. 2013).

Der Rechenvorgang des Verfahrens läuft in folgenden Schritten ab:

1. Für alle Datenpunkte wird ein Voronoi-Diagramm konstruiert.
2. Der Interpolationspunkt wird in die Delaunay-Triangulierung eingesetzt und ein neues Voronoi-Diagramm berechnet (Abb. 6-4).
3. Der Anteil der Überlappungsbereiche des neuen Voronoi-Diagramms mit den alten Voronoi-Flächen der benachbarten Datenpunkte sind die Gewichtungsfaktoren für die Berechnung des Mittelwerts.

In der Abbildung 6-4 ist der neue Interpolationspunkt N direkter Nachbar der Datenpunkte A, B, C und D. Der Wert für N wird berechnet mit dieser Formel:

$$z_N = \frac{f_A - f_a}{f_N} * z_A + \frac{f_B - f_b}{f_N} * z_B + \frac{f_C - f_c}{f_N} * z_C + \frac{f_D - f_d}{f_N} * z_D$$

z_N z-Wert des Interpolationspunktes

$f_{A,B,C,D}$ Flächeninhalte der Polygone, Datenpunkte A, B, C und D

$f_{a,b,c,d}$ Flächeninhalte der Teilpolygone, die zum Polygon N gehören

$z_{A,B,C,D}$ z-Werte der Datenpunkte A, B, C und D

Die Berechnung scheint relativ aufwendig, weil für jeden Interpolationspunkt ein neues Voronoi-Diagramm konstruiert und die Überlappungsflächen berechnet werden müssen. Die Implementierungen des Verfahrens in verschiedenen Software-Paketen ergeben aber akzeptable Laufzeiten, etwa in ArcGIS oder Surfer.

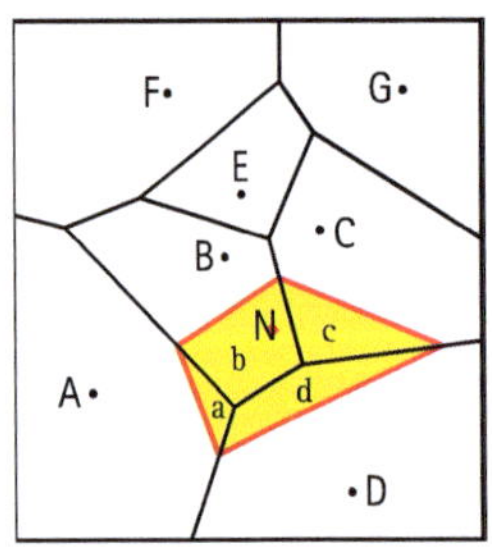

Abbildung 6-4
Voronoi-Diagramm der Datenpunkte, Interpolationspunkt N und dem zu N gehörenden Polygon (gelb) im neuen Voronoi-Diagramm

Die am Rande des Untersuchungsgebietes liegenden Polygone des Voronoi-Diagramms sind nach außen nicht begrenzt. Sie haben eine unendliche Fläche und sind deshalb nicht direkt für die Berechnung der Anteile geeignet. In der Abbildung 6-5 ist ein einschließendes Rechteck definiert, das die Polygone abschließt. Ein Anhaltswert ist ein Rechteck, dessen Seiten etwa 10 Prozent größer sind als die Seiten des einschließenden Rechtecks der Datenpunkte. Eine andere Möglichkeit ist die Begrenzung der Voronoi-Polygone durch die Grenze des Untersuchungsgebietes.

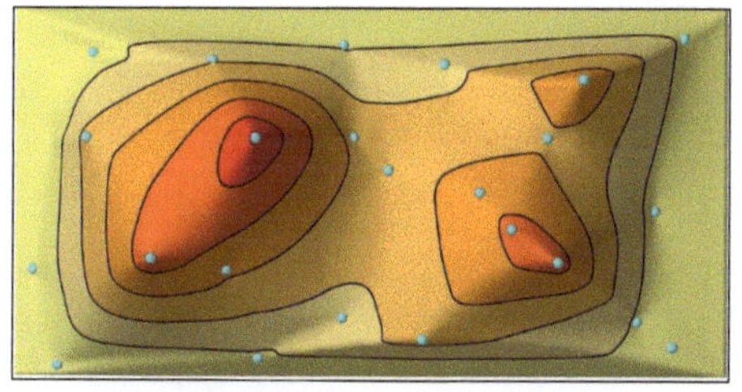

Abbildung 6-5
Die Oberfläche wurde interpoliert mit der Methode der natürlichen Nachbarn. Die Dreiecke scheinen in der Oberfläche durch.

Radiale Basisfunktionen

Ein Rechenverfahren für die Interpolation von neuen Punkten aus n unregelmäßig verteilten Datenpunkten in zwei und mehr Dimensionen sind die radialen Basisfunktionen (BUHMANN 2003). Der z-Wert am Interpolationspunkt j, auch Zentrum der radialen Basisfunktion genannt, ergibt sich aus den Werten der benachbarten Datenpunkte i:

$$z_j = \sum_{i=1}^{n} \alpha_i \phi(r_i)$$

$$r_i = \sqrt{(x_j - x_i)^2 + (y_j - y_i)^2}$$

ϕ radiale Basis-Funktion
α Koeffizient

Einige in der Literatur häufig genannten Funktionen für ø sind zum Beispiel (PLATTE & DRISCOLL 2003):

$\phi(r) = r^3$ kubisch

$\phi(r) = r^2 \, log(r)$ Spline

$\phi(r) = exp(-(c * r)^2)$ Gauß

$\phi(r) = \sqrt{c^2 + r^2}$ multiquadratisch

Die multiquadratische Funktion ist auch bekannt als d *multiquadratisch-biharmonische* Methode von HARDY (1971). Der Wert von r ist größer 0 und c ist eine positive Konstante. Ausführlichere Beschreibungen der Methode findet man zum Beispiel bei SPÄTH (1991) oder WATSON (1992). In einem umfassenden Aufsatz gibt HARDY (1990) selbst einen Überblick zur Entstehung, Weiterentwicklung und Anwendung seines Verfahrens. RIPPA (1999) beschreibt einen Algorithmus für die Schätzung des Parameters c.

Das Verfahren von Hardy in der Implementierung von SPÄTH (1991) besteht aus zwei Schritten. Im Vorbereitungsschritt wird für jeden Stützpunkt der Koeffizient der Funktion aus dem z-Wert und der Entfernung zu den anderen Punkten berechnet. Für die Ermittlung des z-Wertes am Interpolationspunkt werden die Werte der Koeffizienten aller n Stützpunkte, gewichtet mit einem Term aus der quadrierten Entfernung zwischen Stütz- und Interpolationspunkt und zwei Konstanten Q und R, aufsummiert:

$$zin_i = \sum_{j=1}^{n} \left(a_j * \left(d^2 + R^2 \right)^{Q} \right)$$

$$d^2 = \left(x_j - xin_i \right)^2 + \left(y_j - yin_i \right)^2$$

zin_i Funktionswert am Interpolationspunkt
a_j Koeffizienten für alle Punkte j
Q, R Konstanten
x_j, y_j Koordinaten des Stützpunktes j
xin_j, yin_j Koordinaten des Interpolationspunktes

Im ersten vorbereitenden Schritt des Verfahrens werden die Koeffizienten für die Stütz-punkte durch die Lösung eines simultanen linearen Gleichungssystems ermittelt. Die Kondition des Gleichungssystems hängt von den Werten der Konstanten Q und R und der Anzahl der Stützpunkte ab. Mögliche Werte für Q liegen im Bereich von –0.5 bis 1, für R von 0.1 bis 2. Bei ungünstigen Kombinationen von Q und R (R > 0.5) kann das Gleichungssystem entarten, insbesondere bei größeren Punktzahlen. Die Koeffizienten sind dann für die Interpolation unbrauchbar. Der Schätzwert für die Kondition des Glei-chungssystems ist ein grober Anhaltspunkt für die Auswahl von Q und R. Der Wert für die Konditionsschätzung sollte kleiner sein als 10^8 (SPÄTH 1991). In Abbildung 6-6 sind Oberflächen dargestellt, die mit drei verschiedenen Funktionen interpoliert wurden.

Die Interpolation mit radialen Basisfunktionen nach Hardy ist ein globales Verfahren, weil der z-Wert jedes Stützpunktes für die Berechnung des interpolierten Wertes herange-zogen wird. Die Rechenzeit zur Ermittlung des z-Wertes an den Interpolationspunkten ist deshalb im Vergleich mit anderen Verfahren höher. Nach dem Urteil von SPÄTH (1991) eignet sich das Verfahren nicht für Oberflächen mit mehr als 200 Stützpunkten, einmal wegen des hohen Rechenzeitbedarfs, zum anderen aus Gründen der numerischen Stabi-lität.

Das Problem des Verfahrens von Hardy liegt in der Bestimmung der Werte von Q und R und der Beurteilung der Kondition des Gleichungssystems. Der logische Zusam-

Abbildung 6-6
Oberflächen interpoliert mit drei radialen Basisfunktionen.

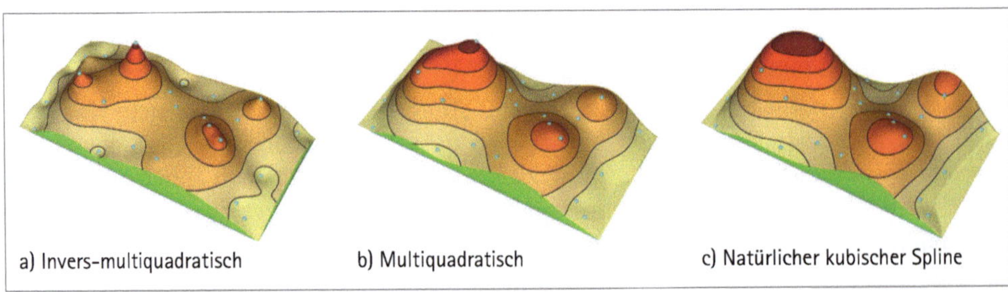

menhang zwischen den Werten für Q und R, der Anzahl der Punkte und den z-Werten an den Stützpunkten ist nur schwer zu erkennen. HARDY empfiehlt für den Exponenten Q den Wert 0.5. Für R wird der durchschnittliche Abstand der Stützpunkte multipliziert mit 0.815 als Anhaltswert angegeben. Eigene Testrechnungen zeigten, dass der Wert von R aufgrund des Mittelwerts der Entfernungen von jedem Punkt zu jedem anderen Punkt zu hoch ist. Der Schätzwert für die Kondition des Gleichungssystems lag weit über dem empfohlenen Grenzwert von 10^8. Deshalb wurde als Basis für die Berechnung von R das Mittel der Abstände jedes Punktes zum jeweils nächsten Punkt verwendet. Dieser Mittelwert führte zu Werten für R, die in annehmbaren Schätzwerten für die Konditionierung des Gleichungssystems und plausiblen Oberflächenformen resultierten. SPÄTH (1991) verwendet als Erfahrungswert für R ein Zehntel der Ausdehnung auf der x- oder y-Achse, was sich für große Punktmengen als nicht optimal erwiesen hat.Bei der Nutzung dieser Interpolationsmethode im Programm Surfer wurden keine Stabilitätsprobleme beobachtet.

Kriging

Der Algorithmus von Shepard ist eines der zahlreichen Interpolationsverfahren, die in irgendeiner Form die Mittelwertbildung mit Gewichtung zur Berechnung des Gitterwerts anwenden. Das in der Geologie oft benutzte *Kriging* gehört auch zu dieser Familie. Der Name geht zurück auf den südafrikanischen Bergingenieur *Krige* (Aussprache wie im Deutschen), der das Verfahren 1966 zum ersten Mal beschrieben hat (KRIGE 1966). Das Verfahren wurde seither in verschiedenen Varianten weiterentwickelt, die zum Beispiel als *simple kriging, ordinary kriging, co-kriging, universal kriging, disjunctive kriging* und unter weiteren Namen in der Literatur auftauchen (ROYLE et al. 1981, OLIVER & WEBSTER 1990, STEIN 1999). Der Name Kriging wird in der Geologie und Geophysik manchmal als Sammelbegriff für alle Verfahren verwendet, die eine stetige Oberfläche aus punktbezogenen Informationen interpolieren. Das führt in der praktischen Anwendung bisweilen zu Missverständnissen, wenn ein beliebiges Verfahren mit gewichteten Mittelwerten gemeint ist.

Kriging, bisweilen auch als *optimale Interpolation* bezeichnet, unterscheidet sich von der Familie der Shepard-ähnlichen Verfahren dadurch, dass die Gewichtungsfaktoren nicht allein aufgrund der Lage der Stützpunkte im Raum bestimmt werden. Die Überlegung dabei ist, dass geologische, hydrologische oder bodenkundliche Phänomene zu unregelmäßig sind, als dass sie als stetige Funktion beschrieben werden können. Es wird ein stochastischer Anteil an der Gewichtungsfunktion angenommen, der aus den Eigenschaften der Variablen und ihrer Verteilung im Raum abgeleitet wird. Man verlässt damit den sicheren Boden der deterministischen Verfahren, ein Grund vielleicht, warum manche Autoren sich nur zurückhaltend mit Kriging beschäftigen, wie etwa in der Übersicht von LANCASTER & SALKAUSKAS (1986).

Für die Ermittlung des z-Wertes für den Interpolationspunkt wird das gewichtete Mittel der benachbarten Punkte um einen Zufallswert $zran_i$ ergänzt:

$$zkrig_i = zin_i + zran_i$$

Der Wert von $zran_i$ wird mit geostatistischen Methoden aus der Gesamtverteilung der Datenpunkte (*global kriging*) oder aus benachbarten Punkten (*local kriging*) geschätzt. Eine der wichtigsten Hilfsmittel ist das Semiovariogramm. Die nach dem LSQ-Kriterium berechnete Ausgleichskurve durch die Datenpunkte gibt Hinweise darauf, ob eine räumliche Autokorrelation vorliegt und wie sie in der Ermittlung des Schätzwertes eingeht.

Im Programmpaket ArcGIS steht mit der Erweiterung *Geostatistical Analyst* ein Werkzeug für die geostatistische Analyse zur Verfügung. Der Anwender kann sich Schritt für Schritt durch den Analyseprozess führen lassen. Das Programm berechnet Parameterwerte für die verschiedenen Optionen. Die Ergebnisse der Analyse werden graphisch dargestellt und die ausgewählten Parameterwerte an den Interpolationsschritt übergeben.

Das Programm Surfer enthält ebenfalls ein Methodenpaket für Geostatistik zur Vorbereitung für die Anwendung des Kriging. Beim Ausprobieren dieser Optionen in den beiden Programmen wird man schnell darauf aufmerksam, dass die Auswahl der verwendeten Analysemethoden und -optionen und die Interpretation der Ergebnisse nicht nur solides Fachwissen zur Geostatistik, sondern auch über die Wirkungszusammenhänge und Prozesse im jeweiligen Anwendungsgebiet erfordern.

Erschwerend kommt hinzu, dass die Entwickler der geostatistischen Verfahren oft Begriffe aus dem Bergbau und den Geowissenschaften für statistische Parameter verwenden, die in der „normalen" Statistik andere Namen, aber die gleiche Bedeutung haben. Ebenfalls irreführend sind die Namen der Rechenverfahren. *Simple kriging* ist alles andere als einfach, *ordinary kriging* nicht gewöhnlich und *universal kriging* nicht überall anwendbar.

Nicht nur aus diesen Gründen empfehlen Burrough et al. (2015) dringend, sich des Beistandes von Experten bei der Anwendung des Kriging-Verfahrens zu versichern. Man darf nicht vergessen, dass dieses Interpolationsverfahren vorwiegend für geologische und geophysikalische Probleme entwickelt wurde. Die Annahmen lassen sich nicht einfach auf sozioökonomische oder demographische Fragestellungen übertragen. Dubrule (1984) weist auf die Ähnlichkeiten zwischen Kriging und Spline-Interpolation hin und gibt Empfehlungen, in welchen Fällen der einen oder anderen Methode der Vorzug gegeben werden sollte.

Das Ziel von Kriging ist nicht in erster Linie die Verfeinerung der Ausgangsdaten zur Visualisierung der Oberfläche, sondern die Berechnung von lokalen oder globalen räumlichen Trends. Es wird von relativ wenigen Daten, etwa Bohrlöchern oder Messstellen, auf ausgedehnte Strukturen und Zustände geschlossen, die oft nicht vom Menschen direkt erfassbar sind (zum Beispiel Luftdruck) oder unter der Erdoberfläche liegen. Das Hauptanwendungsgebiet von Kriging ist die räumliche Prädiktion, eine Art intelligentes Raten mit wenig Daten, aber guten Kenntnissen zu den Wirkungszusammenhängen und Prozessen. Die genaue Lage und Form der interpolierten Oberfläche ist nicht so wichtig,

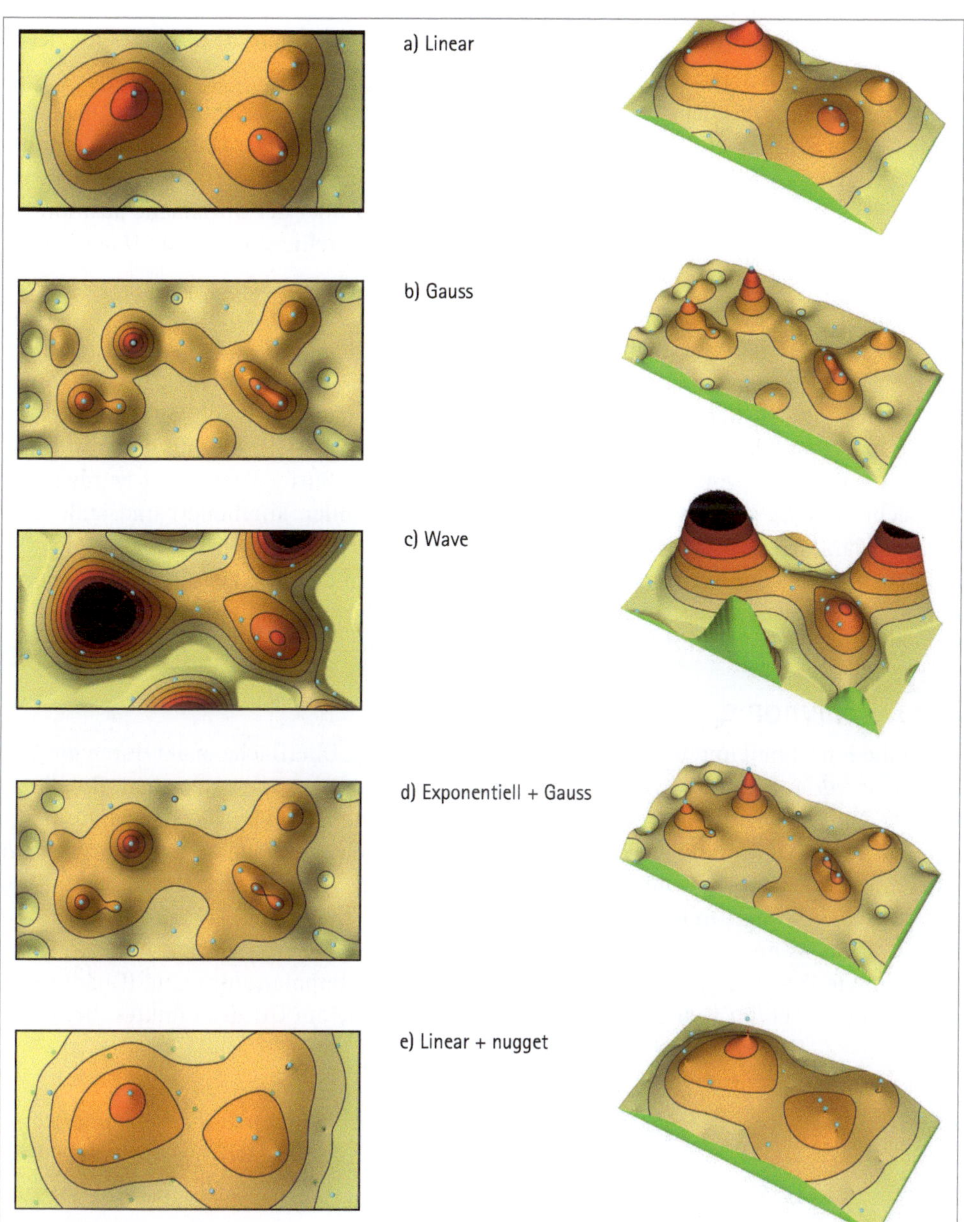

Abbildung 6-7
Mit *Kriging* interpolierte Oberflächen (Programm *Surfer*). Die mit der Option linear + nugget berechnete Oberfläche ist eine Approximation. In der perspektivischen Ansicht (e, rechts) sind deshalb einige Punkte nicht sichtbar.

anders als zum Beispiel bei Oberflächen der Erreichbarkeit (Abb. 6-13) mit sehr vielen Datenpunkten.

Kriging hat eine ähnliche Wirkung wie ein Filter in der Bildverarbeitung (Hu 1995). Bei manchen Variationen des Kriging-Verfahrens muss die interpolierte Oberfläche nicht immer durch die Stützpunkte gehen, etwa mit der Option Linear + Nugget. Die Oberfläche ist eine Approximation, die Datenpunkte können unter oder über der Oberfläche positioniert sein. In Abbildung 6-6e sind in der perspektivischen Darstellung nicht alle Datenpunkte sichtbar, weil sie unterhalb der Kurve liegen.

Kriging ist für die Interpolation von Oberflächen aus demographischen oder sozioökonomischen Daten nur bedingt geeignet (Meyer 2005). Ein früher oft angeführter Nachteil des Kriging, der höhere Rechenaufwand im Vergleich zur Mittelwertbildung mit Gewichtung, ist heute aufgrund der Rechenleistung moderner Computer nicht mehr relevant. In Abbildung 6-7 sind einige Oberflächen dargestellt, die mit unterschiedlichen Varianten und Optionen von Kriging im Programm Surfer konstruiert wurden. Die Übersicht ist keineswegs vollständig, weil mehrere Optionen kombiniert und außerdem noch die Parameter der Optionen verändert werden können. Der Anwender hat wieder das Problem, die für seine Anwendung optimale Lösung zu finden. Die geostatistische Analyse und das Expertenwissen zur Genese ist eine Hilfe, aber nicht immer die Lösung dieses Problems, insbesondere für Anwendungen außerhalb der Geophysik.

Lokale Polynome

Wenn die Einschränkung wegfallen kann, dass die stetige Oberfläche exakt durch die Datenpunkte verlaufen muss, ist das Verfahren der *lokalen Polynome* anwendbar. Bei dieser Technik wird ein bivariates Polynom nach dem Kriterium der kleinsten Quadrate (LSQ) durch die dem Interpolationspunkt benachbarten Punkte gelegt. Benachbarte Punkte sind alle Punkte in einem Kreis mit geschätztem oder vorgegebenem Radius oder einer Ellipse mit zwei Radien und Drehwinkel der großen Achse. In Abbildung 6-8 ist das Verfahren in zwei Dimensionen verdeutlicht. Die vier Geraden sind Ausgleichkurven durch die Datenpunkte (Kreise in Abbildung 6-8). Die Höhe der Interpolationspunkte (Quadrate in der Abbildung) ergibt sich aus dem Wert der LSQ-Gerade am Ort des Punktes. Bei biva-

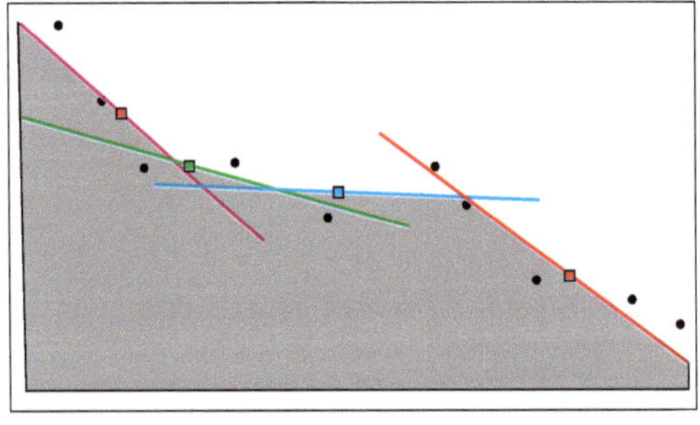

Abbildung 6-8
Datenpunkte (Kreise), Ausgleichs-Geraden und Interpolationspunkte (Quadrate).

riaten Polynomen werden die Geraden zu Ebenen durch die Datenpunkte nach dem Kriterium der kleinsten Quadrate (Cazals & Pouget 2008).

Die Ausgleichs-Polynome können linear, quadratisch oder kubisch sein. Noch höhere Ordnungen sind zwar möglich, aber nicht empfehlenswert. Schon bei kubischen Polynomen erhöht sich die Wahrscheinlichkeit von Artefakten aufgrund der mathematischen Eigenschaften der Polynome (Anzahl der Extremwerte). Für einen Suchkreis mit dem Radius R_s für die benachbarten Punkte gelten folgende Näherungsformeln.

$$R_i = \sqrt{(x_i - x_0)^2 + (y_i - y_0)^2} \,/\, R_s$$

$$W_i = (1 - R_i)^p$$

x_0, y_0 Koordinaten des Interpolationspunkts

x_i, y_i Koordinaten eines benachbarten Datenpunktes i

R_s Radius des Suchkreises

p Exponent für Gewichtung

W_i Gewicht für Punkt i

LSQ-Funktion:

$$Minimize \sum_{i=1}^{N} W_i \left[F(x_i, y_i) - z_i \right]^2$$

Für eine Ellipse mit Haupt- und Nebenradius und schiefer Hauptachse müssen die Formeln entsprechend modifiziert werden. Der Mittelwert für den Interpolationspunkt kann wie bei IDW und anderen Verfahren nach dem Abstand der Nachbarn zum Interpolationspunkt gewichtet werden. Die Berechnung der Ausgleichskurven wandert von Interpolationspunkt zu Interpolationspunkt, deshalb wird das Verfahren auch *moving least squares* genannt.

In der Abbildung 6-9 kann man sehen, dass die interpolierte Kurve nicht durch die Datenpunkte geht. Deshalb ist die Oberfläche eine Approximation oder Ausgleichskurve. Auf der Oberfläche sind bei den verschiedenen Kurven eine unterschiedliche Zahl von Datenpunkten (blaue Kugeln) sichtbar. Die nicht sichtbaren Punkte liegen unter der Oberfläche. Rein vom visuellen Eindruck sind die Oberflächen mit Ausgleichskurven 2. Ordnung und den Exponenten 2 und 3 (e und f) vorzuziehen. Die Oberflächen mit LSQ-Polynomen 3. Ordnung (Abb. g bis i) zeigen im rechten oberen Teil der Oberfläche doch auffallende Artifakte. Das kann bei einem anderen Datensatz ganz anders sein. Auf jeden Fall sollten die geostatistischen Zahlen konsultiert werden, ehe man sich für eine Oberfläche entscheidet.

Das Verfahren sollte man wählen, wenn Fehler in den Datenpunkten durch eine glatte Funktion bereinigt werden sollen oder eine Generalisierung der z-Werte angestrebt wird. Für die Beurteilung der Parameter und der resultierenden Oberfläche müssen unbedingt die Abweichungen der Kurve von den Datenpunkten (Residuen) herangezogen werden.

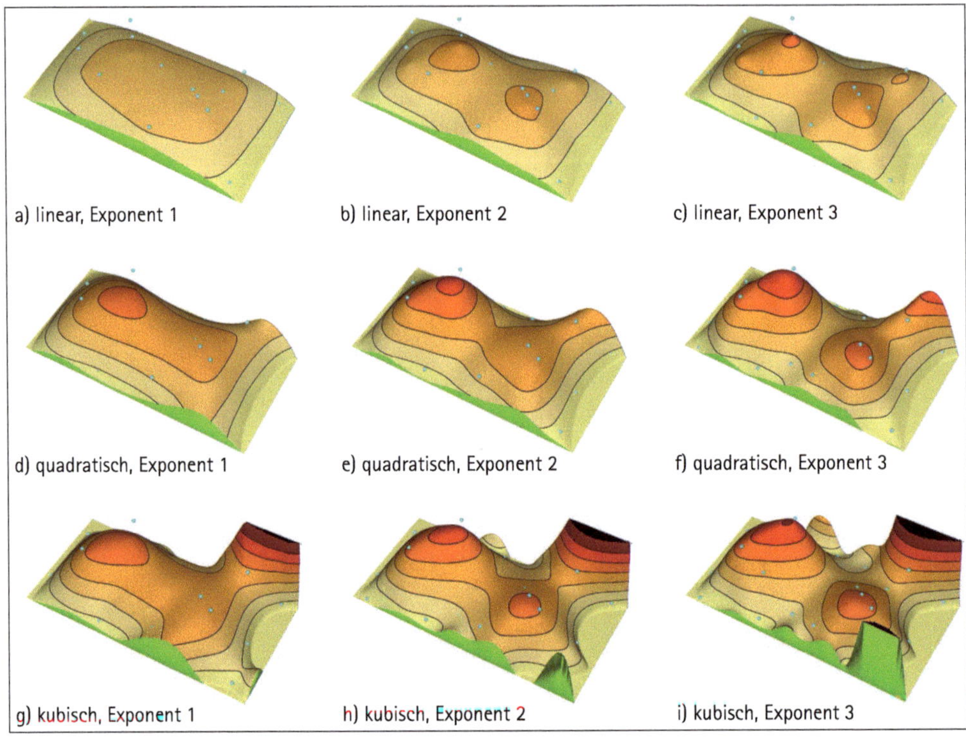

a) linear, Exponent 1   b) linear, Exponent 2   c) linear, Exponent 3

d) quadratisch, Exponent 1   e) quadratisch, Exponent 2   f) quadratisch, Exponent 3

g) kubisch, Exponent 1   h) kubisch, Exponent 2   i) kubisch, Exponent 3

Abbildung 6-9
Approximation mit lokalen Polynomen erster bis dritter Ordnung und Exponentenwerten 1 bis 3

Spline-Interpolation

Ein anderes Konzept für die Interpolation einer stetigen Oberfläche ist die *Spline-Interpolation*. Ein *spline* in des Wortes ursprünglicher Bedeutung ist eine biegsame Holzleiste, die von den technischen Zeichnern für die Konstruktion von glatten Kurven durch wenige Punkte auf dem Zeichenbrett befestigt wurde. Das Rechenverfahren lässt sich aus den physikalischen Eigenschaften der biegsamen Leiste (Elastizitätsmodul, Biegemoment) herleiten. An den aufeinanderfolgenden Strecken einer Linie werden eine Reihe von Funktionen angesetzt. Die Funktionen sind so eingerichtet, dass im Laufe der Linie eine stetige Kurve entsteht. Das Verfahren, oder besser, die Familie von Verfahren, nennt man *Spline-Interpolation*, die stetigen Linien sind *Spline-Kurven* oder kurz *Splines* (Abb. 6-10). Die Steifheit der gedachten Leiste und die Spannung an den Stützstellen kann in die Berechnung mit einbezogen werden.

Die meisten Spline-Funktionen sind einfach differenzierbar und genügen damit den praktischen Anforderungen für die Stetigkeit. Viele sind zweifach differenzierbar und

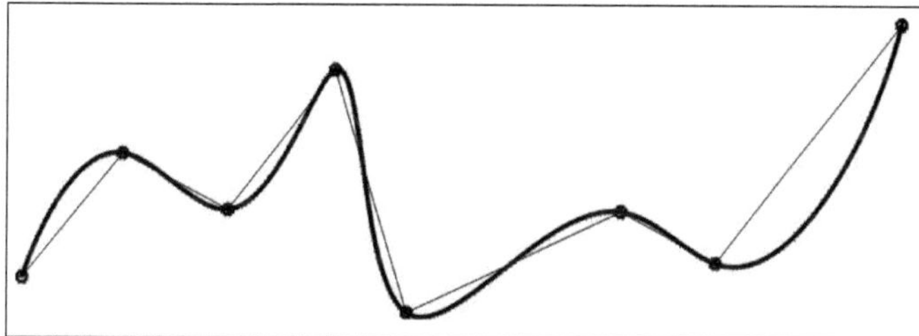

Abbildung 6-10
Spline-Kurve über einen
Streckenzug

damit auch im strengeren mathematischen Sinn stetig. Ausführliche Darstellungen der Grundlagen findet man bei DE BOOR (1978), HOSCHEK & LASSER (1989), ENGELN-MÜLLGES & REUTTER (1993), ENGELN-MÜLLGES et al. (2011) und vor allem bei SPÄTH (1990). In einigen Büchern sind auch Programme und graphische Darstellungen für die sehr zahlreichen Verfahren der Spline-Berechnung enthalten.

Spline-Interpolation mit Triangulierung

Das Konzept der Spline-Interpolation wird bei diesem Verfahren von der zweidimensionalen Ebene (Kurven in 1D) in den dreidimensionalen Raum (Kurven in 2D) übertragen. An die Stelle der Strecken zwischen den Punkten der Linie tritt eine *Fläche* in der Ebene, etwa die Dreiecke in einem unregelmäßigen Dreiecksnetz (TIN). Die biegsame Holzleiste wird in drei Dimensionen zu einer dünnen Platte aus elastischem Material oder einer steifen Membran, die an den Stützpunkten flexibel befestigt sind.

Für jedes Dreieck im TIN wird eine Funktionsgleichung angesetzt, die so eingerichtet wird, dass die Summe der Gleichungen eine einfach oder zweifach differenzierbare Oberfläche ergibt. Mit der einfachen Differenzierbarkeit erreicht man eine Stetigkeit, die für die in Frage kommenden Anwendungen ausreichend ist. Diese Familie von Interpolationsverfahren wird gewöhnlich als C^1-*Spline-Interpolation* bezeichnet. Die zweifache Differenzierbarkeit (C^2-Interpolation), im streng mathematischen Sinn das Kriterium für eine stetige Oberfläche, bringt keine sichtbare Verbesserung (PREUSSER 1990).

Die Interpolation in der Fläche kann auch linear sein, also eine C^0-Interpolation. Die Gitterpunkte innerhalb eines Dreiecks liegen dann in einer planaren Ebene. An den Seiten der Dreiecke entstehen Bruchkanten. Auch aus der mathematischen Formulierung geht hervor, dass die Oberfläche wahrscheinlich nicht stetig ist, weil ihr die einfache Differenzierbarkeit fehlt. Das entspricht in den meisten Fällen nicht der Absicht der Interpolation. Zur Erzeugung einer stetigen (glatten) Oberfläche verwendet man deshalb Polynome höherer Ordnung, meistens quadratische oder kubische Polynome, seltener Polynome noch höherer Ordnung (PREUSSER 1990).

Als Bezugsflächen für die lokalen Spline-Funktionen werden in der Regel Dreiecke benutzt. Eine Reihe von Programmen zur Konstruktion des Dreiecksnetzes nach dem Delaunay-Kriterium sind veröffentlicht und damit, zumindest für die wissenschaftliche Anwendung, frei verfügbar, zum Beispiel von LAWSON (1977), AKIMA (1978) oder RENKA

(1984, 1996a). Die Programme von RENKA sind ausgewogene Lösungen bezüglich der Anforderungen an Rechenzeit und Speicherplatz. Sie stellen über die eigentliche Dreieckskonstruktion hinaus Funktionen für die Interpolation und Verwaltung des TIN zur Verfügung. Viele Entwickler von Interpolationsalgorithmen benutzen die Triangulierungs-Routinen von RENKA als Basis für ihre eigenen Methoden (PREUSSER 1990, SPÄTH 1991, AKIMA 1996).

Vor der Berechnung der z-Werte an den Gitterpunkten müssen die Werte der ersten partiellen Ableitungen an den Stützpunkten (Gradienten) geschätzt werden. Einige Verfahren und Programme wurden im Kapitel über die Verfahren ohne Teilung schon gestreift. In anderen Übersichten zu den Spline-Verfahren findet man weitere Methoden der Gradientenschätzung. Die Oberflächen in Abbildung 6-11 wurden mit zwei Varianten der Spline-Interpolation interpoliert, die das GIS-System ArcGIS mit der Erweiterung 3D Analyst bereitstellt.

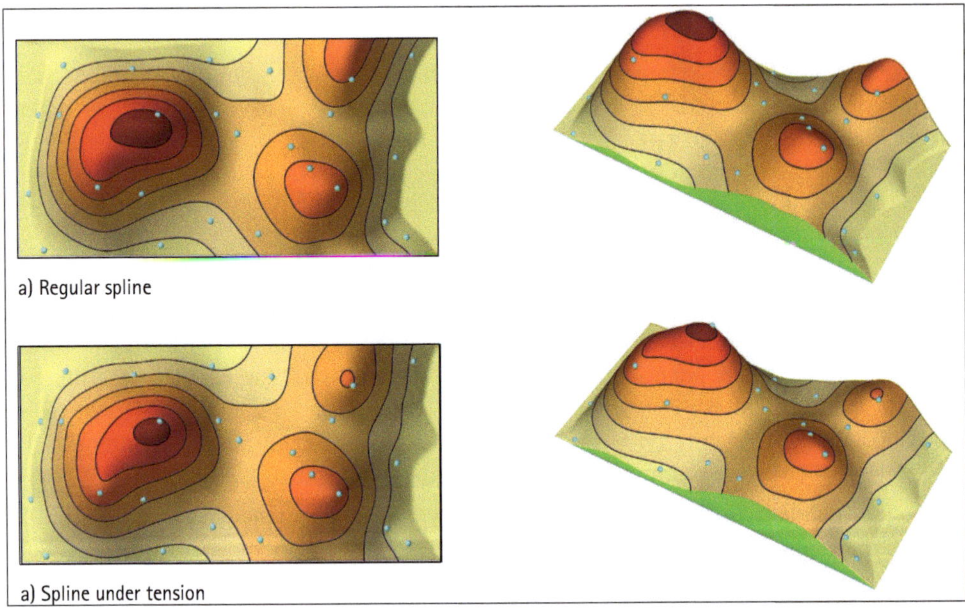

Abbildung 6-11
Die Oberflächen wurden mit zwei Varianten der Spline-Interpolation interpoliert (ArcGIS mit Erweiterung 3D Analyst).

Spline-Extrapolation

Ein grundsätzliches Problem der Spline-Interpolation mit unregelmäßigen Dreiecksnetzen ist die Tatsache, dass eigentlich nur die Gitterpunkte innerhalb des Dreiecksnetzes interpoliert werden können. Im Falle von polygonbezogenen Daten reicht das Untersuchungsgebiet immer über das Dreiecksnetz hinaus, weil die Stützpunkte geometrische Stellvertreter für die Polygone sind. Zumindest in den Flächen der Bezugseinheiten müssen die Oberflächenwerte berechnet werden, auch wenn sich die Gitterpunkte außerhalb des Dreiecksnetzes befinden. Zur Unterscheidung von der „korrekten" Interpolation innerhalb des Dreiecksnetzes spricht man von *Extrapolation*.

Eine Möglichkeit für die Extrapolation außerhalb des Dreiecksnetzes ist die Berechnung des Funktionswertes am Ort des Interpolationspunktes mit der Spline-Funktion des nächstliegenden Dreiecks (RENKA 1984, 1996b). Der Kurvenverlauf wird nach außen über das Dreieck hinaus verlängert unter der Annahme, dass sich der Trend der Kurve fortsetzt. Im Programm wird in diesem Fall ein Indikator gesetzt, damit der Anwender auf die Extrapolation aufmerksam wird und den z-Wert prüfen, verwerfen oder korrigieren kann. Dennoch ist die Gefahr groß, dass Oberflächen mit z-Werten interpoliert werden, die unsinnig sind.

Triangulation in der konkaven Hülle

Wenn das Triangulierungs-Verfahren das Dreiecksnetz in der konvexen Hülle der Stützpunkte erzeugt, können sehr lange und spitzwinklige Dreiecke entstehen. Diese Dreiecke verursachen die störenden Artefakte in den peripheren Regionen der interpolierten Oberfläche. RENKA hat deshalb in der Verallgemeinerung seines Verfahrens von 1984 die Möglichkeit vorgesehen, eine konkave Hülle für das Untersuchungsgebiet zu verwenden (RENKA & CLINE 1984, RENKA 1996a).

Die Triangulierung wird wie gewohnt in der konvexen Hülle vorgenommen. Die Dreiecke außerhalb der konkaven Hülle werden markiert und bei der Interpolation entsprechend berücksichtigt (RENKA 1996b). Wenn die konkave Hülle der Grenze des Untersuchungsgebietes entspricht oder geringfügig außerhalb des Untersuchungsgebietes liegt, ist auch das Problem der Extrapolation gelöst. Alle Gitterpunkte im Untersuchungsgebiet befinden sich in einem gültigen Dreieck.

Splines mit Spannungsfaktor

Ein Faktor der bivariaten Spline-Interpolation ist die Steifigkeit der gedachten dünnen Platte. Ist die Platte zu steif, kann sie plötzlichen Änderungen der Datenwerte nicht elastisch genug folgen. Ist andererseits die Membran nicht steif genug, hängt sie an den Stützpunkten schlaff durch, was genauso unerwünscht ist. Deshalb sehen einige Verfahren zur Spline-Interpolation einen Spannungsfaktor vor, um die Steifigkeit der Platte und damit den Verlauf der Kurve zu beeinflussen. Man kann sich die Wirkung auch so vorstellen, dass über die Stützpunkte eine Membran unter Spannung gelegt wird. Zieht man am Rande der Membran, verändert sich der Verlauf der Kurve. Je stärker der Zug ist, um so näher liegt die Membran an den Stützpunkten an.

Das Verfahren von MONTEFUSCO & CASCIOLA (1989) enthält die Möglichkeit, die Plattenspannung und damit die Oberflächenform durch einen Parameter zu beeinflussen. Bei der visuellen Prüfung der Interpolationsergebnisse kann man feststellen, dass einige der Unregelmäßigkeiten und Fehler, die bei der Implementierung von Renka (1984) mit konvexer Hülle auftreten, in der Oberfläche nach dem Verfahren nach Montefusco & Casciola (1989) verschwunden sind. Dafür tauchen neue, durch das Verfahren verursachte Artefakte auf. Das Dreiecksnetz scheint immer noch in der Oberfläche durch.

In den neuen Programmversionen von Renka (1996b) kann der Anwender den Spannungsfaktor als uniform oder variabel definieren. Der uniforme Faktor wirkt gleichmäßig über die ganze Oberfläche. Bei der variablen Ausprägung können den Kanten im Dreiecksnetz individuelle Spannungsfaktoren zugewiesen werden. Die Oberfläche unter Spannung nähert sich mehr der Oberfläche, die mit bilinearer Interpolation erzeugt wurde. Bei der Anwendung eines Spannungsfaktors ist zu beachten, dass sich die Werte für die Gradienten und die Koeffizienten für die Spannung gegenseitig beeinflussen. Renka (1996b) empfiehlt deshalb, die partiellen Ableitungen und die Spannungsfaktoren iterativ zu verbessern, um optimale Werte zu erhalten.

Probleme der Spline-Interpolation

Bei der visuellen Prüfung von Oberflächen, die mit vielen Datenpunkten und der Spline-Interpolation erzeugt wurden, liegt der Schluss nahe, dass diese Verfahren für manche Datensätze nicht gut geeignet sind.

- **Starke Sprünge:** Die Oberfläche hat starke Veränderungen in der Höhe in einer kleinen Region (hohe Reliefenergie), auch aufgrund von sehr schmalen und langen Dreiecken im TIN, insbesondere in den peripheren Bereichen. Dieser Mangel lässt sich durch die Hilfspunkte am Rand oder noch besser durch eine konkave Hülle abmildern, aber nie ganz vermeiden. Die Spline-Interpolation sollte möglichst nur für Oberflächen verwendet werden, die relativ ausgeglichen sind und keine ausgeprägten Sprünge enthalten.

- **Das Dreiecksnetz scheint durch:** Die Verfahren mit Spline-Interpolation neigen dazu, dass die Funktionswerte in der Nachbarschaft der Dreiecksseiten sehr nahe an die z-Werte der Seiten heranreichen. Das Rechenverfahren kann Oberflächenformen interpolieren, die in bestimmten Fällen nicht durch die Daten erklärt werden können.

- **Undefinierte Oberfläche außerhalb des Dreiecksnetzes:** Die Gitterwerte außerhalb des TIN müssen extrapoliert werden, entweder durch Evaluation des Funktionswertes des nächstgelegenen Dreiecks oder durch Erweiterung des TIN mit Hilfspunkten. Die letztere Lösung ist problematisch, weil die Hilfspunkte selbst schon das Ergebnis einer Interpolation sind. Deshalb sollte die Erzeugung der Oberfläche in einem begrenzten Untersuchungsgebiet ausgeführt werden, in dem die Datenpunkte nicht zu weit entfernt von der Gebietsgrenze liegen. Das gilt auch für andere Interpolationsverfahren, wenn auch nicht so auffallend wie bei der Spline-Interpolation.

Es scheint ein grundsätzliches Problem zu sein, eine Spline-Interpolation auf ein regelmäßiges Gitter anzuwenden, wenn die Auflösungen des Ausgangsmodells und des Darstellungsmodells weit auseinander liegen. Auch bei anderen Datensätzen sieht man das Dreiecksnetz fast immer in der Oberfläche durchscheinen.

Splines unter Spannung mit minimaler Krümmung

Beim Verfahren der Splines unter Spannung mit minimaler Krümmung (*minimum curvature with tension*) wird eine dünne elastische Platte so verbogen, bis sie, wenn möglich, durch alle Datenpunkte geht. Zuerst wird eine Ebene nach dem Kriterium der kleinsten Quadrate durch die Datenpunkte berechnet. Diese Ebene wird durch allmähliche Veränderung der z-Werte an den Daten- und Gitterpunkten unter Beachtung des Kriteriums der minimalen Krümmung (BRIGGS 1974) adjustiert. Die mathematischen Grundlagen und Voraussetzungen sind bei SMITH & WESSEL (1990) und WESSEL & BERCOVICI (1998) eingehend beschrieben.

Bei den bisher vorgestellten Interpolationsmethoden werden die Gitterwerte in einem Schritt berechnet. Bei diesem Verfahren wird eine Iteration ausgeführt und die Oberfläche schrittweise dem Endzustand angenähert. Der finale Zustand ist erreicht, wenn die Kurve durch alle Datenpunkte geht und die Summe der Abweichungen unter einen Grenzwert fällt. Damit ist die Iteration beendet.

Der Rechenvorgang kann auch abgebrochen werden, wenn die Schwellenwerte für einige Parameter erreicht sind, etwa die Summe der Abstände der Kurve von den Datenpunkten, Spannungswerte für die elastische Platte oder die maximale Anzahl der Iterationen. Die voreingestellten Parameter beruhen auf Erfahrungswerten der Methoden- und Programmentwickler. Der Anwender kann die Werte auch in gewissem Umfang beeinflussen. Das Ergebnis kann sowohl eine exakte Interpolation als auch eine Approximation mit Datenpunkten unter oder über der Kurve sein.

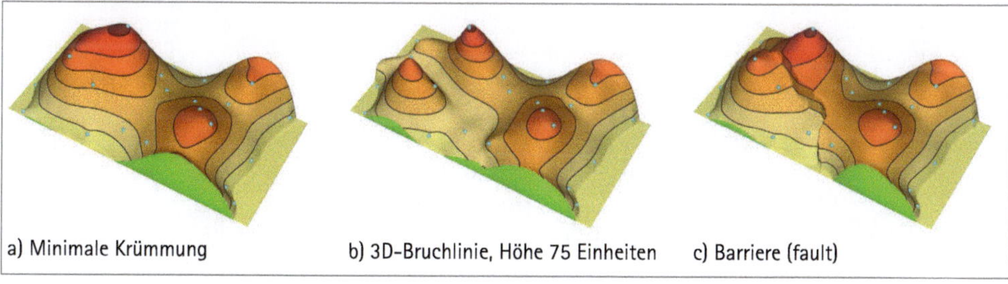

Abbildung 6-12
Mit dem Verfahren der minimalen Krümmung erzeugte Oberfläche, mit Bruchlinie (b) und Barriere (c).

In Abbildung 6-12 sind Oberflächen in perspektivischer Darstellung visualisiert, die mit dem Verfahren der minimalen Krümmung interpoliert wurden. In diesem Beispiel geht die Oberfläche durch alle Datenpunkte. Kein Punkt befindet sich über oder unter der Kurve, die Oberfläche ist also exakt und keine Approximation. Die Oberflächen wurden sowohl mit einer Bruchlinie (Abb. 6-12b) als auch einer Barriere (Abb. 6-12c) interpoliert. Die Wirkung der zusätzlichen Optionen wird deutlicher sichtbar als bei der planaren Darstellung in Aufsichtsprojektion wie in Abbildung 6-3. Sowohl die Bruchlinie als auch die Barriere führen zu sehr unterschiedlichen Formen in der linken Hälfte der Oberfläche.

Im Programm Surfer wird zusätzlich eine Multigitter-Strategie für diese Methode angewendet. Der Algorithmus beginnt mit einem groben Gitter, das in vier Stufen verfeinert wird, bis die vorgegebene Anzahl von Gitterlinien in beiden Achsenrichtungen erreicht ist (Surfer User's Guide 2015). Sowohl Bruchlinien als auch Barrieren sind für die Version des Verfahrens im Programm Surfer anwendbar.

Interpolation mit sehr dichten Ausgangsdaten

Die Oberflächen in der Abbildung 6-13 visualisieren die Zeitentfernung in Minuten zum nächsten Oberzentrum im Individualverkehr, also per Pkw auf allen Arten von Straßen. Die Zeitentfernungen sind aufgrund der Distanz und den benutzten Straßentypen mit bestimmten durchschnittlichen Geschwindigkeiten berechnet und nicht tatsächlich gemessen. Die Datenpunkte sind relativ dicht entlang der Straßen positioniert, deshalb ist die Dichte der Datenpunkte sehr hoch.

Abbildung 6-13
Zeitentfernung in Minuten zum nächsten Oberzentrum im Individualverkehr, modifiziertes Shepard-Verfahren

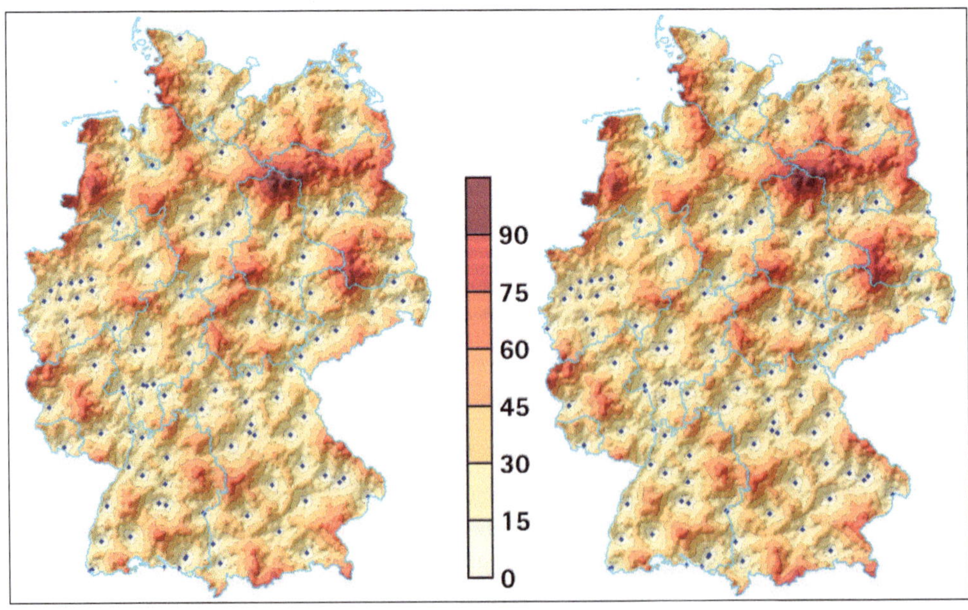

Die Oberfläche in Abbildung 6-13 (links) wurde mit dem modifizierten Shepard-Verfahren, die Oberfläche rechts mit dem Verfahren der minimalen Krümmung interpoliert. Die Oberflächen unterscheiden sich nur geringfügig in dieser Darstellung. Im Vergleich zur Gittergröße von 800 mal 616 Schnittlinien ist das Netz der 20.025 Datenpunkte mit den Zeitentfernungen sehr dicht. Deshalb werden an die Prädiktionsfähigkeit der Interpolationsalgorithmen keine hohen Ansprüche gestellt. Die Datenpunkte des Test-Datensatzes in den vorigen Abbildungen liegen dagegen relativ weit auseinander. Deshalb können sich sich bei unterschiedlichen Interpolationsmethoden sehr unterschiedliche Oberflächenformen ergeben.

Literatur

AKIMA H (1978) A method of bivariate interpolation and smooth surface fitting for irregulary distributed points. ACM Transactions on Mathematical Software, Vol. 4, 148-164

AKIMA H (1996) Algorithm 761: Scattered -data surface fitting that has the accuracy of a cubic polynomial. ACM Transactions on Mathematical Software, Vol. 22, No.3, 362-371

AURENHAMMER F, KLEIN R, LEE DS (2013) Voronoi diagrams and Delaunay triangulations. World Scientific, Singapur

BERRY MW, MINSER KS (1999) Algorithm 798: High-dimensional interpolation using the modified Shepard method. ACM Transactions on Mathematical Software, Vol. 25, No. 3, September 1999

BRODLIE KW, ASIM MR, UNSWORTH K (2005) Constrained visualization using the Shepard interpolation family. Computer Graphics Forum, Vol. 24 (2005), No. 4, 809–820

DE BOOR C (1978) A practical guide to splines. Springer, Berlin

BRIGGS IA (1974) Machine contouring using minimum curvature. Geophysics, Vol. 39, No. 1, 39–48

BUHMANN MD (2003) Radial basis functions, theory and implementations. Cambridge Monographs on Applied and Computational Mathematics No. 12

BURROUGH PA, McDONNELL RA, LLOYD CD (2015) Principles of geographical information systems, 3rd edition. Oxford University Press

CAZALS F, POUGET M (2008) Algorithm 889: Jet fitting 3:—A generic C++ package for estimating the differential properties on sampled surfaces via polynomial fitting. ACM Transactions on Mathematical Software, Vol. 35, No. 3, Article 24

DUBRULE O (1984) Comparing splines and kriging. Computers & Geosciences, Vol. 10, No. 2–3, 327–338

ENGELN-MÜLLGES G, REUTTER F (1993) Numerik-Algorithmen mit Fortran-77-Programmen. 7., völlig neu bearbeitete und erweiterte Auflage. BI-Wissenschaftsverlag, Mannheim

ENGELN-MÜLLGES G, NIEDERDRENK K, WODICKA R (2011) Numerik-Algorithmen: Verfahren, Beispiele, Anwendungen. 10., überarb. u. erw. Auflage. Springer **Berlin Heidelberg**

FARWIG R (1986) Rate of convergence of Shepard's global interpolation formula. Mathematics of Computation, Vol. 46, No. 174, April 1986, 577–590

FRANKE R (1982) Scattered data interpolation: tests of some methods. Mathematics of Computation, Vol. 38, No. 157, January 1982, 181–200

FRANKE R (1987) Recent advances in the approximation of surfaces from scattered data. In: CHUI, SCHUMAKER, UTERAS (eds), Topics in multivariate approximation. Academic Press, Boston, 79–98

FRANKE R, NIELSON G (1980) Smooth interpolation of large sets of scattered data. Int. J. for Numerical Methods in Engineering, Vol. 15, 1691–1704

GORDON WJ, WIXOM JA (1978) Shepard's method of "metric interpolation" to bivariate and multivariate interpolation. Math. Comp., Vol. 32, 253–264

HARDY RL (1971) Multiquadric equations of topography and other irregular surfaces. J. Geophys. Res. 76, 1905–1915

HARDY RL (1990) Theory and applications of the multiquadric-biharmonic method. 20 years of discovery 1968-1988. Computer & Mathematics with applications, Vol. 19, No. 8/9, 163–208

HOSCHEK J, LASSER D (1989), Grundlagen der geometrischen Datenverarbeitung. Teubner, Stuttgart

HU J (1995), Methods of generating surfaces in environmental GIS applications. Proceedings, 1995 ESRI User Conference

KRIGE DG (1966) Two-dimensional weighted moving average trend surfaces for ore evaluation. In: Mathematical statistics and computer applications in ore valuation, a symposium. Journ. South African Inst. Mining and Metallurgy, 13–79

LANCASTER P, SALKAUSKAS K (1986) Curve and surface fitting. An introduction. Academic Press, London

LAWSON CL (1977) Software for C^1 surface interpolation. In: RICE, JR (ed.), Mathematical Software III, Academic Press, Orlando, 161-194

LEWIS JP, PIGHIN F, ANJYO K (2010) Scattered data interpolation and approximation for computer graphics. SA '10: SIGGRAPH ASIA 2010 Courses

MEYER W (2005) Amtliche Statistik – bessere thematische Karten dank geostatistischen Verfahrens (Kriging). In: STROBL, BLASCHKE, GRIESEBNER (Hrsg.) Angewandte Geoinformatik 2005. Beiträge zum 17. AGIT-Symposium Salzburg, 437–446

MONTEFUSCO LB, CASCIOLA G (1989) Algorithm 677: C^1 surface interpolation. ACM Transactions on Mathematical Software, Vol. 15, No. 4, December 1989, 365-374

OLIVER MA, WEBSTER R (1990) Kriging: a method of interpolation for geographical information systems. Int. J. Geographical Information Systems, Vol. 4, No. 3, 313–332

OWEN SJ (1992) An implementation of natural neighbor interpolation in three dimensions. Master's thesis, Brigham Young University

PLATTE RB, DRISCOLL TA (2003) Computing Eigenmodes of elliptic operators using radial basis functions. University of Delaware, Department of Mathematical Sciences, Technical Report No. 2003–07

PREUSSER A (1990) Algorithm 684: C^1-and C^2-Interpolation on triangles with quintic and nonic bivariate polynomials. ACM Transactions on Mathematical Software, Vol. 16, No. 3, September 1990, 253-257

RASE WD, PEUCKER TK (1971) Erfahrungen mit einem Computer-Programm zur Herstellung thematischer Karten. Kartographische Nachrichten, 21. Jahrgang, Heft 2, April 1971, 50–57

RENKA RJ (1984) Algorithm 624, Triangulation and interpolation at arbitrarily distributed points in the plane. ACM Transactions on Mathematical Software, Vol. 10, No. 4, December 1984, 440-442

RENKA RJ (1988a) Multivariate Interpolation of large sets of scattered data. ACM Transactions on Mathematical Software, Vol. 14, No. 2, June 1988, 139-148

RENKA RJ (1988b) Algorithm 660: QSHEP2D, Quadratic Shepard method for bivariate interpolation of scattered data. ACM Transactions on Mathematical Software, Vol. 14, No. 2, June 1988, 149-150

RENKA RJ (1988c) Algorithm 661: QSHEP3D, Quadratic Shepard method for trivariate interpolation of scattered data. ACM Transactions on Mathematical Software, Vol. 14, No. 2, June 1988, 151-152

RENKA RJ (1996a) Algorithm 751: TRIPACK: a constrained two-dimensional Delaunay triangulation package. ACM Transactions on Mathematical Software, Vol. 22, No. 1, March 1996, 1-8

RENKA RJ (1996b) Algorithm 752: SRFPACK: Software for scattered data fitting with a constrained surface under tension. ACM Transactions on Mathematical Software, Vol. 22, No. 1, March 1996, 9-17

RENKA RJ (1999a) Algorithm 790: CSHEP2D: Cubic Shepard method for bivariate interpolation of scattered data. ACM Transactions on Mathematical Software, Vol. 25, No. 1, March 1999, 70-73

RENKA RJ (1999b) Algorithm 791: TSHEP2D: Cosine series Shepard method for bivariate interpolation of scattered data. ACM Transactions on Mathematical Software, Vol. 25, No. 1, March 1999, 74-77

RENKA RJ (1999c) Algorithm 792: Accuracy tests of ACM algorithms for interpolation of scattered data in the plane. ACM Transactions on Mathematical Software, Vol. 25, No. 1, March 1999, 78-94

RENKA RJ, CLINE AK (1984) A triangle-based C^1 interpolation method. Rocky Mountain Journal of Mathematics, Vol. 14, No. 1, Winter 1984, 223-237

RIPPA S (1999) An algorithm for selecting a good value for the parameter c in radial basis function interpolation. Adv. Comp. Math 11 (2–3), 193–210

ROYLE AG, CLAUSEN FL, FREDERIKSEN P (1981) Practical universal kriging and automatic contouring. Geo-Processing, 1(1981), 377–394

SHEPARD DS (1968) A two-dimensional interpolation function for irregularly-spaced data. Proceedings ACM National Conference 1968, 517–524
http://designedspace.github.io/docs/shepard1968.pdf (11/2015)

SIBSON R (1981) A brief description of natural neighbor interpolation. In: Barnet, V (ed.) Interpreting multivariate data, John Wiley and Sons, Chichester, 21–36

SMITH WHF, WESSEL P (1990) Gridding with continuous curvature splines in tension. Geophysics, Vol. 55, No. 3, 293-305

SPÄTH H (1990) Eindimensionale Spline-Interpolations-Algorithmen. Oldenbourg, München

SPÄTH H (1991) Zweidimensionale Spline-Interpolations-Algorithmen. Oldenbourg, München

STEIN MJ (1999), Interpolation of spatial data. Some theory for kriging. Springer Series in Statistics, Springer-Verlag, New York

TOBLER WR (1970) A computer movie simulating urban growth in the Detroit region. Economic Geography 46, 234–240

WATSON DF (1985) A refinement of inverse distance weighted interpolation. Geo-Processing, 2(1985), 315–327

WATSON, DF (1992) Contouring: A guide to the analysis and display of spatial data (with programs on diskette). Pergamon Press

WATSON DF (1994) nngrdr: an implementation of natural neighbor interpolation. David F. Watson, Australia

WATSON DF (2001) Compound signed decomposition, the core of natural neighbor interpolation in n-dimensional space. Unpublished manuscript.

Watson DF, Philip GM (1985) A refinement of inverse distance weighted interpolation. Geo-Processing, 2(1985), 315-327

WESSEL P, BERCOVICI D (1998) Interpolation with splines in tension: a Green's function approach. Mathematical Geology, Vol. 30, No. 1, 77–93

7 Punkte auf ein unregelmäßiges Dreiecksnetz

Bei der Beschreibung der Interpolationsverfahren für unregelmäßig verteilte Punkte wurde als Datenmodell für die Oberfläche ein regelmäßiges Gitter von Rechtecken oder Dreiecken verwendet. In den Programmen ArcGIS und Surfer sind nur Gitter aus regelmäßigen Rechtecken möglich. Bei allen bisher vorgestellten Interpolationsverfahren können die Punkte beliebig im Untersuchungsgebiet verteilt sein. Die Verfeinerung der ursprünglichen Punktverteilung auf eine kontinuierliche Oberfläche mit ausreichend feiner Auflösung lässt sich deshalb auch mit einem unregelmäßigen Dreiecksnetz (TIN) anstatt des regelmäßigen Gitters realisieren.

Vorteile der Interpolation auf ein TIN

Wie schon erwähnt, hat die Verwendung des unregelmäßigen Dreiecksnetzes als Oberflächenmodell eine Reihe von Vorteilen, die auch bei der Verdichtung des Netzes gelten:

- Variable und adaptive Auflösung des Netzes,
- Erhaltung der ursprünglichen Datenpunkte als Knoten im Netzwerk,
- Erhaltung von linienförmigen Strukturen (Straßen, Gewässer, Grenzen) auf den Kanten des Netzwerks, wenn notwendig und erwünscht,
- hoher Durchsatz bei der Darstellung der farbigen Dreiecke mit leistungsfähigen Graphikkarten.

In einem unregelmäßigen Dreiecksnetz kann die Auflösung, also die Größe der Dreiecke, lokal variieren. Die Dichte des TIN wird an die Verteilung der Stützpunkte oder dem Abstand der Punkte in linienförmigen Objekten angepasst. Die Reliefenergie, die Variation der Höhe in einer bestimmten Fläche, hat ebenfalls Einfluss auf die Auflösung. In den Regionen der Oberfläche, die relativ flach sind, muss das Netz nicht so dicht sein wie in den Regionen mit hoher Reliefenergie. Bei der Verdichtung des TIN kann die variable Auflösung erhalten bleiben. Einige Verfahren passen die lokale Netzdichte der Struktur der Ausgangsdaten an.

Die Oberfläche des Darstellungsmodells geht in jedem Fall durch die Stütz- oder Datenpunkte des Ausgangsmodells, weil die Original-Punkte als Knoten im Netzwerk erhalten bleiben. Durch leichte Modifikation der echten Delaunay-Triangulation kann man erreichen, dass die Strecken der Linien fortlaufend auf den Netzkanten liegen (modifiziertes Delaunay-Netz, CDT, Abb. 3-3).

Die Ausgabe von Dreiecken in 3D einschließlich Farbfüllung, Textur und simulierter Beleuchtung wird heute als schnelle Hardware-Funktion auch in verhältnismäßig preiswerten Graphikkarten bereitgestellt. Es ist sehr wahrscheinlich, dass bei konstanten Kosten die Leistungsfähigkeit der Graphikgeräte weiter steigt. Die Verdichtung des Dreiecksnetzes durch Einsetzen von zusätzlichen Punkten (Steiner-Punkte) kann deshalb im Vergleich mit der Interpolation auf ein regelmäßiges Gitter die schnellere Lösung für die Darstellung der Oberfläche sein.

Qualitäts-Netze

Die Verdichtung von Netzen, insbesondere Dreiecksnetzen, ist auch in anderen Anwendungsbereichen der Computergraphik ein häufig angewandtes Verfahren. Zum Beispiel wird in der rechnergestützten mechanischen Konstruktion (CAD) das ursprüngliche Dreiecksnetz durch Einsetzen von neuen Punkten verdichtet. Die Verfeinerung des originären Netzes wird benötigt, um annähernd glatte Kurven bei Freiform-Oberflächen zu erhalten. Das verfeinerte Netz ist wie in der Kartographie der Ausgangspunkt für die fotorealistische Darstellung auf dem Bildschirm, für den Modellbau mit Verfahren des *rapid prototyping* und die Fertigung mit numerisch gesteuerten Werkzeugmaschinen (siehe Kapitel 22). Diese nach bestimmten Kriterien verdichteten Netze werden Qualitäts-Netze (*quality meshes*) genannt.

Eine weitere Anwendung für Qualitäts-Netze ist die numerische Simulation von mechanischen Belastungen in Werkstücken und Konstruktionen (FEM, *finite element method*). Die Simulation im Computer ist eine Alternative zu den Prüfverfahren, bei denen das fertige Teil realen mechanischen Belastungen (Zug, Druck) bis über die Zerstörungsgrenze hinaus ausgesetzt wird, etwa bei Crash-Tests von Automobilen. Mit FEM-Verfahren – in drei Dimensionen mit Tetraedern anstatt Dreiecken – kann man die Alternativen für den Materialeinsatz und den mechanischen Aufbau vor der eigentlichen Fertigung numerisch simulieren und damit Form, Materialeinsatz und Gewicht optimieren. Für diese Anwendungen ist es sehr wichtig, dass die Innenwinkel und die Seitenverhältnisse der Dreiecke oder Tetraederflächen bestimmte Grenzwerte nicht unter- oder überschreiten.

In der computergestützten mechanischen Konstruktion werden außer den Dreiecksnetzen auch Netze aus Vier- und Sechsecken und Kombinationen unterschiedlicher Polygone im gleichen Netz verwendet. Diese eher seltene Ausnahme vom reinen Dreiecksnetz ist für manche Anwendungen notwendig und rechtfertigt damit den höheren Aufwand. In diesem Kontext beschränken wir uns auf das unregelmäßige Dreiecksnetz in zwei Dimensionen.

Qualitätsanforderungen für das verfeinerte Netz

Die Dreiecke im verfeinerten Netz sollen nach Möglichkeit zwei Anforderungen genügen (Chew 1993):

- geeignete Form (*well-shaped*),
- geeignete Größe (*well-sized*).

Die Dreiecke im TIN sollen einem gleichseitigen Dreieck (wie im regelmäßigen Dreiecksnetz) so ähnlich wie möglich sein. Das ist bei unregelmäßig verteilten Stützpunkten nicht zu erreichen. Als gute Annäherung wird angesehen, wenn alle Innenwinkel größer als 30 und kleiner als 120 Grad sind.

Die Auflösung des TIN muss ausreichend fein sein, um die Oberfläche in guter visueller Qualität darzustellen. Die Auflösung kann durch den maximalen Flächeninhalt jedes Dreiecks oder die maximale Seitenlänge definiert werden. Die Verfahren zur Erzeugung von Qualitäts-Netzen erfüllen in der Regel beide Anforderungen, manchmal die zweite als Folge der ersten.

Der Algorithmus von Chew

Beim ersten Algorithmus von Chew (1989) wird die Auflösung des verdichteten Netzes vom Anwender durch Vorgabe des Wertes von *smin* bestimmt. Die Kantenlängen der Dreiecke im verdichteten Netz sollen zwischen den Werten von *smin* und *smin**sqrt(3) liegen. Prinzipiell erzeugt das Verfahren Dreiecke, deren Innenwinkel >= 30 Grad ist, vorausgesetzt, bestimmte Beschränkungen beim Abstand der Stützpunkte wurden eingehalten. Im realen Anwendungsfall kann es aber vorkommen, dass die Innenwinkel im verdichteten Netz kleiner als 30 Grad sind, insbesondere die Dreiecke mit einem oder beiden Eckpunkten auf der Grenze des Untersuchungsgebietes.

Programm Triangle

In den letzten Jahren wurden weitere Algorithmen für die Verdichtung von Netzen entwickelt, etwa der zweite Algorithmus von Chew (1993) oder der Algorithmus von Ruppert (1995). Beide Algorithmen führen oft zu ähnlichen Ergebnissen (Shewchuk 1997a). Der Algorithmus von Ruppert hat den Nachteil, dass die Dichte des Netzes (Größe der Dreiecke) nur mittelbar durch die Vorgabe des Minimums für die Innenwinkel im Dreieck gesteuert werden kann. Je höher der Anwender die Schwelle setzt, umso dichter und homogener wird das Netz.

Mit dem leicht modifizierten Verfahren von Ruppert lassen sich auch anisotrope und andere nichtlineare Verteilungen bei der Verdichtung von Dreiecksnetzen erzeugen (Labelle 1999, Labelle & Shewchuk 2003). Nichtlineare Verdichtungen, also das Einsetzen der Steiner-Punkte in einer vom Anwender vorgegebenen bevorzugten Richtung, Orientierung oder Verteilung, sind bei bestimmten FEM-Anwendungen erwünscht, etwa bei lang gestreckten Werkstücken oder einem Material mit anisotropen Eigenschaften.

Auf der Grundlage der Algorithmen von CHEW (1993) und RUPPERT (1995) hat Shewchuk ein neues Verfahren entwickelt, das einige Probleme der Vorgänger eliminiert, etwa die Möglichkeit, dass beide Verfahren unter bestimmten Bedingungen nicht terminieren (SHEWCHUK 1997a, 2002). Eine wichtige Erweiterung von Shewchuk im Programm *Triangle* sind Rechenverfahren zur Lösung von Problemen, die durch die endliche Genauigkeit der Zahlendarstellung in einem Digitalrechner und die daraus resultierenden arithmetischen Fehler bedingt sind (SHEWCHUK 1997c).

Der Autor Shewchuk erlaubt die kostenfrei Nutzung des Programms Triangle für wissenschaftliche Anwendungen. Die Quellenprogramme in der Sprache C können aus dem WWW heruntergeladen werden (SHEWCHUK 1997b). Triangle in der letzten Version 1.6 wird entweder als eigenständiges Programm mit Datenaustausch über Dateien oder als Funktions-Bibliothek mit Parameter-Übergabe an das Hauptprogramm genutzt. Durch Setzen von Compiler-Direktiven lässt sich das Programm sehr einfach an unterschiedliche Hardware-Plattformen und Betriebssysteme anpassen. Trotz der vielen Möglichkeiten und Alternativen für die Steuerung der Verdichtung ist das Programm Triangle sehr schnell, auch bei umfangreichen Datensätzen.

In Abbildung 7-1 ist ein mit Triangle erzeugtes Dreiecksnetz dargestellt. Den 25 Datenpunkten (schwarze Symbole) wurden drei Linien mit Stützpunkten im Abstand von 1 mm hinzugefügt. In der Nachbarschaft der Linien sind die Dreiecke kleiner als in den anderen Teilen des Gebietes. Das Netz ist wie man sieht *adaptiv*: die Auflösung wird der unterschiedlichen Dichte der Datenpunkte und dem Abstand der Punkte in der Linie an-

Abbildung 7-1
Mit dem Programm *Triangle* verfeinertes Dreiecksnetz aus Datenpunkten. In der Oberfläche befinden sich Linien mit vielen Punkten, die zu kleinere Dreiecken als im übrigen Netz führen.

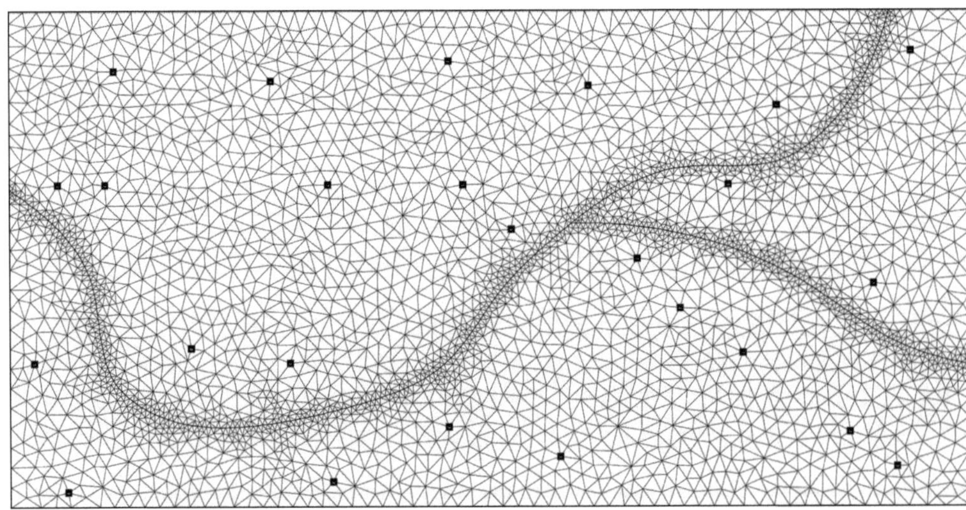

gepasst. Durch Auswahl der Schalter und Werte wurde festgelegt, dass die Innenwinkel in allen Dreiecken größer oder gleich 30 Grad sind. Alle Dreiecke sind im Originalmaßstab (Fläche von 20 mal 10 cm) kleiner als 7 mm².

Programm-Parameter für Triangle

Im Programm Konkar wird Triangle durch Aufruf der Funktion *triangulate* genutzt. Der Austausch der Daten zu und von *triangulate* erfolgt über Datenstrukturen. Die Optionen von Triangle werden beim Aufruf des Programms durch Schalter (Buchstaben) in einer Textkette und, bei einigen Schaltern, zusätzlichen Zahlenwerten gesetzt. Wie bei UNIX-ähnlichen Betriebssystemen üblich, muss die Groß- und Kleinschreibung beachtet werden.

Drei Schalter sind besonders wichtig, sie bestimmen die Auflösung des verdichteten Netzes und die Unterschiede in der Verteilung der Dreiecke:

-q Verdichtung mit dem Algorithmus von Ruppert mit Setzen des Minimalwinkels für die Dreiecke. Je größer der Winkel, um so dichter wird das Netz. Ist der Winkel zu groß gesetzt (ungefähr bei 34 Grad), wird unter Umständen das Ergebnis wieder schlechter.

-a Maximale Größe (Flächeninhalt) der Dreiecke. Das Netz wird so lange verdichtet, bis alle Dreiecke kleiner sind als der Schwellenwert.

-S Maximale Anzahl der zusätzlichen Punkte (Steiner-Punkte).

Das Ergebnis der Verdichtung ist nicht immer vorhersehbar, weil sich die Werte der drei Parameter im Programm gegenseitig beeinflussen. Die Ausführungszeiten von Triangle sind aber so niedrig, dass man auch bei größeren Punktzahlen mehrere Kombinationen durchrechnen und sich daraus das optimale Ergebnis aussuchen kann.

Der Anwender kann durch weitere Schalter festlegen, ob das Ergebnis einer vollständigen oder einer modifizierten Delaunay-Triangulierung entspricht, ob das Einsetzen zusätzlicher Punkte in die äußere Grenze und die übrigen Linien unterbleibt, welche Dateien ausgegeben werden, etwa mit den Knoten, Strecken und Dreiecken auch eine Liste der Nachbarn, ein Voronoi-Netz oder eine Graphik-Metadatei. Der Schalter -u ermöglicht dem Anwender, eigene Kriterien für die Dreiecke zu definieren und zu prüfen. Mit weiteren Schaltern werden bestimmte Algorithmen und Optionen für die Erzeugung der Delaunay-Triangulierung und die Verdichtung ausgewählt, interessant für Experten, die Vergleiche zwischen verschiedenen Verfahren anstellen möchten. Weiterhin sind Optionen für die Erstellung eines Protokolls mit zunehmendem Grad der Ausführlichkeit möglich.

Das Dreiecksnetz in Abbildung 7-2 wurde aus den Grenzen der Raumordnungs-Einheiten erzeugt. Die mit ArcGIS stark vereinfachten Grenzlinien bleiben im TIN erhalten und bilden die Bezugspolygone für die volumenerhaltende Interpolation aus flächenhaften Bezugseinheiten (siehe Kapitel 8). Auch bei den vereinfachten Grenzlinien treten viele kleine Dreiecke auf, in Abhängigkeit vom Verlauf der Linien und den darin vorkommenden Winkeln der Strecken. Die Inseln wurden ganz weggelassen, weil die kleinen

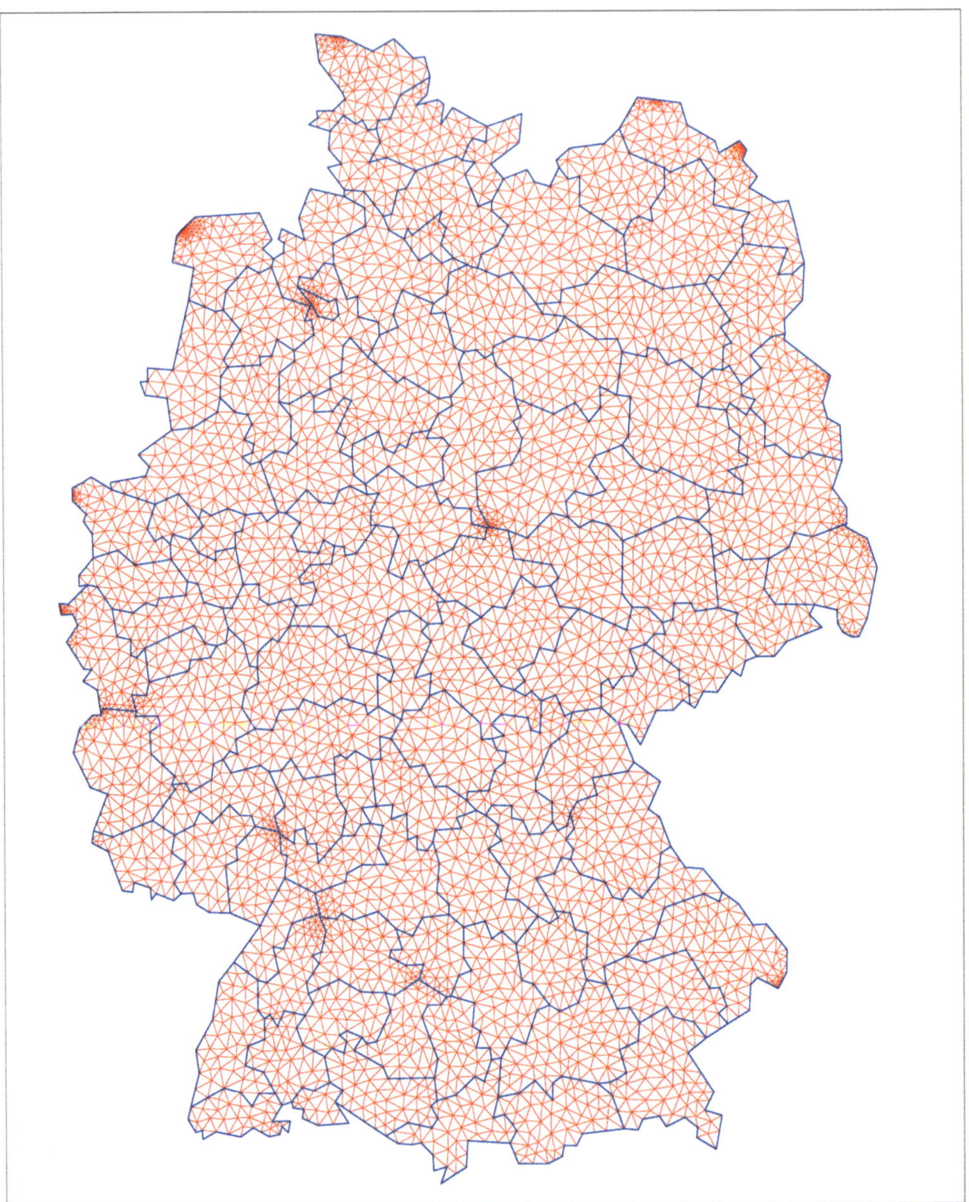

Abbildung 7-2
Qualitätsnetz aus den Grenzen der Raumordnungs-Einheiten. Die stark vereinfachten-Grenzlinien bleiben im TIN erhalten.

gegliederten Flächen sehr viele Dreiecke ergeben würden. Für die Erzeugung der kontinuierlichen Oberfläche haben die Inseln auch wenig Relevanz.

TIN-Verdichtung in den Programmen ArcGIS und Surfer

In den Erweiterungen 3D Analyst und Spatial Analyst für ArcGIS (Version 10.3) ist nur die Erzeugung eines TIN aus einem regelmäßigen Rechteckgitter möglich. Die Verfeinerung der originalen Datenpunkte zu einem Netz von unregelmäßigen Dreiecken mit vom Anwender kontrollierbaren Eigenschaften und die Interpolation der Originaldaten im TIN werden nicht als Werkzeuge bereitgestellt. Das Programm Surfer enthält keine Option für die Verfeinerung eines unregelmäßigen Dreiecksnetzes. Die Verdichtungen in den Abbildungen wurden mit dem Programm Konkar erzeugt, mit Nutzung des Programms Triangle (SHEWCHUK 1997b) für die Berechnung der Qualitätsnetze.

Interpolation auf ein unregelmäßiges Dreiecksnetz

Der Höhenwert an den Schnittpunkten des Gitters wird berechnet, indem die 2D-Koordinaten des Gitterpunktes in die Interpolationsgleichung(en) eingesetzt werden. Bei allen bisher vorgestellten Interpolationsverfahren ist es unerheblich, ob der Interpolationspunkt auf dem Schnittpunkt der Gitterlinien oder an einem beliebigen Ort in der Bezugsebene liegt, also auch auf den Eckpunkten der Dreiecke im TIN. Die Verfeinerung des Ausgangsmodells lässt sich deshalb mit den gleichen Algorithmen für das unregelmäßiges Dreiecksnetz realisieren.

Die neuen Punkte, für die ein z-Wert aus den unregelmäßig verteilten Datenpunkten berechnet wird, sollten sich innerhalb der konvexen Hülle der Datenpunkte befinden. Bei Interpolationspunkten außerhalb der konvexen Hülle ist bei den meisten Verfahren eine Extrapolation möglich, die Vertrauenswürdigkeit des extrapolierten Wertes wird aber mit zunehmendem Abstand von der Hülle geringer.

Literatur

CHEW LP (1989) Guaranteed-quality triangular meshes. Technical Report 89-983, Department of Computer Science, Cornell University, Ithaca, NY.

CHEW LP (1993) Guaranteed-quality mesh generation for curved surfaces. Proceedings 9th Annual Symposium on Computational Geometry, Association for Computing Machinery, 274-280

LABELLE F (1999) Anisotropic triangular mesh generation based on refinement. University of California at Berkeley

LABELLE F, SHEWCHUK JR (2003) Anisotropic Voronoi diagrams and guaranteed-quality anisotropic mesh generation. Association for Computing Machinery, SoCG'03, 191–200

RUPPERT J (1995) A Delaunay refinement algorithm for quality 2-dimensional mesh generation. Journal of Algorithms 18(3), 548-585

SHEWCHUK JR (1997a) Delaunay refinement mesh generation. PhD Thesis, School of Computer Science, Carnegie Mellon University, Pittsburgh, Technical Report CMU-CS-97-137

SHEWCHUK JR (1997b) Triangle: engineering a 2D quality mesh generator and Delaunay triangulator. School of Computer Science, Carnegie Mellon University, Pittsburgh. http://www.cs.berkeley.edu/~jrs/ (11/2015)

SHEWCHUK JR (1997c) Adaptive precision floating-point arithmetic and fast robust geometric predicates. Discrete & Computational Geometry 18, 305-363 http://www-2.cs.cmu.edu/afs/cs/project/quake/public/papers/robust-arithmetic.ps (11/2015)

SHEWCHUK JR (2002) Delaunay refinement algorithms for triangular mesh generation, Computational Geometry: Theory and Applications 22(1-3), 21-74

8 Interpolation von flächenbezogenen Daten

Die bisher betrachteten Verfahren interpolieren kontinuierliche Oberflächen aus beliebig verteilten Stützpunkten. Die überwiegende Anzahl von Indikatoren zur Messung regionaler Disparitäten wird aber aus aggregierten Daten berechnet. Personen, Haushalte, Wohnungen oder Firmen werden mit ihren demographischen, sozialen und wirtschaftlichen Eigenschaften aufsummiert für flächenhafte Bezugseinheiten. Das können Einheiten auf den verschiedenen Ebenen der Verwaltungshierarchie sein, zum Beispiel Gemeinden oder Stadt- und Landkreise, aber auch Bezugseinheiten außerhalb des Verwaltungssystems wie Planungsregionen oder Wahlbezirke. Die Aggregierung der Daten von Einzelpersonen oder Firmen auf größeren Einheiten ist notwendig, um das Recht auf Privatsphäre, informelle Selbstbestimmung und die Wahrung wirtschaftlicher Interessen zu garantieren.

Die räumliche Verteilung der polygonbezogenen Daten und Indikatoren wird überwiegend mit Choroplethen-Karten visualisiert. Choroplethen-Karten haben den Vorteil, dass sie einfach herzustellen sind und ohne besondere Vorkenntnisse und Erfahrungen interpretiert werden können. Durch die Reduktion der Daten auf wenige Klassen gehen aber wichtige Informationen verloren. Die absolute Größe des Indikators für die einzelnen Bezugsflächen ist nicht direkt erkennbar, auch aufgrund der zweidimensionalen Darstellung. Der Vergleich der Höhe wird erst möglich durch die Einbeziehung von Visualisierungstechniken, die den Eindruck der dritten Dimension vermitteln, etwa die simulierte Beleuchtung, perspektivische Darstellungen oder 3D-Modelle (RASE 2003).

Soziale, ökonomische und insbesondere naturräumliche Vorgänge auf der Erdoberfläche machen nicht an den Grenzen administrativer Einheiten halt. Die abrupten Übergänge, die zwischen zwei benachbarten Bezugseinheiten auf einer Choroplethen-Karte auftreten können, werden in erster Linie durch die Art der Datenerhebung und die Darstellung verursacht. Sie geben nicht immer die tatsächliche Verteilung wieder. Die Bevölkerung eines Kreises ist zum Beispiel nicht homogen über die Fläche verteilt. An den Grenzen zu den benachbarten Kreisen treten auch keine so starken Sprünge auf, wie es die Choroplethen-Karte suggerieren könnte.

Bei den für die großräumige Analyse adäquaten Maßstäben können diskrete Verteilungen als kontinuierliche Phänomene wahrgenommen werden. Sie sind deshalb als Oberfläche modellierbar und darstellbar. Stetige Oberflächen haben darüber hinaus den Vorteil, dass beim Betrachten runde Formen gegenüber kantigen Formen präferiert werden.

Die dreidimensionale Darstellung mit simulierter Beleuchtung ist bei kontinuierlichen Oberflächen plastischer als bei dreidimensionalen Choroplethen-Karten. Die dreidimensionalen Choroplethen-Karten entstehen durch Extrusion der Bezugspolygone bis zu einer Höhe, die dem zugeordneten Höhenwert oder dem Absolutwert dividiert durch den Flächeninhalt proportional ist. Das Volumen des Prismas ist wiederum proportional zum Absolutwert für das betreffende Polygon.

In einer stetigen Oberfläche sind die Grenzen der Bezugseinheiten nicht mehr direkt erkennbar, was in manchen Verhandlungssituationen in der großräumigen Planung ein Vorteil sein kann, auch über die nationalen Grenzen hinaus. Das Fehlen wahrnehmbarer Sprünge an den Grenzen kann auch der graphische Ausdruck der Unsicherheit und Fehlerwahrscheinlichkeit in den dargestellten Daten sein, etwa bei Modellrechnungen und Prognosen.

Die Eigenschaften der Ausgangsdaten sollen in der interpolierten Oberfläche erhalten bleiben. Für die Interpolation aus unregelmäßig verteilten Punkten gilt normalerweise, dass die Oberfläche durch die Datenpunkte gehen soll. Ausnahmen sind Ausgleichsrechnungen bei Messfehlern oder die Berechnung von räumlichen Trends, etwa mit bivariaten Polynomen (RASE 1998). Bei flächenhaften Bezugseinheiten gibt es keine Bezugspunkte, durch die die Oberfläche gehen soll. Als zu erhaltende Eigenschaft wird in diesem Fall das Volumen über der Bezugseinheit betrachtet. Das Interpolationsverfahren muss die Erhaltung des Volumens sichern, mit einer akzeptablen Fehlermarge. Die Höhe der Oberfläche innerhalb eines Polygons kann variieren, der Durchschnitt aller z-Werte in einem Polygon muss aber konstant bleiben.

Stützpunkte als geometrische Stellvertreter

Für die Modellierung von Oberflächen aus flächenbezogenen Daten hat man sich meistens damit beholfen, jeder Fläche einen punktförmigen geometrischen Stellvertreter zuzuordnen, zum Beispiel den Schwerpunkt des Polygons. Jedem Punkt wird der Höhenwert der Bezugseinheit zugeordnet. Der Höhenwert ist der Quotient aus der Summe der Individualdaten und dem Flächeninhalt der Bezugseinheit. Aus der Gesamtheit der Stützpunkte wird die Oberfläche mit einem der behandelten Verfahren interpoliert. Bei der Berechnung der Trend-Oberflächen in Kapitel 10 wurde so verfahren.

Der Trick mit dem geometrischen Stellvertreter hat den großen Nachteil, dass die Erhaltung des Volumens über den Bezugsflächen nicht gesichert ist. Das Interpolationsverfahren kann dazu führen, dass Teile des Volumens benachbarten Einheiten zugeordnet werden. Die Volumenerhaltung wird bei einem punktbasierten Verfahren nicht geprüft, weil ein Punkt als geometrischer Bezug nicht die Fläche ersetzt. Deshalb muss ein

Verfahren angewendet werden, das eine stetige Oberfläche aus Polygonen erzeugt und gleichzeitig das Volumen über jeder Bezugseinheit so wenig wie möglich verändert.

Pyknophylaktische Interpolation

TOBLER hat eine Methode zur Interpolation einer stetigen Oberfläche aus flächenhaften Bezugseinheiten mit Volumenerhaltung entwickelt, die er die *pyknophylaktische Interpolation* genannt hat (TOBLER 1979). Das Wort *pyknophylaktisch* ist eine Wortschöpfung aus *pyknos* – Körper, Volumen – und *phylax* – Wächter, in Deutsch also *über das Volumen wachend* oder *volumenerhaltend*. Das Verfahren von Tobler besteht aus zwei hauptsächlichen Arbeitsschritten:

1. Die Prismen über den Bezugsflächen (Abb. 8-1a) werden in kleinere Säulen mit rechteckiger oder sechseckiger Grundfläche zerlegt (Abb. 8-1b). Die Summe der Volumina aller Säulen einer Bezugseinheit ist gleich dem Volumen des ursprünglichen Prismas, mit einer kleinen Abweichung durch die Rechteck-Teilung.

2. Die Höhe und damit das Volumen jeder Säule wird so verändert, dass ein stetiger Übergang an den Grenzen der Bezugseinheiten entsteht, unter der Bedingung, dass das Volumen jeder Bezugseinheit konstant bleibt (Abb. 8-1c).

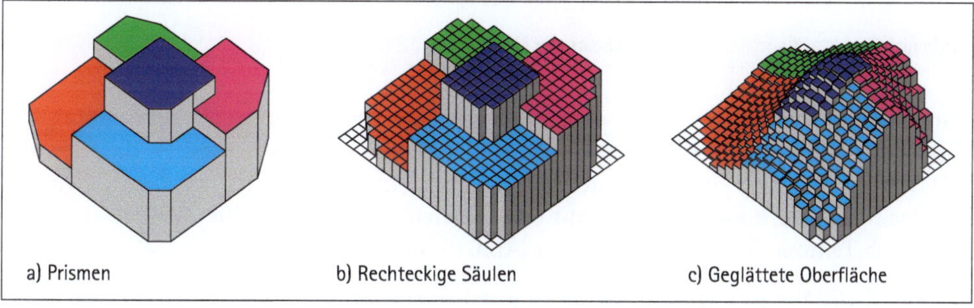

Abbildung 8-1
Arbeitsschritte bei der pyknophylaktischen Interpolation: Umlegung der Polygone auf ein Gitter, iterative Glättung und Korrektur des Volumens für jedes Prisma.

Im ersten Schritt wird ein Gitter (Rechtecke oder Dreiecke) mit wählbarer Maschenweite über das Untersuchungsgebiet gelegt. Die Gitterpunkte werden den Bezugsflächen zugeordnet, etwa mit einem Punkt-in-Polygon-Algorithmus oder einem anderen Verfahren (RASE 1997). Die Maschen des Gitters sollten so klein sein, dass in jeder Bezugsfläche mindestens ein Gitterpunkt, besser jedoch mehrere, liegen. Das Volumen über der Bezugsfläche wird dann gleichmäßig auf die zugeordneten Gitterpunkte aufgeteilt. Alle Säulen in einer Bezugseinheit haben jeweils die gleiche Höhe wie vorher die Prismen über dem Polygon.

Interpolation aus Polygonen mit Erhaltung des Volumens

Für die Veränderung der Höhe jeder Säule zur Erzeugung einer annähernd stetigen Oberfläche mit Erhaltung des Volumens, ist kein Verfahren bekannt, das in einem einzigen Rechenvorgang zur angestrebten Lösung führt. TOBLER hat ein iteratives Verfahren entwickelt, das die Oberfläche schrittweise stetiger macht und sich allmählich der idealen Oberfläche nähert (TOBLER 1979). Zunächst müssen aber die Bedingungen für die Stetigkeit und das Verhalten der Oberfläche am Rand des Untersuchungsgebietes definiert werden.

Berechnung der stetigen Oberfläche

TOBLER (1979) hat zwei Verfahren für die Transformation der Prismen und Säulen in eine quasi-stetige Oberfläche vorgeschlagen. Für das erste Verfahren wird als neuer Höhenwert für jeden Gitterpunkt oder jede Säule das arithmetische Mittel der Höhenwerte der unmittelbaren Nachbarn berechnet (Abb. 8-2a).

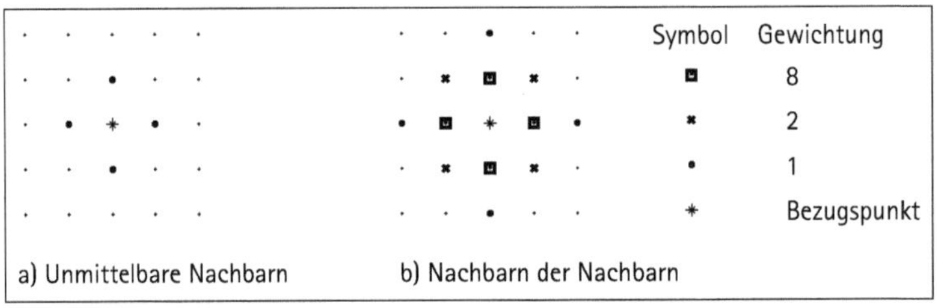

Abbildung 8-2
Mittelwertbildung im
Rechteck-Gitter

Beim zweiten Verfahren werden drei Ringe von Nachbarpunkten zur Berechnung des Mittelwerts benutzt. Die Höhenwerte der vier nächsten Nachbarn erhalten das Gewicht 8. Davon werden die Höhenwerte der vier Nachbarn im zweiten Ring mit dem Gewicht 2 und der Nachbarn im dritten Ring mit dem Gewicht 1 subtrahiert. Der Mittelwert ergibt sich durch Teilung der Summe durch 20 (Abb. 8-2b).

Erweiterung für das regelmäßige Dreiecksnetz

Die Mittelwertberechnungen für beide Stetigkeitsbedingungen, wie sie TOBLER (1979) verwendet hat, beziehen sich auf ein rechteckiges Gitter. Für ein regelmäßiges Dreiecksnetz müssen die Formeln modifiziert werden. In diesem Fall sind es nicht vier oder zwölf, sondern sechs oder achtzehn Nachbarn, die für die Berechnung des Durchschnittswertes zu

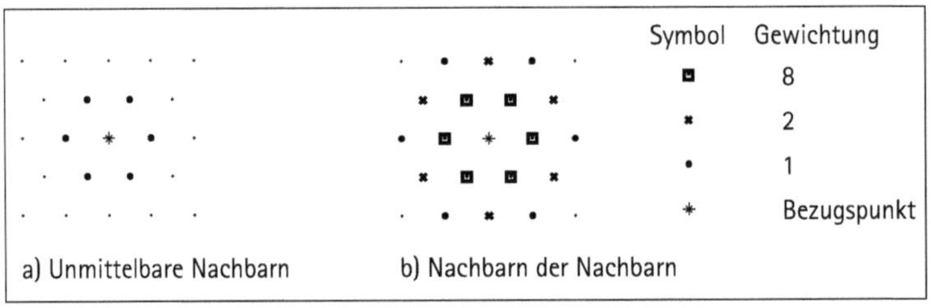

Abbildung 8-3
Mittelwertbildung im
Dreiecks-Gitter

berücksichtigen sind. Das Auffinden der Nachbarn in der Höhenmatrix ist im Dreiecksnetz programmtechnisch etwas aufwendiger als im Rechtecknetz. In Abbildung 8-3 sind die Nachbarn und ihre Gewichte für die Mittelwertbildung im Dreiecksnetz dargestellt.

Volumenerhaltung mit Iteration

Nach der Zuordnung des Ausgangswertes wird die Höhe jeder Säule neu berechnet. Danach wird geprüft, ob das Volumen jeder Bezugseinheit gleich geblieben ist. Durch Korrekturen an der Höhe der Säulen innerhalb der Bezugseinheit wird das ursprüngliche Volumen wiederhergestellt. Durch die Volumenkorrektur wird vielleicht das Stetigkeitskriterium verletzt, so dass die Stetigkeitskorrektur wiederholt werden muss. Nach mehrfacher Wiederholung werden die Abweichungen von der idealen Stetigkeit immer geringer, das Verfahren konvergiert sehr schnell. Die Iteration wird solange fortgesetzt, bis die vorgegebene Anzahl von Iterationen erreicht oder eine Abbruchbedingung erfüllt ist.

Überblick

Nach der Zuordnung der Gitterpunkte und Aufteilung des Volumens der Bezugseinheiten auf die rechteckigen Säulen werden die z-Werte aller Gitterpunkte so korrigiert, dass

1. eine annähernd stetige Oberfläche nach einem der beiden Stetigkeitskriterien entsteht,

2. das Volumen über der Grundfläche der Bezugseinheiten erhalten bleibt.

Die Korrektur wird solange wiederholt, bis eine Abbruchbedingung erfüllt oder die vorgegebene Anzahl der Iterationen erreicht ist.

Die Rechenschritte

Ein Iterationsschritt setzt sich aus fünf Rechenschritten für die Berechnung der neuen Höhenwerte im Gitter zusammen. Einzelheiten wie die Anwendung des Grenzkriteriums oder die Vermeidung eines negativen Volumens werden der besseren Verständlichkeit halber hier weggelassen. Vor der eigentlichen Iteration werden die Flächen der Bezugspolygone als Summe der jeweils zugeordneten Gitterpunkte neu berechnet. Für jeden Gitterpunkt wird die fiktive Grundfläche von 1 angenommen. Dadurch werden einige zusätzliche Rechenoperationen eingespart, bei einem großen Gitter und vielen Iterationsschritten eine nicht unwesentliche Beschleunigung.

Im ersten Rechenschritt wird für jeden Gitterpunkt der Durchschnittswert aus den Nachbarpunkten berechnet, in der folgenden Formel aus den vier nächsten Nachbarn. Für andere Stetigkeitsberechnungen ist die entsprechende Formel einzusetzen.

$$ave = \left(z_{i+1j} + z_{i-1j} + z_{ij+1} + z_{ij-1} \right) / 4$$

z_{ij} Höhenwerte der Gitterpunkte

Für jeden Gitterpunkt wird ein Angleichungsbetrag berechnet:

$$\delta_{ij}^{*} = ave - z_{ij}$$

Die Erfahrung hat gezeigt, dass es zweckmäßig ist, nur ein Viertel des Korrekturbetrages für die Korrektur der z-Werte zu verwenden. Damit werden die Korrekturwerte in einem Iterationsschritt nicht zu groß, die Annäherung an den optimalen Wert ist langsamer. In den meisten Fällen werden dadurch Oszillationen um den Sollwert während der Iteration vermieden. Für jede Bezugseinheit k wird die Summe der korrigierten Angleichungsbeträge berechnet und der Durchschnittswert dem Gitterpunkt zugeordnet.

$$\delta_{ij} = \delta_{ij}^{*} / 4$$

$$s_{k}^{*} = \sum \delta_{ij}$$

$$z_{ij} = ave$$

Nach der Glättung hat sich das Volumen über der Bezugsfläche verändert. Die Höhe der Gitterpunkte muss so korrigiert werden, dass das Volumen über jedem Polygon wieder dem vorgegebenen Wert (Soll) entspricht. Der Differenzbetrag zwischen Ist und Soll jedes Polygons wird anteilig auf die Punkte im Polygon verteilt, so dass sich das Ist-Volumen während der Iteration allmählich dem Soll-Volumen annähert. Im zweiten Schritt wird für jede Bezugseinheit ein Betrag für den Abzug vom z-Wert berechnet, damit der Durchschnitt der Korrekturen für jede Einheit gleich 0 bleibt.

$$s_{k} = -s_{k}^{*} / A_{k}$$

A_{k} Flächeninhalt der Einheit k

Im dritten Schritt werden die Korrekturbeträge auf jeden Gitterpunkt angewendet und die Summe der z-Werte für jede Bezugseinheit k berechnet.

$$z_{ij} = z_{ij} + d_{ij} + s_{k}$$

$$zd_{k} = \sum_{k} z_{ij}$$

Im vierten Schritt wird die Summe (gleich Volumen bei der Grundfläche 1 für jede Säule) mit den ursprünglichen Werten verglichen und die Differenz des Höhenwertes für jede Einheit berechnet.

$$l_{k} = \left(V_{k} - zd_{k} \right) / A_{k}$$

V_{k} Volumen der Einheit k

Im fünften Schritt wird der Differenzbetrag auf jeden Gitterpunkt addiert.

$$z_{ij} = z_{ij} + l_{k}$$

Ist die Anzahl der vorgegebenen Iterationen noch nicht erreicht oder keine der Abbruchbedingungen erfüllt, wird die Iteration bei Schritt 1 fortgesetzt. Im Programm Konkar werden drei Abbruchbedingungen geprüft:

- Die Summe aller Angleichungsbeträge eines Iterationsschrittes ist um den Faktor 10 000 kleiner als die Summe der Beträge des ersten Schrittes.
- Die Summe aller Angleichungsbeträge ist um den Faktor 100 kleiner als die Summe der Beträge im vorhergehenden Iterationsschritt.
- Der Restfehler, die Abweichung von der idealen Stetigkeit, ist kleiner als der vorgegebene Wert.

Der Restfehler repräsentiert die Abweichung der Oberfläche von der idealen Stetigkeit in Prozent. Eine Möglichkeit zur Repräsentation des Restfehlers ist die Varianz in Prozent, berechnet nach der Formel (nach HARBAUGH und MERRIAM 1968):

$$p = 100 \left[\frac{\sum \delta_{ij}^{*2}}{\sum \left(z_{ij} - \bar{z} \right)^2} \right]$$

$\bar{z}$ arithmetisches Mittel aller Säulenhöhen

Bei den Schritten 1, 3 und 5 wird darauf geachtet, dass kein negatives Volumen auftritt, sofern es nicht ausdrücklich erlaubt ist. Im Programm Konkar sind Optionen für den Ausdruck und die Speicherung von Zwischenergebnissen enthalten, um den Gang der Iteration verfolgen zu können.

In Abbildung 8-4 ist der Verlauf der Iteration mit den Testdaten dargestellt. Der Restfehler – die Abweichung von der idealen Stetigkeit) geht sehr schnell zurück. Zwischen Iterationsschritt 3 und 7 sind visuell kaum noch Unterschiede auszumachen.

Abb. 8-4
Verlauf der Iteration. Der Restfehler (Abweichung von der idealen Stetigkeit) geht sehr schnell zurück.

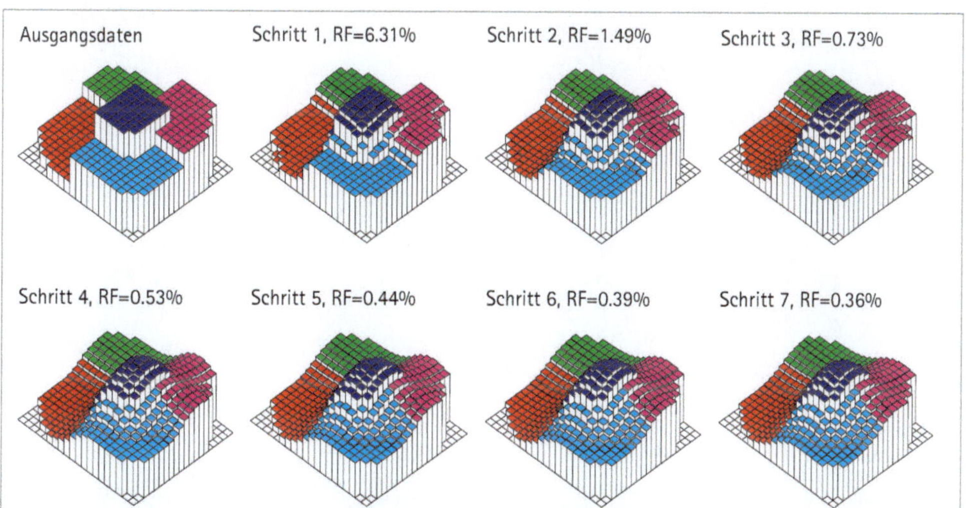

Sandstrand und Steilküste

Für die Form der Oberfläche an der äußeren Grenze des Untersuchungsgebietes sind zwei grundsätzliche Konzepte möglich:

- „Sandstrand": Die äußere Grenze steigt vom Datenminimum oder von Null allmählich zu der interpolierten Oberfläche an, wie ein Sandstrand von der Wasserlinie. Der Gradient am Ort der Grenzlinie ist gleich 0 (*Dirichlet-Bedingung*).
- „Steilküste": Die Oberfläche fällt an der der Grenze steil ab. Der Gradient ist gleich unendlich (*Neumann-Bedingung*).

Der Anstieg von der Minimum-Ebene, also der „Sandstrand", ist nicht immer logisch, wenn man die Variable betrachtet, aus der die Oberfläche interpoliert wurde. Die landschaftliche Attraktivität zum Beispiel geht nicht an der Grenze der Bundesrepublik Deutschland auf Null zurück, sondern setzt sich in den Nachbarländern fort. Mangels Informationen kann man aber für die Nachbarländer keine Oberfläche erzeugen. Ein steiler Abbruch der Oberfläche an der Grenze, eine „Steilküste", ist in diesem Fall plausibler

Abbildung 8-5
„Sandstrand" (links) und „Steilküste" (rechts)

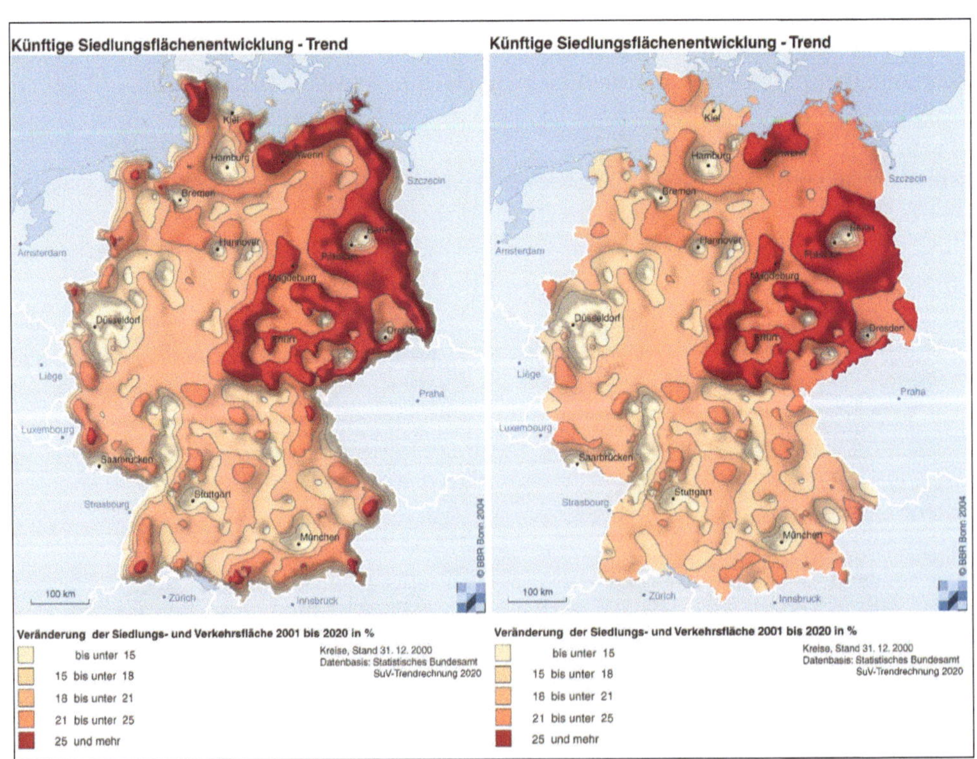

als ein „Sandstrand". Der Gradient wird an der Grenze des Untersuchungsgebietes auf unendlich gesetzt.

In Abbildung 8-5 sind zwei Oberflächen dargestellt, die aus dem polygonbezogenen Indikator der voraussichtlichen Veränderung der Siedlungs- und Verkehrsfläche berechnet wurden. Die Oberflächen steigen an der Außengrenze vom Daten-Minimum allmählich an (Dirichlet-Bedingung). Selbst sehr starke Unterschiede zwischen Stadt- und Landkreisen werden ohne Probleme interpoliert. Durch den Anstieg vom Minimum-Niveau und den Abfall zu den küstenferneren Kreisen mit niedrigeren Werten bilden sich ausgeprägte Rücken aus.

Bei der Verfeinerung des Netzes muss nicht nur der Raum zwischen den Stützpunkten, sondern auch der Bereich zwischen den Stützpunkten und der äußeren Grenze interpoliert werden, um ein ansprechendes Bild der Oberfläche zu erhalten. Das ist nicht nur bei der Verdichtung eines TIN wichtig, sondern auch mit einem regelmäßigen Gitter als Modell der Oberfläche. Im unregelmäßigen Dreiecksnetz ist die Realisierung etwas einfacher, weil in der Regel die äußere Grenze des Untersuchungsgebietes auch die Grenze des Dreiecksnetzes ist.

Bei einem Rechteck-Gitter verläuft die äußere Grenze des Untersuchungsgebietes auf den Seiten oder Diagonalen der Rechtecke und approximiert so den tatsächlichen Verlauf mehr oder weniger genau. Für ein 3D-Modell der Oberfläche mit hohem Qualitätsanspruch werden die Höhenpunkte des Gitters innerhalb der Grenze und die Grenzpunkte zu einem neuen Dreiecksnetz zusammengefasst. Die Dreiecke bilden die äußere Schicht, die „Haut" der Oberfläche. Die Oberfläche wird eventuell durch Seitenwände, Boden, Sockel, Grenzen, Text, Legende usw. ergänzt, die ebenfalls aus 3D-Dreiecken konstruiert werden.

Kriterien für den Abbruch der Iteration

Die Glättung und die Korrektur der z-Werte werden so lange fortgesetzt, bis die vorgegebene Anzahl der Iterationsschritte erreicht ist. Das kann bei einem dichten Gitter einige Rechenzeit in Anspruch nehmen. Deshalb ist es sinnvoll, die Iteration beim Erreichen von vorgegebenen Schwellenwerten für bestimmte Messwerte abzubrechen. Ein Kriterium ist zum Beispiel die „Rauheit" der Oberfläche, statistisch als die Varianz im Glättungsschritt definiert. Ein anderes Kriterium ist das Verhältnis zwischen dem Istwert und dem Sollwert der Volumina oder der Höhenwerte, im Idealfall der Wert 1.0 oder die relative Abweichung von 0 Prozent. Denkbar ist auch die Möglichkeit, die Veränderung eines Kriteriums gegenüber dem vorigen Iterationsschritt heranzuziehen. Wenn sich der Wert nicht mehr wesentlich verändert oder sogar wieder ansteigt, ist es nicht sinnvoll, mit der Iteration fortzufahren.

Der Betrag der Rauheit und die Abweichung von Ist und Soll sind auch abhängig von der Maschenweite des Gitters. Generell ist die Rauheit umso geringer, je engmaschiger das Gitter ist. Die Erhaltung des Volumens wird aber nicht in jedem Fall besser, wenn der Betrag der Rauheit sinkt. Bei ungünstigen Konstellationen, etwa bei der Einwohnerzahl in den Raumordnungsregionen der Bundesrepublik Deutschland, kann es vorkommen, dass die Summe der Abweichungen vom Volumen-Soll sehr gering erscheint. Bei einzelnen Bezugspolygonen treten jedoch innnerhalb der Fläche größere Abweichungen zwischen Ist und Soll auf. Gründe ist das sehr starke Gefälle in der Einwohnerdichte zwischen Agglomeration und Umland, etwa zwischen Berlin und den umliegenden Regionen, und der zusätzlichen Einschränkung, dass die Einwohnerzahl nicht kleiner als Null sein darf. In diesem Fall hat der Anwender die Wahl, ob für manche Polygone große Differenzen zwischen Soll- und Ist-Volumen zurückbleiben oder einige Höhenwerte in manchen Polygon negativ sind. Der Durchschnitt im Polygon bleibt in jedem Fall positiv.

Die Methode der pyknophylaktischen Interpolation wurde für Indikatoren aus der Laufenden Raumbeobachtung des BBR angewendet. Die Abbildung 8-6 zeigt eine kontinuierliche Oberfläche des Bruttoinlandsprodukts, interpoliert aus den Raumordnungsregionen der Bundesrepublik Deutschland (Fassung von 2004). Die relative Rauheit der

Abbildung 8-6
Bruttoinlandsprodukt pro Erwerbstätigen 2004 als Oberfläche. Bezugseinheiten sind die Raumordnungsregionen der Bundesrepublik Deutschland.

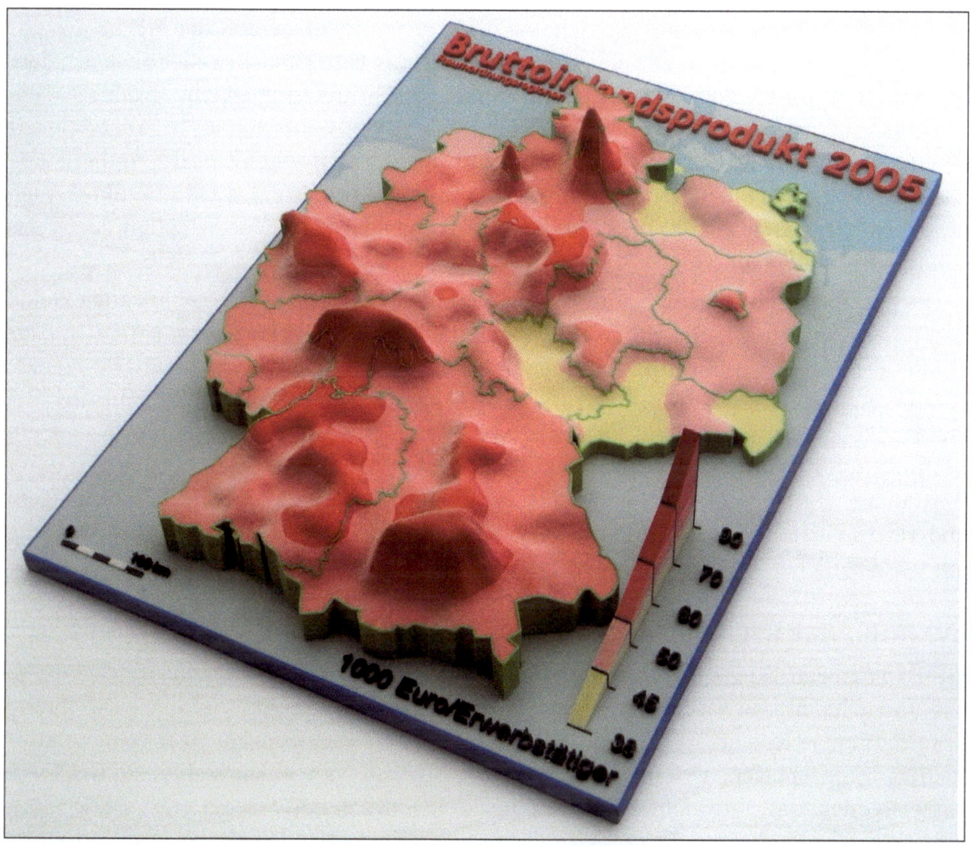

Abbildung 8-7
3D-Modell der Oberfläche des Bruttoinlandsprodukts pro Erwerbstätigen 2005. Bezugseinheiten sind die Raumordnungsregionen der Bundesrepublik Deutschland.

interpolierten Oberfläche liegt unter 0,002 Prozent, die mittlere Abweichung im Volumen ist 0,4 Prozent.

Das 3D-Modell in Abbildung 8-7 ist die Oberfläche des Bruttoinlandsprodukts 2005, interpoliert aus den Daten für die Raumordnungsregionen von Deutschland. Das 3D-Modell wurde mit einem 3D-Farbdrucker gefertigt (RASE 2007a).

Probleme beim regelmäßigen Gitter

Das regelmäßige Gitter mit Höhenwerten hat spezifische Probleme, die beachtet und gelöst werden müssen. Durch die Umlegung der Polygone auf das Gitter wird das Polygon nur so gut abgebildet, wie es die Maschenweite zulässt. Die Summe der Rechtecke oder

Sechsecke für die Rasterpunkt-Bereiche ist nicht genau identisch mit der Fläche des Polygons. Diese Ungenauigkeiten der Umlegung auf das Gitter machen sich insbesondere bemerkbar, wenn die Polygone der Bezugseinheiten sehr unterschiedliche Größen haben, wie etwa auf der mittleren Verwaltungsebene (Kreise) in Deutschland. In Abhängigkeit von der Maschenweite des Gitters sind in den großen Kreisen sehr viele Gitterpunkte vorhanden, in den erheblich kleineren kreisfreien Städten sehr wenige Gitterpunkte. Auch bei scheinbar ausreichenden Zellengrößen fallen manche Städte buchstäblich durch das Gitter, manchmal auch aufgrund ihrer geometrischen Form.

Die nächstliegende Lösung ist die Verkleinerung der Maschenweite, sodass auch kleine und ungünstig geformte Polygone eine Mindestanzahl von Gitterpunkten enthalten. Das erhöht aber den Aufwand für die Interpolation und vor allem für die graphische Weiterverarbeitung. Ein zu dichtes Gitter wirkt sich auch auf die Form der Oberfläche aus. Bei großen Polygonen werden die Teile, die weit von der Polygongrenze entfernt sind, im Glättungsschritt langsamer verändert als die Gebiete nahe der Grenze. Es können unter Umständen „Tafelberge" mit relativ flachen Oberseiten anstatt von gerundeten Hügeln und Tälern entstehen. Der Schluss liegt nahe, als Oberflächen-Modell ein adaptives Netz mit veränderlicher Maschenweite anstatt eines regelmäßigen Gitters zu nutzen.

Pyknophylaktische Interpolation im Dreiecksnetz (TIN)

Ein Datenmodell für die Kodierung einer Oberfläche neben dem regelmäßigen Gitter ist das unregelmäßige Dreiecksnetz. Beim derzeitigen Stand der Anwendungsentwicklung des Programms Konkar werden die Netze in der zweidimensionalen Bezugsebene konstruiert. Da jedem Netzknoten ein z-Wert zugeordnet ist, wäre es sinnvoller, ein Netzwerk zu verwenden, das mit Qualitätskriterien für drei Dimensionen erzeugt wird. Diese Möglichkeit wird irgendwann einbezogen werden, wenn die passende Software zur Verfügung steht.

Verdichtung des Grenznetzwerks

Die Ausgangsdaten für die volumenerhaltende Interpolation sind das Grenznetzwerk der Polygone und der Datenwert für jede Bezugseinheit. Bei der Anwendung eines unregelmäßigen Dreiecksnetzes müssen in jedes Polygon zusätzliche Punkte (*Steiner-Punkte*) eingesetzt werden. Wie bei der Verwendung eines regelmäßigen Gitters wird die Höhe der Punkte im Polygon iterativ verändert, mit dem Ziel einer glatten Oberfläche mit Erhaltung des Volumens über jedem Polygon. Das Dreiecksnetz aus Grenzlinien und zusätzlichen Punkten muss bestimmten Kriterien genügen:

- Das Netz muss so dicht sein, dass auch unterschiedlich große Polygone ausreichend Punkte enthalten, um eine glatte Oberfläche zu erzielen.
- Dreiecke mit sehr spitzen (oder sehr stumpfen) Winkeln sind zu vermeiden, weil die extreme Abweichung vom gleichseitigen Dreieck arithmetische und visuelle Probleme verursacht.

Abbildung 8-8 zeigt zwei unterschiedliche Verdichtungsstufen des Grenznetzwerks aus den Grenzen der Raumordnungsregionen in der Bundesrepublik Deutschland, erzeugt mit dem Programm Triangle (SHEWCHUK 1997, 2005). Die ursprüngliche Gestalt der Grenzlinien, die aus Gemeindegrenzen aggregiert wurden, würde zu sehr kleinen Dreiecken entlang der Linien führen. Deshalb wurden vorher die Linien mit dem Programm ArcGIS sehr stark vereinfacht. Links ist ein Netz mit unterschiedlich großen Dreiecken in Abhängigkeit von der Verteilung der Polygongrenzen abgebildet. Die Innenwinkel von etwa 99 Prozent aller Dreiecke sind größer als 30 Grad. Rechts ist ein etwa fünfmal dichteres Netz mit entsprechend kleineren Dreiecken dargestellt.

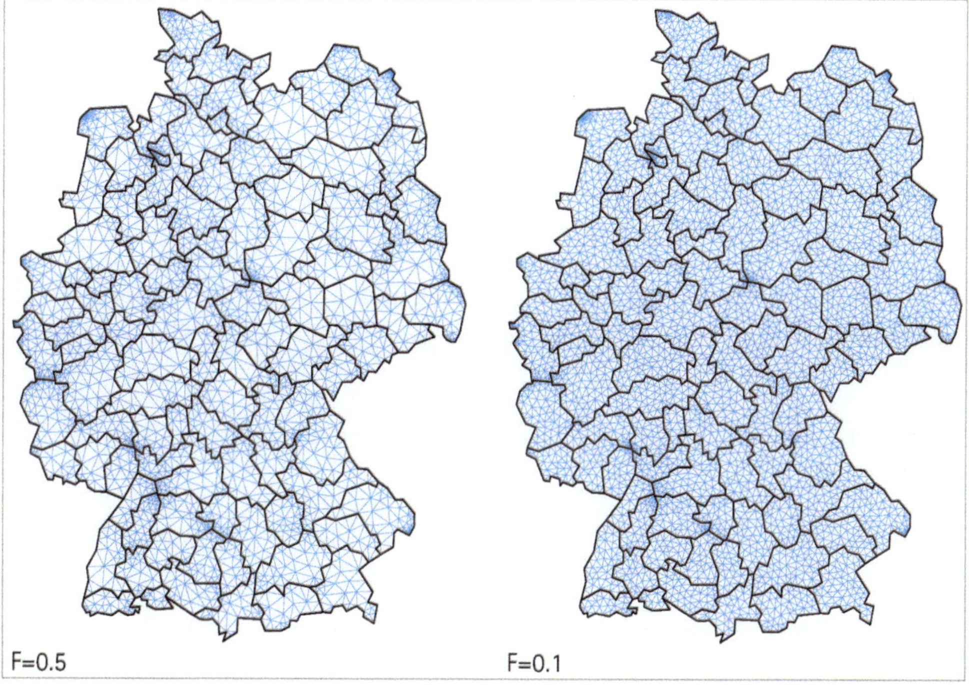

Abbildung 8-8
Qualitätsnetze mit den Grenzen der Raumordnungsregionen. F ist der vorgegebene Wert für die maximale Fläche der Dreiecke (nicht maßstabsgerecht).

Unterschiede zur Interpolation im Gitter

Das Verfahren der volumenerhaltenden Interpolation im unregelmäßigen Dreiecksnetz läuft im Prinzip so ab wie für das regelmäßige Gitter. An einigen Stellen sind leichte Modifikationen zur Anpassung an die geometrischen Eigenschaften des unregelmäßigen Dreiecksnetzes erforderlich. Zum Beispiel ist die Zuordnung von Punkten zu Polygonen nicht mehr eindeutig wie im regelmäßigen Gitter. Die Punkte im Dreiecksnetz, die auf einer Polygongrenze liegen, gehören zu mindestens zwei Polygonen, die Knoten im Grenznetzwerk – dort laufen mindestens drei Linien zusammen – auch zu mehr als zwei Polygonen. Das gilt nicht für die Punkte auf der äußeren Grenze, die nur zu einem Polygon gehören.

Für die Voreinstellung der Höhenwerte vor der Iteration wurde der Datenwert des Bezugspolygons eingesetzt, bei Punkten mit Mehrfachzuordnung der Durchschnitt aus den jeweils benachbarten Bezugseinheiten. Für die Glättung der Oberfläche wird – in Analogie zum Rechenverfahren im regelmäßigen Gitter – der entfernungsgewichtete Mittelwert aus den z-Werten der nächsten und mittelbaren Nachbarn berechnet (SHEPARD 1968). Nächste Nachbarn sind die Punkte im Netz, die über eine Netzwerk-Kante mit dem Bezugspunkt direkt verbunden sind. Mittelbare Nachbarn sind die nächsten Nachbarn der nächsten Nachbarn des Bezugspunktes.

Bei einer Vergrößerung erkennt man, dass die interpolierte Oberfläche kleine Unebenheiten enthält. Wahrscheinlich reicht das einfache gewichtete Mittel aus den Nachbarpunkten nicht aus, um die Oberfläche ausreichend gut zu glätten. Für die Mittelwertbildung während der Glättung sind andere Rechenverfahren denkbar. Das kann zum Beispiel die modifizierte Shepard-Interpolation (RENKA 1988) sein. Auch lokale Polynome als LSQ-Ausgleichskurve durch die Nachbarn des Interpolationspunktes könnten die Unebenheiten eliminieren. Hier sind weitere Versuche notwendig, um Verfahren auszuprobieren, die die Glattheit der Kurve verbessern.

Die Korrektur der Höhenwerte zur Erhaltung des Volumens verläuft ähnlich wie bei der pyknophylaktischen Interpolation auf das reguläre Gitter. Dabei ist zu beachten, dass die Punkte auf der Grenze zwei oder mehr Polygonen zugeordnet sind, außer den Punkten auf der äußeren Grenze. Für die Veränderung der Höhenwerte auf der gemeinsamen Grenze kann man zum Beispiel den Mittelwert aus den beiden angrenzenden Polygonen zuordnen, vielleicht auch gewichtet mit der Polygongröße.

Regelmäßiges Gitter oder unregelmäßiges Dreiecksnetz?

Die Methode der pyknophylaktischen Interpolation erzeugt aus polygonbezogenen Daten kontinuierliche (glatte) Oberflächen mit Erhaltung des Volumens für jede Bezugseinheit. Die Oberflächen eignen sich besser für die perspektivische oder echte dreidimensionale Darstellung als 3D-Choroplethen-Karten wie in Abbildung 5-1. Die Stetigkeit der Oberfläche und die Volumenerhaltung für jede Flächeneinheit sind eine wichtige Zielvorgabe für das Verfahren und nicht nur eine Nebenbedingung wie bei anderen Interpolationsverfahren. Je nach Datenkonstellation können allerdings bei der volumenerhaltenden Interpolation lokale Abweichungen zwischen dem Soll- und Ist-Volumen der Bezugseinheiten auftreten, die nicht auflösbar sind. Mit einem regelmäßigen Gitter als Datenmodell für die Oberfläche sollten die Flächen nicht zu unterschiedlich in der Größe und nicht zu klein in Relation zur Maschenweite des Gitters sein.

Mit einem adaptiven unregelmäßigen Dreiecksnetz (TIN) als Datenmodell für die Oberfläche lässt sich das Problem der Polygone mit sehr unterschiedlichen Flächen und ungünstigen geometrischen Formen besser lösen, zumindest in der Theorie. Die Verfahren zur Erzeugung von Qualitätsnetzen verdichten das Grenznetzwerk durch Einsetzen von zusätzlichen Punkten in die Polygone, mit Erhaltung der Polygongrenzen auf den Seiten der Dreiecke. Die Größe der Dreiecke und noch andere Eigenschaften des Netzes oder der Dreiecke sind wählbar.

Die Nutzung von Qualitätsnetzen in drei Dimensionen, mit Berücksichtung der Dreiecksflächen und -winkel in 3D, verbessert möglicherweise die Interpolation und das visuelle Erscheinungsbild der Oberflächen (JAMIN et al. 2015). Die zusätzlichen Möglichkeiten durch Verwendung von 3D-Qualitätsnetzen müssen noch eingehend untersucht werden.

Areal interpolation: Umrechnung auf andere Raumgliederungen

Manchmal besteht die Notwendigkeit in der räumlichen Analyse, die ursprünglichen Bezugsflächen einschließlich der assoziierten Daten auf eine völlig andere Raumgliederung umzurechnen (GOODCHILD & LAM 1981, WALLIN 1984). Das könnte zum Beispiel der Übergang von den Stadt- und Landkreisen der Bundesrepublik Deutschland auf naturräumliche Regionen sein, die sich nicht an administrativen Grenzen orientieren. Dieses Verfahren ist aus der Literatur auch unter dem Namen MAUP (*modifiable areal unit problem*, MADELIN et al. 2009) bekannt.

Bei der pyknophylaktischen Interpolation bleibt in jeder Region das Volumen erhalten, im TIN etwas genauer als mit einem regelmäßigen Gitter, weil bei der Interpolation auf das Gitter die Grenzen der Polygone durch die Umrechnung auf die rechteckigen Maschen etwas vergröbert werden. Die Erhaltung des Volumens für die Polygone hat zu Überlegungen geführt, diese Interpolationsmethode als Vorstufe zur Umrechnung der ursprünglichen Daten auf andere Raumeinheiten zu nutzen.

Die Ergebnisse von Versuchen mit *areal interpolation*, über die in der Literatur berichtet wird, sind meiner Meinung nach nicht sehr überzeugend. Erstens ist die Verteilung der Daten über eine Bezugseinheit nur in sehr seltenen Fällen homogen, insbesondere bei der Aggregation aus Individualdaten. Für die Umrechnung auf andere Polygone ist die gleichmäßige Verteilung aber eine notwendige Voraussetzung. Deshalb können diese Umrechnungen zu groben Fehlern und Verschiebungen führen. Die möglichst genaue Verortung der Individuen und die Aggregation der Individualdaten auf beliebige Raumgliederungen (Gitterzellen, administrative und nichtadministrative Einheiten) ist sicher die bessere Lösung aus der Sicht des Analytikers.

Flächenbezogene Interpolation in ArcGIS

Erstaunlicherweise ist das Verfahren der pyknophylaktischen Interpolation wenig bekannt, obwohl sich die meisten Daten aus der amtlichen Statistik auf flächenhafte Einheiten beziehen. Im Programm Konkar war die volumenerhaltende Interpolation von Anfang an vorhanden, programmiert unter Nutzung eines Basic-Programm von Tobler (1979) und mit zusätzlichen Funktionen erweitert. Diese Implementierung der Methode interpoliert sowohl auf ein regelmäßiges Gitter aus Rechtecken oder gleichseitigen Dreiecken als auch auf ein unregelmäßiges Dreiecksnetz. Das Programm Konkar liefert etwas ausführlichere Zahlen für jede Bezugseinheit und für den ganzen Iterationsablauf, wenn gewünscht.

Für das Paket ArcGIS mit der Erweiterung *Spatial Analyst* ist ein Werkzeug verfügbar, mit dem eine pyknophylaktische Interpolation auf ein Rechteck-Gitter durchgeführt werden kann (Lamb 2008). Vorher existierte schon eine Lösung für eine Vorgänger-Version von ArcGIS in der Programmiersprache Avenue (Riedel 1998). Im Werkzeug *Pycnophylactic* ist die Anzahl der Iterationen und der Typ der Nachbarschaft wählbar. Die Wahlmöglichkeit für die Form des äußeren Randes, ob „Sandstrand" oder „Steilküste", ist nicht vorhanden. Das Python-Skript liefert wenig statistische Informationen über den Fortgang der Iteration, mit denen die Volumenerhaltung beurteilt werden kann, lokal für jede Bezugseinheit und global für die gesamte Oberfläche.

In ArcGIS ab Version 10.1 mit der Erweiterung *Geostatistical Analyst* ist ein Werkzeug für die Interpolation von flächenbezogenen Daten („areal interpolation") verfügbar (Qiu et al. 2012). Die interpolierte kontinuierliche Oberfläche kann in einem weiteren Arbeitsschritt auf eine von den ursprünglichen Polygonen abweichende Raumteilung mit flächenhaften Bezugseinheiten umgerechnet werden, also eine Umrechnung von einem System von flächenhaften Bezugseinheiten auf ein anderes System, eine Flächeninterpolation (*areal interpolation*) im vorher beschriebenen Sinn.

Die Versuche mit diesem Werkzeug haben Oberflächen ergeben, die auf den ersten Blick den Oberflächen aus der pyknophylaktischen Interpolation ähnlich sehen. Eine Visualisierung mit fortschrittlichen Techniken zeigt aber, dass die Oberflächen weit weniger glatt sind als die Oberflächen, die mit der volumenerhaltenden Interpolation mit dem Programm Konkar erzeugt wurden. Man kann vermuten, dass das flächenbezogene Interpolationsverfahren in ArcGIS/Geostatiscal Analyst nicht mit der pyknophylaktischen Interpolation identisch ist.

Literatur

Goodchild M, Lam, NSN (1981) Areal interpolation: a variant of the traditional spatial problem. Geo-Processing, 1(1980), 297-312

Jamin C, Alliez P, Yvinec M, Boissonat JD (2015) CGALMesh: A generic framework for Delauney mesh generation. ACM Transactions on Mathematical Software, Vol. 41, No. 4, 23-46

Lamb D (2008) Pycnophylactic Reallocation. PycnoV2 ArcMap92.zip
http://arcscripts.esri.com/details.asp?dbid=15136 (11/2013)

Madelin M, Grasland C, Mathian H, Sanders L (2009) Das „MAUP": Modifiable Areal Unit – Problem oder Fortschritt? Informationen zur Raumentwicklung, Heft 10/11.2009, 645-660

Qiu F, Zhang C, Zhou Y (2012) The development of an areal interpolation ArcGIS extension and a comparative study. GIScience & Remote Sensing, No. 5, 644–663
http://www.utdallas.edu/~ffqiu/published/2012QiuArealInterpolationGISRS.pdf (11/2015)

Rase WD (1997) Flächengeometrie und Flächengraphik. Beiträge zur kartographischen Informationsverarbeitung, Band 12. Universität Trier, Abteilung Kartographie im FB VI und Geographische Gesellschaft Trier.

Rase WD (1998) Modellierung und Darstellung von immateriellen Oberflächen. Forschungen Band 89, Bundesamt für Bauwesen und Raumordnung, Bonn 1998
http://www.wdrase.de/Forsch89.pdf (2/2016)

Rase WD (2003) Von 2D nach 3D – Perspektivische Darstellungen, Stereogramme, reale Modelle. In: Kartographische Schriften, Band 7: Visualisierung und Erschließung von Geodaten. Kirschbaum-Verlag, Bonn, 13–24
http://www.wdrase.de/3DModelleLeipzig2006.pdf (2/2016)

Rase WD (2007a) Verfahren zur Herstellung von dreidimensionalen kartographischen Modellen. In: Tzschaschel, Wild, Lentz (Hrsg.), Visualisierung des Raumes: Karten machen – die Macht der Karten. Forum Institut für Länderkunde Leipzig, Heft 6/2007, 215–228
http://www.wdrase.de/3DModelleLeipzig2006.pdf (11/2015)

Rase WD (2007b) Volumenerhaltende Interpolation aus polygonbezogenen Daten in einem unregelmäßigen Dreiecksnetz (TIN). In: Strobl, Blaschke, Griesebner (Hrsg.) Angewandte Geoinformatik 2007. Beiträge zum 19. AGIT-Symposium Salzburg. Wichmann, Heidelberg, 595–604
http://www.wdrase.de/VolumenerhaltendeInterpolationAGIT2007.pdf (11/2015)

Renka RJ (1988) Algorithm 660: QSHEP2D, Quadratic Shepard method for bivariate interpolation of scattered data. ACM Transactions on Mathematical Software, Vol. 14, No. 2, June 1988, 149–150

Riedel L (1998) Pycnophylatic interpolation. AS10918.zip
http://arcscripts.esri.com/details.asp?dbid=10918 (11/2015)

Shepard D (1968) A two-dimensional interpolation function for irregularly-spaced data. Proceedings ACM National Conference 1968, 517–524
http://designedspace.github.io/docs/shepard1968.pdf (11/2015)

Shewchuk JR (1997) Delaunay refinement mesh generation. Ph.D. thesis, Technical Report CMU-CS-97-137, Carnegie Mellon University, Pittsburgh, PA
http://www.cs.cmu.edu/~quake-papers/delaunay-refinement.pdf (11/2015)

Shewchuk JR (2005) Triangle. A two-dimensional quality mesh generator and Delaunay triangulator.
http://www.cs.cmu.edu/~quake/triangle.html (10/2015)

Tobler WR (1979) Smooth pycnophylactic interpolation for geographical regions. Journal of the American Statistical Association, Vol. 74, No. 357, 519–535
http://geog.ucsb.edu/~kclarke/G232/Pycno.pdf

WALLIN E (1984) Isarithmic maps and geographical disaggregation. Proceedings of the International Symposium on Spatial Data Handling, Zürich 1984, 209-217

9

9 Interpolation von Oberfläche zu Oberfläche

Die Verfeinerung der Ausgangsdaten zum Darstellungsmodell ist Anlass und Ziel der Interpolation. In den vorigen Abschnitten wurden Verfahren vorgestellt, mit denen unregelmäßig verteilte Datenpunkte oder Bezugspolygone auf ein regelmäßiges Gitter oder ein unregelmäßiges Dreiecksnetz interpoliert werden. Wenn die Ausgangsdaten bereits als Höhenpunkte in einem Oberflächen-Netz vorliegen, können diese Höhenwerte auch auf ein anderes Netz interpoliert werden. Quellen- und Ziel-Netze können sowohl regelmäßige Gitter aus Rechtecken oder Dreiecken als auch unregelmäßige Dreiecksnetze sein. Zum Beispiel werden Daten an den Schnittpunkten eines Rechteckgitters auf der Erdoberfläche erhoben, etwa bei geochemischen Untersuchungen oder bei Messungen der Stärke des Magnetfeldes oder der Erdgravitation für archäologische Fragestellungen. Die neue Oberfläche wird im Falle des rechteckigen Gitters durch Einsetzen von zusätzlichen Linien und Interpolation der Höhenwerte an den neuen Schnittpunkten berechnet.

Alle Verfahren, die bisher für die Interpolation von unregelmäßig verteilten Punkten behandelt wurden, können auch für die Verfeinerung eines Gitters angewendet werden. Theoretisch könnte man aus unregelmäßig verteilten Punkten ein relativ grobes regelmäßiges Gitter interpolieren und anschließend dieses Gitter durch Interpolation von Gitter auf ein engeres Gitter verfeinern. Insgesamt wird dadurch der Kostenaufwand für die Erzeugung einer Oberfläche mit einer hohen Auflösung (notwendig für die Darstellung) gesenkt. In der Computergraphik wird oft nach diesem Konzept verfahren. Die Modelle, etwa Definitionen von 3D-Körpern in einer Szene, werden so einfach wie möglich gehalten, um Erfassungskosten, Speicherplatz und Rechenzeit zu sparen. Erst bei der graphischen Ausgabe wird das Modell auf die notwendige Auflösung verfeinert.

Bilineare Interpolation im Gitter

Eine Lösungsmöglichkeit für die Interpolation im Gitter ist die Berechnung der Ebenengleichung für jede Facette und das Einsetzen der x- und y-Koordinaten der Zwischenpunkte in die Gleichung. Bei einer Oberfläche liegen alle Eckpunkte einer Facette selten in der gleichen Ebene, deshalb sind die interpolierten z-Werte nicht korrekt. Eine mögliche Lösung ist die Teilung des Rechtecks in zwei oder vier Dreiecke. Die Eckpunkte der Dreiecke liegen in einer planaren Ebene. Zwischenpunkte können in den Dreiecken linear interpoliert werden. Die Teilung des Quadrates in Dreiecke führt manchmal zu pyramidenähnlichen Strukturen, die bei der simulierten Beleuchtung als Artifakte ins Auge fallen.

Für die *bilineare Interpolation* wird für jedes Rechteck ein bivariates Polynom mit vier Koeffizienten berechnet. Die Höhen der Zwischenpunkte werden durch Einsetzen der x- und y-Werte ermittelt. Die Interpolation nach diesem Verfahren wird auch als C^0-Interpolation über Rechtecken bezeichnet. Das Ergebnis der Herleitung der Formeln (SPÄTH 1991) sieht folgendermaßen aus:

$$dx = x_{i+1} - x_i$$

$$dy = y_{j+1} - y_j$$

$$dv = xn - x_i$$

$$dw = yn - y_j$$

$$zn = z_{ij} + (z_{i+1j} - z_{ij}) / dx * dv + (z_{ij+1} - z_{ij}) / dy * dw +$$

$$(z_{i+1j+1} - z_{ij+1} - z_{i+1j} + z_{ij}) / (dx * dy) * dv * dw$$

xn, yn, zn Koordinaten des interpolierten Punktes

x_i, y_j, z_{ij} Koordinaten der Gitterlinien, Höhenwerte

Die lineare Interpolation ist für die Verfeinerung des Gitters zur Darstellung der Oberfläche wenig sinnvoll. Bei einer simulierten Beleuchtung zum Beispiel erhalten die neuen kleineren Facetten fast die gleiche Helligkeit wie die ursprünglichen Facetten. Der visuelle Eindruck der interpolierten Oberfläche ändert sich nicht im Vergleich mit der Original-Oberfläche. Auch für die Darstellung mit Isolinien ergibt sich keine sichtbare Verbesserung.

Berechnung des z–Werts für Positionierung auf der Oberfläche

Oft sind für Punkte, Linien oder Flächen – Grenzen, Situation – nur zweidimensionale Koordinaten verfügbar. Die dritte Dimension ist nicht notwendig für die Darstellung in konventionellen planaren Karten in Aufsichtsbetrachtung. Diese Elemente werden einfach über die übrige Graphik gezeichnet.

Wenn diese Elemente auf der Oberfläche dargestellt werden sollen, etwa in einer perspektivischen Zeichnung oder in einem 3D-Modell, muss der Wert der z-Koordinate auf der Oberfläche bekannt sein. Mit dem korrekten z-Wert wird der Punkt oder die Linie genau auf der Oberfläche und nicht darüber oder darunter dargestellt. Die bivariate lineare Interpolation aus dem Gitter ist eine einfache Möglichkeit, für jeden Punkt der Linie den richtigen z-Wert für die Lage auf der Oberfläche zu berechnen. Die Linie liegt genau auf dem planaren Dreieck, nicht darüber und nicht darunter.

Spline-Interpolation von Gitter auf Gitter

Nach der bilinearen Interpolation ist die Oberfläche nicht mehr stetig, weil an den Kanten der alten Rechtecke ein Knick entstanden ist (Abb. 9-1a). Für eine stetige Oberfläche müssen Verfahren eingesetzt werden, die Polynome höherer Ordnung verwenden. Analog zur Spline-Interpolation in Dreiecksnetzen wird für jedes Rechteck eine quadratische oder kubische Funktion definiert. Alle Funktionen werden so eingerichtet, dass an den Seiten der Rechtecke keine Sprungstellen entstehen. Bei SPÄTH (1991) findet man mehrere Verfahren für rechteckige Gitter, von denen die *biquadratische Spline-Interpolation* und ein weiterer Algorithmus mit kubischen Polynomen implementiert und getestet wurden (Abb. 9-1b). Die Formeln sind wie schon bei den Spline-Kurven über Dreiecken so umfangreich, dass auf die Erklärungen bei SPÄTH (1991), LIU & ZHANG (2013) oder die Originalbeiträge verwiesen werden muss.

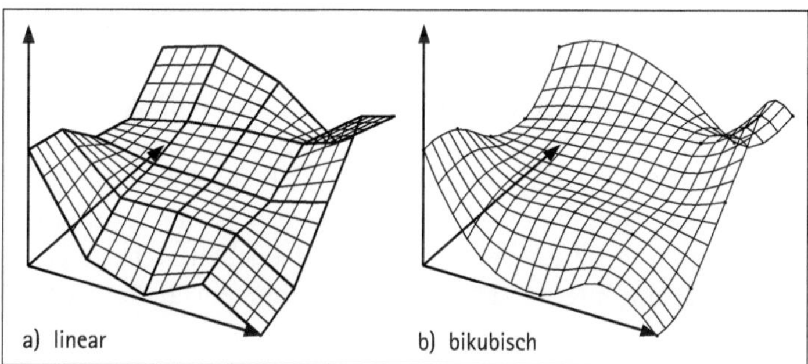

Abbildung 9-1
Bilineare und bikubische Interpolation im Gitter

Allgemeines Verfahren für die Gitter-Interpolation

Für die Umrechnung von einem Netz auf ein anderes Netz gibt es mehrere Kombinationsmöglichkeiten:

- regelmäßiges Gitter auf ein regelmäßiges Gitter mit höherer Auflösung,
- regelmäßiges Gitter auf ein unregelmäßiges Dreiecksnetz (TIN),
- unregelmäßiges Dreiecksnetz auf ein regelmäßiges Gitter,
- unregelmäßiges Dreiecksnetz auf ein TIN.

Für die Interpolation von einem Netz auf ein anderes Gitter werden folgende Arbeitsschritte ausgeführt:

1. Die Höhenwerte des Gitters oder des TIN werden als einzelne Punkte (x, y, z) abgespeichert. Gitterpunkte außerhalb des Untersuchungsgebietes werden nicht berücksichtigt.

2. Für das neue Netz (Gitter oder TIN) werden die Netzpunkte in 2D berechnet, entweder als regelmäßiges Gitter oder als Qualitätsnetz.

3. Aus den Einzelpunkten des alten Netzes werden mit einem geeigneten Interpolationsverfahren die neuen Höhenwerte an den Netzpunkten interpoliert.

Die Oberfläche des neuen Netzes ist wie jede andere Interpolation eine Approximation der Original-Oberfläche. Wenn der Unterschied in der Auflösung zwischen altem und neuen Netz nicht allzu hoch ist und ein geeignetes Interpolationsverfahren verwendet wurde, ist das Ergebnis in der praktischen Anwendung fast immer akzeptabel. Ob die Interpolation von Oberfläche zu Oberfläche auch sinnvoll ist, ist eine andere Frage.

Keine Einsparungen durch Netz-Interpolation

Die Erwartung, dass die Gitter-Interpolation den Aufwand zur Berechnung eines Höhengitters mit feiner Auflösung verringert, hat sich im großen und ganzen nicht erfüllt. Die Rechenzeiten sind manchmal geringfügig kleiner, manchmal größer als die direkte Interpolation aus Punkten oder Polygonen auf die gleiche feine Auflösung. Bei mehr als drei Zwischenpunkten in einer Richtung des Rechtecknetzes werden die Oberflächenformen sichtbar verändert.

Durch die Gitter-Interpolation werden aber zusätzliche Probleme erzeugt, etwa verfahrensbedingte Deformationen in der Oberfläche. Es ist besser, das Interpolationsverfahren für die unregelmäßigen Punkte in der für die Darstellung notwendigen Auflösung durchzuführen. Die Ressourcen heutiger Arbeitsplatzrechner, im wesentlichen hohe Rechengeschwindigkeit und Arbeitsspeicher-Kapazität, reichen auch für Gitter mit einer hohen Anzahl von Schnittlinien aus. Der Schluss ist gerechtfertigt, dass der Einsatz der Gitter-Interpolation zur Einsparung von Rechenzeit bei 2½D-Oberflächen nicht gerechtfertigt ist. Nur Ausnahmefällen ist die Interpolation von einem auf ein anderes Gitter wirtschaftlich.

Generalisierung durch Gitter-Interpolation?

Die Umrechnung von einem hoch aufgelösten Gitter auf ein gröberes Gitter lässt sich auf den ersten Blick auch für die Generalisierung einer Oberfläche einsetzen. Zum Beispiel wird dem Algorithmus der gewichteten Mittelwerte eine Oberfläche in einem relativ groben Rechteckgitter interpoliert. Lokale Abweichungen, die in einem feineren Gitter sichtbar würden, werden durch die Mittelwertbildung ausgeglichen. Die für die Darstellung notwendige Auflösung erreicht man durch eine Gitter-Interpolation, die natürlich nicht linear sein darf. Versuche haben ergeben, dass mit diesem Verfahren tatsächlich eine Oberfläche entsteht, die weniger Details enthält als eine Oberfläche mit der gleichen Auflösung ohne Gitter-Interpolation.

Dennoch sollte man diese Art der Datenreduktion nicht anwenden. Für die Gitter-Interpolation stehen die Informationen des ursprünglichen Modells, die Höhenwerte der Stützpunkte, nicht mehr zur Verfügung. Die interpolierte Oberfläche geht mit großer Wahrscheinlichkeit nicht mehr durch alle Stützpunkte, ganz zu schweigen von der Notwendigkeit der Erhaltung des Volumens über den Bezugsflächen. Eine Generalisierung ist nicht allein eine Datenreduktion im geometrischen Modell. Der Bedeutungszusammenhang und die Wichtigkeit und Priorität der charakteristischen Elemente in der Oberfläche – Gipfel, Senken, Rinnen, Wasserscheiden, Hügel, Becken – muss beachtet werden (WEIBEL

1995). Einen möglichen Ansatz für die Vereinfachung von Formen der Erdoberfläche durch Einbeziehung von charakteristischen Elementen findet man zum Beispiel bei WOLF (1989, 2004).

Für die Interpolation aus flächenhaften Bezugseinheiten ist es besser, die ursprünglichen Informationen und nicht die daraus entstandene Oberfläche zu generalisieren. Eine Möglichkeit ist die erwähnte Zusammenfassung der Bezugsflächen und ihrer Daten zu größeren Einheiten. In Kapitel 15 werden Datenreduktion und Generalisierung mit einer 2½D-Oberfläche ausführlicher behandelt.

Interpolation von Dreiecksnetz auf Dreiecksnetz

Die Verfeinerung einer Oberfläche, die durch ein Netzwerk aus unregelmäßigen Dreiecken repräsentiert wird, erfolgt nach dem gleichen Verfahren wie die Interpolation von beliebig verteilten Datenpunkten auf ein Dreiecksnetz:

1. Das Ziel-Dreiecksnetz wird nach vorgegebenen Kriterien verfeinert, etwa für die maximale Größe der Dreiecke, Vorgaben für die Innenwinkel, Erhaltung von Linien. Für die Erzeugung des Qualitätsnetzes kann zum Beispiel das Programm Triangle verwendet werden.
2. Die Punkte im Ausgangsnetz sind die Datenpunkte für die Interpolation. Damit werden mit einem geeigneten Verfahren die z-Werte der Punkte im neuen Dreiecksnetz interpoliert.

Das verdichtete Netz kann viele neue Punkte enthalten. Zum Beispiel ist das Programm QSHEP2 (RENKA 1988, *modified Shepard*) schnell genug, um viele Datenpunkte mit annehmbarer Rechenzeit auf das verdichtete Netz zu interpolieren. Für die Interpolation von einem unregelmäßigen Dreiecksnetz auf ein anderes Dreiecksnetz gelten die gleichen Vorbehalte wie für die Verdichtung eines regelmäßigen Gitters.

Literatur

LIU GR, ZHANG GY (2013) Smoothed point interpolation methods. G space theory and weakened weak forms. World Scientific Publishing, Singapore

RENKA RJ (1988) Algorithm 660: QSHEP2D, Quadratic Shepard method for bivariate interpolation of scattered data. ACM Transactions on Mathematical Software, Vol. 14, No. 2, June 1988, 149–150

SPÄTH H (1991) Zweidimensionale Spline-Interpolations-Algorithmen. Oldenbourg, München

WEIBEL R (1995) Three essential bulding blocks for automated generalization. In: MÜLLER, LAGRANGE, WEIBEL (ed.) GIS and generalization – methodology and practice. Taylor & Francis, London, 56–69

WOLF GW (1988) Generalisierung topographischer Karten mittels Oberflächengraphen. Dissertation, Universität Klagenfurt

Wolf GW (2004) Topographic surfaces and surface networks. In: Rana (ed.) Surface Networks, John Wiley, 53–70

10

10 Trend–Oberflächen

In manchen Anwendungsfällen ist es sinnvoll, von der strikten Forderung abzugehen, dass die Oberfläche so exakt wie möglich durch die Stützpunkte verlaufen muss. Zum Beispiel können die z-Werte mit Fehlern behaftet sein, die auf Ungenauigkeiten in der Messung oder der Datenerfassung beruhen. Die bisher behandelten Interpolationsverfahren würden die Messfehler in die Oberfläche weitertragen. In diesem Fall ist eine Approximation, das Ausbügeln lokaler Abweichungen in den Daten, die bessere Alternative gegenüber einer exakten Kurve.

Bei manchen Fragestellungen in den Raumwissenschaften ist es von Vorteil, den generellen großräumigen Trend in der räumlichen Verteilung sichtbar zu machen, der sonst durch die lokalen Variationen des Indikators verwischt oder verdeckt wird. In

Abbildung 10-1
Die Arbeitslosenquote in den Raumordnungsregionen als Choroplethenkarte (links), rechts die Trend-Oberfläche der Arbeitslosenquote, ein Polynom 3. Grades

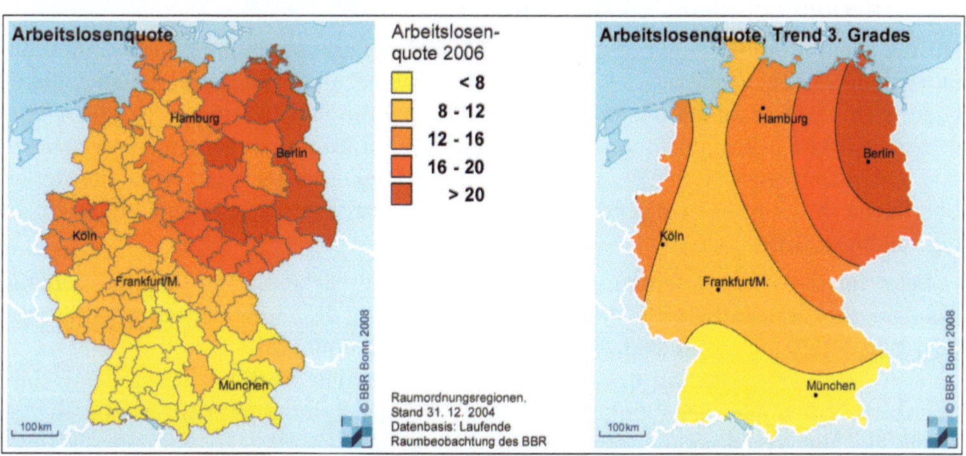

Abbildung 10-1 wird in der rechten Karte der Trend in der räumlichen Verteilung der Arbeitslosenquote dargestellt. Natürlich erkennt das geübte Auge auch in der Choroplethen-Karte (links), dass die neuen Bundesländer und das Ruhrgebiet eine bedeutend höhere Quote haben als die süddeutschen Länder. Wenn aber die Klassenzuordnung für die einzelne Bezugseinheit nicht wichtig ist, kann der räumliche Trend eine wirkungsvolle Alternative zur Choroplethen-Karte sein.

Trend-Oberflächen als bivariate Polynome höheren Grades

Der räumliche Trend wird durch eine kontinuierliche Funktion ausgedrückt, die die Verteilung der Messwerte so gut wie möglich approximiert. Die Kurve muss aber nicht unbedingt durch die Stützpunkte gehen. Diese *Ausgleichskurve* ist ein generalisiertes Modell der Datenverteilung in den drei Dimensionen der Oberfläche. Die lokalen Abweichungen werden eliminiert, der Trend der räumlichen Verteilung über das gesamte Untersuchungsgebiet steht im Vordergrund. Deshalb ist die Bezeichnung *Trend-Oberflächen* für diesen Typ von bivariaten Kurven gebräuchlich (HARBAUGH & MERRIAM 1968, BURROUGH et al. 2015).

Trend-Oberflächen sind ein Teil des großen Gebietes der Regressionsanalyse. Bei zwei unabhängigen Variablen – die zwei Dimensionen der Bezugsebene – spricht man von *Regressions-Oberflächen*. In der Literatur wird hin und wieder der Begriff *response surface* als Synonym für Trend-Oberflächen benutzt.

In den Geowissenschaften wurden Trend-Oberflächen und Trend-Analysen vorwiegend für geologische und stratigraphische Fragestellungen eingesetzt (zum Beispiel ROBERTS & MARK 1970, MARK 1971). Das Verfahren ist bei sozio-ökonomischen Fragestellungen selten angewendet worden. Ein Grund liegt vielleicht darin, dass die Differenzen zwischen den Datenwerten und den zugehörigen Funktionswerten auf der Trend-Oberfläche meistens größer sind als bei physikalischen Fragestellungen.

Das Kriterium der kleinsten Quadrate

Für die Ermittlung der Funktionsgleichungen werden Rechenverfahren angewendet, die unter dem Namen *Verfahren der kleinsten Quadrate* bekannt sind (*least squares*, abgekürzt LSQ). Die Anzahl der unabhängigen Variablen kann von 1 (Kurve in der Ebene) bis n betragen. Wir beschränken uns hier auf den Fall mit zwei unabhängigen Variablen x und y, den Dimensionen der Bezugsebene. Mit der Funktionsgleichung wird eine stetige Oberfläche in der bisher verwendeten Datenstruktur erzeugt, also Höhenwerte in einem regelmäßigen Gitter.

Beim Interpolationsverfahren der lokalen Polynome (siehe Kapitel 6) wird ebenfalls das Kriterium der kleinsten Quadrate für die Bestimmung des Funktionswerts herangezogen. Wie der Name schon sagt, befinden sich die Datenpunkte für die Interpolation in unmittelbarer Nachbarschaft des Interpolationspunktes. Für die Berechnung der Trend-Oberfläche gehen alle Datenpunkte in die Berechnung ein, deshalb spricht man auch von einem globalen Verfahren.

Das Kriterium der kleinsten Quadrate ist auf viele Arten von Funktionsgleichungen anwendbar. In den meisten Fällen wird ein Polynom n-ter Ordnung verwendet (O'LEARY et al. 1966, HEINER & GELLER 1966). Für den linearen Fall (1. Ordnung oder 1. Grades) hat das Polynom die allgemeine Form

$$z = A + Bx + Cy$$

Für das quadratische Polynom (2. Ordnung oder 2. Grades) wird die Anzahl der Terme größer:

$$z = A + Bx + Cy + Dx^2 + Exy + Fy^2$$

Das Polynom 3. Grades (kubisch) hat bereits zehn Terme mit noch mehr Koeffizienten:

$$z = A + Bx + Cy + Dx^2 + Exy + Fy^2 + Gx^3 + Hx^2y + Ixy^2 + Jy^3$$

Die Anzahl der Terme steigt mit jedem Grad weiter an. Der Grad des Polynoms ist theoretisch nicht begrenzt, solange die Anzahl der Stützpunkte nicht kleiner als die Anzahl der Koeffizienten ist.

Höhere Polynomgrade als 8 oder 10 sind in der praktischen Anwendung meistens nicht sinnvoll. Die Anzahl der Extremwerte (Gipfel und Senken) ist gleich dem Polynomgrad minus 1 (erste Ableitung). Eine Kurve zweiter Ordnung hat einen Extremwert, entweder einen Gipfel oder eine Senke. Die kubische Kurve hat je einen Gipfel und eine Senke, die Kurve vierter Ordnung zwei Gipfel und zwei Senken, und so weiter. Die Kurve erhält mit jedem Grad einen weiteren Extremwert. Bei höheren Ordnungen können an manchen Stellen der Oberfläche Extremwerte auftreten, die nicht mehr durch die ursprünglichen Messwerte erklärt werden können. Diese durch die Polynomgleichung erzeugten Artifakte sprechen dafür, die Ordnung des Polygnoms nicht zu hoch zu setzen, auch wenn bei steigendem Polygongrad die rein zahlenmäßige Güte der Approximation ansteigt.

Güte der Approximation

Das am häufigsten benutzte Kriterium für die Güte der Approximation ist die Minimierung der Summe der quadrierten Abweichungen zwischen Messwert und Funktionswert am Stützpunkt:

$$\sum_{j=1}^{n} (zobs_j - zf_j)^2 = min$$

$zobs_j$ Datenwert am Messpunkt
zf_j Wert der Funktion am Messpunkt
n Anzahl der Messpunkte

Die Abbildung 10-2 zeigt ein Testbeispiel für die Berechnung von linearen und quadratischen Trend-Oberflächen. Die Pfeile machen die absolute Abweichung des beobachteten z-Wertes vom Wert der Funktion an dieser Stelle deutlich. Bei der Kurve 2. Grades (quadratisch, Abb. 9-2b) sind die Abweichungen an jedem Punkt und damit auch insgesamt geringer. Je höher der Polynomgrad ist, desto besser ist meistens die Approximation an die Punktverteilung. Man sieht auch, dass bei der quadratischen Funktion die Werte von zwei Eckpunkten sehr hoch sind. Diese Extrapolation ist mathematisch korrekt, in der praktischen Anwendung aber mit Vorsicht zu betrachten.

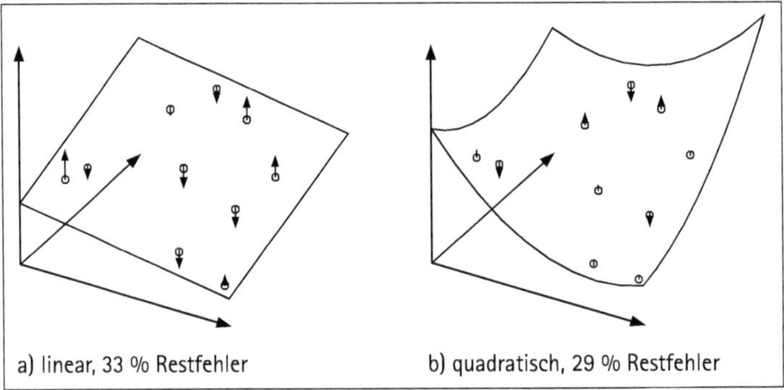

Abbildung 10-2
Beispiel für die Berechnung von linearen und quadratischen Trend-Oberflächen, mit Restfehler-Vektoren

Für die Berechnung der Koeffizienten und der Funktionswerte wurden das Verfahren und die Programme von Bartels & Jezioranski (1985) verwendet. Die Implementierung ist auch für mehr als zwei unabhängige Variablen vorgesehen. Neben dem Grad des Polynoms mit der jeweils maximalen Zahl der Koeffizienten kann auch die Anzahl der Koeffizienten vorgegeben werden. Mit dieser Option hat der Anwender etwas mehr Einfluss auf die Form der Kurve und damit auch die Güte der Approximation. Voraussetzung für die Nutzung dieser Möglichkeit ist eine gutes mathematisches Verständnis des Modells und seiner funktionalen Zusammenhänge.

Residuen

Die lokalen Abweichungen des mathematischen Modells der Trend-Oberfläche von der tatsächlichen Höhe der beobachteten Werte sind die *Residuen*, die Differenz zwischen dem ursprünglichen Datenwert und dem Wert der Ausgleichskurve an dieser Stelle. Die Summe der quadrierten *Residuen*, der Abweichungen zwischen Mess- und Funktionswerten (Pfeile in Abb. 10-2), ist das Maß für die Abweichung von der bivariaten Trend-Oberfläche. Je geringer die beobachteten Werte von den berechneten Werten abweichen, je kleiner die Absolutwerte der Residuen sind, umso besser gibt die Trend-Oberfläche die tatsächliche Verteilung wieder.

Ein Maß für die Güte der Approximation (*goodness of fit*) ist die Umkehrung des Restfehlers, ausgedrückt als Differenz des relativen Fehlers von 100. Für die Trend-Oberflächen wird damit die Abweichung der Funktion von der Datenverteilung quantifiziert. In Abbildung 10-2a beträgt der Restfehler 33 %, das Polynom 1. Grades (Ebene) nähert die Punktverteilung zu etwa 66 % an. Die quadratische Oberfläche (Abb. 10-2b) gibt die Verteilung mit etwa 71 % Zuverlässigkeit wieder.

Die Güte der Approximation wird nach folgender Formel berechnet (Harbaugh & Merriam 1968):

$$p = 100 * \left| 1 - \frac{\sum_{j=1}^{n} (zobs_j - zf_j)^2}{\sum_{j=1}^{n} (zo_j - \overline{z})^2} \right|$$

$zobs_j$ — Messwerte
zf_j — Funktionswert am Punkt j
$\overline{z}$ — arithmetisches Mittel aller Messwerte

Räumlicher Trend der Arbeitslosigkeit

In Abbildung 10-3 sind die Trendoberflächen mit Polynomen 2. bis 7. Grades der Arbeitslosen-Quoten in den Raumordnungsregionen dargestellt. Sie zeigen eine generalisierte Verteilung der Arbeitslosen-Quoten über die Bundesrepublik Deutschland. Die Indikatorwerte sind wie erwartet in den neuen Bundesländern am größten. Die Oberfläche 2. Grades hat deshalb auch das Maximum im Osten Deutschlands. Die quadratische Kurve hat einen Restfehler von etwa 22 % (78 % *goodness of fit*). Diese Kurve gibt den Trend der räumlichen Verteilung bereits sehr gut wieder. Die rein zahlenmäßige Güte der Approximation steigt bei den Polynomen höheren Grades erwartungsgemäß an. Die Oberfläche erreicht allerdings in den peripheren Regionen nicht ganz plausible Werte, wie man an der Oberfläche 7. Grades gut sehen kann.

Die Polynome höheren Grades zeigen durch die höhere Anzahl der möglichen Extremwerte auch kleinräumige Variationen des räumlichen Trends in den Arbeitslosenquoten an, etwa die etwas niedrigeren Werte in Hamburg. In Abbildung 10-3 kann man nicht alle theoretisch möglichen Extremwerte identifizieren. Sie liegen zum Beispiel außerhalb des Untersuchungsgebietes, sind nicht sehr ausgeprägt oder befinden sich zwischen zwei Isolinien-Niveaus.

Je geringer der Restfehler ist, umso besser entspricht die Trend-Oberfläche der tatsächlichen Verteilung der Ausgangswerte. Trend-Oberflächen mit hoher Anpassungsgüte können deshalb für die Untersuchung von funktionalen Abhängigkeiten genutzt werden. Diese Funktionen sind zum Beispiel die Grundlage für räumliche Modellrechnungen und Bewertungsverfahren.

Residuen-Analyse

Es ist nicht immer beim ersten Blick auf die Oberfläche nachzuvollziehen, wie das Rechenverfahren der kleinsten Quadrate die lokalen Unterschiede in der Datenverteilung ausgleicht. Zur Beurteilung der Plausibilität ist die Darstellung und Analyse der Residuen deshalb genau so wichtig wie die Trend-Oberfläche selbst. Die Werte der Residuen an den

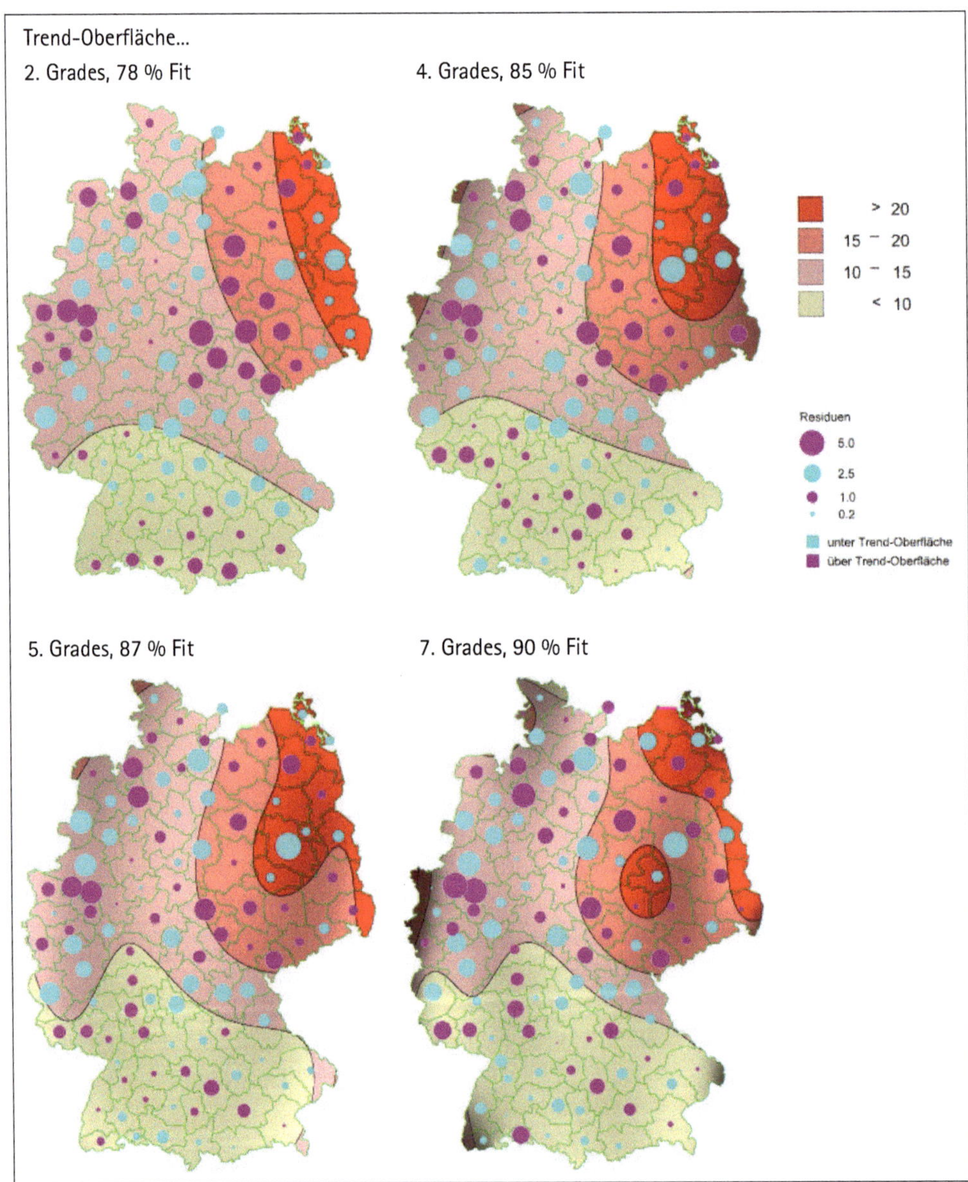

Abbildung 10-3
Trend-Oberflächen mit den Arbeitslosen-Quoten, Polynome 2. bis 7. Grades. Die Residuenwerte an den Bezugspunkten sind proportional zur Kreisfläche. Die Farbe der Kreise repräsentiert einen negativen oder positiven Wert.

Stützpunkten sind ein ergänzender Hinweis, wie gut die kontinuierliche Funktion an die Wirklichkeit angenähert ist. Deshalb müssen bei jeder Trend-Oberfläche auch die Residuen kartographisch dargestellt werden, um die lokalen Abweichungen visuell erfassbar zu machen.

Visualisierung der Residuen

In Abbildung 10-3 sind die Residuen durch Kreise dargestellt, deren Flächen proportional zum absoluten Betrag der Abweichung vom Funktionswert sind. Die Größe ist ein visueller Hinweis darauf, wo die Trend-Oberfläche die reale Verteilung am schlechtesten oder besten wiedergibt. Die Farbe steht für das Vorzeichen des Residuenwerts. Die Farbe drückt aus, ob der aktuelle Wert für die Region unter oder über der Trend-Oberfläche liegt. Cyan bedeutet niedrigere Arbeitslosenzahlen als der Trend, bei Kreisen in der Farbe Magenta ist die Quote höher als der Erwartungswert aus dem Trend.

Der blaue Kreis für Berlin drückt aus, dass die Arbeitslosenquote in dieser Region unter dem Wert der Trend-Oberfläche 7. Ordnung liegt. Die Arbeitslosenquoten im Ruhrgebiet und im Saarland, also in den altindustrialisierten Regionen, sind durchweg höher als der globale Trend. In Nordbayern sind die Arbeitslosenquoten niedriger als die Oberfläche, in Sachsen höher. Die Residuenwerte sind am niedrigsten in dem Bogen, der von Hamburg über die Rhein-Main-Region bis München reicht.

Residuendarstellung in 3D-Abbildungen

Proportionale Größensymbole sind die adäquate graphische Lösung für die Darstellung der Residuen in 2D-Karten. In Abbildung 10-3 wurden Kreise verwendet, deren Flächen

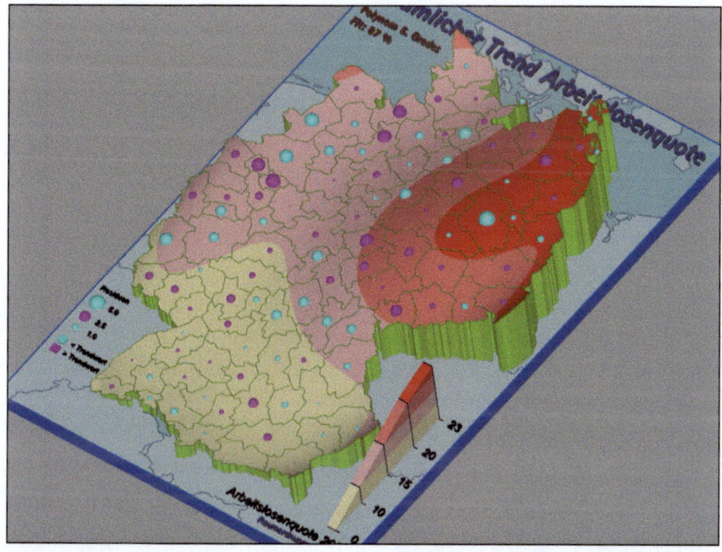

Abbildung 10-4
3D-Darstellung der Residuen als Kugeln. Bildschirm-Kopie des Prüfbildes für ein 3D-Farbmodell.

Abbildung 10-5
Trend-Oberfläche der Arbeitslosenquote. Die Höhe der Zylinder ist proportional zu den Residuen an den Datenpunkten. Ob der Datenpunkt unter oder über der Trend-Oberfläche liegt, wird durch die Farbe der Säule angezeigt.

proportional zum absoluten Betrag der Residuen sind. Bei perspektivischen Darstellungen, Stereogrammen oder physischen Modellen kann man dreidimensionale graphische Symbole für die Repräsentation der Residuenwerte einsetzen. Kugeln sind die 3D-Äquivalente zu Kreisen. Die Abschätzung des Wertes, den die Kugeln repräsentieren, ist aber nicht einfach, zumal ein Teil der Kugeln in die Oberfläche versenkt ist. Man könnte zwar die Kugeln auf der Oberfläche plazieren, sie würden aber bei einem „echten" 3D-Modell nicht an diesen Ort bleiben, sondern wegrollen. Deshalb ist die Visualisierung mit längenproportionalen Symbolen die bessere Lösung. Das können zum Beispiel Säulen oder Zylinder sein, die auf der Oberfläche stehen wie in Abbildung 10-5. Sie sind mit der Oberfläche fest verbunden.

Negative und positive Differenzen (originale Werte kleiner oder größer als die Oberfläche) werden wie bei den Kreisen und Kugeln (Abb. 10-3 und 10-4) durch unterschiedliche

Farben verdeutlicht. Die Farbe Cyan bedeutet, dass der tatsächliche Wert kleiner ist als der Wert der Trend-Oberfläche. Magenta steht für einen Datenwert größer als der Oberflächenwert.

Abbildung 10-5 zeigt einen Ausschnitt aus einem realen 3D-Modell der Trend-Oberfläche der Arbeitslosenquoten. Die Residuen sind repräsentiert durch längenproportionale Zylinder. Der größte Zylinder rechts repräsentiert das Residuum für die Region um Berlin. Die Farbe Cyan zeigt an, dass der Wert für diese Region geringer ist als der Funktionswert der Oberfläche an dieser Stelle. Das Modell wurde mit einem 3D-Farbdrucker hergestellt (RASE 2010). Die Fertigung von 3D-Modellen wird in Kapitel 22 näher beschrieben.

Residuen-Oberflächen

Analog zu den Residuen an den Stützpunkten können die Differenzen zwischen einer Referenz-Oberfläche und einer Trend-Oberfläche berechnet und dargestellt werden. Die Oberflächen sind durch zwei Gitter mit Höhenwerten definiert, die die gleichen Parameter (Anzahl der Schnittlinien, Zellengröße, z-Skalierung) haben müssen.

Die Oberfläche der Arbeitslosenquote 2006 in den Raumordnungsregionen der Bundesrepublik Deutschland (Abb. 10-6a) wurde mit der Methode der volumenerhaltenden Interpolation konstruiert. Die Oberfläche der Residuen (Abb. 10-6c) ist das Ergebnis der Subtraktion dieser Oberfläche von der Trend-Oberfläche 5. Grades (Abb. 10-6b). Die Arbeitslosenquote der Region Berlin ist niedriger ist als der generelle Trend in den neuen Bundesländern. Deshalb erscheint ein Trog mit negativen Residuen an diesem Ort. In anderen Regionen sind Hügel erkennbar, also ist die Arbeitslosenquote höher als der Trend an dieser Stelle.

Abb. 10-6
Oberfläche der Arbeitslosenquote 2006 in den Raumordnungsregionen, Polynom 5. Grades und die Residuen-Oberfläche als Differenz von Trend-Oberfläche und der interpolierten Oberfläche.

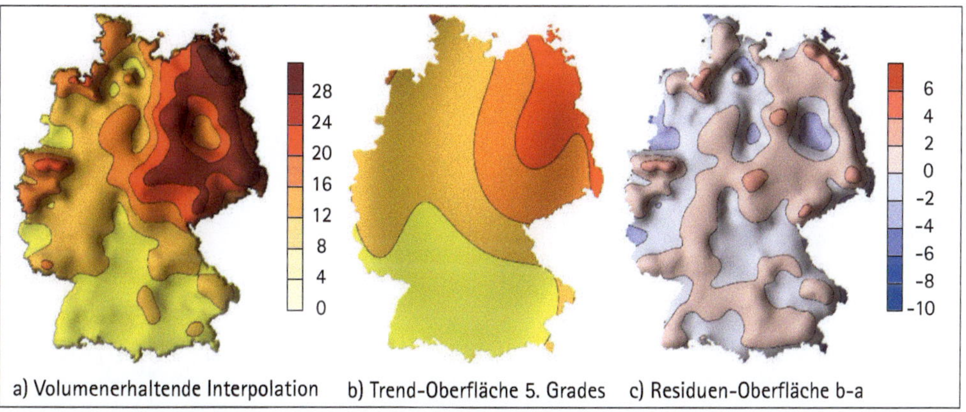

Bei der Interpretation von Residuen-Oberflächen ist Vorsicht angebracht. Es könnten sich eventuell Fehler und Abweichungen aus der Interpolation der Referenzoberfläche in den Residuen fortpflanzen und das Bild verfälschen.

Literatur

BARTELS RH, JEZIORANSKI JJ (1985) Least-squares fitting using orthogonal multinomials. ACM Transactions on Mathematical Software, Vol. 11, No. 3, September 1985, 201-222

BURROUGH PA, McDonnell RA, Lloyd CD (2015) Principles of geographical information systems, 3rd edition. Oxford University Press

HARBAUGH JW, MERRIAM DF (1968) Computer applications in stratigraphic analysis. John Wiley & Sons, New York

HEINER LE, GELLER SP (1966) Fortran IV trend-surface program for the IBM 360 Model 40 computer. Mineral Industry Research Laboratory, University of Alaska, Report No. 9

MARK DM (1971) Trend surface analysis of radiocarbon ages of glaciomarine sediments. Albertan Geographer, 7/1971, 50–51

O'LEARY M, LIPPERT RH, SPITZ OT (1966) FORTRAN IV and MAP program for computation and plotting of trend surface for degrees 1 through 6. Computer Contribution 3, State Geological Survey and University of Kansas

RASE WD (2010) Karten aus dem 3D-Drucker. Kartographische Nachrichten, Jahrgang 60, Heft 1, Februar 2010, 38–41
http://www.wdrase.de/KN_S_38-41.pdf (10/2015)

ROBERTS MC, Mark DM (1970) The use of trend surfaces in till fabric analysis. Canadian Journal of Earth Sciences, 7, 79–84.

11

11 Punktmuster-Analyse

Wenn sehr viele Datenpunkte ungleichmäßig im Untersuchungsgebiet verteilt sind, können wir die Schwerpunkte und Verdichtungen einigermaßen gut erfassen. Soll die Visualisierung der Punkte mit den assoziierten Daten in Beziehung gebracht werden, sind die Zusammenhänge viel schwerer herzustellen Es müssen Verfahren angewendet werden, die die Lage der Punkte im Raum und die damit verbundenen Eigenschaften in einem intuitiv erfassbaren Bild verdichten. Die Punktmuster-Analyse ist eine Vereinfachung der visuell komplexen Ausgangssituation. Diese Form der Informationsverdichtung ist ein sehr weit entfernter Verwandter der Generalisierungsverfahren, die zum Beispiel für die Vereinfachung von topographischen Karten angewandt werden. Die Punktmuster-Analyse ist eher eine Form der Modellbildung, vergleichbar mit der Visualisierung von Konzepten für die Raumplanung (Rase & Sinz 1993).

Windkraft-Anlagen in Deutschland

Ein Beispiel für ein komplexes Punktmuster ist die Verteilung der deutschen Windparks. Die Windkraft ist seit Jahrhunderten eine wichtige Energiequelle. Neben dem Mahlen des Mehles wurden Windmühlen zum Antrieb von Wasserpumpen genutzt. Ohne diese Energielieferanten wäre ein großer Teil der Niederlande schon vor Jahrhunderten im Meer versunken. Die Windparks mit den riesigen Propellern zum Antrieb von Generatoren für Elektrizität sind heute in der Landschaft nicht zu übersehen. Jedes Jahr nimmt die Anzahl zu, weil die Windenergie einen wichtigen Beitrag zur zukünftigen Energieversorgung leisten soll und deshalb auch von der öffentlichen Hand gefördert wird.

In naher Zukunft werden alle Kernkraftwerke außer Betrieb genommen, ebenso die älteren Kraftwerke, die fossile Brennstoffe verbrennen und einen hohen CO^2-Ausstoß haben. Windkraft-Anlagen sollen einen großen Teil der dann fehlenden Energie liefern. Voraussetzung für die flächendeckende Versorgung mit Windenergie ist ein leistungsfähiges Transportnetz für elektrische Energie, um die Energie vom Standort der Erzeugung zum Standort der Verbraucher zu bringen. Die politische und technische Diskussion zu den geplanten Stromtrassen dauert noch an. Die Visualisierung der Verteilung der Windkraft-Anlagen mit einer Verdichtung der Information kann dazu beitragen, die Diskussion zu versachlichen.

Punktmuster-Analyse der Windkraftanlagen

Beim Ausbau der Infrastruktur für die Gewinnung von erneuerbarer Energie sind Windkraft-Anlagen ein wichtiger Faktor, insbesondere in den Regionen Deutschlands ohne nennenswertes Potenzial für Hydro-Energie. In der Abbildung 11-1 erkennt man trotz der großen Zahl der Windparks, dass die meisten Anlagen in Küstennähe stehen. Das sind Regionen mit großer Windhöffigkeit, also Gebiete, wo der Wind dauerhaft weht und ausreichend hohe Windgeschwindigkeiten zum Antrieb der Anlagen auftreten.

Der zuverlässig wehende Wind war der Hauptgrund für die Errichtung einiger großer Windparks vor der Küste in der Nordsee, mit bisher noch offenen Fragen zur Technik und Wirtschaftlichkeit dieser Offshore-Anlagen. Die Anbindung der Offshore-Windparks an das deutsche Gesamtnetz ist noch verbesserungsfähig, sowohl von den Anlagen im Meer ans Festland also auch in weiter entfernte Regionen ohne nennenswerte Windenergie-Kapazitäten. Im Binnenland sind eine Reihe von Windparks mit hoher installierter Leistung gebaut worden, auffallend viele in Sachsen-Anhalt. Die neuerdings geäußerten Warnungen vor Klimaänderungen aus Luftbewegungen durch den zunehmenden Ausbau der Energiegewinnung aus Windkraft scheinen etwas sehr weit hergeholt (FREY 2014).

Komplexes Punktmuster

Die große Menge der Windkraftanlagen und die unterschiedliche Dichte der Verteilung erschweren die Erfassung, wenn konventionelle kartographische Darstellungsformen angewendet werden. In Abbildung 11-1 sind die Standorte der fast 4000 Windparks in der Bundesrepublik Deutschland dargestellt. Die meisten Anlagen befinden sich auf dem Festland (*onshore*), einige wenige in der Nord- und Ostsee (*offshore*). Die Onshore-Windparks sind in diesem Maßstab kaum voneinander zu unterscheiden. Sie liegen sehr dicht beieinander und sind sehr zahlreich in Küstennähe, wo der Wind kräftig und anhaltend weht. Die Visualisierung von Eigenschaften mit traditionellen Darstellungsformen, etwa proportionale Größensymbole, ist nicht sehr hilfreich. In Abbildung 11-1 entsprechen die Größen der Kreise der Anzahl der Anlagen (Generatoren) pro Windpark. Aufgrund der Dichte der Verteilung ergeben sich sehr viele Überlagerungen der Kreise. Die Symbole sind in vielen Fällen nicht mehr voneinander unterscheidbar. Weder eine intuitive noch eine legendenunterstützte visuelle Erfassung ist möglich. Mit den Techniken der Punktmuster-Analyse (*point pattern analysis*, PPA) können die Muster besser erkennbar gemacht werden.

Globale Punktverteilung: R-Statistik

Eine Maßzahl für die Verteilung einer Punktmenge ist die Abweichung der tatsächlichen Verteilung von einer erwarteten theoretischen Zufallsverteilung. An einem Ende der Skala liegen alle Datenpunkte am gleichen Punkt auf der Bezugsebene, die R-Skala hat

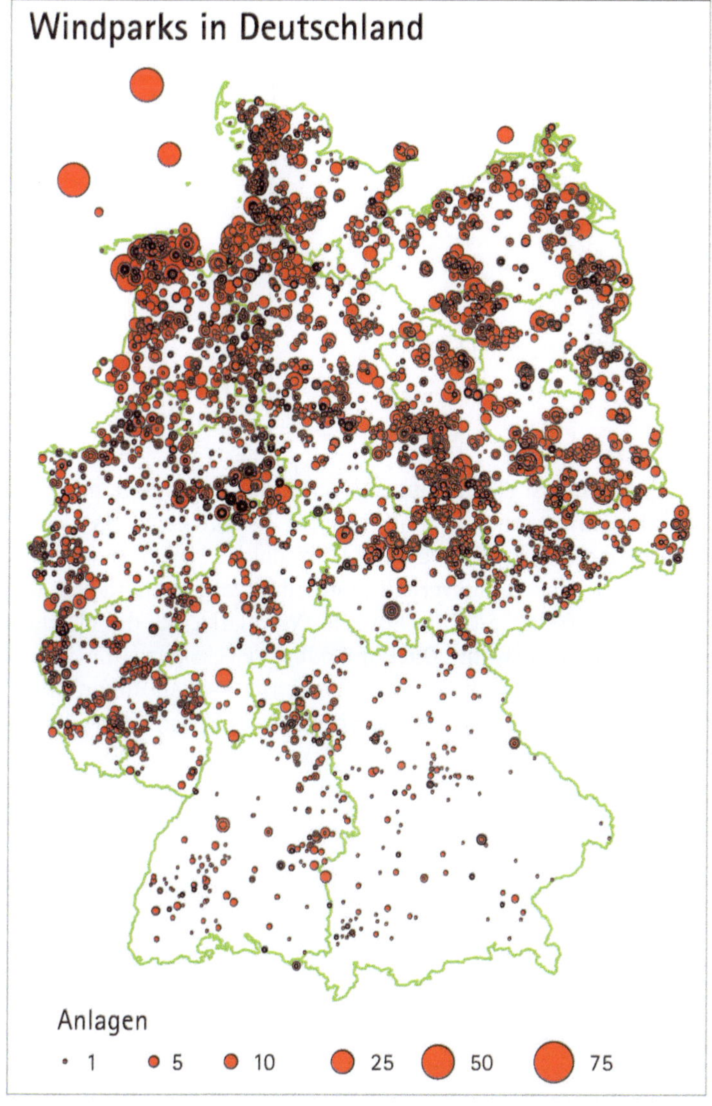

Abbildung 11-1
Anzahl der Windanla-
gen (Generatoren) in
den Windparks

den Wert 0. Am anderen Ende der Skala sind die Datenpunkte als regelmäßiges Gitter von Dreiecken angeordnet, die Skala hat theoretisch den Endwert 2.1491. Durch die Randbedingungen in einem Gitter und numerische Rundungsfehler kann dieser Wert auch geringfügig größer sein, wie etwa bei dem Dreiecksgitter in Abbildung 11-2c. R-Werte zwischen den beiden Extremen beschreiben unterschiedliche Grade der Zufallsverteilung (YEATES 1968).

$$r_A = \frac{\sum r}{N} \qquad \text{tatsächliche Verteilung}$$

$$r_E = \frac{1}{2\sqrt{p}} \qquad \text{erwartete Verteilung}$$

Der Wert von R wird nach diesen Formeln berechnet:

$$R = \frac{r_A}{r_E} \qquad \text{R-Skala}$$

$$p = N / A$$

r Abstand zum nächsten Nachbarn jedes Punktes

N Anzahl der Punkte

A gesamte Fläche

Auf der linken Seite in Abbildung 11-2 ist eine geklumpte Verteilung dargestellt, mit einigen geringfügig gestreuten Datenpunkten um die Schwerpunkte. Es ergibt sich ein R-Wert von 0.149. Lägen alle Standorte in einem Punkt, wäre der Wert gleich 0. Die Standorte der Windparks (Abb. 11-2b) sind nicht ganz zufallsverteilt angeordnet, aber nähern sich der zufälligen Verteilung mit einem R-Wert von 0.714. Für alle Windparks, die die gleichen Koordinaten tragen, wurde ein Standort gewählt, Die Punkte im Dreiecksnetz (Abb. 11-2c) haben den Wert 2.187, etwas höher als der theoretische Wert. Die R-Skala liefert einen globalen Kennwert für die Verteilung der Punkte in der Bezugsebene.

Abbildung 11-2
Unterschiedliche Verteilungen und die zugehörigen R-Werte

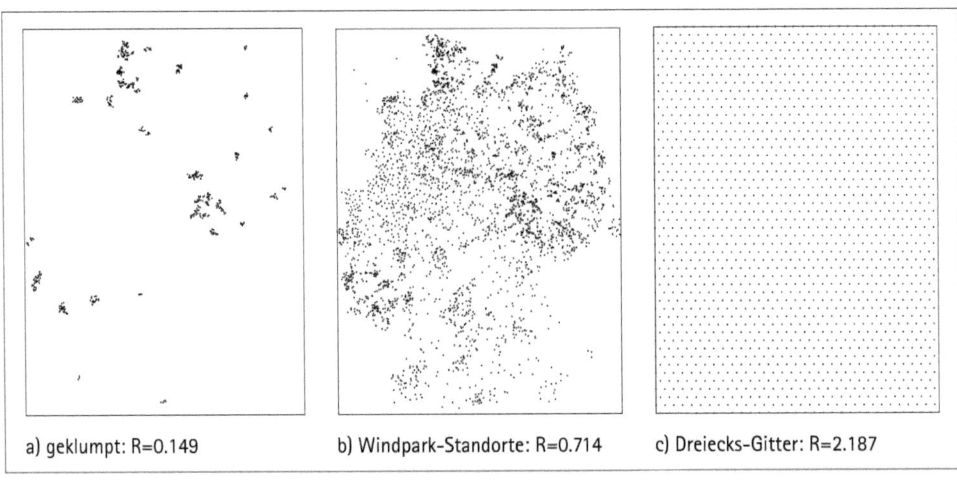

a) geklumpt: R=0.149   b) Windpark-Standorte: R=0.714   c) Dreiecks-Gitter: R=2.187

Quadrat-Analyse

Eine Lösung für die Vereinfachung der Verteilung von sehr vielen Datenpunkten ist ein bivariates Histogramm. Über das Untersuchungsgebiet wird ein regelmäßiges Gitter gelegt, das meistens, aber nicht notwendigerweise, aus Quadraten besteht. Deshalb wird diese Methode auch *Quadrat-Analyse* genannt (FUNK 2011). Für jede Gitterzelle werden die darin enthaltenen Datenpunkte gezählt.

Abbildung 11-3 zeigt das bivariates Histogramm mit der Summe der Nennleistung in GWatt für jedes Quadrat. Die Zellen haben eine Maschenweite von ca. 20 km. Die Generalisierung macht die räumliche Verteilung der Windanlagen und der installierten Leistung besser vermittelbar. Die Graphik ist ein bivariates Histogramm. Anstatt eines regelmäßigen Gitters ist auch ein regelmäßiges oder unregelmäßiges Dreiecksnetz (TIN) möglich. Da im TIN die Dreiecke unterschiedlich groß sind, muß für jedes Dreieck die Summe durch die Fläche des Dreiecks dividiert werden.

Abbildung 11-3
Summen der installierten Nennleistung der Anlagen pro Quadrat, in GWatt

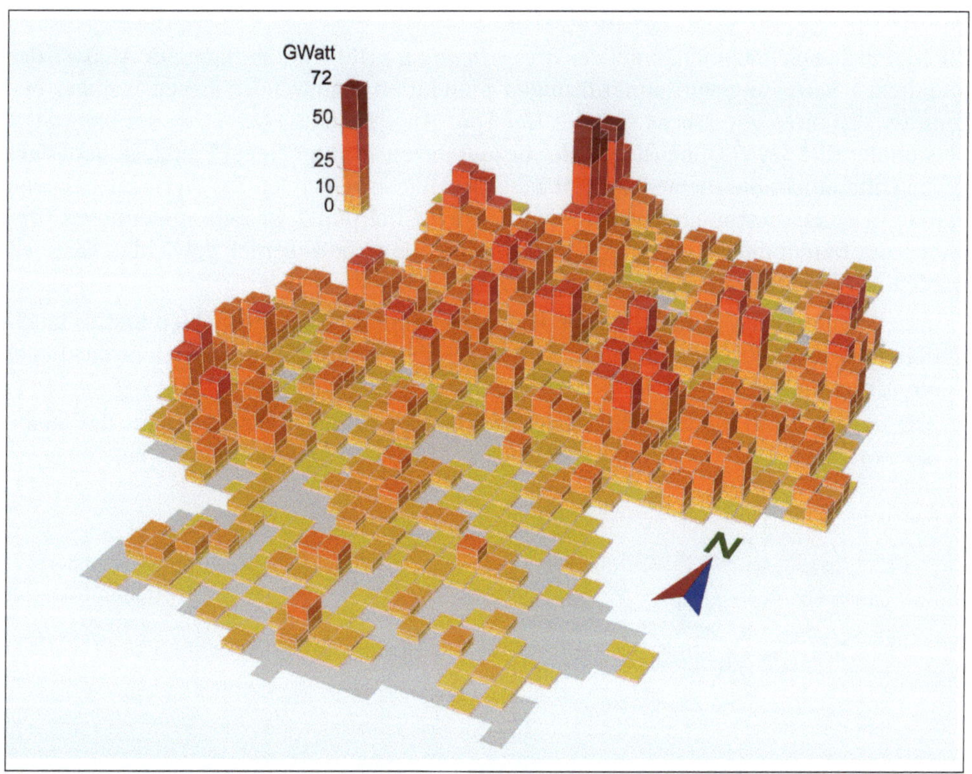

Ein Problem des bivariaten Histogramms und der Dichteberechnungen ist die starke Abhängigkeit des Bildes von der Größe der Gitterzellen. Bei einem dichten Gitter sind in Regionen mit geringer Punktdichte manche Zellen leer, auch in der Abbildung 11-3 (graue Färbung der Kacheln). Bei einem weniger dichten Gitter enthalten die einzelnen Quadrate oder Zellen wiederum zu viele Punkte. Die Methode der Quadratanalyse ist mehr ein Werkzeug zur Vereinfachung der Information als zur Punktmuster-Analyse.

Für das bivariate Histogramm in Abbildung 11-3 wurden die Daten der Windanlagen mit dem Programm Konkar auf ein Quadratgitter umgerechnet und mit dem Programm POV-Ray visualisiert, einschließlich Legende mit Höhenangaben und dem Nordpfeil zur besseren Orientierung.

Das Programm ArcGIS (mit *Spatial Analyst*) stellt ein Werkzeug zur Berechnung der Dichte (*point density*) bereit. Die Berechnungsmethode ist anders als das einfache bivariate Histogramm, dafür sind aber einige zusätzliche Optionen vorhanden. Auch im Programm Surfer ist eine Option für die Berechnung der Dichte verfügbar, etwas anders als das Histogramm und das Werkzeug in ArcGIS. Man sollte bei den Standardprogrammen die Beschreibungen der Methoden sehr sorgfältig studieren und vergleichen.

Bivariate Kerndichte-Schätzung

Die Kerndichte-Schätzung (*kernel density estimation*, KDE) wird häufiger zur Analyse der räumlichen Verteilung von punktförmigen Standorten angewendet, neben weniger bekannten Verfahren wie *Moran's I* oder *Hot Spot Analysis* (Fuchs 2015). In der bivariaten Version der KDE (zwei Dimensionen der Bezugsebene) wird an einem Punkt, in der Regel einem Gitterpunkt, die Dichte bzw. Höhe der Oberfläche berechnet. Die Werte aller Datenpunkte in einem bestimmten Suchradius um den Gitterpunkt werden aufsummiert. Der Wert jedes Datenpunktes wird mit einer bivariaten Funktion (*kernel*) gewichtet. Generell werden werden folgende Schritte ausgeführt (Abb. 11-4):

1. Eine mobile bivariate Funktion (*kernel*) mit einem festen oder variablen Radius (auch Bandbreite, *bandwidth*, genannt) „besucht" jeden Bezugspunkt, das ist in der Regel ein Gitterpunkt.

2. Die Funktion legt die Gewichtung für die Datenpunkte fest, die im Radius des Suchkreises liegen. Die Gewichtung wird mit der bivariaten Kernel-Funktion berechnet.

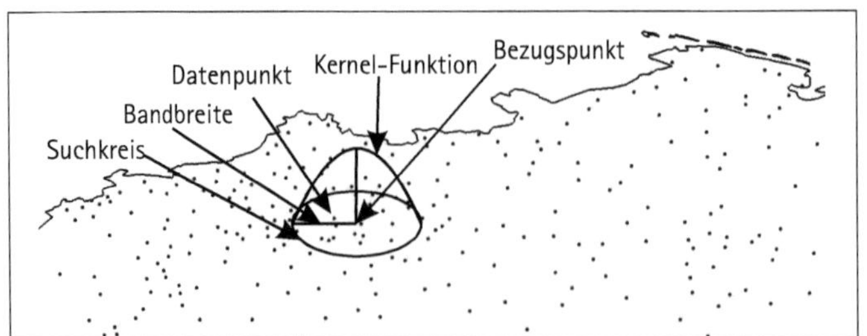

Abbildung 11-4
Prinzipielle Arbeitsweise der bivariaten Kerndichte-Schätzung

3. Die einzelnen Kerne werden an jedem Bezugspunkt im Untersuchungsgebiet aufsummiert.

Es entsteht eine kontinuierliche Oberfläche. Die allgemeine Formel für die Dichtebestimmung an einem Bezugspunkt ist:

$$D = \sum_{i=1}^{n} \frac{1}{b^2} k$$

D Dichte am Bezugspunkt

n Anzahl der Nachbarpunkte innerhalb des Radius

b Radius (Bandbreite)

k Kernel-Funktion

Der *Kernel* ist eine mathematische Funktion, mit der die Gewichtung der Werte der Nachbarpunkte definiert wird, in Abhängigkeit von der Entfernung zum Bezugspunkt. In der Literatur findet man eine Reihe von Kernel-Funktionen, zum Beispiel *uniform, triangular, Epanechnikov, quartic (biweight), triweight, tricube, Gaussian, quadratic, cosine, logistic oder Silverman kernel.*

In Abbildung 11-6 sind verschiedene Kernel-Funktionen mit einheitlichem Radius dargestellt (AMBERG 2014). Für die bivariate KDE bilden die Kurven die äußere Schale des Rotationskörpers, der mit einem Kreis mit Radius b auf der Bezugsfläche abschließt (außer *Gaussian*-Kernel).

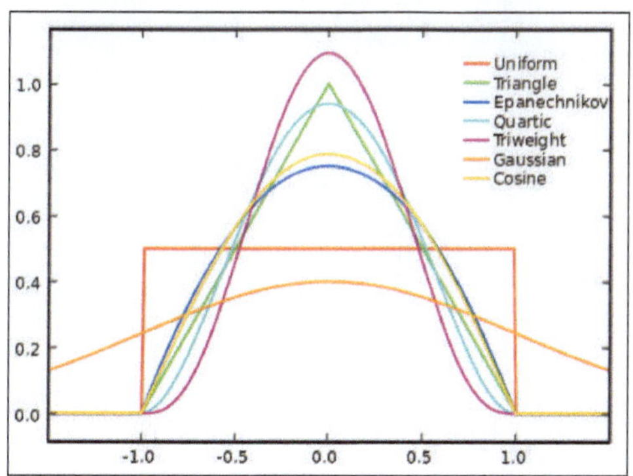

Abbildung 11-5
Verschiedene Kernel-Funktionen (auf Einheits-Radius)

Einige Experten sind der Auffassung, dass es letztlich keinen Unterschied macht, welche Kernel-Funktion benutzt wird (JANSENBERGER & STAUFER-STEINNOCHER 2004). Häufig wird der quartische Kernel verwendet, nach dieser Formel:

$$k = \frac{15}{16}\left(1 - \frac{d_i^2}{b^2}\right)^2$$

d_i Abstand des Bezugspunktes vom Nachbarpunkt

b Bandbreite, Radius

Im Programm ArcGIS mit der Erweiterung *Spatial Analyst* wird der quadratische Kernel eingesetzt (SILVERMAN 1986) . In der Erweiterung *Geostatistical Analyst* sind weitere Kernel-Funktionen verfügbar, wahlweise auch mit der Einbeziehung von Barrieren. Mit Barriere-Linien können bekannte Unterbrechungen in den Nachbarschaftsbeziehungen für die Berechnung berücksichtigt werden.

Kerndichte-Schätzung für Windenergie-Anlagen

In Abbildung 11-6 ist das Ergebnis der Kerndichte-Schätzung für die Windparks auf dem Gebiet der Bundesrepublik Deutschland und auf dem Meer visualisiert. In der linken Karte wurden die Standorte mit der installierten Leistung der Anlagen (Nennleistung) gewichtet. Die Maschenweite des Gitters beträgt einen Kilometer, der Radius des Suchkreises 50 km. In der rechten Karte wurde die Anzahl der Anlagen für die KDE-Berechnung verwendet.

Abbildung 11-6
Kerndichte-Schätzung der Windparks, gewichtet mit der installierten Leistung (linke Karte) und der Anzahl der Anlagen in den Windparks (rechte Karte).

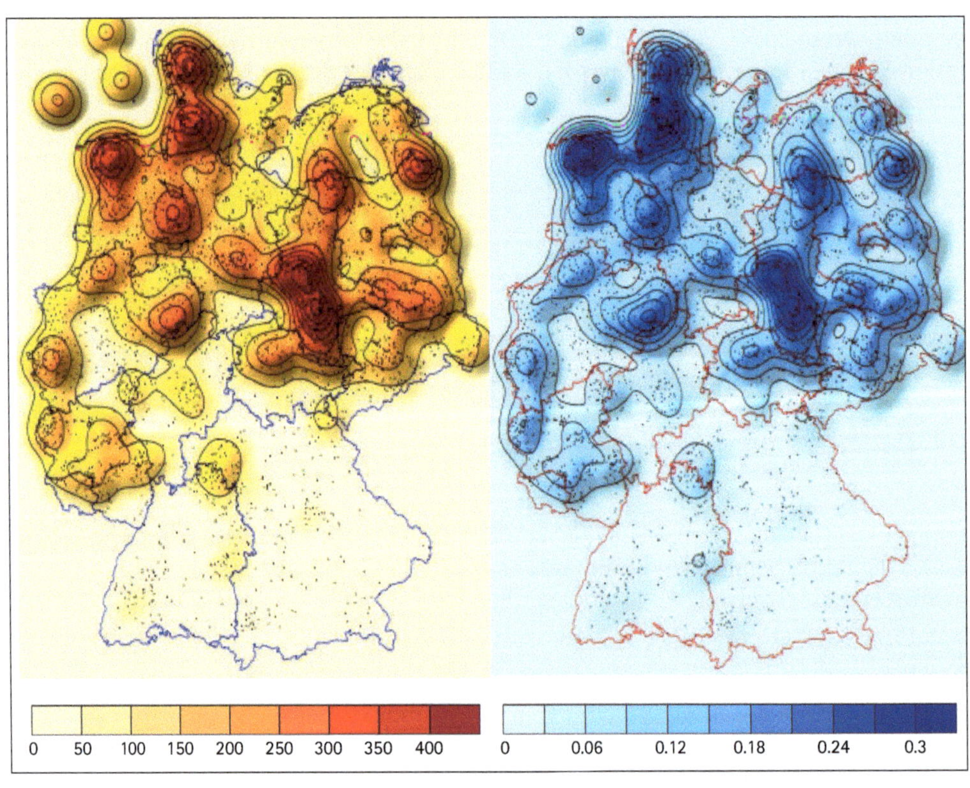

Die Kerndichte-Schätzung wurde mit dem Programm ArcGIS und der Erweiterung *Spatial Analyst* durchgeführt. Mit der Matrix mit den Höhenwerten wurden im Programm Surfer die Isoplethenkarte mit simulierter Beleuchtung erzeugt und die Legende, die Landesgrenzen und die Windpark-Standorte hinzugefügt.

Wie erwartet ist die Dichte der Windanlagen in der Nähe der Küste sehr hoch, damit auch die z-Werte der Oberfläche. Die Windparks in der Nordsee verursachen isolierte Gipfel, aufgrund der hohen installierten Leistung und nur weit entfernten Nachbarn. Die höhere Dichte in Sachsen-Anhalt, Sachsen, Brandenburg, Niedersachsen und Mecklenburg-Vorpommern kann mit der Topographie erklärt werden, vielleicht auch mit der geringeren Siedlungsdichte. Die Gipfel in der Eifel und im Sauerland sind wahrscheinlich eine Folge der höheren Windhöffigkeit in den Mittelgebirgen.

Die Kerndichte-Schätzung mit der Anzahl der installierten Anlagen ergibt ein ähnliches Bild, mit der Häufung in Küstennähe und in Sachsen-Anhalt. Auch die Standorte in den Mittelgebirgen sind gut erkennbar. Die Gitterweite und der Radius des Suchkreises sind identisch mit der Kerndichte-Schätzung der Leistung. In beiden Karten haben die Höhenwerte keinen erkennbaren Bezug zu den Ausgangsdaten. Die Legende mit Farben und Klassengrenzen dient ausschließlich dazu, die Höhenschichten in der Karte zu identifizieren. Die Legende läßt keinen Rückschluss auf die Ausgangsdaten für die KDE zu, anders als beim bivariaten Histogramm.

Radius, Fenster, Bandbreite

Die Größe des Suchradius, auch Fenstergröße oder Bandbreite (*bandwidth*) genannt, hat einen wichtigen Einfluss auf den Schätzwert. In Abbildung 11-7 kann man die Wirkung nachvollziehen. Ist der Radius klein (25 km, links), erscheinen mehr Spitzen um die Bezugspunkte. Ist der Radius groß (100 km, rechts), erscheint die Oberfläche flach und ausgeglichen. In der Abbildung sind die Abstände der Isolinien und Isoplethen der Höhe der jeweiligen Oberfläche angepasst. Auf eine Höhenlegende wurde verzichtet, weil sie keine zusätzliche Erkenntnis vermittelt.

In der Literatur zur Kerndichte-Schätzung findet man Vorschläge für variable Bandweiten und ihre Bestimmung, zum Beispiel bei TAYLOR (2008). Der Radius kann auch dynamisch verändert werden, etwa durch Angabe einer minimalen oder maximalen Anzahl von Punkten im Suchkreis. Ob solche Variationen die Nachvollziehbarkeit und das Vertrauen in die Validität der Methode verbessern, sei einmal dahingestellt.

Probleme mit der Vermittelbarkeit der Kerndichte-Schätzung

Das Resultat einer Kerndichte-Schätzung (KDE) ist eine kontinuierliche Oberfläche. Die KDE ist aber keine Interpolation im Sinn der in den vorigen Kapiteln beschriebenen Techniken. Die Oberfläche ist kontinuierlich, sie geht aber nicht durch die Stützpunkte, auch nicht annähernd. Höhe und Verlauf stehen nicht in unmittelbar erkennbarem Bezug zu den Ausgangsdaten. Die Oberfläche ist keine räumliche Prädiktion – also eine Art intel-

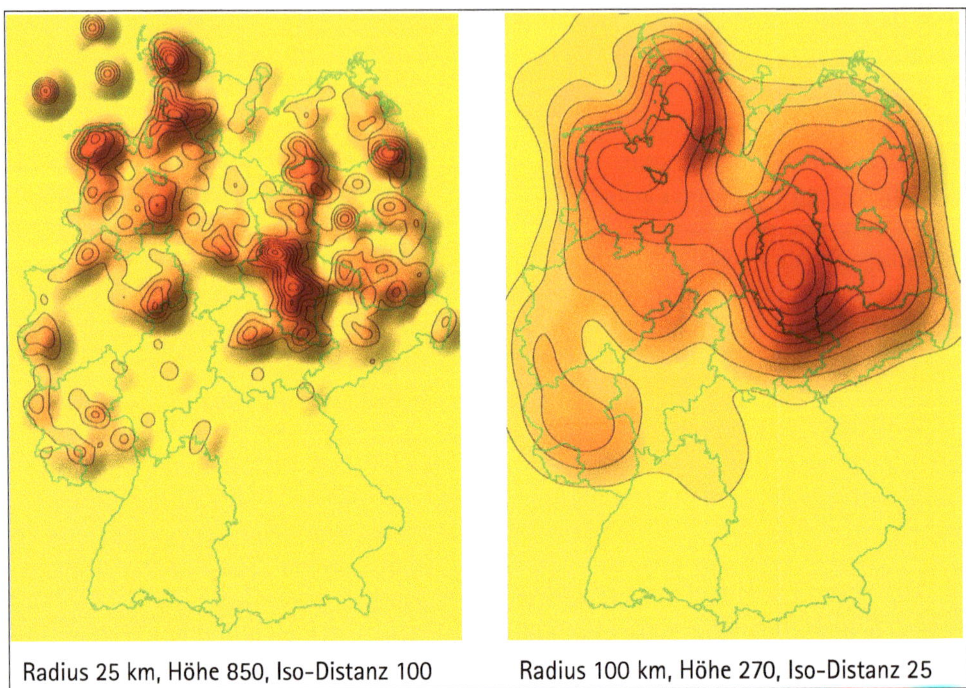

Abbildung 11-7
Kerndichte-Schätzung der Windparks, berechnet mit unterschiedlicher Bandbreite

ligentes Raten der Höhe zwischen den Datenpunkten –, sondern die Visualisierung der Ergebnisse der Modellrechnung.

Im Unterschied zu den bivariaten Histogrammen ist das Fehlen des erkennbaren Bezugs zu den Ursprungsdaten ein großes Problem für die allgemeine Anwendung der Kerndichte-Schätzung. Durch Veränderung der Kernel-Funktion und der Bandbreite verändert sich darüber hinaus die Höhe und Ausprägung der Oberfläche. Anders als bei interpolierten Oberflächen ist der unmittelbare Bezug zu den Ursprungsdaten nicht sichtbar. Die mathematischen Operationen sind nicht nachvollziehbar, auch nicht annäherungsweise. Die Berechnung der KDE-Oberfläche ist nur mit einem Computerprogramm möglich.

Die Nachvollziehbarkeit ist ein Mangel, der insbesondere die Vermittlung der Forschungsergebnissen an die Öffentlichkeit erschwert. Der Mangel in der Überprüfbarkeit kann bei vielen Entscheidungsträgern in Politik und Verwaltung ein ungutes Gefühl verursachen. Das führt möglicherweise zu Zweifeln an der Methode oder der Aussagekraft und Verwendbarkeit ihrer Ergebnisse.

Ähnliche Probleme mit der Vermittelbarkeit haben komplexe statistische Verfahren, wie etwa Faktoren-Analyse oder Cluster-Analyse. Wie bei den multivariaten statistischen

Methoden liegt der Vorteil der Kerndichte-Schätzung in der Aufdeckung von nicht unmittelbar sichtbaren Mustern in den Daten und in der räumlichen Verteilung.

Den gleichen Mangel haben die Potenzial-Oberflächen. Der Begriff *Potenzial* wird in sehr unterschiedlichen Bedeutungen verwendet, zum Beispiel als Modell in Analogie zur Gravitation (WARNTZ 1964, KLIMESCH 1967) oder als Variante der Kerndichte-Schätzung (MILBERT & KRICHAUSKY 2012). Auch für diese Art von Oberflächen kann der direkte Bezug zu den Ausgangsdaten kaum hergestellt werden. Die Visualisierung in einer Karte hat hat deshalb nur eine sehr beschränkte Aussagekraft.

Die zahlenmäßigen Ergebnisse der Faktoren-Analyse oder der Kerndichte-Schätzung und ihre Visualisierung können nur in wenigen Fällen als unmittelbare Grundlage für wirtschaftliche und politische Entscheidungen dienen. Das wären im Fall der regenerativen Energien der Ausbau der Biogas-, Fotovoltaik- und Windanlagen und der Transportnetze zur Verteilung der erzeugten Energie. Die Analyseverfahren sind eher neue Ausgangspunkte für Untersuchungen zur Kausalität und Verteilung auf der Erdoberfläche. Warum wurden zum Beispiel in Sachsen-Anhalt so viele und leistungsfähige Windparks gebaut, obwohl die Windhöffigkeit in Küstennähe doch wahrscheinlich höher ist? Warum ist die Häufigkeit von Windkraft-Anlagen in Süddeutschland so gering? Der Verdacht liegt nahe, dass Förderungsmaßnahmen, gesteuert durch unterschiedliche politische Vorgaben, eine nicht unbedeutende Rolle spielen.

Literatur

AMBERG B (2014) Kernels. Licensed under CC BY-SA 3.0 via Wikimedia Commons
http://commons.wikimedia.org/wiki/File:Kernels.svg#/media/File:Kernels.svg (11/2015)

FREY A (2014) Blast, Winde, blast! DIE ZEIT No. 42, 9. Oktober 2014, 38

FUNK C (2011) Intensity analysis of spatial point patterns, lect. 4
http://www.geog.ucsb.edu/~chris/Lecture5_210C_Spring2011_PointPatternInteractions.
pdf (11/2015)

FUCHS S (2015) Toponymic GIS - Role and potential of place names in the context of geographic information systems and GIS. Kartographische Nachrichten 6/2015, 330–337

JANSENBERGER EM, STAUFER-STEINNOCHER P (2004) Räumlich-zeitliche Analyse von Marktkonzentration und Marktdominanz im oberösterreichischen Lebensmitteleinzelhandel. In: STROBL/BLASCHKE/GRIESEBNER (2004) Beiträge zum 16. AGIT-Symposium, Salzburg, 271–279
http://www.agit.at/php_files/myagit/papers/2004/1881.pdf (11/2015)

KLIMESCH H (1967) Die Potentialkarte: Ein Hilfsmittel zur Darstellung wirtschaftsgeographischer Strukturen. IBM Fachbibliothek, Sindelfingen 1967

MILBERT A, KRICHAUSKY G (Ltg.) (2012) Raumabgrenzungen und Raumtypen des BBSR. Analysen Bau.Stadt.Raum 6. Bundesinstitut für Bau-, Stadt- und Raumforschung, Bonn

Rase WD, Sinz M (1993) Kartographische Visualisierung von Planungskonzepten. Kartographische Nachrichten, 3/4, 139–145
http://www.wdrase.de/KartoVisuali-KN41993.pdf (11/2015)

Silverman BW (1986) Density estimation for statistics and data analysis. Chapman and Hall, New York

Taylor CC (2008) Automatic bandwidth selection for circular density estimation. Computational Statistics and Data Analysis, 52 (7), 3493-3500
http://eprints.whiterose.ac.uk/3793/1/taylorcc1.pdf (11/2015)

Warntz W (1964) A new map of the surface of population potentials for the United States, 1960. Geographical Review, 54(2), 170–84

Yeates MH (1968) An introduction to quantitative analysis in Economic Geography. McGraw-Hill, New York

12

12 Arithmetische Operationen

Die Oberflächen sind als Höhenwerte über der Bezugsfläche definiert. Diese z-Werte können mit arithmetischen Operationen verändert werden. Die einfacheren Beispiele sind die Skalierung der z-Werte mit einer Konstanten, die Verschiebung in der Höhe um einen festen Wert oder die Normierung aller Höhenwerte auf einen vorgegebenen Bereich, vielleicht mit Anordnung der Werte beiderseits eines Null-Niveaus. Mehrere Oberflächen lassen sich zu einer neuen Oberfläche rechnerisch kombinieren oder aus einer kontinuierlichen Oberfläche eine gestufte Oberfläche wie für Abbildung 18-4 erzeugen.

Einfache Verknüpfungen über die Grundrechenarten

Im letzten Abschnitt des Kapitels 8 über die Trend-Oberflächen wird die Erzeugung einer Residuen-Oberfläche beschrieben. Die Residuen-Oberfläche wird berechnet durch Subtraktion der z-Werte der interpolierten Oberfläche von den z-Werten der Trend-Oberfläche (Abb. 10-6). Die Anzahl der Gitterlinien und damit die Zellengröße, die Dimension, Orientierung und Verortung der beiden Gitter müssen identisch sein, sonst sind die Berechnung der Differenz und andere Verknüpfungen nicht sinnvoll. Diese Parameter werden von den Programmen auf Übereinstimmung geprüft.

Anstelle der Subtraktion kann jede andere Grundrechenart, eigentlich jede arithmetische Formel angewendet werden. Auch die Verknüpfung der z-Werte von mehreren Gittern oder Netzwerken zu einer neuen Oberfläche ist möglich. Das Ergebnis der mathematischen Operationen ist ein Modell, das sich aus logischen und kausalen Zusammenhängen ergibt. Möglicherweise entstehen aufgrund der Modellbildung und der Visualisierung neue Einsichten in die räumlichen Vorgänge und Zustände.

Notwendig ist in jedem Fall die Erklärung und Vermittelbarkeit der funktionalen Zusammenhänge. Bei der Residuen-Oberfläche in Abbildung 10-6 ist das relativ einfach. Sie repräsentiert die Abweichung zwischen dem generellen Trend und den Oberflächenwerten an beliebigen Stellen im Untersuchungsgebiet. Das Ergebnis der rechnerischen Verknüpfung wird als neue Oberfläche gespeichert und dargestellt.

Realisierung in ArcGIS und Surfer

Für die Verknüpfung von zwei Oberflächen sieht die Erweiterung *3D Analyst* des Programms ArcGIS die vier Grundrechenarten vor, dazu die Umwandlung von rationalen Zahlen in ganze Zahlen und umgekehrt. Dei Erweiterung *Spatial Analyst* bietet außer den Grundrechenarten noch andere Operatoren an, deren Wirkungsweise und Bedeutung sich nicht immer auf den ersten Blick erschließen.

Im Programm Surfer können mehr als zwei Oberflächen in einem Arbeitsschritt miteinander in Beziehung gesetzt werden. Die Gitterwerte werden mit einer beliebigen arithmetischen Formel verknüpft, die der Anwender vorgibt. Die vorher genannten Bedingungen für die Eigenschaften der Oberflächen sind zu beachten, also identische Anzahl von Gitterlinien, gleiche Zellengröße und andere Faktoren.

Mit Surfer lassen sich Gitter-Oberflächen mit einer bivariaten Funktion $f(x,y)$ erzeugen. Der Anwender gibt die Formel vor, die auch transzendente Funktionen enthalten darf. Diese Modelloberflächen können zum Beispiel mit vorhandenen oder interpolierten Oberflächen verglichen werden, um periodische Anordnungen und andere regelmäßige Muster aufzudecken.

Digitale Filter

Für die programmgestützte Bearbeitung von Bildern, die in der Regel als rechteckige Gitter vorliegen, werden digitale Filter verwendet. Der Wert eines Pixels wird in Abhängigkeit von den Werten der Nachbarpixel nach vorgegebenen Rechenverfahren und Entscheidungen verändert. Damit werden zum Beispiel künstlerische Effekte und visuelle Verfremdungen in Digitalfotos erzeugt. Aus einem Foto lässt sich mit dem entsprechenden Filter eine Aquarell oder ein Ölgemälde simulieren, auch nach unterschiedlichen Stilrichtungen oder Künstlern. Das gefilterte Bild sieht den von Malern dieser Zeit geschaffenen Originalen ähnlich, zumindest oberflächlich. Andere Filter ergeben Buntstiftzeichnungen oder Graphiken mit Glasfenster- oder Mosaik-Effekten.

Die gängigen Bildbearbeitungsprogramme wie Adobe Photoshop oder CorelPhotoPaint enthalten eine Vielzahl von künstlerischen Filtern. Der Anwender kann die Umwandlung durch die Veränderung von Parametern, etwa der Werkzeuggröße, weiter variieren, um den gewünschten Effekt zu erzeugen. Mit Zusätzen für diese Programme und Spezialsoftware lassen sich noch viele andere Effekte realisieren. Sie sind nicht unbedingt künstlerisch herausragend, aber man kann ihnen die visuelle Anmutung oft nicht absprechen (Pitas 2000).

Mit Filtern können sich auch charakteristische Muster in Bildern aufgedeckt werden. Durch Verstärkung von linienhaften Elementen werden zum Beispiel in Luft-. oder Satellitenbildern die Grenzen von linienhaften Strukturen „geschärft" und dadurch besser erkennbar (Crane 1997). Das sind zum Beispiel die Spuren, die Fundamente von Häusern in der Bodenbeschaffenheit und der Vegetation hinterlassen haben, meistens durch lokale Änderungen in der Bodenchemie und die Diffusion in die Umgebung. Die Spuren werden durch die Filterung schlanker gemacht und lassen dadurch den ursprünglichen Verlauf der Mauern besser erkennen.

Diese Technik der Bildschärfung wird *Konvolution* genannt, der verwendete Filter ist ein linearer Konvolutions-Filter. Für den neuen Wert eines Gitterpunktes wird ein gewichteter Mittelwert aus dem Wert des Gitterpunktes und den Werten der benachbarten Punkte berechnet. Diese linearen Filter unterscheiden sich durch die Anzahl der Nachbarn und die zugeordneten Gewichtungen. Wenn die zu bearbeitenden Gitterpunkte am oder in der Nähe des Randes liegen, befinden sich einige der rechnerischen Nachbarpunkte außerhalb des Gitters und können deshalb nicht in die Rechnung eingehen. Im Programm Surfer sind mehrere Optionen für die Behandlung der Randpunkte vorhanden.

Der Bedeutung von Filtern zur Bearbeitung von Oberflächen liegt weniger in der visuellen Veränderung wie bei Digitalfotos, sondern in der Beeinflussung der Oberflächengestalt und zur Aufdeckung von nicht direkt sichtbaren Eigenschaften. Bei der volumenerhaltenden Interpolation aus Polygonen (siehe Kapitel 7) werden digitale Filter angewendet, um die anfangs sehr schroffen Übergänge an den Grenzen der Bezugspolygone allmählich zu glätten. Aus den gewichteten z-Werten der Nachbarpunkte und dem z-Wert des Gitterpunktes wird ein Durchschnittswert berechnet, der den z-Wert des Gitterpunktes ersetzt (Abb. 12–1).

Mit einem solchen *Tiefpass-Filter* werden hochfrequente Störungen aus dem Gitter entfernt und dadurch die Oberfläche geglättet. Die Filter können auch mehrfach hintereinander angewendet werden, wie in Abbildung 12-2. Im Programm Surfer sind mehrere Arten von Tiefpass-Filtern verfügbar, die unmittelbare oder weiter entfernte Nachbarpunkte und unterschiedliche Gewichtungsfaktoren einsetzen. Die Gewichtungsfaktoren können so eingerichtet werden, dass sie richtungsabhängig wirken.

Mit einem *Hochpass-Filter* werden Kanten hervorgehoben oder „geschärft", ähnlich wie bei der digitalen Bearbeitung von Bildern. Damit lassen sich unter anderem linienhafte Elemente auf der Erdoberfläche detektieren (Wolf 2004). Bei *nichtlinearen Filtern* wird nicht der gewichtete Mittelwert, sondern eine einfache Funktion der benachbarten Werte genutzt. Bei allen Arten von Filtern beeinflusst die Zellengröße bzw. die Anzahl der Gitterlinien in der Oberfläche die Reichweite und Wirkung des Filters.

Programm-Unterstützung

In den Programmen Surfer und ArcGIS (mit den Erweiterungen *3D Analyst* und *Spatial Analyst*) werden einige Filter für rechteckige Gitter bereitgestellt. Nicht immer ist der Anwendungszweck und die Wirkung des jeweiligen Filters auf den ersten Blick erkennbar. Für die nutzbringende Anwendung sind eingehende Kenntnisse der Vorgänge und Strukturen notwendig, die zur speziellen Ausprägung der Oberfläche geführt haben, dazu die Funktion und Wirkung des ausgewählten Filters. Man sollte mit Filtern sehr sorgfältig umgehen. Ihre Anwendung ist eine Veränderung, um nicht zu sagen eine Verfälschung der ursprünglichen Oberflächengestalt. Auf der anderen Seite ist der Aufwand für die Filterung und Visualisierung nicht besonders groß, weder in der Rechenzeit noch in der

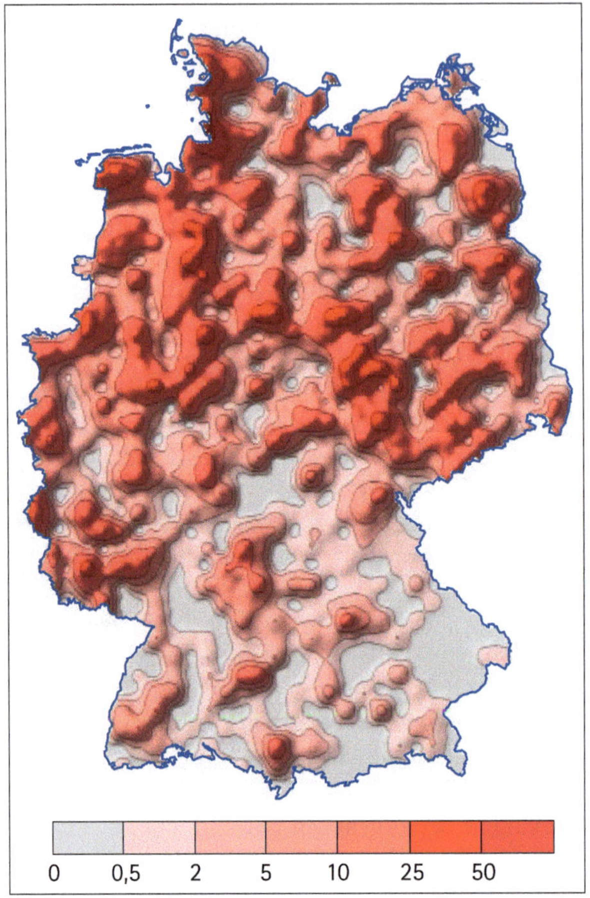

Abbildung 12-1
Oberflächen-Konstruktion
durch Filterung des bivariaten
Histogramms in Abbildung 11-3

Handhabung. Das Ausprobieren unterschiedlicher Filter und die graphische Darstellung des Ergebnisses kann durchaus zu neuen Erkenntnissen zu den Vorgängen im Raum führen.

Für die Verknüpfung von zwei Oberflächen sieht die Erweiterung *3D Analyst* des Programms ArcGIS die vier Grundrechenarten vor, dazu die Umwandlung von rationalen Zahlen in ganze Zahlen und umgekehrt. Dei Erweiterung *Spatial Analyst* bietet außer den Grundrechenarten noch andere Operatoren an, deren Wirkungsweise und Bedeutung sich nicht immer auf den ersten Blick erschließen.

Im Programm Surfer können mehr als zwei Oberflächen in einem Arbeitsschritt miteinander in Beziehung gesetzt werden. Die Gitterwerte werden mit einer beliebigen arithmetischen Formel verknüpft, die der Anwender vorgibt. Die vorher genannten Bedingungen für die Eigenschaften der Oberflächen sind zu beachten, also identische Anzahl von Gitterlinien, gleiche Zellengröße und andere Faktoren.

Ableitungen und Funktionen

Im Programm Surfer werden algebraische Verfahren für die Analyse von Gitter-Oberflächen bereitgestellt. Die erste Ableitung ist ein enger Verwandter der Hangneigung, die zweite Ableitung ähnelt der Profilwölbung. Durch Fourier- und Spektralanalysen können Muster und Korrelationen in der Oberfläche aufgedeckt werden. Doch auch hier wird zur Vorsicht aufgerufen. Man sollte eine Methode nur sehr zurückhaltend anwenden, wenn man nicht genau weiß, welche Implikationen sie hat und welche Schlüsse man aus den Ergebnissen ziehen oder nicht ziehen kann.

Abbildung 12-2
Oberfläche der Erreichbarkeit von Oberzentren mit Pkw in Stufen von 15 Minuten. Die mit dem Verfahren *Modified Shepard* interpolierte Oberfläche (links) wurde dreimal hintereinander mit einem Tiefpass-Filter geglättet. Aus der ursprünglichen Oberfläche sind kleinere Unregelmäßigkeiten verschwunden (rechts). Programm Surfer V12.

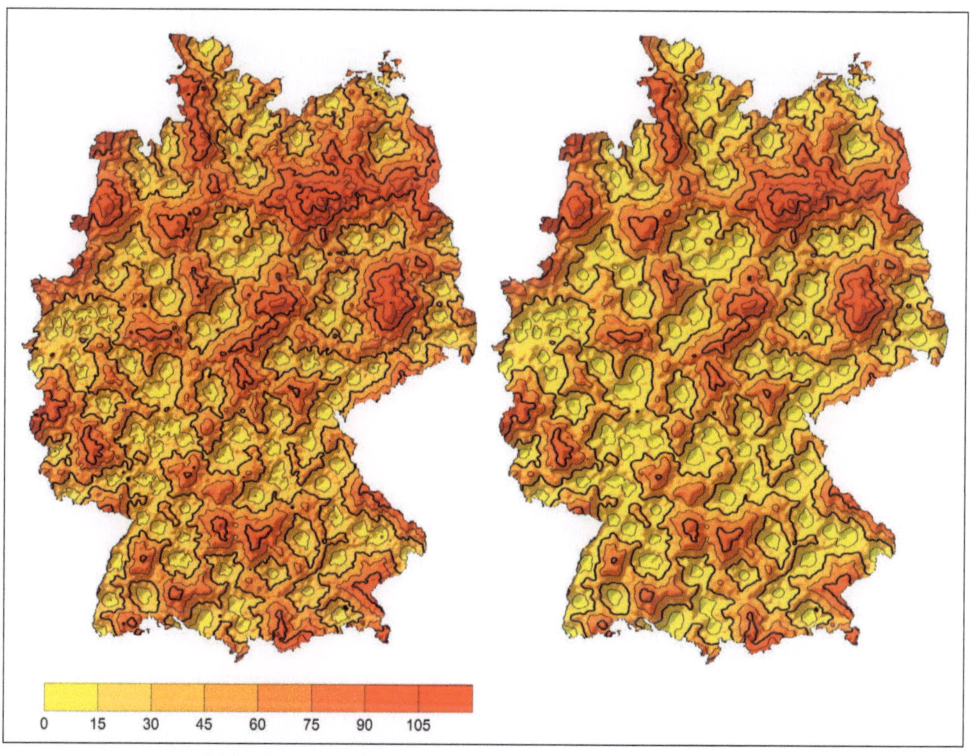

Literatur

CRANE, R (1997) A simplified approach to image processing: classical and modern techniques in C. Prentice Hall PTR, Upper Saddle River, NJ

Golden Software, Inc (2015) Surfer 13. Powerful contouring, gridding and 3D surface mapping. Full User's Guide

PITAS, I (2000) Digital Image Processing Algorithms and Applications. John Wiley and Sons, New York

WOLF GW (2004) Topographic surfaces and surface networks. In: RANA (ed.) Surface Networks, John Wiley, 53–70

13

13 Formen und Eigenschaften

Die Programme ArcGIS und Surfer stellen eine Reihe von Werkzeugen zur Berechnung von Maßzahlen für 2½D-Oberflächen bereit. Nicht immer ist auf den ersten Blick zu erkennen, zu welchem Zweck die abgeleiteten Zahlen dienen könnten. Gute Kenntnisse der Oberflächen-Genese und der mathematischen und geostatistischen Grundlagen sind sicher nicht von Nachteil.

Nach der Erzeugung einer oder mehrerer Oberflächen, etwa durch Interpolation, lassen sich weitere Analysen durchführen. Aus den Netzen mit den Höhenwerten werden Zahlen und Werte berechnet, die möglicherweise Einsichten in die Genese und Struktur der Oberfläche(n) und die räumlichen Vorgänge verschaffen. Aus den abgeleiteten Maßzahlen und ihrer Anordnung auf der Bezugsfläche ergeben sich möglicherweise neue Erkenntnisse für Interpretation von raumbezogenen Vorgängen und die Aufdeckung von kausalen Zusammenhängen. Für jeden Gitterpunkt oder jede Masche des Gitters einer Oberfläche werden neue Werte berechnet, etwa die Normalen der Rechtecke aus der Lage der Eckpunkte, oder die Normalen an den Gitterpunkten aus den benachbarten Punkten.

Exposition und Hangneigung

In der praktischen Anwendung der Oberflächen-Analyse sind die Berechnung der Hangneigung und der Exposition häufig genutzte Funktionen. Die Hangneigung (*slope*) ist der Winkel des stärksten Gefälles in einer Gitterzelle oder an einem Gitterpunkt. Der Winkelbetrag reicht von 0 bis 90 Grad bei einer 2½D-Oberfläche. Die Neigung kann anstatt in Grad auch in Prozent ausgedrückt werden. Das Gefälle ist das Verhältnis der senkrechten und der waagrechten Kathete im rechtwinkligen Steigungsdreieck, mal 100.

Die Exposition (*aspect*) ist die Orientierung einer Gitterzelle oder die Richtung des stärksten Gefälles und reicht von 0 bis 360 Grad. Dabei ist zu beachten, dass in manchen Programmen, auch im Programm Surfer, die Exposition nach der traditionellen Konvention auf dem Kompass angegeben, also mit null Grad im Norden und Drehung der Gradskala im Uhrzeigersinn. Die Umrechnung vom einem in das andere System ist relativ einfach. Für die graphische Darstellung im gleichen Programm ist die Art der Winkelangabe unerheblich, weil sie bei der Visualisierung berücksichtigt wird.

Mit den Werten für Neigung und Exposition lassen sich zum Beispiel die durchschnittliche Intensität der Sonneneinstrahlung und damit die Eignung und den voraussichtlichen Ertrag für bestimmte landwirtschaftliche Nutzpflanzen näher eingrenzen, etwa für den Weinbau. In nahezu allen Softwarepaketen sind deshalb Optionen für die Berechnung und Visualisierung von Hangneigung und Exposition enthalten.

Die Berechnung der Hangneigung und Hangwölbung kann unter anderem für geomorphologische, geologische und hydrologische Untersuchungen relevant sein. Damit können zum Beispiel potentielle Gefahren durch Bergrutsche oder Geröll- und Schneelawinen besser abgeschätzt werden. Auch die Eignung des Geländes für touristische Aktivitäten lassen sich aufgrund der Neigung und Exposition quantifizieren und visualisieren.

Exposition und Neigung für Gitterzellen

Für die Ableitung der beiden Größen wird die Normale der Gitterzelle verwendet, also die Gerade senkrecht zur Ebene der Zelle. In einem Rechteck des regelmäßigen Gitters liegen aber manchmal nicht alle vier Eckpunkte in einer Ebene. Die Normale der rechteckigen Gitterzelle ist eine Annäherung, die mit unterschiedlichen Verfahren die Abweichung der Eckpunkte von der Ebene ausgleicht. Eine häufig verwendete Lösung für die Berechnung der Normalen in einem beliebigen Polygon ist das Verfahren von NEWELL et al. (1972). Die Koeffizienten der Normalen werden mit diesen Formeln bestimmt:

$$A = \sum_{i=1}^{m-1} (y_i - y_{i+1}) * (z_i + z_{i+1})$$

$$B = \sum_{i=1}^{m-1} (z_i - z_{i+1}) * (x_i + x_{i+1})$$

$$C = \sum_{i=1}^{m-1} (x_i - x_{i+1}) * (y_i + y_{i+1})$$

A,B,C Koeffizienten der Normalen-Gleichung

x,y,z Koordinaten des Polygons

m Anzahl der Punkte im Polygon

Mit dem Verfahren werden die Abweichungen der Polygonpunkte von der Ebene ausgeglichen. Für die anschließende Berechnung von Neigung und Exposition werden die Koeffizienten normalisiert. Die Neigung in Grad (mathematischer Drehsinn) wird berechnet durch

$theta = a\cos(C) * 180 / \pi$

$theta$ Neigungswinkel in Grad

Die Exposition ergibt sich durch

$$exp_{i,j} = \frac{180}{\pi} * atan\,2(B, A)$$

if $exp_{i,j} < 0$ then $exp_{i,j} = 360 + phi$

$exp_{i,j}$ Exposition in Grad, mathematischer Drehsinn, 0 - 360

Als Alternative zur Normalenberechnung nach Newell wird zuweilen auch die Teilung des Rechtecks in vier oder acht Dreiecke mit dem Mittelpunkt des Rechtecks als gemeinsamem Eckpunkt für alle Dreiecke vorgeschlagen. Die Normale für das Rechteck ist der Mittelwert der Normalen der Dreiecke. Für die Neigung wird manchmal das Maximum aller Dreiecke übernommen.

Bei Oberflächen-Netzen aus unregelmäßigen Dreiecken (TIN) wird jedes Dreieck als planar angesehen. Nach Berechnung der Flächennormalen werden Exposition und Neigung nach den gleichen Formeln wie oben berechnet.

Exposition und Neigung an Gitterpunkten

Anstelle der Gittermaschen als geometrischem Bezug für die Berechnung der Exposition und Neigung berechnen einige Software-Pakete diese Parameter an den Gitterpunkten. Das Programm Surfer benutzt folgende Formel für die Berechnung der Neigung an einem Gitterpunkt:

$$Nei_{i,j} = \frac{180}{\pi} * arctan\left[\sqrt{\left(\frac{z_{i+1,j} - z_{i-1,j}}{x_{i+1,j} - x_{i-1,j}}\right)^2 + \left(\frac{z_{i,j+1} - z_{i,j-1}}{y_{i,j+1} - y_{i,j-1}}\right)^2}\right]$$

$Nei_{i,j}$ Neigung am Gitterpunkt i, j in Grad

$x_{i,j}$ x-Wert des Gitterpunktes i, j

$y_{i,j}$ y-Wert des Gitterpunktes i, j

$z_{i,j}$ z-Wert des Gitterpunktes i, j

Die Exposition wird nach dieser Formel berechnet:

$$exp_{i,j} = \frac{180}{\pi} * atan\,2\left[\frac{z_{i,j+1} - z_{i,j-1}}{y_{i,j+1} - y_{i,j-1}}, \frac{z_{i+1,j} - z_{i-1,j}}{x_{i+1,j} - x_{i-1,j}}\right]$$

if $exp_{i,j} < 90$ then $exp_{i,j} = 360 - exp_{i,j}$

$exp_{i,j}$ Exposition am Gitterpunkt i, j in Grad, 0 - 360

Für die Punkte auf dem Rand des Gitters sind einige Nachbarpunkte nicht vorhanden. Deshalb können für die Randpunkte keine Werte berechnet werden. Sie werden entweder auf Null oder einen vereinbarten Wert für *unbekannt* gesetzt.

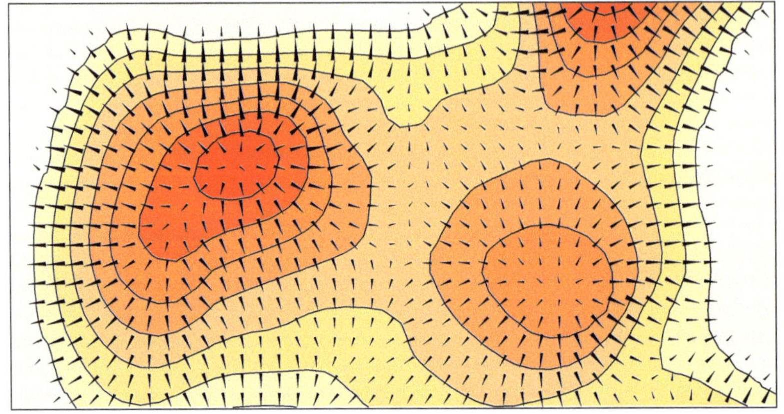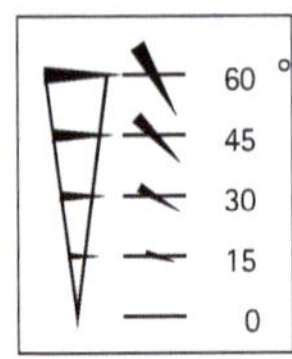

Abbildung 13-1
Exposition und Neigung in der Test-Oberfläche

In Abbildung 13-1 wird die Exposition an den Gitterpunkten einer Oberfläche durch Keile repräsentiert. Die Länge der Keile ist proportional zur Neigung oder dem Gefälle in Richtung der Exposition. Die Zentren der Keile sind nur auf jedem fünften Gitterpunkt in beiden Achsenrichtungen positioniert, damit die Zeichnung übersichtlich bleibt. Wie der Experte an den fast konzentrischen Isolinien erkennt, ist die Oberfläche mit dem Verfahren *Inverse Distance Weighting* (IDW) interpoliert worden (*bull's eye effect*). Der plastische Eindruck der Isoplethen-Darstellung wird durch die Überlagerung mit einer simulierten Beleuchtung aus NW erzeugt. Interpolation und Darstellung wurden mit dem Programm Surfer realisiert.

Wölbung

Insbesondere für geologische und hydrologische Untersuchungen ist die Wölbung (*curvature*) einer Oberfläche eine wichtige Eigenschaft. Die Vertikalwölbung (*profile curvature*) ist die Wölbung in Richtung des stärksten Gefälles. Bei einem negativen Wert (eine Senke in der Oberfläche) wird der Abfluss von Wasser oder die Bewegung von Material über die Oberfläche beschleunigt, bei einem positiven Wert (Buckel) wird die Bewegung gebremst. Diese Eigenschaft ist wichtig für die Modellierung und Simulation der Bewegungen von Wasser, Schnee, Eis und Geröll über die Erdoberfläche. Die Modellrechnungen werden für die Prognose der Bewegungen von Wasser in flüssiger und gefrorener Form, von Schlamm und Geröll genutzt.

Die Horizontalwölbung (*plan curvature*) ist ein Maß für die Änderung der Exposition und damit der Wölbung von Isolinien. Deshalb wird dafür auch die Bezeichnung *contour curvature* verwendet.

Sichtbarkeit

Eine weitere Form der Oberflächen-Analyse ist die Bestimmung der Anzahl von Punkten oder Zellen der Oberfläche, die von einem bestimmten Punkt auf oder über der Oberfläche sichtbar oder verdeckt sind. Die Programme ArcGIS und Surfer (ab V13) enthalten Werkzeuge für die Berechnung der Sichtbarkeit (*viewshed*). Die sichtbaren und verdeckten Teile der Test-Oberfläche in Abbildung 13–2 wurden in ArcGIS mit der Erweiterung *Spatial Analyst* berechnet.

Es gibt die These, dass die visuelle Attraktivität einer Landschaft umso größer ist, je größer die unverdeckte Erdoberfläche ist, die man von einem Punkt aus sehen kann. Wer einmal am Mittelrhein von einem hochgelegenen Punkt wie dem Drachenfels bei Königswinter das Rheintal von oben betrachtet hat, wird aus eigener Anschauung diese Annahme nachvollziehen können.

Die gleiche Annahme bezüglich der Sichtbarkeit gilt für das Hochgebirge, das nicht ohne Grund eine besondere Anziehungskraft auf Besucher ausübt. Die sportliche Herausforderung des Bergwanderns und Bergsteigens wird durch das visuelle Erlebnis am Ziel verstärkt. Wenn der Wanderer einen Aussichtspunkt oder den Gipfel erreicht hat, kann er die weitreichende freie Aussicht genießen, soweit es die Witterungsbedingungen zulassen.

Die Sichtbarkeit ergibt sich aus den geometrischen Eigenschaften von Oberfläche und dem Ort des Beobachtungspunktes. Wenn eine durchgehende Sichtlinie vom Beobachtungspunkt zum Oberflächenpunkt existiert, ist der Oberflächenpunkt sichtbar. Ist die Strecke zwischen Beobachtungspunkt und Oberflächenpunkt unterbrochen, etwa durch eine Erhebung in der Oberfläche, ist der Punkt nicht sichtbar. Durch Aufsuchen aller Oberflächenpunkte bzw. der Gitterzellen kann man die sichtbaren und nicht sichtbaren Bereiche der Oberfläche auffinden und in einer Karte darstellen.

Abbildung 13-2
Sichtbarkeit einer Oberfläche. Die dunkler eingefärbten Teile sind vom Beobachtungspunkt aus nicht sichtbar. Programm ArcGIS, Spatial Analyst

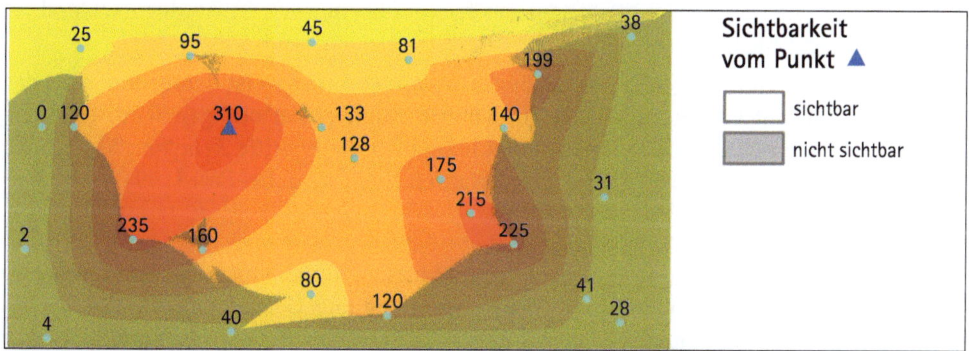

Durch die Reihung von Beobachtungspunkten läßt sich eine durchschnittliche Attraktivität für eine Route berechnen. Für die Planung eines Wanderweges können die Attraktivitäten der Wegstrecken von verschiedenen Alternativen addiert werden, um – in Kombination mit anderen Faktoren – einen visuell attraktiven Verlauf zu planen. Eine ähnliche Anwendung wäre die Planung für einen Aussichtspunkt, vielleicht mit Erhöhung durch einen Turm, vom dem aus möglichst viele Punkte auf der Oberfläche sichtbar sind.

Schattenwurf und Strahlungsintensität

Eine andere Form der Sichtbarkeitsberechnung ist die Untersuchung des Schattens, der die Sonne im Gelände wirft, in Abhängigkeit von der täglichen Bahn und ihrer jahreszeitlichen Veränderung. Wichtig für die Planung ist die Vorhersage der Sonneneinstrahlung zu einer bestimmten Jahres- und Tageszeit, auch unter Berücksichtigung der Abschattung. Die Rentabilität einiger landwirtschaftlicher Nutzungsformen hängt direkt von der Intensität der Sonneneinstrahlung ab. Deshalb erbringen in unseren Breiten Weinstöcke an Steilhängen höhere Zuckerwerte im Most.

Mit dem Ausbau der Fotovoltaik zur Erzeugung elektrischer Energie ist die Analyse der Orientierung von Dächern und anderen Flächen zur Sonne sehr aktuell geworden. Damit ist es möglich, den Ertrag der Investitionen besser zu schätzen als mit bloßem Augenschein. In diesem Fall liegt der Schwerpunkt des Einsatzes eher bei Gebäuden. Im Vorfeld der Einrichtung von Fotovoltaik-Parks kommt aber wieder die Erdoberfläche ins Spiel.

Reliefenergie

Die Berechnung von Maßzahlen für die *Reliefenergie* ist ein Teilbereich der geomorphologischen Analyse und theoretischen Geomorphometrie. Mit Reliefenergie bezeichnet man die Häufigkeit und Stärke der Höhenunterschiede in einem Teil der Oberfläche, einer Region oder einem Landschaftstyp. Die Reliefenergie ist ein Indikator für die Lebhaftigkeit oder Zerrissenheit der Oberfläche. Eine gebirgige Region hat eine eine hohe Reliefenergie, bedingt durch die vielen Gipfel und Täler auf engstem Raum, etwa in einem erodierten Faltengebirge wie den Alpen. In weitgehend flachen Ebenen wie in Norddeutschland ist die Reliefenergie niedrig.

Der neuerdings häufiger verwendete Begriff *relatives Relief* weist darauf hin, dass die Höhenvariation auf eine Bezugsfläche im Untersuchungsgebiet bezogen wird, etwa ein Quadrat oder ein Polygon. Manchmal findet man auch die Begriffe *Reliefamplitude* oder *Höhenamplitude*. Eine Übersicht über die Verfahren findet man bei POPP (1991).

Berechnungsverfahren

Topographische Karten mit Isohypsen und punktuellen Höhenangaben waren die einzigen Quellen für die Höheninformationen, bevor digitale Geländemodelle zur Verfügung standen. Geo-Informationssysteme gab es noch nicht, für die Berechnungen und die Visualisierung musste man ohne Informationstechnik auskommen. Deshalb sind die Verfahren zur Bestimmung der Reliefenergie vor der Verfügbarkeit von Digitalen Geländemodellen und Software-Unterstützung relativ einfach. Die Berechnung der Reliefenergie wird aufgrund der vorherrschenden Datenquelle damals auch zu den kartometrischen Methoden gezählt.

Höhendifferenz

Ein einfaches Verfahren zur Berechnung der Reliefenergie ist die Berechnung der Differenz zwischen dem höchsten und niedrigsten Punkt in einer Flächeneinheit. Ein Quadratnetz wird über das Untersuchungsgebiet gelegt. In jedem Quadrat wird jeweils der niedrigste und der höchste z-Wert in der Oberfläche gesucht. Die Differenz ist die lokale Reliefenergie für das Quadrat (SCHLÄPFER 1938). Die Werte im Quadratnetz werden als bivariates Histogramm visualisiert. Die Höhe der Säulen ist proportional zur Reliefenergie in den Quadraten.

Bei kleinen Quadraten ist die Differenz zwischen den Extremwerten wahrscheinlich niedriger als bei großen Quadraten. Ein Gitter mit kleiner Maschenweite ergibt weniger ausgeprägte Unterschiede in der Reliefenergie als ein Gitter mit größeren Maschen. Eigentlich zusammengehörige tiefste und höchste Werte können in benachbarten Quadraten liegen. Dieser Ungenauigkeit oder Verfälschung des Wertes der Reliefenergie versucht man mit dem Verfahren der dynamischen Fenster (*moving window technique*) zu begegnen (BURAK et al. 2003).

Summe der Steigungswinkel

Ein anderer Ansatz ist die Darstellung der Reliefenergie als durchnittliche Steilheit der Maschen im DGM, bezogen auf eine Flächeneinheit, etwa ein Quadrat. Für jede Gitterzelle wird der Steigungswinkel (90 minus Neigungswinkel) berechnet. Die Steigungswinkel aller Zellen im Quadrat werden summiert und durch die Anzahl der Zellen im Quadrat dividiert. Die Reliefenergie ist umso höher, je steiler die Hänge in einem Quadrat sind.

Qualitativ oder quantitativ

Mit Geo-Informationssystemen und hochauflösenden digitalen Geländemodellen haben wir heute ungleich mehr und bessere Methoden und Techniken zur Verfügung als die Geomorphologen in früheren Zeiten. Der einzige Datenspeicher war die analoge topographische Karte, die Datenerfassung und die Berechnung der Reliefenergie mussten mit so wenig wie möglich Aufwand erledigt werden. Mit der heute vorhandenen Datenbasis und den Werkzeugen der computergestützten Visualisierung können wir uns ungleich schneller und preiswerter einen Überblick zu den Eigenschaften einer Oberfläche verschaffen. Diese direkte visuelle Analyse geht weit über das hinaus, was eine Maßzahl oder eine Karte mitund Maßzahlen liefern kann. Deshalb sollte man die Reliefenergie nur noch als qualitativen Begriff (zum Beispiel hoch, mittel, tief) und weniger als Quantität verwenden. Eine direkte Darstellung der Oberfläche mit interaktiven Techniken der Computergraphik, mit der Möglichkeit der direkten Maßstabsänderung und der Repositionierung des Augenpunktes bringt wahrscheinlich einen höheren Erkenntnisgewinn als eine konventionelle Karte der Reliefenergie.

Literatur

Burak A, Zepp H, Zöller L (2003) Reliefenergie - wo die Höhenunterschiede am stärksten sind. In: Nationalatlas Bundesrepublik Deutschland, Institut für Länderkunde, Leipzig (Hrsg.), 26–27
http://archiv.nationalatlas.de/wp-content/art_pdf/Band2_26-27_archiv.pdf (11/2015)

Popp A (1991) Karten der Höhenamplitude - Eine Möglicheit zur morphometrischen Erfassung der Erdoberfläche. In: Stams/Kelnhofer (Hrsg.) Kartographische Forschungen und Anwendungsorientierte Entwicklungen. Geowissenschaftliche Mitteilungen, H. 39, TU Wien, 107–116
https://geo.tuwien.ac.at/fileadmin/editors/GM/GM39.pdf (11/2015)

Schläpfer A (1938) Die Berechnung der Reliefenergie und ihre Bedeutung als graphische Darstellung. Huber, Zürich

14

14 Charakteristische Punkte, Linien und Flächen

Die Form einer Oberfläche wird durch charakteristische Elemente definiert. Diese Charakteristika müssen in der digitalen Repräsentation und in der Visualisierung der Oberfläche erhalten bleiben, auch bei Anpassung an unterschiedliche Maßstäbe und nach einer Oberflächen-Generalisierung. Die Charakteristika sind die visuellen Elemente, die für die Wiedererkennbarkeit der Oberfläche ausschlaggebend sind.

Die Charakteristika können punkt-, linien- oder flächenförmig sein. Punktförmige Charakteristika sind die lokalen Minima und Maxima, also eine Senke (*pit*) oder ein Gipfel (*peak*). Ein Sattelpunkt (*pass*) ist der Punkt, der in einer Richtung ein Minimum und in der anderen Richtung ein Maximum ist (Abb. 14–1).

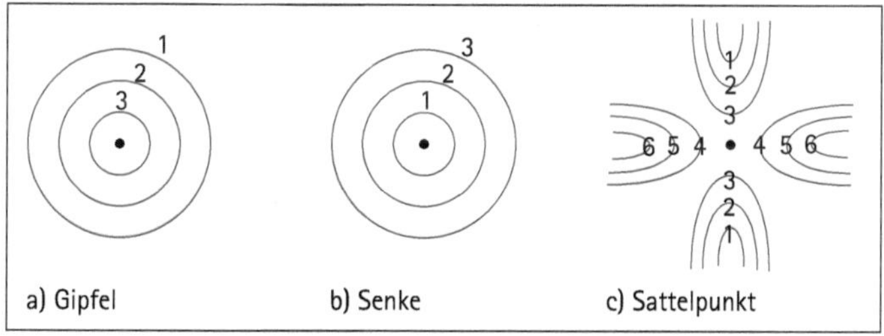

Abbildung 14-1
Charakteristische Punkte. Die Zahlen sind relative Höhenwerte für Isolinien.

Falllinien, Wasserscheiden und Rinnen sind linienförmige Charakteristika. Eine Falllinie ist die Linie mit dem steilsten Gradienten durch einen Punkt. Die Falllinien verlaufen senkrecht zu den Isolinien. Wasserscheiden und Rinnen verbinden die punktförmigen Charakteristika. Eine Wasserscheide (*ridge line*) beginnt bei einem Gipfel, fällt ab zu einem Sattelpunkt und steigt wieder zu einem Gipfel an. Eine Rinne (*course line*) beginnt bei einer Senke, geht zu einem Sattelpunkt und dann wieder zu einer Senke (Abb. 14–2).

Die flächenförmigen Charakteristika sind Becken (*basin*) und Erhebungen (*hill*), also Hügel, Rücken oder Berge. Die Grenzen eines Beckens sind die umgebenden Wasserschei-

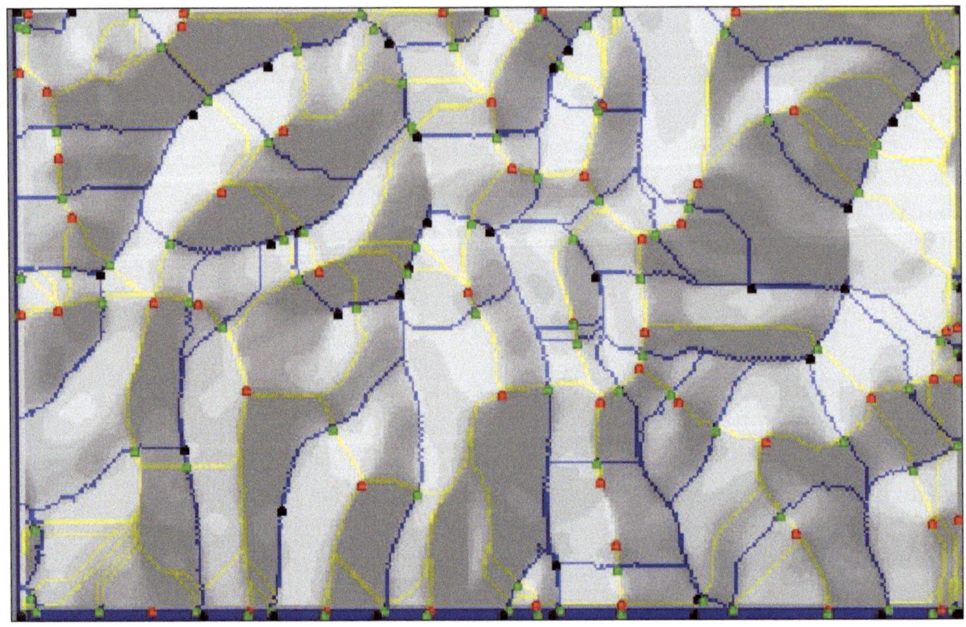

Abbildung 14–2
Linien- und flächenförmige Charakteristika. Gelb: Wasserscheiden; blau: Rinnen; rot: Gipfel;
schwarz: Senken; grün: Sattelpunkte (aus Wood 1998)

den. Die Falllinien eines Beckens fallen zur gleichen Senke ab. Erhebungen oder Hügel
werden durch die umgebenden Rinnen begrenzt. Die Falllinien einer Erhebung führen
zum gleichen Gipfel.

Bruchpunkte und Bruchlinien (*breakpoints, breaklines, faults*) sind Punkte und Lini-
en mit einem plötzlichen Wechsel im Gradienten. Sie müssen aber nicht zwingend die
Kriterien der vorher beschriebenen Charakteristika erfüllen. Eine Beispiel für eine Bruchlinie ist die Kante eines Steilhangs oder eines Kliffs. Ausführungen zu Oberflächen-Charakteristika findet man unter anderen bei Warntz & Woldenberg (1967), Peucker & Douglas
(1975), Douglas (1986), Scarlatos (1993) oder Wood (1996).

Analyse der Erdoberfläche

Die publizierten Arbeiten zur Definition und automatischen Identifizierung von Oberflächen-Charakteristika beziehen sich fast ausschließlich auf die Erdoberfläche. Gründe
dafür sind unter anderen:

- die Verfügbarkeit von Oberflächen-Daten aus vielen Quellen in unterschiedlicher Auflösung und Genauigkeit,
- das wirtschaftliche Interesse an topographischen Karten mit Reliefdarstellung,

- die Notwendigkeit der Datenreduktion und Generalisierung für die Erzeugung von Folgemaßstäben für topographische Karten,
- hohes Interesse an den militärischen Anwendungen auf dem Land und unter Wasser,
- die hohe Anschaulichkeit durch Analogiebildung mit der Erdoberfläche.

Die algorithmisch bestimmten Charakteristika sind der Ausgangspunkt für die rechnergestützte Bestimmung von geomorphologischen Formen (*terrain analysis*, WILSON & GALLANT 2000). Die Erkennung der Formen ist die Grundlage für eine Reihe von weiteren Anwendungen, bei denen die Form der Erdoberfläche ein wichtiger Faktor ist, zum Beispiel in der Hydrologie und Bodenkunde (O'CALLAGHAN & MARK 1984), bei der Planung von Verkehrsinfrastruktur und Freizeiteinrichtungen, in der Landschaftsplanung, für Naturschutz, Vegetationskunde, Land- und Forstwirtschaft und die Katastrophenvorsorge.

Immaterielle Oberflächen

Die Analysen zu den Charakteristika bezogen sich in der Vergangenheit fast ausschließlich auf die Gestalt der Erdoberfläche, daher auch die Begriffe aus der Geomorphologie wie Wasserscheide, Rinne und Pass, Becken und Hügel. Großräumige Gliederungen aufgrund von geophysikalischen oder naturräumlichen Fakten gibt es schon lange, wie der Blick in Atlanten mit geologischen, klimatologischen, hydrologischen und bodenkundlichen Themen zeigt.

Für die räumliche Analyse werden in zunehmenden Umfang Informationen einbezogen, die auf demographischen und sozioökonomischen Variablen aus der amtlichen Statistik basieren. Relativ neu sind Modelle für die Erreichbarkeit von Infrastruktureinrichtungen, die als Entfernungs-Oberflächen modelliert und visualisiert werden. Die Berechnung von Weg- und Zeitentfernungen in einem Verkehrsnetzwerk ist nur mit der Unterstützung durch ein Geo-Informationssystems wirtschaftlich realisierbar. Abbildung 14–3 zeigt die Oberfläche der Reisezeit mit Pkw zum nächsten Oberzentrum in Stufen von 15 Minuten. Andere Zielpunkte sind zum Beispiel die Mittelzentren, die nächste Autobahn-Auffahrt oder der nächste IC-Bahnhof oder der nächste Flughafen, vielleicht mit Klassifizierung der Flugverbindungen.

Informationen, die bisher nur in analoger Form verfügbar waren, etwa die amtlichen topographischen Karten, werden als digitale Datenbestände bereitgestellt, zum Beispiel ATKIS (Automatisiertes topographisch-kartographisches Informationssystem). Die Datenbestände sind für die Analyse, Modellbildung und Visualisierung in Geo-Informationssystemen (GIS) zugänglich.

Aufgrund der genauen Verortung auf der Erdoberfläche können viele georeferenzierte Informationen rechnerisch mit demographischen oder sozioökonomischen Variablen verknüpft werden, die sich auf Verwaltungseinheiten beziehen, zum Beispiel

- zur Form der Erdoberfläche und den darauf verteilten Landmarken,
- zur naturräumlichen Ausstattung,
- zu Raum- und Zeitentfernungen aus Erreichbarkeitsmodellen,

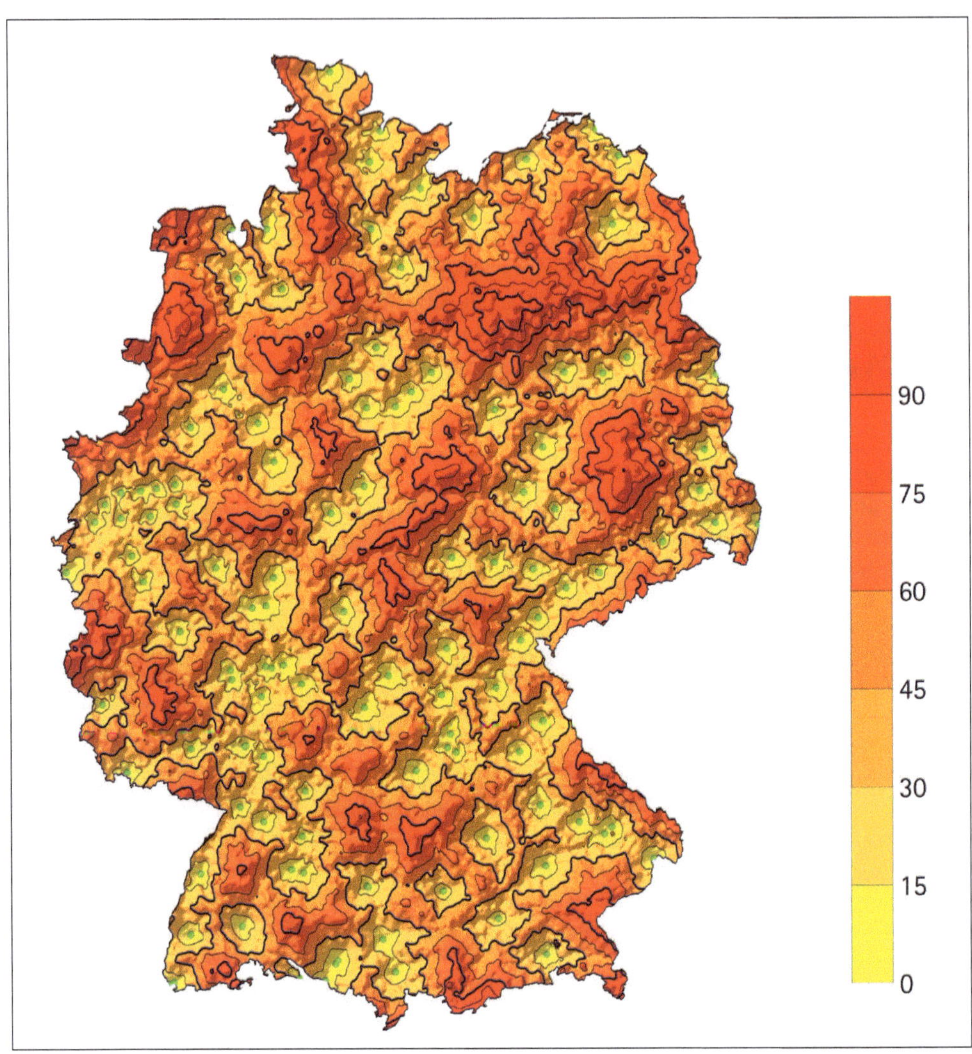

Abbildung 14-3
Durchschnittliche Reisezeit in Minuten zum nächsten Oberzentrum, mit Pkw

- zu Variablen aus Messungen der atmosphärischen Eigenschaften (Wetter und Klima, Lärm, Luftqualität).

Mit Schätzverfahren werden die Variablen des Naturraums auf Verwaltungseinheiten umgerechnet, so dass sich der komplexe Indikator wieder auf Verwaltungseinheiten bezieht. Aber auch der umgekehrte Fall ist möglich: die flächenbezogenen Variablen werden mit geeigneten Interpolationsverfahren in ein kontinuierliches Modell überführt. Bei Verknüpfung mit kontinuierlichen Variablen des Naturraums entstehen Indikatoren, die als stetige Oberflächen visualisiert werden können.

Charakteristische Elemente in immateriellen Oberflächen

Die Abgrenzung von Funktionsräumen soll durch die automatische Analyse einer immateriellen Oberfläche erfolgen. Ein Beispiel ist die durchschnittliche Reisezeit von allen Mittelzentren zum nächsten Oberzentrum im schienengebundenen öffentlichen Verkehr (Abb. 14–4). Die Bereiche mit dem Wert 0 entsprechen den Oberzentren (keine Reisezeit erforderlich). Die Täler (*dales*) sind die durch die Zeitentfernung definierten Einzugsbereiche der jeweiligen Oberzentren. Die Wasserscheiden auf den Erhebungen (gelbe Linien) repräsentieren den geometrischen Ort der gleichen Reisezeit-Entfernung zwischen zwei benachbarten Oberzentren. Von dieser Linie aus ist die Reisezeit im Erreichbarkeitsmodell gleich lang. An einem Knoten, dem Schnittpunkt von drei oder mehr Wasserscheiden, ist

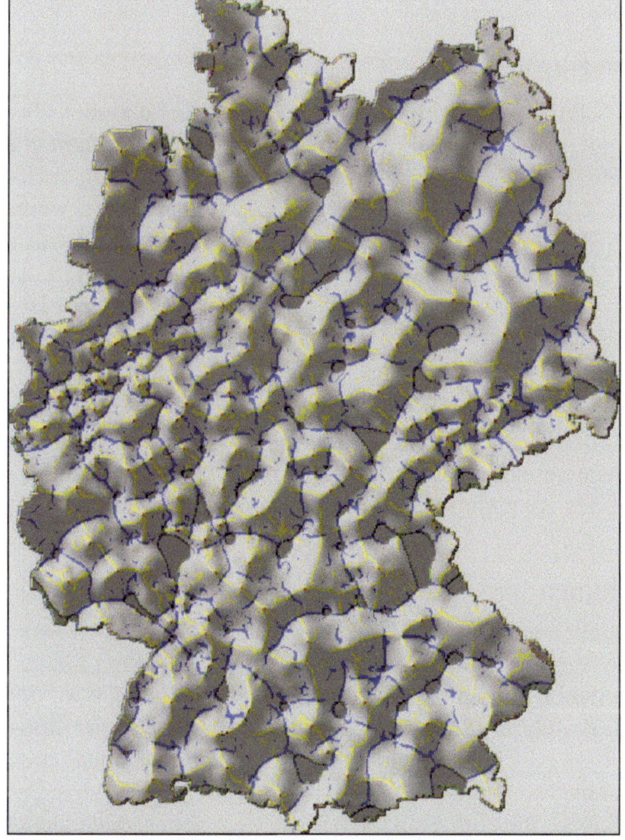

Abbildung 14-4
Charakteristische Linien in der Erreichbarkeits-Oberfläche

die Reisezeit zu mehr als zwei Oberzentren gleich. Die Wasserscheiden bilden die Grenzen zwischen den Verflechtungsbereichen (Tälern) der Oberzentren, in diesem Fall bezogen auf die Reisezeit im öffentlichen Verkehr.

In der Realität werden andere Verkehrsmittel, insbesondere der private Pkw, für die Anreise zum Oberzentrum benutzt. Die individuelle Auswahl des Zentrums ist auch nicht allein eine Funktion der zeitlichen Entfernung. Die Auswahl hängt von vielen anderen Faktoren ab, zum Beispiel von der Art und Qualität des Angebots an Gütern und Dienstleistungen für den individuellen Fall, aber auch von weniger rationalen und oft sehr subjektiven Kriterien, etwa familiären Gewohnheiten, von historischen Hintergründen oder der kulturellen und sprachlichen Zugehörigkeit.

Abbildung 14–5 zeigt die räumliche Verteilung eines Indikators zur Bewertung der wirtschaftlichen Probleme im ländlichen Raum. Die verstädterten Gebiete sind eindeutig aufgrund ihrer geringen Höhe zu identifizieren. Die Erhebungen, abgegrenzt durch die Rinnen der Oberfläche (blaue Linien), sind Gebiete mit besonderen Problemen. Die Rinnen und Wasserscheiden können für die funktionale Abgrenzung von Problemgebieten genutzt werden.

Auffinden der Charakteristika

Die Oberflächen-Charakteristika – Punkte, Linien, Körper – sollen in der digitalen Repräsentation der Oberfläche gefunden werden. Zum Beispiel ist ein lokales Minimum ein Punkt, dessen unmittelbare Nachbarn größere z-Werte haben. Die unmittelbaren Nachbarn eines Gipfels haben kleinere z-Werte. Eine Dreiecksseite ist Teil einer Rinne, wenn die Winkel zwischen der senkrechten Ebene durch die Seite und den Ebenen der beiden benachbarten Dreiecke kleiner als 90 Grad ist. Sind beide Winkel größer als 90 Grad, ist die Seite Teil einer Wasserscheide. Die Formulierung solcher und weiterer Regeln zur Definition der Charakteristika ist die Voraussetzung für die Algorithmen zum automatischen Aufsuchen im Oberflächenmodell.

Für die Validitätsprüfung der Kriterien und der Algorithmen werden fortgeschrittene Verfahren der Visualisierung von 3D-Oberflächen eingesetzt. Die Algorithmen können nur durch eine interaktive visuelle Inspektion der Ergebnisse mit unterschiedlichen Darstellungsformen, schnellem Wechsel des Augenpunktes und unterschiedlicher Beleuchtung überprüft werden.

Abgrenzung von Funktionsräumen

Die Abgrenzung von Funktionsräumen ist eine Standardaufgabe in der räumlichen Analyse. Der klassische Ansatz ist die Aggregierung der Grundeinheiten zu größeren Einheiten, die bestimmte Eigenschaften haben oder eine bestimmte Funktion erfüllen, etwa der Einzugsbereich eines Oberzentrums. Das bekannteste Beispiel ist der Aufbau der Bundesrepublik aus Gemeinden, Kreisen und Ländern mit je nach Land unterschiedlichen Zwischenstufen wie Ämter, Verbandsgemeinden oder Regierungsbezirken. Ein andere bekannte Gliederung sind die Wahlkreise, die zum größten Teil aus Gemeinden zusammen-

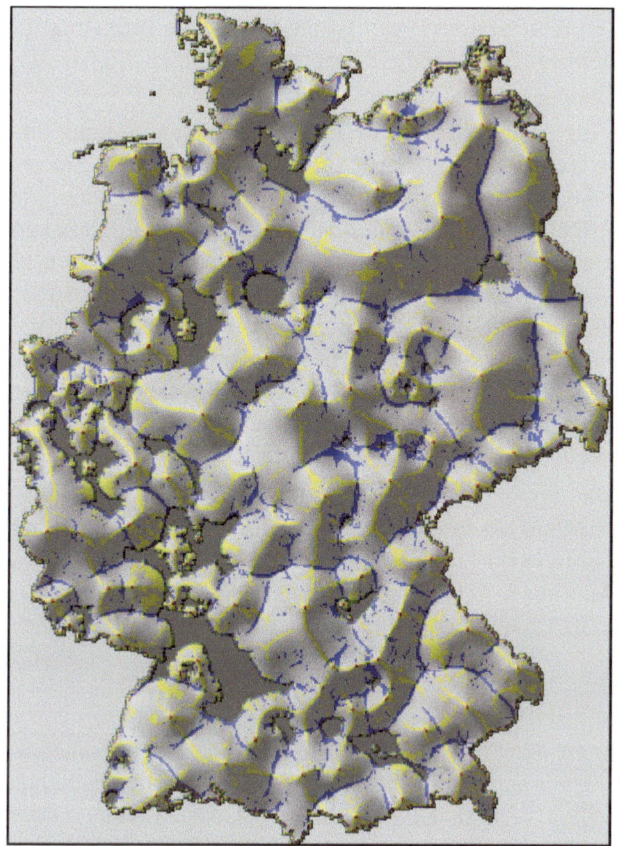

Abbildung 14-5
Indikator der Strukturschwäche
in ländlichen Regionen.

gesetzt sind. Zur Wahrung der Chancengleichheit – ganz grob ungefähr die gleiche Anzahl von Wählern in einem Wahlkreis – bestehen Gemeinden mit hoher Bevölkerungszahl aus mehreren Wahlkreisen.

Das Beispiel der Wahlkreise macht deutlich, dass es in den meisten Fällen sinnvoll ist, die administrative Gliederung als Grundlage für größere Funktionsräume zu übernehmen. Für die Vorbereitung und Durchführung einer Wahl muss aus wirtschaftlichen Gründen die technische Infrastruktur der Verwaltungseinheiten genutzt werden, etwa die Informationen aus den Meldeämtern (Wählerverzeichnis) oder die Einrichtungen und das Personal der statistischen Ämter.

Weitere Beispiele für Raumgliederungen, die sich auf die administrative Einheiten beziehen, sind Wahlkreise, Arbeitsamtsbezirke, Gerichtsbezirke oder Verdichtungsräume. Für ihre Abgrenzung werden Informationen aus dem Verwaltungsvollzug oder der amtlichen Statistik genutzt, also in der Mehrzahl demographische oder sozioökonomische

Daten. Die Grundlage für andere Funktionsraum-Typen ist die technische Infrastruktur, zum Beispiel bei Wahl- und Postleitbezirken oder bei Versorgungsgebieten für Wasser, Gas und Elektrizität.

Die „klassischen" Methoden für die Abgrenzung von Funktionsräumen sind unter anderem die Typisierung nach normativen Kriterien (Grenz- und Schwellenwerten), Bewertungsverfahren wie die Nutzwert-Analyse oder multivariate statistische Methoden wie Faktor- und Clusteranalyse (RASE 1974). Insbesondere die multivariaten Verfahren haben den Nachteil, dass die Rechenergebnisse allein nur schwer den Entscheidungsträgern in Verwaltung und Politik vermittelbar sind. Diese Methoden sind für den Wissenschaftler zur Aufdeckung verborgener Abhängigkeiten und Strukturen sehr nützlich. Die statistischen Korrelationen müssen aber aufgrund von nachweisbaren oder zumindest vermuteten Kausalketten und Wirkungsmodellen erklärbar sein. Denn nur aus den kausalen Zusammenhängen können Handlungsanweisungen und Strategien abgeleitet werden, um die raumordnerischen Ziele zu erreichen.

Eine immaterielle Oberfläche, die aus demoskopischen, sozioökonomischen und naturräumlichen Variablen, aus Erreichbarkeitsdaten oder einem Indikator (Verknüpfung mehrerer Variablen) konstruiert wurde, wird für die Abgrenzung von Funktionsräumen genutzt. Die lokalen Minima oder Maxima in 2D (Linien) repräsentieren funktionale Grenzen von Charakteristika in 3D. Die 3D-Charakteristika (Erhebungen, Becken) entsprechen funktionalen Räumen.

Rechteckige Gitter oder unregelmäßiges Dreiecksnetz

Regelmäßige Gitter mit Höhenwerten der Erdoberfläche, auch als digitale Geländemodelle (DGM) oder DEM (*digital elevation model*) bekannt, sind heute in unterschiedlichen Auflösungen und Höhengenauigkeiten verfügbar (siehe Kapitel 4). Regelmäßige Gitter können kleingliedrige Oberflächenstrukturen in der realen Welt nur mit der vorgegebenen Gitter-Auflösung abbilden. Es kann also vorkommen, dass Oberflächen-Charakteristika buchstäblich durch den Rost fallen oder ihr Ort nur mit einer Abweichung wiedergegeben wird. Eine adäquate Lösung ist ein adaptives Datenmodell, zum Beispiel das unregelmäßige Dreiecksnetz (CHEN & GUEVARA). Die nachträgliche Umwandlung eines Rechtecknetzes in ein TIN bringt keine Verbesserung, weil die Informationen schon im Rechtecknetz fehlen. Leider sind TINs der Erdoberfläche mit ausreichend hoher Auflösung immer noch selten verfügbar.

Ein Rechteck oder Quadrat in einem regelmäßigen Gitter ist in der Regel keine planare Ebene. Deshalb sind zum Beispiel die Berechnungsverfahren für Falllinien wie in Dreiecken nicht anwendbar oder zumindest ambivalent. Mit einer Teilung des Rechtecks in zwei oder vier Dreiecke ist das Problem zwar formal, aber nicht inhaltlich gelöst. Einige Software-Pakete (auch ArcGIS und Surfer) benutzen als Ausgangspunkt für die Analyse nicht die Schnittpunkte der Gitterlinien, sondern die Rechtecke des Gitters. Dadurch werden Probleme geschaffen, die sich durch algorithmische Tricks nur bedingt auflösen lassen, die aber in Dreiecksnetzen nicht auftreten würden.

Programm Landserf

Das Programm LandSerf wurde für die Analyse von Oberflächen entwickelt (Wood 1996).
Das Programm ist in der Sprache Java programmiert und kann im WWW heruntergeladen
und für wissenschaftliche Zwecke genutzt werden. LandSerf is sowohl zur Auffindung
von Charakteristika ist als auch für die Analyse und Darstellung sehr gut geeignet. Einige
Punkte sind noch verbesserungsfähig. Die überaus zahlreichen Gipfel, Senken und Pässe an
der äußeren Grenze der Bundesrepublik in den Abbildungen 14–5 bis 14–6 sind Artifakte,
die durch die Grenze des Untersuchungsraumes und dem Übergang zum nicht definierten
Gebiet bedingt sind. Die linienförmigen Charakteristika sind in den Abbildungen 14-5
und 14-6 durch die Einfärbung von Bildpunkten (Pixel) dargestellt. Die Linien sind an
manchen Stellen unterbrochen oder auch unterschiedlich breit.

In Abbildung 14-6 ist das Relief mit den einer Vektor-Darstellung der Charakteristika
überlagert. Bei näherer Inspektion stellt man fest, dass nicht alle Linien, die als Pixel dar-

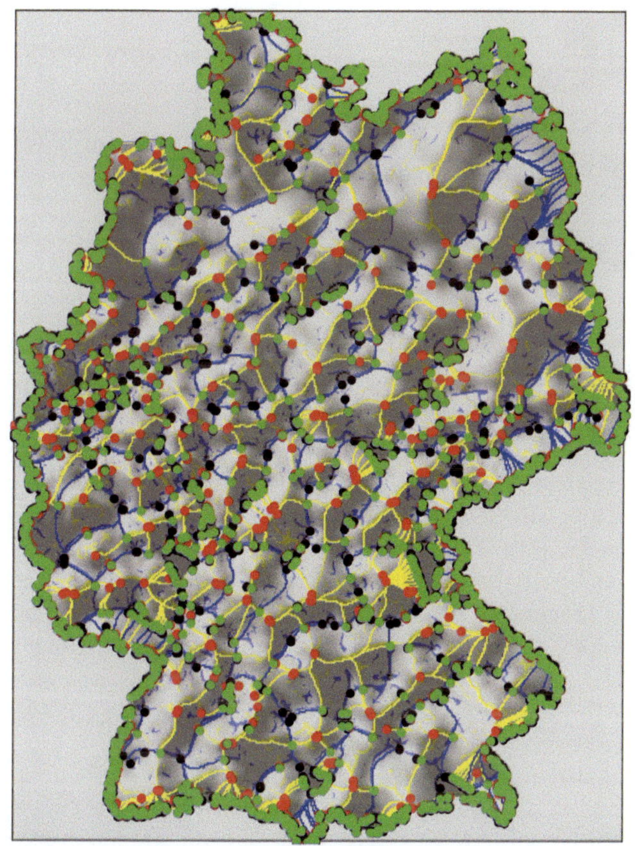

Abbildung 14–6
Strukturschwäche in
ländlichen Regionen.
Vektor-Darstellung der
Charakteristika

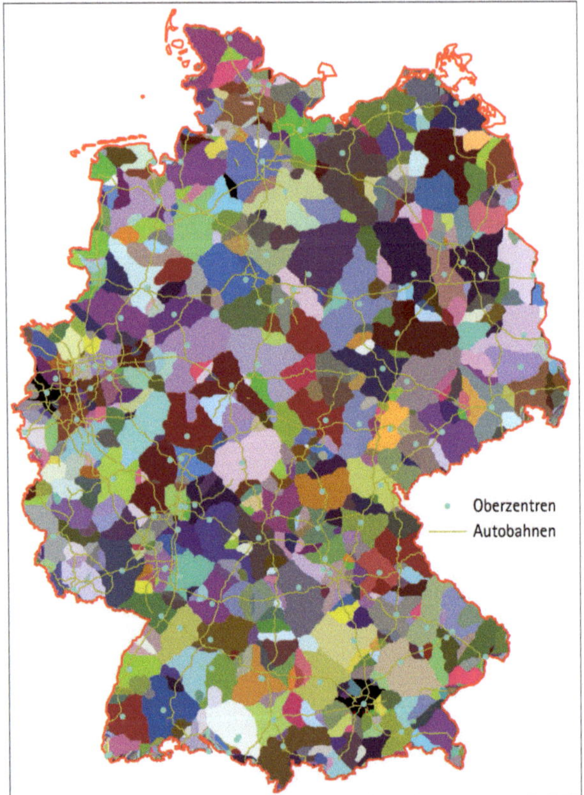

Abbildung 14-7
Becken in der Oberfläche
der Erreichbarkeit der Oberzentren. Die Oberzentren
liegen alle in ausgedehnten
Becken. ArcGIS mit Spatial
Analyst

gestellt sind, von Linien in Vektor-Darstellung überlagert werden. Das ist eigentlich nicht möglich. Die Kreise, die punktförmige Charakteristika repräsentieren sollen, sind zu groß und decken dadurch andere Elemente zu.

Bei der Analyse bricht das Programm in manchen Fällen mit einem fatalen Fehler ab, ohne dass ein Grund erkennbar wäre. LandSerf erlaubt nur den Import von rechteckigen Gittern. Unregelmäßige Dreiecksnetze (TIN) können im Programm durch Konvertierung aus regelmäßigen Rechteck-Netzen erzeugt, aber nicht direkt importiert werden. Wood et al. (1999) haben die automatische Erkennung der Charakteristika in 1D und 2D auch auf immaterielle Oberflächen angewendet, ohne besondere Berücksichtigung der Abgrenzung von Funktionsräumen.

Programm ArcGIS

In ArcGIS mit der Erweiterung Spatial Analyst sind Werkzeuge zum Auffinden von Becken und Wasserscheiden verfügbar. In Abbildung 14-7 sind die Becken in der Oberfläche der Erreichbarkeit von Oberzentren visualisiert. Die Oberzentren sind von großen Becken

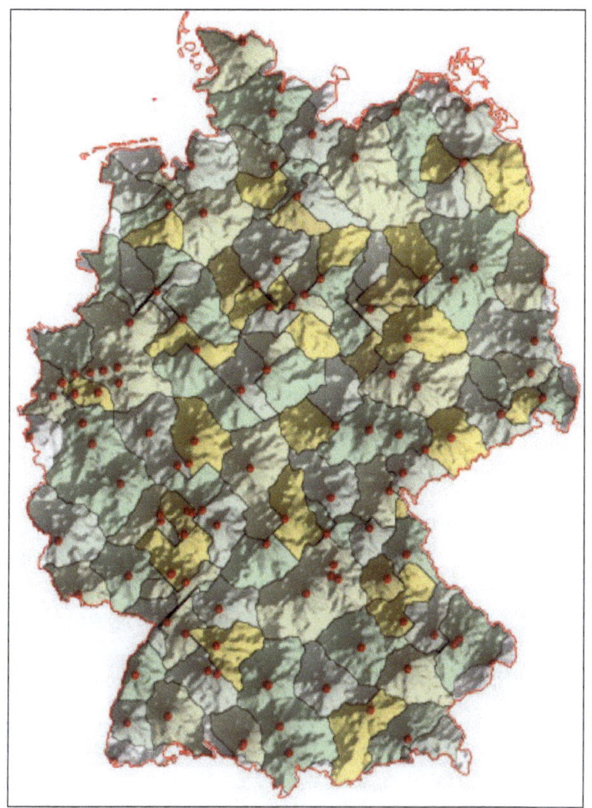

Abbildung 14-8
Becken in der Oberfläche
der Erreichbarkeit der Oberzentren. Surfer V13

umgeben, soweit entspricht das der Erwartung. Am Ort des Oberzentrums ist der Wert der Oberfläche gleich 0, denn es muss keine Zeit aufgewendet werden, um das Zentrum zu erreichen. Es sind aber noch andere Becken ausgewiesen, in denen kein Oberzentrum liegt. Dafür sind untergeordnete Wasserscheiden in der Nachbarschaft verantwortlich.

Programm Surfer

Das Programm Surfer enthält ab der Version 11 eine Option für die Bestimmung von charakteristischen Punkten, Linien und Flächen. Für die Abbildung 14-8 wurde die gleiche Oberfläche der Erreichbarkeit benutzt wie in Abbildung 14-7. Die Karte mit den Charakteristika (Kartentyp *Watershed* in Surfer) wurde mit der Original-Oberfläche überlagert, die mit simulierter Beleuchtung dargestellt ist. Durch die Mischung der beiden Oberflächen und Darstellungsformen sind die Wasserscheiden, die die Becken trennen, erheblich besser erkennbar. Wie in Abbildung 14-7 enthält nicht jedes Becken ein Oberzentrum, weil sekundäre Wasserscheiden eine Abtrennung von untergeordneten Becken erzwingen. Die Beckengröße ist durch die Auswahl eines Parameterwertes beeinflussbar.

Literatur

CHEN ZT, GUEVARA A (1987) Systematic selection of very important points (VIP) from digital terrain model for constructing triangular irregular networks. In: Proceedings of AutoCarto 8, 57–67

DOUGLAS, DH (1986) Experiments to locate ridges and channels to create a new type of digital elevation model. Cartographica, Vol. 23, No. 4, 29–61

O'CALLAGHAN JF, MARK DM (1984) The extraction of drainage networks from digital elevation data. Computer vision, graphics, and image processing, Vol. 28/3, 323–344

PEUCKER TK, DOUGLAS DH (1975) Detection of surface-specific points by local parallel processing of discrete terrain elevation data. Computer Graphics and Image Processing (1975) 4, 375–387

RASE, WD (1974) Multivariate Techniken bei der Abgrenzung der Verdichtungsräume durch die Bundesforschungsanstalt für Landeskunde und Raumordnung. Informationen zur Raumentwicklung 4.1974, 157–163

SCARLATOS LL (1993) Spatial data representations for rapid visualization and analysis. PhD dissertation, State University of New York at Stony Brook

WARNTZ W, WOLDENBERG MJ (1967) Spatial order: concepts and applications. Harvard Papers in Theoretical Geography, No. 4, Graduate School of Design, Harvard University

WILSON JP, GALLANT JC (ed.) (2000) Terrain analysis: principles and applications. John Wiley, New York

WOOD JD (1996) The geomorphological characterisation of digital elevation models. Ph.D. Thesis, University of Leicester, UK

WOOD JD (2003) LandSerf – Visualisation and analysis of terrain models, Version 1.8 http://www.soi.city.ac.uk/~jwo/landserf/ (11/2015)

WOOD JD, FISHER PF, DYKES JA, UNWIN DJ, STYNES K (1999) The use of the landscape metaphor in understanding population data. Environment and Planning B: Planning and Design 26, 281–295

15

15 Datenreduktion

Mit der Interpolation einer Oberfläche wird das relativ grobe Netz von Messpunkten oder Bezugsflächen auf ein Gitter oder Dreiecksnetz mit weit höherer Auflösung verdichtet. Der umgekehrte Vorgang, die Reduzierung der Informationen in einem sehr dichten Netz, ist weit weniger häufig als die Interpolation, aber manchmal notwendig. Zum Beispiel sind aus vielen Quellen Modelle der Erdoberfläche mit sehr feiner Auflösung verfügbar, etwa die digitalen Geländemodelle der Vermessungsverwaltungen in der Bundesrepublik Deutschland oder einige DGMs der ganzen Welt. Die Originaldaten aus Laserscan-Messungen (LiDAR) enthalten in vielen Fällen weit mehr Messpunkte als für die Speicherung notwendig sind. Bei vielen Anwendungen können Punkte aus dem ursprünglichen Datensatz entfernt werden, ohne dass es zu einem relevanten Informationsverlust in Relation zum gerade benutzten Abbildungsmaßstab kommt.

Vereinfachung und Generalisierung

Bei der Ausgabe der Oberflächen, etwa für die Anfertigung von realen dreidimensionalen Modellen mit 3D-Druckern, wird das regelmäßige Rechteckgitter in Dreiecke umgewandelt. Aus jedem Rechteck der Oberfläche entstehen mindestens zwei Dreiecke, zusätzlich die Dreiecke zwischen der äußeren Grenze des Untersuchungsgebietes und den Gitterpunkten der Oberfläche, dazu die Dreiecke auf den Seitenwänden und auf der Rückseite des 3D-Modells. Für die 3D-Repräsentation von Symbolen, Linien, Flächen, Körpern und Textketten im 3D-Modell werden weitere Dreiecke erzeugt, deren Anzahl in manchen Fällen die Anzahl der Dreiecke in der Oberfläche übertreffen kann.

Viele unmittelbar benachbarten Dreiecke mit einer gemeinsamen Dreiecksseite können vereinigt werden, weil sie zum Beispiel annähernd in einer Ebene liegen. Sie tragen deshalb wenig oder keine zusätzliche Informationen zur Gestalt der Oberfläche bei und können zu größeren Dreiecken kombiniert werden.

Die Reduktion in der Anzahl der Punkte oder Dreiecke einer Oberfläche ist aus mehreren Gründen sinnvoll und notwendig, unter anderem:

- Je geringer die Datenmenge ist, um so kürzer sind die Verarbeitungszeiten für die Darstellung, umso schneller erhält der Anwender die Graphik auf dem Bildschirm, als Ausdruck oder als Modell auf dem 3D-Drucker.

- Der Bedarf an Speicherplatz für das Höhenmodell und davon abgeleitete Sekundärinformationen und Bilder verringert sich, damit auch die Kosten und die Zugriffszeiten.

- Für Anwendungen mit hohen Anforderungen an die Darstellungsgeschwindigkeit ist es erforderlich, die Auflösung des Höhenmodells variabel zu halten.

Der letztere Punkt ist wichtig für Echtzeitdarstellungen in vier Dimensionen, etwa bei simulierten Flügen über die Landschaft. Je weiter die Teile der Oberfläche vom Augenpunkt entfernt sind, um so gröber kann die Auflösung sein. Deshalb werden die dem Augenpunkt oder der Kamera am nächsten liegenden Teile der Oberfläche mit höchster Auflösung dargestellt. Die Auflösung verringert sich mit wachsendem Abstand. Diese Möglichkeit zur variablen Auflösung der Oberfläche ist eine wichtige Komponente, vor allem für Systeme, die animierte 3D-Szenen in Echtzeit oder Fast-Echtzeit darstellen sollen. Ein Maß für die Generalisierung ist zum Beispiel die Entfernung zum Augenpunkt oder die Größe der in die Bildebene projizierten Dreiecke.

Level of detail (LOD)

In der praktischen Anwendung werden vor der eigentlichen Darstellung mehrere Stufen der Genauigkeit (*level of detail*, LOD) berechnet und in einer geeigneten Datenstruktur gespeichert. Beim Abspielen der Animationssequenz wird bei einer bestimmten Entfernung vom Augenpunkt die entsprechende Ebene der Genauigkeit ausgewählt. Um störende Sprünge beim Wechsel der Ebene zu vermeiden, sind besondere Vorkehrungen bei der Erfassung und Datenreduktion notwendig. Im Rahmen der Beschreibungssprache CityGML hat man sich auf fünf Stufen der Genauigkeit für Landschaft und Gebäude geeinigt:

- LOD0: 2½D-Geländemodell, eventuell mit Luftbildtextur

- LOD1: Gebäudeblock aus extrudierter Grundfläche

- LOD2: einfaches 3D-Modell der Außenhülle des Gebäudes mit vereinfachtem Dach und reduzierter Textur

- LOD3: genaueres 3D-Modell der Außenhülle mit Dachstrukturen und Textur

- LOD4: sehr genaues 3D-Modell des Gebäudes mit Etagen, Innenräumen, usw.

Diese Einteilung ist lediglich ein grober Anhaltspunkt. Die Umsetzung in die tatsächliche Repräsentation bleibt dem Erfasser oder Anwender überlassen.

Generalisierung

Die Generalisierung einer Oberfläche ist die logische Fortsetzung der Datenreduktion. Bei der Datenreduktion werden vorwiegend die geometrischen Eigenschaften der Oberfläche für die Vereinfachung des Modells verwendet. Für die Generalisierung sind zusätzliche

Angaben zu berücksichtigen, etwa die charakteristischen Punkte, Linien, Flächen und Formen in der Oberfläche, weiterhin die mit einem Dreiecksnetz verbundenen Eigenschaften, alles wiederum in Abhängigkeit vom Verwendungszweck. WOLF (1988) zum Beispiel nutzt den Oberflächengraphen der charakteristischen Linien zur Generalisierung des Höhenmodells. Für die automatische Extraktion der charakteristischen Linien aus dem Höhenmodell gibt es verschiedene Lösungen, die in Programmpaketen wie etwa LandSerf (WOOD 2005) oder Surfer (ab V11) realisiert sind. In diesem Kontext steht die Datenreduktion im Vordergrund.

In den Verfahren der Datenreduktion sind mehrere Aspekte der Generalisierung berücksichtigt. Generell versucht man, charakteristische Linien in der Oberfläche zu finden und sie bei der Dezimierung der Punkte zu erhalten. GARLAND & HECKBERT (1998) beschreiben ein Verfahren, in dem benachbarte Dreiecke nicht vereinigt werden, wenn sie mit unterschiedlichen Eigenschaften oder Texturen assoziiert sind.

Regelmäßige Auswahl im Gitter

Das einfachste Verfahren zur Verringerung der Daten in regelmäßigen Gittern mit Höhenwerten ist die regelmäßige Auswahl von Gitterlinien (*regular subsampling*). Nur jede n-te Gitterlinie in beiden Achsenrichtungen wird für die weitere Verarbeitung übernommen (Abb. 15-1). Der rechentechnische Aufwand für die regelmäßige Auswahl ist sehr gering. Eine Variante dieses Konzepts ist die Zusammenfassung von mehreren Punkten oder Facetten in einem regelmäßigen Abstand durch Mittelwertbildung. Diese Verfahren können auch auf regelmäßige Dreiecksnetze angewendet werden.

Der Nachteil der regelmäßigen Auswahl liegt darin, dass die Punkte unabhängig von den geometrischen Eigenschaften der Oberfläche ausgesucht werden. Es spielt keine Rolle, ob die selektierten Punkte in einem Gebiet mit häufigem Wechsel der Höhe (hohe Reliefenergie) oder in einem vergleichsweise flachen Gebiet liegen. Punkte, die für die

Abbildung 15-1
Datenreduktion im Rechteckgitter durch regelmäßige Auswahl der Gitterlinien

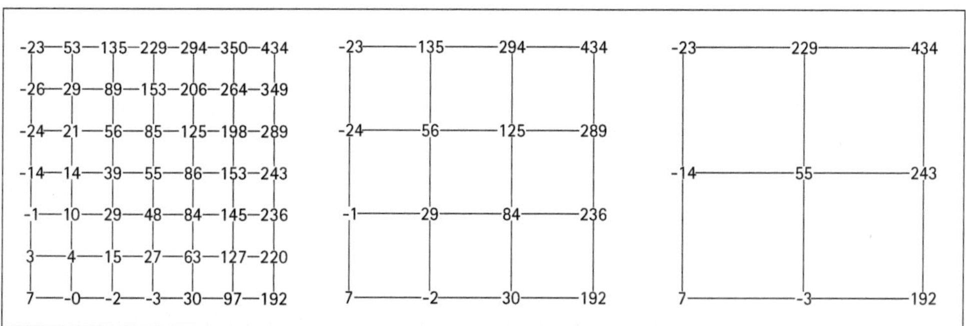

Wiedergabe der Oberflächencharakteristika eine hohe Bedeutung haben, könnten zufällig wegfallen, während andere Punkte im flachen Gelände erhalten bleiben, die für die Oberflächenform weniger wichtig sind.

Im unregelmäßigen Dreiecksnetz ist das Konzept der regelmäßigen Auswahl nicht anwendbar. Möglich ist eine zufallsgesteuerte Auswahl der Knotenpunkte (*random subsampling*) und erneute Triangulierung. Wenn die ursprünglichen Datenpunkte im TIN enthalten sind, kann man sie mit einer speziellen Markierung gegen das Löschen schützen, ebenso die Grenzpunkte. Zufallsverteiltes Auswählen wird so gut wie nie angewendet, da es weit bessere Verfahren zur Datenreduktion im TIN gibt.

Vom regelmäßigen Gitter zum TIN

Für manche Darstellungsverfahren ist es notwendig, ein regelmäßiges Gitter mit Höhenpunkten in ein unregelmäßiges Dreiecksnetz umzuwandeln. Die einfachste Version ist die Teilung aller Rechtecke in Dreiecke, etwa durch eine Diagonale (zwei Dreiecke) oder zwei Diagonalen (vier Dreiecke). Die Gitterpunkte bzw. Dreiecke außerhalb des Untersuchungsgebietes können wegfallen. Aber auch nicht alle Punkte innerhalb der Grenzpolygone sind notwendig. In manchen Regionen der Oberfläche können die z-Werte der Punkte nur unwesentlich von einer Ebene abweichen. Deshalb sollte bei einer Konversion zum TIN immer geprüft werden, welche Gitterpunkte für die Wiedergabe der Oberfläche unbedingt notwendig sind und welche weggelassen werden können, eventuell mit geringem Informationsverlust. Eine umfangreiche Übersicht über die Reduktionsverfahren für 2.5D-Oberflächen findet man bei GARLAND & HECKBERT (1997) oder LEE (1991).

Der Wert für den maximalen Fehler oder die Fehlersumme wird vom Anwender vorgegeben. Dieser Schwellenwert kann auch indirekt definiert werden, zum Beispiel durch Vorgabe einer maximalen Anzahl von Punkten nach der Datenreduktion oder durch den Prozentwert der verbliebenen Punkte zur ursprünglichen Anzahl.

Für die Datenreduktion während der Umsetzung vom regelmäßigen Gitter in ein unregelmäßigen Dreiecksnetz gibt es zwei große Gruppen von Verfahren:

- **Lokal:** Für jeden Punkt im Gitter wird zum Beispiel die Lage zu den unmittelbaren Nachbarn (8 im Rechteckgitter, 6 im Dreiecksgitter) geprüft und aufgrund des Abstands entschieden, ob der Punkt in das TIN übernommen wird (VIP-Algorithmus).

- **Inkrementelles TIN:** Ausgehend von einem sehr groben Dreiecksnetz wird das TIN durch Einsetzen von ausgesuchten Gitterpunkten nach unterschiedlichen Kriterien nach und nach verfeinert.

- **Reduktion im TIN:** Das Rechtecknetz wird komplett in ein Dreiecksnetz überführt, etwa durch Einsetzen der Diagonale in jedes Rechteck. Auf das gesamte TIN wird dann eine Datenreduktion ausgeführt.

Die lokalen Verfahren sind in der Regel sehr schnell, berücksichtigen aber nur die unmittelbare Nachbarschaft eines Punktes. Sie eignen sich vor allem für die Eliminierung von

Punkten, die ungefähr in einer Ebene liegen. Die Ebene muss nicht parallel zur Bezugsebene orientiert sein.

Die inkrementelle Verfeinerung des TIN berücksichtigt bei der Auswahl die gesamte Oberfläche, erfordern aber oft mehrfache Durchgänge durch alle Daten und deshalb mehr Rechenzeit. Die Reduktion erst im TIN ist generell die aufwendigste Lösung, weil auch eindeutig redundante Punkte übernommen und die Rechenzeit für die Datenreduktion durch die große Anzahl von Dreiecken unnötig erhöht wird. Die Reduktion im TIN erlaubt aber eine Analyse der gesamten Oberfläche, etwa das Auffinden charakteristischer Punkte und Linien, die für die Datenreduktion oder sogar Generalisierung genutzt werden können.

VIP-Algorithmus

Ein Beispiel für ein lokales Verfahren ist der VIP-Algorithmus (VIP, *very important points*). Für jeden Gitterpunkt wird der Durchschnitt des absoluten rechtwinkligen Abstandes des Punktes von den Strecken zwischen den nächsten Nachbarn im Gitter berechnet. Im Rechteckgitter sind das zwei achsenparallele und zwei diagonale Strecken, im Dreiecksgitter drei Strecken. Dabei wird berücksichtigt, dass auf dem äußeren Rand des Gitters nicht alle möglichen Strecken vorhanden sind, weil die entsprechenden Nachbarn fehlen. Die Gitterpunkte mit den größten Abweichungen sind sehr wichtige Punkte (VIPs), die im TIN erhalten bleiben (CHEN & GUEVARA 1987). Alle Punkte mit einer Abweichung größer als der Schwellenwert werden in das Dreiecksnetz übernommen (Abb. 15–2). Ist eine maximale Anzahl der Punkte oder ein Prozentwert vorgegeben, werden die Punkte nach der Größe des Abstandes sortiert und die maximale Anzahl für das TIN gespeichert.

In die reduzierte Punktmenge können anschließend noch zusätzliche Linienpunkte eingefügt und äußere Grenzen für das Untersuchungsgebiet definiert werden. Die Punkte werden dann nach dem Delaunay-Kriterium trianguliert. Bei Bedarf wird das Dreiecksnetz noch so korrigiert, dass die Strecken der Linien für die Grenze und andere Linien auf Dreiecksseiten liegen (CDT, *constrained Delaunay triangulation*).

Eine Variation des Verfahrens ist die Berechnung der Entfernung nicht als Durchschnitt der Streckenabstände, sondern als Abstand des Gitterpunktes von der Ebene, die annähernd durch die nächsten Nachbarn geht. Die Koeffizienten der Ebene werden nach dem Algorithmus von Newell (TAMPIERI 1990) oder mit dem Verfahren der kleinsten Quadratsummen (LSQ) berechnet. Kurven mit quadratischen Polynomen wären auch möglich, aber wohl nur bei bestimmten Anwendungen sinnvoll.

Inkrementeller Aufbau des TIN

Ausgehend von einem sehr groben Dreiecksnetz werden die Schnittpunkte des regelmäßigen Gitters fortlaufend in das Dreiecksnetz eingefügt, wenn ein Mindestabstand überschritten oder die vorgegebene Maximalanzahl der Punkte noch nicht erreicht ist. Eine Analogie in 2D ist der Algorithmus von DOUGLAS & PEUCKER (1973) für die Datenreduktion in einer Linie. Deshalb soll der Douglas-Peucker-Algorithmus kurz erklärt werden.

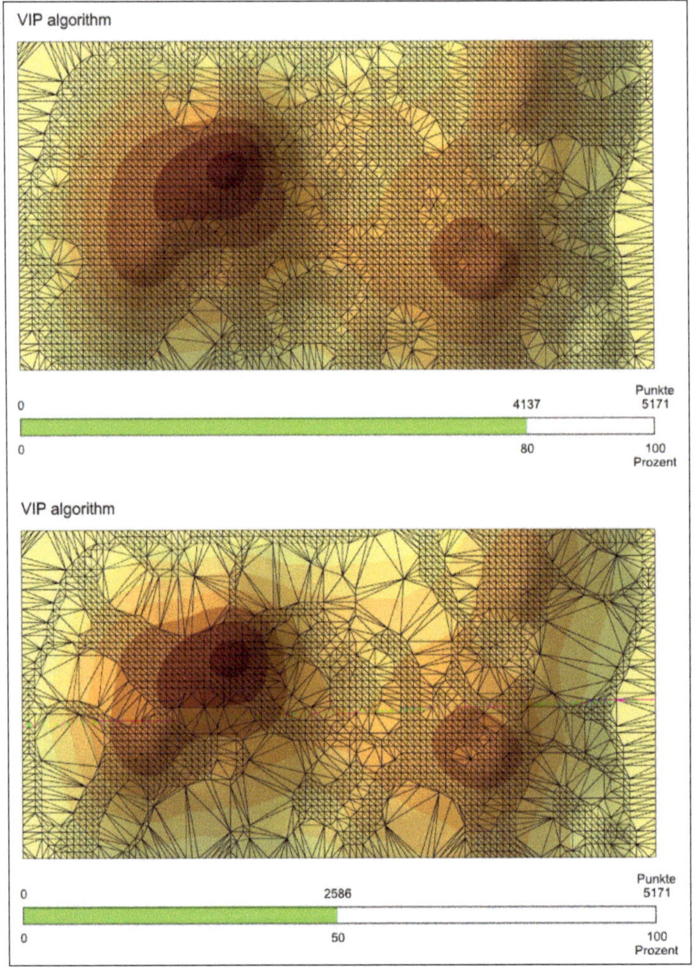

Abbildung 15-2
Dreiecksnetz mit 80
bzw. 50 Prozent Da-
tenreduktion mit VIP-
Algorithmus

Datenreduktion in einer Linie

Ganz allgemein muß man sich den Auswahlvorgang für die redundanten Punkte in einer Linie so vorstellen, daß entlang der Linie ein Band mit vorgegebener Breite (Toleranzabstand oder -breite) konstruiert wird. Alle Punkte, die innerhalb des Bandes liegen, werden entfernt, alle anderen einschließlich der Anfangs- und Endpunkte bleiben erhalten. Der Reduktions-Algorithmus von DOUGLAS & PEUCKER (1973) hat sehr weite Verbreitung gefunden, weil er einfach zu implementieren ist und sehr effizient arbeitet. Der Algorithmus läuft so ab:

1. Der erste und letzte Punkt der Linie bilden Anfangs- und Endpunkt einer Strecke.
2. Für jeden Punkt der Linie zwischen den Endpunkten der Strecke wird der Abstand von

der Strecke berechnet und der Punkt mit dem größten Abstand notiert.

3. Ist der Abstand des Punktes mit dem größten Abstand größer als der Toleranzabstand, wird er der neue Endpunkt der Strecke. Der alte Endpunkt wird auf einem Stapelspeicher (Stack) abgelegt. Der Algorithmus wird mit Punkt b fortgesetzt.

4. Ist der Abstand dieses Punktes kleiner als der vorgebene Abstand, werden alle Punkte zwischen dem Anfang und dem Ende der Strecke entfernt. Der alte Endpunkt wird zum Anfangspunkt der neuen Strecke. Endpunkt wird der letzte Punkt auf dem Stack. Die Verarbeitung wird mit Punkt b fortgesetzt. Ist der Stack leer (Endpunkt der Linie wurde erreicht), wird der Algorithmus beendet.

Die Linie in der Abbildung 15-3 besteht aus 19 Punkten. Zuerst werden die Punkte 1 und 19 verbunden und der Abstand aller anderen Punkte von der Strecke berechnet. Punkt 10 hat den größten Abstand und liegt weiter als der Toleranzabstand von der Strecke entfernt, deshalb wird er zum Endpunkt der nächsten Strecke. Punkt 19 wird auf dem Stack abgelegt. Punkt 5 hat den größten Abstand, der größer ist als der Toleranzabstand. Punkt 5 wird neuer Endpunkt der Strecke 3, Punkt 10 geht auf den Stack. Der Abstand der Punkte 2, 3, und 4 ist kleiner als der Toleranzabstand, sie werden nicht weiter berücksichtigt. Punkt 5 wird Anfangspunkt der nächsten Strecke. Punkt 10 wird vom Stack geholt und zum Endpunkt der Strecke gemacht. Der Vorgang wiederholt sich so oft, bis der Endpunkt der Linie wieder erreicht und der Stack leer ist. Die Punkte 1, 5, 9, 10, 11, 14, 15, 17 und 19 bleiben übrig und bilden die neue Linie mit weniger Punkten.

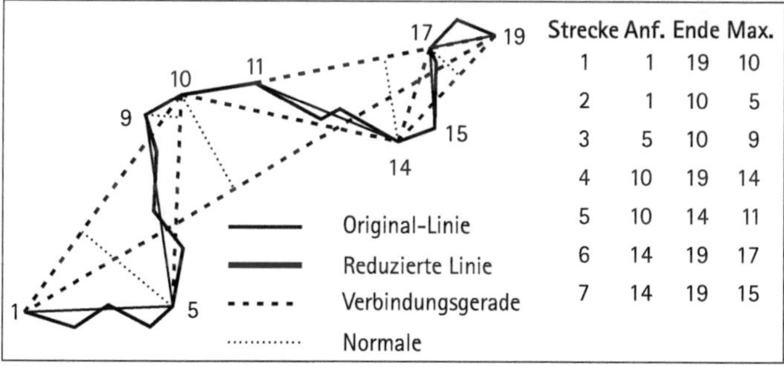

Strecke	Anf.	Ende	Max.
1	1	19	10
2	1	10	5
3	5	10	9
4	10	19	14
5	10	14	11
6	14	19	17
7	14	19	15

Original-Linie
Reduzierte Linie
Verbindungsgerade
Normale

Abbildung 15-3
Datenreduktion in einer Linie (Algorithmus von Douglas und Peucker 1973)

Umsetzung nach 3D

Das 3D-Äquivalent zu den Verbindungsstrecken in 2D, etwa die Strecke zwischen den Punkten 1 und 19 in Abbildung 15-3, sind variabel große Flächen. Eine Möglichkeit der Realisierung ist die fortschreitende Teilung des rechteckigen Gitters entlang den Achsenrichtungen in Abhängigkeit von der lokalen Reliefenergie. In Bereichen mit hoher Reliefenergie ergeben sich viele kleinere Rechtecke, in Bereichen niedriger Reliefenergie wenige größere Rechtecke. Dieses Konzept ist auch als Quadtree-Teilung bzw. -Datenstruktur bekannt (Samet 2006, Platings & Day 2004).

Algorithmus von Heckbert und Garland

Rechtecke in 3D haben den Nachteil, dass ihre Eckpunkte selten in einer Ebene liegen. Die Bestimmung des Abstandes von den intermediären Flächen zu den Gitterpunkten ist deshalb etwas problematisch. Bei Dreiecken ist der Abstand ohne Probleme zu berechnen. Ein Dreiecksnetz ist dazu adaptiv, seine Dichte kann der lokalen Reliefenergie angepasst werden. Damit wird auch eine Reduktion der Punktanzahl erreicht. Für die Umwandlung eines Gitternetzes mit hoher Auflösung in ein Netzwerk aus unregelmäßigen Dreiecken sind verschiedene Algorithmen entwickelt worden (LEE 1991).

Ganz grob kann man den Algorithmus für den inkrementellen Aufbau eines Dreiecksnetzes aus einem Rechtecknetz mit Datenreduktion so beschreiben (HECKBERT & GARLAND 1995):

1. Aus den Eckpunkten des Rechteck-Gitters wird ein primäres TIN aus zwei Dreiecken aufgebaut.

2. Für alle Gitterpunkte, sofern sie noch nicht in das Dreieck eingesetzt wurden:
   a) Das Dreieck wird bestimmt, in dem der Gitterpunkt liegt.
   b) Der Abstand vom Gitterpunkt zum Dreieck wird berechnet (vertikaler oder rechtwinkliger Abstand).
   c) Der Punkt mit dem größten absoluten Abstand zu jedem Dreieck wird bestimmt.
   d) In jedes Dreieck wird der Punkt mit dem größten Abstand eingesetzt, vorausgesetzt, die vorgegebene maximale Anzahl ist noch nicht erreicht oder der Abstand ist kleiner als ein vorgegebener Schwellenwert (z-Toleranz). Der eingesetzte Punkt wird als „benutzt" notiert.

3. Ist die Anzahl der Punkte im TIN größer geworden, zurück nach 2; sonst Ende.

Bei diesem Algorithmus ist nicht garantiert, dass die Datenpunkte, aus denen die Oberfläche interpoliert wurde, im endgültigen TIN enthalten sind, das heißt, dass die Oberfläche durch die Datenpunkte geht. Auch wird die äußere Grenze des Untersuchungsgebiets nicht berücksichtigt. Durch eine Variation beim Aufbau des TIN in Punkt 1 werden diese Kriterien erfüllt, indem man in die primäre Triangulation (Punkt 1) zusätzlich die Datenpunkte einbaut.

Das Program ArcGIS mit der Erweiterung *3D Analyst* enthält ein Werkzeug zur Umwandlung eines Rechteckgitters in ein unregelmäßiges Dreiecksnetz (TIN), das auch eine Datenreduktion vornimmt. Der Anwender kann die maximale z-Abweichung zwischen Gitter und TIN vorgeben. Je kleiner der Wert ist, umso besser wird die Gitter-Oberfläche im TIN repräsentiert, um geringer ist die Datenreduktion. Die Voreinstellung ist ein Zehntel der Differenz von Maximalwert und Minimalwert im Gitter. Ein weiterer Parameter zur Beeinflussung der Datenreduktion ist die maximale Anzahl der Punkte, die das Dreiecksnetz enthalten darf. Nach der Festlegung der äußeren Grenze als TIN werden nach und nach Gitterpunkte zum TIN hinzugefügt, bis die vorgegebene z-Toleranz oder die maximale Anzahl der Punkte im TIN erreicht ist. Je kleiner die maximale Höhenab-

weichung gesetzt wird, umso höher ist die Anzahl der Punkte im abgeleiteten Dreiecksnetz, umso geringer ist die Datenreduktion.

Konvertierung von Gitter nach TIN in ArcGIS

Im GIS-Paket ArcGIS ist ein Werkzeug für die Umwandlung eines regelmäßigen Gitters in
ein unregelmäßiges Dreiecksnetze enthalten. Bei der Umwandlung kann auch eine Datenreduktion vorgenommen werden, entweder durch Vorgabe eines z-Toleranzwertes oder
einer maximalen Anzahl von Punkten im TIN. Die Dokumentation von ArcGIS sagt nicht
sehr viel zum Algorithmus, der für die Datenreduktion eingesetzt wird. Wahrscheinlich

Abbildung 15-4
Konvertierung von Gitter nach TIN, z-Toleranz 10 und 1 Einheiten. ArcGIS mit 3D Analyst.
Visualisierung mit Programm Surfer.

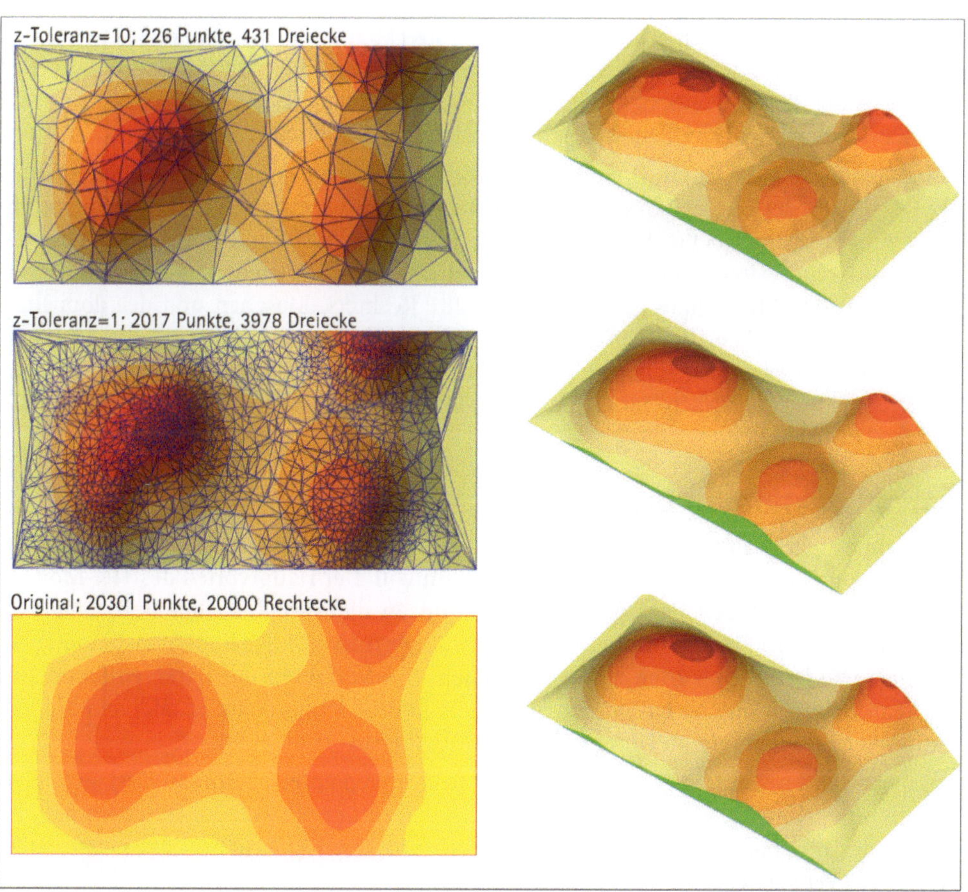

wird ein Verfahren angewendet, das dem vorher beschriebenen inkrementellen Aufbau des TIN nach Heckbert & Garland zumindest ähnlich ist.

In Abbildung 15-4 sind neben der Original-Oberfläche zwei Dreiecksnetze dargestellt, die aus der Test-Oberfläche abgeleitet wurden. Das Original-Gitter besteht aus 201 mal 101 Gitterlinien, die Höhenwerte reichen von 0 bis 325 Einheiten. Ein Dreiecksnetz wurde mit einer z-Toleranz von 10 Einheiten aus dem Gitter erzeugt. Das TIN enthält noch 226 Punkte und 431 Dreiecke. Beim zweite Dreiecksnetz wurde der Toleranzwert von 1 verwendet. Das resultierende Dreiecksnetz hat 2017 Punkte und 3978 Dreiecke. In diesem Abbildungsmaßstab ist kaum noch ein Unterschied zum Original sichtbar. Bei weiterer Verkleinerung der z-Toleranz erhöht sich die Anzahl der Punkte und Dreiecke. Die TIN-Oberfläche nähert sich immer mehr der Original-Oberfläche an. Bei einem Toleranzwert von 0 wird das ursprüngliche Rechteck-Gitter vollständig in Dreiecke umgesetzt.

Wie man sehen kann, entspricht das resultierende Dreiecksnetz nicht den Kriterien, die an ein Qualitätsnetz angelegt werden (siehe Kapitel 7). Einige Dreiecke haben sehr kleine und sehr große Innenwinkel. Die langgestreckten flachen Dreiecke können unter Umständen zu arithmetischen Problemen bei der Weiterverarbeitung führen. Die naheliegende Lösung, dieses Dreiecksnetz mit dem Programm Triangle zum Qualitätsnetz umzuwandeln, widerspricht der ursprünglichen Absicht der Datenreduktion.

In Abbildung 15-5 ist ein Dreiecksnetz dargestellt, das aus einem regelmäßigen Gitter der Oberfläche der Erreichbarkeit abgeleitet wurde, also der durchschnittliche Zeitentfernung zum nächsten Oberzentrum mit Pkw in Stufen von 15 Minuten. Die z-Toleranz für das resultierende Dreiecksnetz wurde mit zwei Minuten vorgegeben. Das Quadratgitter ist 1.373 mal 1.797 Punkte groß, mit 2.467.281 Rechteck-Maschen und der doppelten Anzahl von Dreiecken. Bei Karten der Bundesrepublik Deutschland sind die Maschen außerhalb der Grenze der Bundesrepublik als nicht besetzt markiert und gehen nicht in das Dreiecksnetz ein. Nach der Datenreduktion enthält das Dreiecksnetz 29.517 Punkte und 52.216 Dreiecke.

Datenreduktion im Dreiecksnetz

In einem unregelmäßigen Dreiecksnetz ist eine Datenreduktion durch regelmäßige Auswahl analog zur Auswahl im Gitter nicht sehr sinnvoll. Der Hauptvorteil des TIN-Modells liegt in der Möglichkeit der optimalen Adaption an die Verteilung der Punkte in den drei Dimensionen. Eine mehr oder weniger zufällige Auswahl der Punkte aus dem Dreiecksnetz würde diesen Vorteil zunichte machen. Das Verfahren der Datenreduktion soll die geometrischen Eigenschaften der Oberfläche berücksichtigen, unter anderem die Variation der Reliefenergie im Untersuchungsgebiet (Cignoni et al. 1998).

Das Verfahren von Heckbert & Garland mit dem inkrementellen Aufbau lässt sich auch auf ein unregelmäßiges Dreiecksnetz anwenden. Anstatt der Punkte im Gitter werden die Punkte des originalen Dreiecksnetzes für die schrittweise Konstruktion des neuen Dreiecksnetzes verwendet.

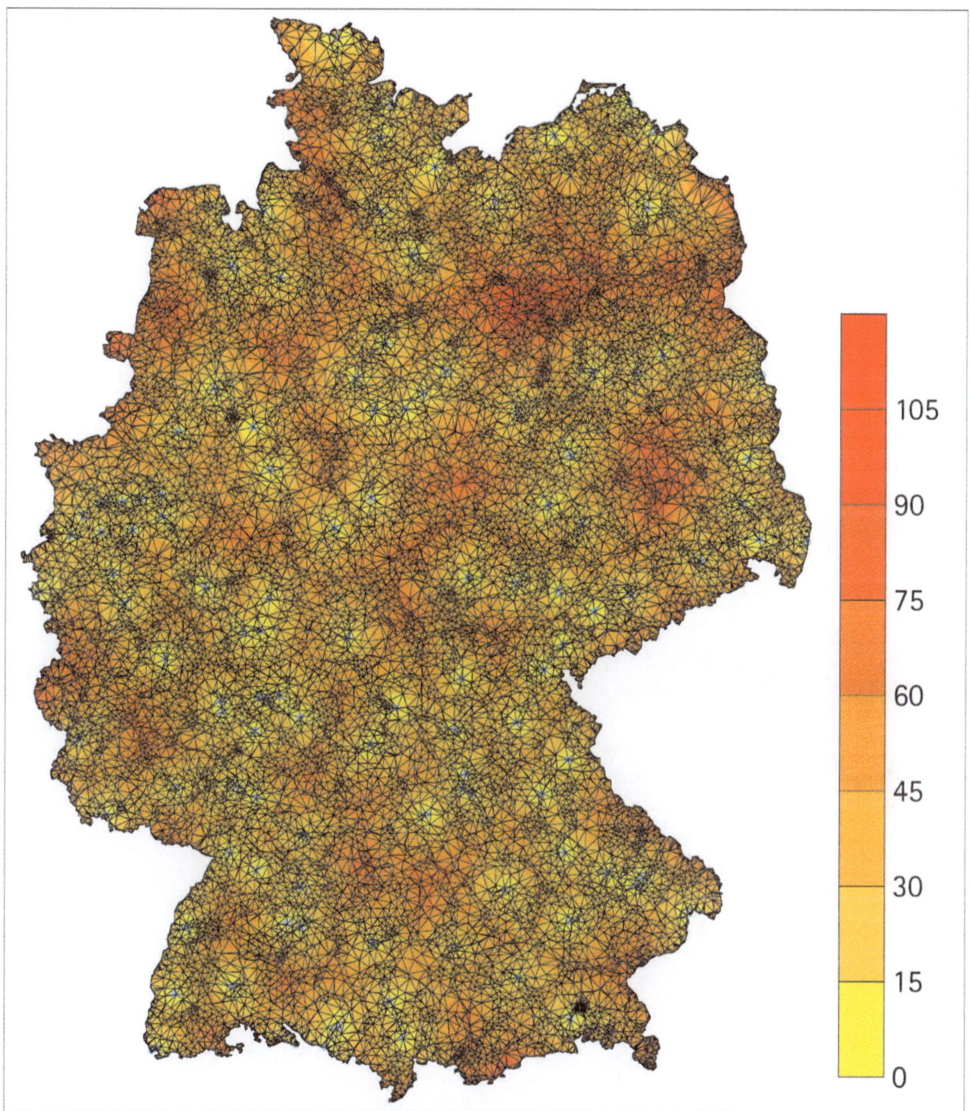

Abbildung 15-5
Erreichbarkeit von Oberzentren mit Pkw, in Minuten. Konvertierung von Gitter nach TIN. Dreiecksnetz mit maximal zwei Minuten Höhendifferenz; ArcGIS mit Erweiterung 3D Analyst

ArcGIS mit der Erweiterung 3D Analyst stellt ein Werkzeug zur Datenreduktion von einem Eingangs-TIN in ein datenreduziertes Ausgangs-TIN bereit. Es wird wahrscheinlich

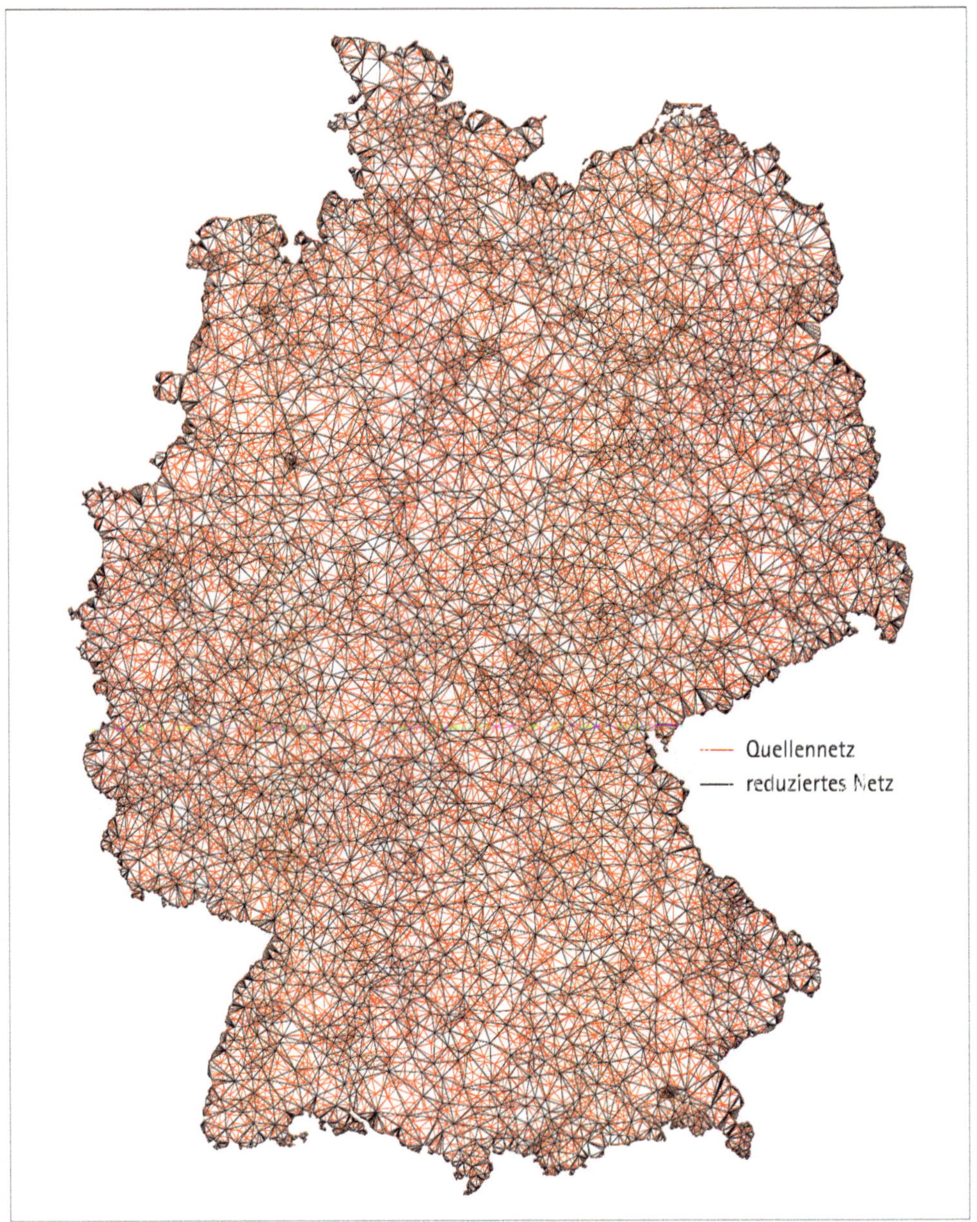

Abbildung 15-6
Reduktion eines TIN auf ein gröberes TIN; z-Toleranz 5 Minuten. ArcGIS mit Erweiterung 3D
Analyst

das gleiche Verfahren angewendet wie bei der Umsetzung von einem Gitter auf das TIN. Das Ausgangs-TIN wird iterativ aufgebaut, bis der vorgegebene Wert für die z-Toleranz oder die maximale Anzahl der Punkte erreicht ist. Zusätzlich ist es möglich, im Original-TIN enthaltene Bruchlinien (*faults, breaklines*) in das Ausgangs-TIN zu übernehmen.

In Abbildung 15-6 ist die Reduktion in einem TIN dargestellt, wie sie ArcGIS ausgeführt wird. Das Ausgangs-TIN aus Abbildung 15-5 wurde mit einer z-Toleranz von 5 Minuten aufgebaut. Die Anzahl der Punkte wurde von 29.517 auf 10.360, die Anzahl der Dreiecke von 52.216 auf 13.902 reduziert.

Punktbezogene Datenreduktion

Die Reduktion des Datenumfangs kann erhebliche wirtschaftliche Auswirkungen haben, nicht nur bei kartographischen Anwendungen. Zum Beispiel fallen in der modernen medizinischen Bildgebung, etwa der Röntgen- oder Kernspin-Tomographie, sehr viele Daten bei der Messung der Intensitäten an. Um Oberflächen, etwa die Außenfläche des Gehirns, dreidimensional sichtbar zu machen, wird die Voxel-Struktur der Ausgangsdaten in ein Tetraeder-Netz umgewandelt. Die Grenz-Oberfläche wird durch die äußeren Dreiecke der Tetraeder repräsentiert. Die Dreiecke werden zu einem TIN verbunden, in dem sehr viele redundante Punkte oder Dreiecke vorhanden sind.

Bei Werkstücken, die zum Beispiel durch ein Digitalisierungsverfahren in die numerische Form gebracht wurden, sind ebenfalls viele redundante Punkte oder Flächen vorhanden. Bei der Herstellung von 3D-Modellen von Oberflächen ist es sinnvoll, das aus einem regelmäßigen Gitter erzeugte Dreiecksnetz auf redundante Dreiecke zu untersuchen und sie vor der Übergabe an die Werkzeugmaschine aus dem Datensatz zu entfernen.

Aufgrund der hohen wirtschaftlichen Bedeutung für die medizinische Bildgebung und die mechanische Konstruktion (CAD) sind eine Reihe von Verfahren zur Datenreduktion in Modellen von beliebigen Körpern entwickelt und publiziert worden. Übersichten findet man bei CIGNONI et al. (1997) oder bei GARLAND & HECKBERT (1997). Es würde zu weit führen, alle Verfahren hier wiederzugeben. Deshalb sollen hier nur zwei Methoden vorgestellt werden, die auch für die Datenreduktion von kartographischen Oberflächen gut geeignet sind.

Punkt-Dezimierung für allgemeine 3D-Körper

Aus der Datenstruktur der Oberfläche (TIN) werden iterativ diejenigen Punkte oder Knoten entfernt, die weniger als andere Punkte zur Erhaltung der Form beitragen. Das Verfahren wird solange fortgesetzt, bis eine vorgegebene Reduktionsrate, ein Schwellenwert für die maximale Anzahl der Punkte oder eine Untergrenze für die Formerhaltung erreicht ist, wie immer man diese definiert. Ein Verfahren hat durch die Publikation einer Implementierung in C++ mit Tcl/Tk weite Verbreitung gefunden (SCHROEDER et al. 1996). Mit einer Suche im WWW lassen sich noch einige andere Implementierungen des Algorithmus ausfindig machen, auch als Plugins für bestimmte Entwurfs- oder Visualisierungssysteme.

Bei der Beschreibung und Bewertung des Algorithmus muss man berücksichtigen, dass die Methode für allgemeine dreidimensionale Körper entwickelt wurde, zum Beispiel Werkstücke oder beliebige Figuren. Für kartographische Oberflächen in 2½D, insbesondere für kontinuierliche Oberflächen, lassen sich die Algorithmen manchmal vereinfachen.

Eine *Objektkante* ist die gemeinsame Grenze zweier Dreiecke im Netzwerk, deren Winkel kleiner ist als ein vom Anwender vorgegebener Schwellenwert. Je kleiner der Winkel ist, umso spitzer oder steiler ragt die Kante aus der Oberfläche heraus. Die Kante bzw. mehrere aufeinander folgende Kanten im TIN sind ein Charakteristikum der Oberfläche, das nach Möglichkeit erhalten bleiben soll. Im Verfahren von SCHROEDER et al. (1996) gibt der Anwender den Schwellenwert für den Winkel vor und bestimmt damit, was er als Kante erhalten möchte.

Das Verfahren besteht aus zwei bzw. drei logischen Schritten. Im ersten Schritt werden die Knoten des TIN nach fünf Typen klassifiziert (Abb. 15-7).

a. **einfach**: der Knoten hat einen geschlossenen Ring von Nachbarn. Die Kanten vom Knoten zu den Nachbarn gehören zu exakt zwei benachbarten Dreiecken. Der Knoten liegt nicht auf der Grenze.

b. **Kante**: ein einfacher Knoten, der mit zwei Objektkanten verbunden ist.

c. **Ecke**: ein einfacher Knoten, in dem drei oder mehr Objektkanten zusammenlaufen.

d. **Grenze**: der Knoten liegt auf der äußeren Grenze des TIN.

e. **komplex**: der Knoten ist der Eckpunkt eines Dreiecks, das nur über diesen Knoten eine Verbindung mit der Oberfläche hat, in der die nächsten Nachbarn liegen.

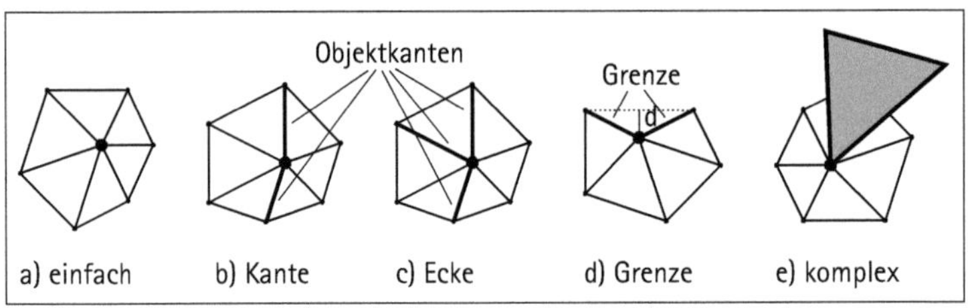

Abbildung 15-7
Knoten-Typen

Im zweiten Schritt werden die typisierten Knoten geprüft, ob sie möglicherweise aus dem Dreiecksnetz entfernt werden können. Komplex-Knoten werden grundsätzlich nicht entfernt, sie sollten in 2½D-Oberflächen eigentlich auch nicht vorkommen. Alle anderen Knoten werden geprüft, ob sie bestimmte Kriterien erfüllen. Liegt der Knoten auf der Grenze, wird die Höhe des Dreiecks berechnet, das der Grenzpunkt mit den benachbarten Grenzpunkten bildet (Abstand d in Abbildung 15-7d). Ist die Höhe des Dreiecks kleiner als ein vom Anwender vorgegebener Schwellenwert, wird der Punkt aus der Grenze entfernt.

Bei einfachen Knoten wird der Abstand zur Ebene der direkten Nachbarn bestimmt. Unterschreitet der Abstand einen vom Anwender vorgegebenen Schwellenwert, wird der Knoten entfernt. Da die Nachbarn selten in einer planaren Ebene liegen, werden die Koeffizienten der Ebenengleichung durch eine Mittelwertbildung ermittelt, zum Beispiel als Durchschnitt der Normalen nach dem Verfahren von Newell (Tampieri 1990). Eine Ausgleichskurve wäre auch denkbar, um den Abstand von der Ebene zu berechnen.

Liegt ein Knoten auf einer Objektkante, wird wie beim Grenzknoten der Abstand von der Geraden berechnet, auf der die Endpunkte der Objektkanten liegen. Wird der Schwellenwert unterschritten, kann der Knoten entfernt werden, vorausgesetzt, der Abstand von der Ebene der Nachbarn ist kleiner ist als der Schwellenwert für den Abstand. Eck-Knoten werden in der Regel nicht entfernt. Wenn die Dreiecke zwischen den Objektkanten sehr schmal sind, empfiehlt es sich manchmal, auch die Eck-Knoten zu löschen, um störendes Rauschen aufgrund von Mess- oder Rundungsfehlern zu eliminieren. Anschließend wird der dezimierte Satz von Punkten neu trianguliert, um die Lücken im TIN zu schließen und wieder ein Netz nach dem Delaunay-Kriterium zu erzeugen.

Anwendung auf kartographische Oberflächen

Die Anwendung des Dezimierungsverfahrens auf Oberflächen in 2½D erlaubt einige Verkürzungen. Komplex-Knoten kommen nicht vor. Im Normalfall sollten die Grenzen des Untersuchungsgebietes nicht verändert werden, deshalb bleiben Grenzknoten im TIN erhalten. In stetigen Oberflächen gibt es keine Objektkanten (oder es sollte keine geben), demnach auch keine Kanten- und Eck-Knoten.

Auf der anderen Seite müssen bei einer Interpolation mit TIN-Verdichtung die Ausgangspunkte der Oberfläche, eventuell auch Linien, als charakteristische Elemente der Oberfläche erhalten bleiben. Diese Punkte dürfen nicht mehr oder weniger zufällig gelöscht werden, wenn sie als einfache Knoten den Schwellenwert des Abstands unterschreiten. Durch eine zusätzliche Kennzeichnung der Punkte wird verhindert, dass sie mit Dezimierungsverfahren aus dem verdichteten TIN entfernt werden. Liegen die Punkte des Ausgangsmodells unstrukturiert vor, bleibt nichts anderes übrig, als durch Ausprobieren die passenden Schwellenwerte für die Definition der Objektkanten, den Abstand der Punkte von der Ebene und den Verbindungsgeraden zu finden.

Literatur

Chen ZT, Guevara A (1987) Systematic selection of very important points (VIP) from digital terrain model for constructing triangular irregular networks. In: Proceedings of AutoCarto 8, 57–67

Cignoni P, Montani C, Scopigno R (1998) A comparison of mesh simplification algorithms. Computers & Graphics 22(1)· February 1998, 37–54
http://www.researchgate.net/publication/220251455_A_comparison_of_mesh_simplification_algorithm (11/2015)

Douglas DH, Peucker TK (1973), Algorithms for the reduction of the number of points required to represented a digitized line or its caricature. The Canadian Cartographer, Vol. 10, No. 2, December 1973, 112–122

GARLAND M, HECKBERT PS (1997) Fast polygonal approximation of terrains and height fields. School of Computer Science, Carnegie Mellon University, CMU-CS-95

GARLAND M, HECKBERT PS (1998) Simplifying surfaces with color and texture using quadric error metrics. In: Proceedings of IEEE Visualization 98

HECKBERT PS, GARLAND M (1995) Survey of polygonal surface simplification algorithms. In: SIGGRAPH 97 Course Notes: Multiresolution Surface Modeling

LEE J (1991), Comparison of existing methods for building triangular irregular network models of terrain from grid digital elevation models. Int. J. of Geographical Information Systems, Vol. 5, No. 3, 267–285
http://gis.kent.edu/People/LeePapers/TINConvert.pdf (11/2015)

PLATINGS M, DAY AM (2004) Compression of large-scale terrain data for real-time visualization using a tiled quad tree. Computer Graphics Forum 23(2004), No. 4, 741–759

SAMET H (2006) Foundations of multidimensional and metric data structures. Morgan Kaufmann Publishers

SCHROEDER WJ (1997) A topology modifying progressive decimation algorithm. Proceedings of the 8th conference on Visualization '97, 205–212
http://dl.acm.org/ft_gateway.cfm?id=267059&ftid=38867&dwn=1&CFID=530249070&CFTOKEN=29990507 (11/2015)

SCHROEDER WJ, MARTIN, LORENSEN WE (1996) The visualization toolkit. An object-oriented approach to 3D graphics. Prentice-Hall

TAMPIERI F (1990) Newell's method for computing the plane equation of a polygon. In: KIRK D (ed.) Graphic Gems III. Academic Press, Boston, 231-232, 517–518

WOLF GW (1988) Generalisierung topographischer Karten mittels Oberflächengraphen. Dissertation, Universität Klagenfurt

WOOD J (2005) Landserf v2.2 documentation.
http://www.landserf.org (11/2015)

16 Kartographische Visualisierung

Die Visualisierung der Basisdaten und der Ergebnisse von räumlichen Anlysen und Modellrechnungen gehört zu den Grundfunktionen jedes Geo-Informationssystems und der Software. Die Karten sind beim Beginn des Forschungsprozesses Werkzeuge zur Gewinnung von ersten Erkenntnissen und Einsichten zu den räumlichen Prozessen. Nach Abschluss des Projektes sollen die Karten die Ergebnisse der Analysen graphisch dokumentieren. Die Visualisierung verbessert die Information über neue Erkenntnisse aus den Analysen, für die wissenschaftliche Gemeinschaft wie auch für die Öffentlichkeit. Insbesondere die Entscheidungsträger in Politik und Verwaltung erhalten damit bessere Grundlagen zum politischen und administrativen Handeln.

Darstellung von Oberflächen

In den folgenden Kapiteln werden Methoden und Techniken für die Visualisierung der kartographischen Oberflächen beschrieben, zum Beispiel für die gewohnten planaren Karten in Aufsichtsprojektion, als perspektivische Zeichnungen, in Stereogrammen und als reale dreidimensionale Modelle. Die letztere Darstellungstechnik hat mit der Entwicklung von 3D-Farbdruckern für professionelle Anwendungen an Aktualität gewonnen. Mit der Farbe als visueller Variable ist eine wesentliche Voraussetzung für die Nutzung des 3D-Drucks für kartographische Anwendungen erfüllt. Die 3D-Farbdrucker sind zunehmend preiswerter geworden, so dass sich auch für kleinere Betriebe die Anschaffung eines Farbdruckers und die Fertigung von farbigen 3D-Modellen rechnet.

Wenn neue technische Verfahren genutzt werden sollen, wie etwa der 3D-Druck, sind Spezialprogramme über die Standardprogramme ArcGIS und Surfer hinaus notwendig. Die Anbieter von GIS-Software sind aus wirtschaftlichen Gründen nicht immer in der Lage, mit dem technischen Fortschritt zeitnah Schritt zu halten, um zum Beispiel neue Visualisierungstechniken zu implementieren. Die unterschiedlichen Längen der Innovationszyklen in der Informationstechnik sind mit eine Ursache für die Verzögerungen in der Anwendung von Neuerungen. Bis integrierte Lösungen in den Standard-Paketen zur Verfügung stehen, muss man sich mit Brücken für den Übergang zwischen spezialisierten

Programmen zufrieden geben, etwa für die Konvertierung von Dateiformaten und die Generierung von Steuerungsanweisungen.

Graphische Semiologie

Der Beschreibung der Darstellungsformen für kartographische Oberflächen sollen einige grundsätzliche Anmerkungen zur Visualisierung, speziell in Karten, und der Wirkung der visuellen Variablen vorangehen. BERTIN (1967) kommt das Verdienst zu, zum ersten Mal eine systematische Beschreibung der Funktion der graphischen oder visuellen Variablen für ihre Nutzung in Karten und allgemein in graphischen Darstellungen formuliert zu haben. Mit der deutschen Übersetzung der *Graphischen Semiologie*, erschienen 1974, wurden die Überlegungen Bertins den Kartographen im deutschsprachigen Raum besser zugänglich. Eine spätere Kurzfassung (1982) erleichterte den Zugang zu der nicht immer einfachen Begriffswelt von Bertin.

Zuerst nicht wahrgenommen oder angefeindet, sind die Überlegungen Bertins inzwischen allgemein anerkannt und wurden weiterentwickelt. Seine Verdienste um die theoretischen Grundlagen nicht nur der kartographischen Visualisierung wurden 1993 mit der Verleihung der Mercator-Medaille der Deutschen Gesellschaft für Kartographie gewürdigt.

Der theoretische Rahmen für die kartographische Darstellung ist wie für andere Darstellungsformen die Graphische Semiologie (BERTIN 1967; Begriffe nach der deutschen Ausgabe von 1974). Gegenüber anderen Systematiken für graphische Zeichen und die Übermittlung von Informationen in Karten hat die Graphische Semiologie unter anderem den Vorteil, daß das Theoriegebäude aus praktischen Erfahrungen mit Graphiken logisch konsistent abgeleitet ist. Nach Überwindung der Schwierigkeiten mit der ungewohnten Nomenklatur läßt sich die Deduktion gut nachvollziehen. In diesem Kontext sind zwei Punkte besonders wichtig:

- die Stufen der Erfassung beim Lesen einer Karte,
- die Funktion und Wirkung der visuellen Variablen.

Wie in jedem System enthält die Graphische Semiologie einige Aussagen, über die man sich streiten kann. MULLER (1981) weist zum Beispiel darauf hin, daß die Wirkung der visuellen Variablen zum Zeitpunkt der Veröffentlichung nicht ausreichend experimentell überprüft war. Das ist möglicherweise einer der Gründe für die zögernde Aufnahme der Erkenntnisse von Bertin in Nordamerika.

Seit dem Erscheinen der deutschen Übersetzung der *Graphischen Semiologie* im Jahr 1974 hat die Anwendung von rechnergestützten Techniken in der Kartographie erheblich zugenommen. In der kürzeren und mehr praxisorientierten Fassung von 1982 konnten einige Gesichtspunkte stärker berücksichtigt werden, die sich aus der weiter zunehmenden Anwendung der Informationstechnik in der Kartographie ergaben (BERTIN & SCHARFE 1982).

Die Stufen der Erfassung

Bertin definiert drei Stufen der Erfassung von Graphiken und Karten. Die Ausführungen beziehen sich auf alle Arten von Graphiken. Sie werden hier der Deutlichkeit halber nur auf Karten angewendet.

1. **Die elementare Stufe des Erfassens:** Das Interesse des Lesers konzentriert sich auf eine Bezugseinheit und ihre Ausprägung. Diese Stufe könnte man mit der Frage kennzeichnen, die ein Volksvertreter gewöhnlich stellt: „Welchen Wert hat mein Wahlkreis?". Die Karte hat allein die Funktion des Datenspeichers. Die Information kann mindestens so gut oder sogar präziser aus einer Tabelle abgelesen werden.

2. **Die mittlere Stufe des Erfassens:** Es wird eine Beziehung zwischen mehreren Elementen oder Werten hergestellt. Analog zur ersten Stufe wäre die Frage dann „Wie steht mein Wahlkreis da im Vergleich mit den benachbarten Wahlkreisen?". Zur Einordnung der sachlichen Information tritt die geometrische und topologische Information (Nachbarschaft) hinzu. Diese Kombination ist in einer Tabelle möglich, aber schwieriger.

3. **Die obere Stufe des Erfassens oder Gesamterfassung:** Das Interesse gilt der gesamten Verteilung der Bezugseinheiten und ihren Ausprägungen im Untersuchungsgebiet. Die Frage könnte hier lauten: „Welche Wahlkreise haben die höchsten, welche die tiefsten Werte?". Alle Raumbezüge sind in der Karte präsent und können auf einen Blick erfaßt werden. Dazu kommen zusätzliche Informationen, die der Leser als Vorwissen schon gespeichert hat, wie zum Beispiel die Lage einer Bezugseinheit (Begriffspaar zentral – peripher) oder ihre grobe Einordnung in die Siedlungsstruktur (Ballungsraum – ländlicher Raum).

Für die wissenschaftliche Analyse von raumbezogenen Phänomenen und für die Vorbereitung von planerischen Entscheidungen ist die obere Stufe des Erfassens notwendig. Das graphische Bild der Karte sollte den Leser nach Möglichkeit zur Gesamterfassung hinführen. Die Modellierung und Darstellung der thematischen Informationen als Oberflächen ist eine mögliche Strategie zur Erreichung dieses Ziels. Die Grenzen der Bezugseinheiten sind nicht durch Unstetigkeiten sofort erkennbar, wie etwa in Choroplethen-Karten. Deshalb wird der Betrachter eher zur dritten Stufe hingeführt, so jedenfalls die Erwartung der Kartenentwerfer.

Funktion der visuellen Variablen

Die Graphische Semiologie liefert ein System für die Funktion und Wirkung der graphischen oder visuellen Variablen. Die visuellen Variablen setzen die geometrischen und fachlichen Informationen in graphische Zeichen um. Das Modell der realen Welt, das in der Karte transkribiert wird, ist meistens in einem Geo-Informationssystem abgespeichert. Die graphische Repräsentation des Modells ist leichter erfaßbar und im Gedächtnis speicherbar als eine verbale oder numerische Repräsentation (Text oder Tabelle). Aufgrund der leichten Erfassbarkeit können die Wirkungsbeziehungen zwischen den Objekten und ihren Ausprägungen besser analysiert werden. Die Analyse soll die Kausalketten für die Interaktionen in Raum und Zeit aufdecken. Die Kausalketten ermöglichen Modellrechnungen und letztlich Handlungsanleitungen für die Veränderung der Raumstruktur hin zu einem gewünschten Zustand in der Zukunft.

Bertin unterscheidet sieben graphische oder visuelle Variablen:

- die Dimensionen des Kartenblatts,
- Größe,
- Helligkeit,
- Textur,
- Farbe,
- Orientierung,
- Form.

Die Dimensionen des Kartenblatts werden zum Beispiel bei kartographischen Anamorphosen als visuelle Variable genutzt (RASE 1992). Die häufigste Form der Anamorphosen sind Karten gleicher Dichte: die Flächen der Bezugseinheiten werden so verändert, daß sie proportional zu einer Variable werden, unter Beibehaltung der topologischen Bezüge im Grenznetzwerk. Die Wirkung der Anamorphosen auf den Kartenleser beruht im wesentlichen darauf, daß Veränderungen gegenüber einer als konstant betrachteten geometrischen Konfiguration ins Auge fallen. Das Grenznetzwerk in seiner „normalen" Ausprägung muss entweder bekannt (im Gedächtnis abgespeichert) oder der Anamorphose direkt räumlich gegenübergestellt sein, um den Überraschungseffekt auszulösen (Beispiele in BBSR 2010).

BURGDORF (2008, 2009) hat vorgeschlagen, die im Englischen für diese Darstellungsform übliche Bezeichnung *cartogram* (TOBLER 1994) ins Deutsche zu übernehmen. Der Begriff *Kartogramm* ist in der älteren kartographischen Literatur mit einer anderen Bedeutung belegt, aber Lehrbücher erwähnen den Begriff auch in Zusammenhang mit kartographische Anamorphosen (HAKE et al. 2002). In neueren Veröffentlichungen aus der Informatik zu diesem Thema wurde gleich der Begriff *Kartogramm* verwendet und die kartographischen Konventionen ignoriert (PANSE 2005).

Farb-Muster-Variablen

Die Variablen mit Ausnahme der geometrischen Dimensionen werden als Farb-Muster-Variablen zusammengefaßt. Die Farb-Muster-Variablen werden mit vier grundsätzlichen Eigenschaften, Organisationsniveaus oder Arten von Skalen für die Transkribierung von Informationen in Beziehung gesetzt:

- **selektiv oder trennend**: Typen; Nominalskala;
- **assoziativ oder verbindend**: Gruppen und Verwandtschaften;
- **geordnet**: geordnete Reihe; Ordinalskala;
- **quantitativ**: quantitative Reihe; Kardinalskala.

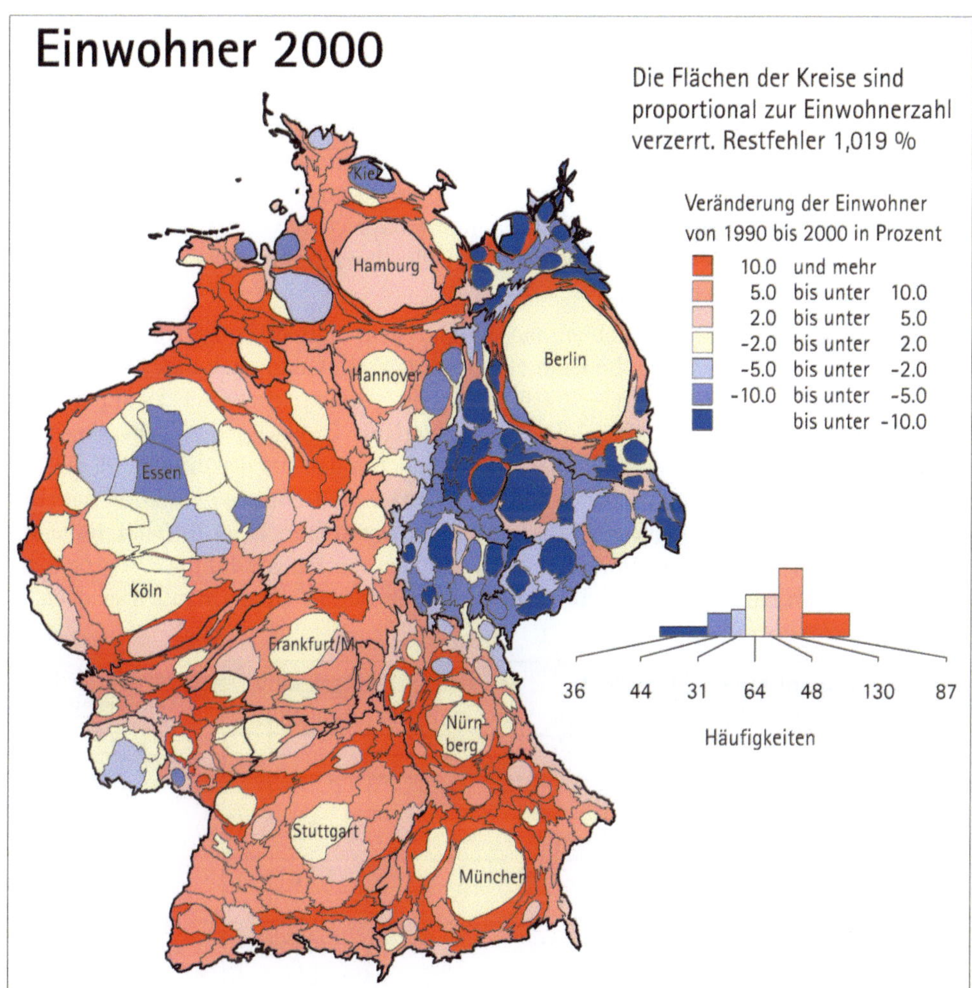

Abbildung 16-1
Kartogramm. Die Flächengrößen sind proportional zu Zahl der Einwohner im Kreis.

In einer Karte sind zum Beispiel Bodenarten dargestellt. Die Bodenarten sind nicht in eine Reihenfolge zu bringen, sie sind Typen in einer Nominalskala. Möglicherweise können manche Typen aufgrund ihrer Genese oder ihrer Eigenschaften zu Gruppen zusammengefaßt werden. Die visuellen Variablen für die Repräsentation der Typen sollen diese Verwandtschaft und die Zugehörigkeit zu einer Gruppe ausdrücken, etwa durch eine ähnliche Flächensignatur oder nahe verwandte Farben.

Die Klassen in einer Choroplethen-Karte mit der Bevölkerungdichte bilden eine Reihenfolge von einer niedrigen zu einer hohen Dichte. Die Ordnung muß durch die visuelle Variable ausgedrückt werden (das Wort *geordnet* müßte eigentlich *ordnend* heißen, aber wir bleiben bei der eingeführten Bezeichnung). Die Klassen erlauben aber keine Aussage über den exakten Abstand der Werte für die Bezugseinheiten auf einer kontinuierlichen Skala. Die Klassen sind eine Generalisierung der quantitativen Reihe, eine Verdichtung der Information zur Erleichterung der Erfassung und Speicherung. Zur graphischen Wiedergabe der quantitativen Reihe muß eine visuelle Variable gewählt werden, die eine Kardinalskala transkribieren kann.

Ordnet man die visuellen Variablen nach ihren Eigenschaften für die Transkribierung, erhält man eine gut merkbare Tabelle. In einigen Fällen muß man noch unterscheiden, ob es sich um ein punkt-, linien- oder flächenförmiges geometrisches Objekt handelt. Aus der Tabelle geht hervor, daß allein die visuelle Variable Größe für die Transkribierung einer quantitativen Reihe benutzt werden darf. Man kann darüber diskutieren, ob die Variable *Form* lediglich assoziativ wirkt und nicht auch eine trennende Funktion hat. Der Übergang zwischen den Variablen *Helligkeit* und *Textur* ist manchmal fließend. Im Laufe der Diskussion der Darstellungsformen für Oberflächen werden wir auf die Wirkung einiger visueller Variablen zurückkommen und sie an den Beispielen anschaulich machen.

visuelle Variable	Quantitativ Kardinalskala	Geordnet Ordinalskala	Selektiv Nominalskala	Assoziativ Ähnlichkeit
Größe	Q	G	S	
Helligkeit		G	S	
Muster		G	S	A
Farbe			S	A
Richtung			S*	A
Form				A

Tabelle 16-1
Gliederungsstufen der visuellen Variablen.
* : nur bei Linien und Punkten

Test zur korrekten Anwendung der visuellen Variablen

Im großen und ganzen lassen sich die den visuellen Variablen zugeordneten Eigenschaften relativ einfach überprüfen. Zur Verifizierung der korrekten Anwendung der visuellen Variablen in einer Karte kann man folgenden Test durchführen: Man deckt in der Karte die Legende ab, also die graphische Erklärung der Transkribierung durch die visuelle Variable. Bei einer geordneten Reihe, etwa in einer Choroplethen-Karte, läßt man von unbefangenen Personen die Einheiten mit den niedrigsten und höchsten Werten raten. Unbefangen bedeutet hier: ohne Vorwissen zum Inhalt der Karte, so dass man auch den Titel abdecken sollte. Bei einer quantitativen Reihe ersetzt man die relativen Operatoren *größer* oder *kleiner* durch einen quantitativen Vergleich, etwa *viermal so groß* oder *halb so groß*. Ist die Reihung oder Größenschätzung der Bezugseinheiten durch die befragten Personen generell korrekt, ist die Wahrscheinlichkeit groß, dass die visuellen Variablen richtig angewendet wurden.

Erhöhung der Redundanz

Im Prinzip sind alle Farb-Muster-Variablen miteinander kombinierbar. Diese Möglichkeit kann dafür genutzt werden, mehr als drei Dimensionen (Bezugsebene plus Höhe) in einer Karte zu transkribieren. Bei sechs visuellen Variablen kommt man theoretisch auf acht Dimensionen. Die Erfahrung zeigt aber, daß der Mensch als vierdimensional geprägtes Wesen (Raum plus Zeit) Schwierigkeiten bei der simultanen Erfassung und Verarbeitung von mehr als vier Dimensionen hat. Schon bei der vierten Dimension, der Zeit, hat fast jeder Kartenleser Probleme, den Inhalt in der Karte und seine Veränderung über die Zeit zu erfassen. Die fünfte Dimension in der Karte geht möglicherweise schon verloren, wenn nicht sehr distinktive visuelle Variablen zur Anwendung kommen.

Deshalb ist es besser, die Kombinationsfähigkeit der visuellen Variablen zur Erhöhung der Redundanz in der Informationsübermittlung zu nutzen. Eine Komponente (thematische Variable) kann simultan durch mehrere visuelle Variablen transkribiert werden. Dadurch werden die visuellen Kontraste zwischen den Stufen der Farb-Muster-Variablen verstärkt und die selektive Wirkung erhöht (BERTIN 1974). Die Karte wird besser erfassbar, weil die Unterschiede zwischen den Ausprägungen der Komponente gut sichtbar sind. An einigen Beispielen wird später gezeigt, wie die Kombination von visuellen Variablen zur Erhöhung der Redundanz und zur Verbesserung der Erfassbarkeit von immateriellen Oberflächen genutzt werden kann.

Visuelle Kontrolle als Arbeitsmittel bei der Analyse

Karten sind wichtige Arbeitsmittel während des Forschungsprozesses und nicht nur eine Option zur abschließenden Dokumentation der Ergebnisse. Das ist erst möglich geworden durch die verminderten Kosten bei der rechnergestützten Herstellung der Karten. Vielleicht wäre manches Modell oder der eine oder andere Indikator anders definiert worden, wenn zum einem früheren Zeitpunkt der Analyse geeignete Werkzeuge zur schnellen und preiswerten Visualisierung der Daten und der ersten Ergebnisse eingesetzt worden wären.

Literatur

BBSR (2010) Deutschland anders sehen - Atlas zur Raum- und Stadtentwicklung. Analysen Bau.Stadt.Raum, Band 2, Bundesinstitut für Bau-, Stadt- und Raumforschung, Bonn

BERTIN J (1967) Sémiologie Graphique. Mouton, Paris

BERTIN J (1974) Graphische Semiologie. Diagramme, Netze, Karten. de Gruyter, Berlin

Bertin J, Scharfe W (Bearb.) (1982) Graphische Darstellungen und die graphische Weiterverarbeitung der Information. de Gruyter, Berlin

Burgdorf M (2008) Verzerrungen von Raum und Wirklichkeit in der Bevölkerungsgeographie. Kartographische Nachrichten, Heft 5/08, 234–242

Burgdorf M (2009) Kartogramme: aus der Form geraten oder auf den Punkt gebracht? Informationen zur Raumentwicklung, Heft 10/11.2009, 689–699
http://www.bbsr.bund.de/BBSR/DE/Veroeffentlichungen/IzR/2009/10_11/Inhalt/DL_Burgdorf.pdf?__blob=publicationFile&v=2 (11/2015)

Hake G, Grünreich D, Meng L (2002) Kartographie. Visualisierung raum-zeitlicher Informationen. 8. vollständig neu bearbeitete und erweiterte Auflage. de Gruyter, Berlin

Muller JC (1981) Bertin's theory of graphics: a challenge to North American thematic cartography. Cartographica, Vol 18, No. 3, 1–8

Panse C (2005) Visualisierung geographie-bezogener Daten mit Hilfe von Kartogrammen. Dissertation, FB Informatik, Universität Konstanz

Rase WD (1992) Kartographische Anamorphosen. Kartographische Nachrichten, Juni 1992, Heft 3, 99–105
http://www.wdrase.de/Anamorphosen-KN31992.pdf (11/2015)

Tobler WR (1994) Thirty five years of computer cartograms. Annals of the AAG, 1994/1, 58–73
http://www.geog.ucsb.edu/~tobler/publications/pdf_docs/Thirty-Five-Years-of-computer-cartograms.pdf (11/2015)

17

17 Isolinien und Isoplethen

Linien gleichen Wertes, genannt *Isolinien* oder *Isarithmen*, sind die am häufigsten verwendete Darstellungstechnik für Oberflächen und Kontinua, vor allem in Karten mit physikalischen Daten. Die bekanntesten Beispiele für Isolinien sind *Isohypsen* (Linien gleicher Höhe über der Erdberfläche), *Isobaren* (Luftdruck), *Isohyeten* (Niederschlag), *Isothermen* (Temperatur), *Isochronen* (Zeitaufwand oder -entfernung), *Isoklinen* und *Isogonen* (erdmagnetische Inklination), *Isohelien* (Sonnenscheindauer) oder *Isobasen* (tektonische Hebung). Mehr als 150 Bezeichnungen, benannt nach dem dargestellten Kontinuum, werden in der Literatur verwendet (HAKE et al., http://de.wikipedia.org/wiki/Isolinie).

Die manuelle Konstruktion und Zeichnung von Isolinien ist aufwendig und fehleranfällig. Das Interesse an der rechnergestützten Konstruktion war deshalb aus wirtschaftlichen Gründen immer sehr groß, nicht nur in der Kartographie. Eine der ersten Veröffentlichungen zur Automatisierung der Isolinen-Zeichnung bezog sich nicht auf die Erdoberfläche, sondern auf die Darstellung von Messwerten aus der kristallographischen Strukturanalyse mit Röntgenstrahlen (DAYHOFF 1963). Die Kostenvorteile der rechnergestützten Zeichnung von Isolinien waren so erheblich, dass vor allem Großanwender wie die Wetterdienste schon in der ersten Hälfte der sechziger Jahre ihre Isolinien-Karten mit Rechnerunterstützung produzierten, trotz des damals noch sehr hohen Investitionsaufwandes für Computersysteme, rechnergesteuerte Zeichengeräte und die Programmierung.

Die häufige Verwendung der Isolinien für die Visualisierung jedes dreidimensionalen Kontinuums hat dazu geführt, dass die Modellierung und Darstellung von Oberflächen fälschlich unter Isolinien-Darstellung subsumiert wird, so zum Beispiel im Titel des Buches von WATSON (1992). Die logische Trennung zwischen Erzeugung einer Oberfläche – etwa durch Interpolation – und der Visualisierung der Oberfläche muss eingehalten werden. Isolinien sind die bekannteste, aber nicht die einzige Technik zur Oberflächen-Darstellung. Die Modellierung von Oberflächen allein durch Isolinien ist zwar möglich, sie ist aber nur eine Option im gesamten Spektrum der Darstellungstechniken.

Wenn der Raum zwischen den Isolinien mit einer Flächensignatur ausgefüllt wird, spricht man von *Isoflächen, Isoplethen* oder *Schichtflächen*. Die Signatur ist in der Regel ein Farbton, es kann aber auch eine Schraffur oder ein Muster sein.

Identifizierung der Isolinien–Höhen

Eine Isolinie ist die Schnittlinie (Spur) der Oberfläche mit einer Ebene parallel zur Bezugsebene (Isolinien-Niveau). Der Verlauf einer Isolinie allein reicht noch nicht aus, um die Gestalt der Oberfläche reproduzieren zu können. Der Wert der Isolinie (das Niveau der Schnittfläche) muss eindeutig erkennbar sein. Für die Höhenangabe stehen mehrere Möglichkeiten zur Verfügung, die je nach Anwendungsfall und Kartengraphik eingesetzt werden können.

Höhenwerte an den Isolinen

In den Isohypsen auf den topographischen Karten sind die Höhenwerte als Zahlen in die Linien eingezeichnet. Zusätzlich wird eine einfache Liniensignatur (gestrichelte oder gerissene Linie) als Unterscheidungsmerkmal benutzt, insbesondere dort, wo Isohypsen dicht geschart sind. Auf den topographischen Karten sind viele andere Linien vorhanden, die aufgrund ihrer Signatur eindeutig unterschieden werden müssen, etwa Grenzen, Verkehrslinien oder Fließgewässer. Deshalb hat man keine große Auswahl für die Signatur der Isohypsen; die eingetragenen Zahlen müssen genügen.

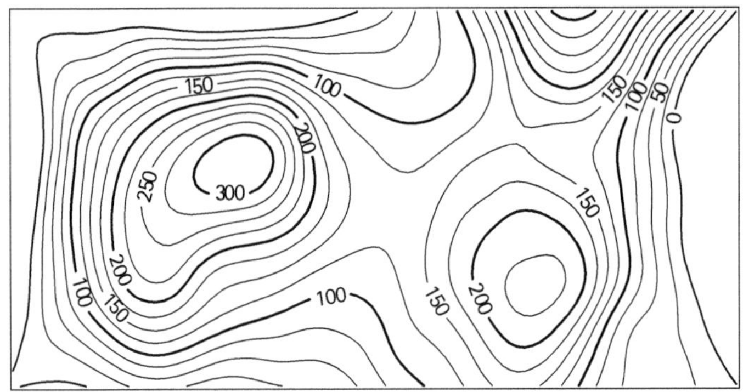

Abbildung 17-1
Isolinien im Abstand 25.
die Linien modulo 50
sind etwas dicker und mit
Zahlenwert versehen.

Isolinien mit unterschiedlicher Breite

In thematischen Karten für die Raumanalyse und Raumplanung sind in der Regel weniger linienförmige Objekte als auf topographischen Karten abgebildet. Deshalb können die Isolinien zur Darstellung der Oberfläche besser unterscheidbar gemacht werden. Im Prinzip stehen alle auf Linien anwendbaren visuellen Variablen zur Verfügung. Die Isolinie, beziehungsweise ihr Wert, wird durch visuelle Variablen transkribiert, die eine schnelle, sichere und eindeutige Identifizierung ermöglichen. Das Isolinien-Niveau wird zum Beispiel durch die Variable *Größe* kodiert, bei Linien durch die Breite. Die Breite der Isolinie

Abbildung 17-2
Isolinien mit antiproprotionaler Breite: je höher, desto dünner

verändert sich mit der Höhe der Isolinien-Niveaus. Abbildung 17-2 ist ein Beispiel für eine Oberflächendarstellung durch Isolinien mit unterschiedlicher Breite. DiBiase et al. (1994) haben diese Art der Darstellung *weighted isolines* genannt und systematisch untersucht. Die Autoren kommen zu dem Ergebnis, dass die gewichteten Isolinien die intuitive Erfassung von Oberflächen erleichtert.

Die Liniendicke in Abbildung 17-2 ist antiproportional, sie folgt also dem Prinzip „je höher, desto dünner". Eine direkte Proportionalität (je höher, desto dicker) wäre genauso möglich. Die Antiproportionalität wurde gewählt, weil breite Linien eher mit *Schwere, Tiefe* oder *Fundament,* dünne Linien eher *Leichtigkeit* oder *Höhe* assoziiert werden. Die Frage, ob die Proportionalität oder die Antiproportionalität die bessere Lösung ist, kann nicht generell beantwortet werden. Auf jeden Fall sollen die Linien aufgrund ihrer unterschiedlichen Breite unterscheidbar sein und die Reihenfolge eindeutig erkennen lassen.

In den meisten Fällen genügt eine gut erkennbare Abstufung in der Breite, die nicht unbedingt linear proportional zur Höhe sein muss. Die einigermaßen korrekte Abschätzung der Proportionen aufgrund der Linienbreite fällt den meisten Kartenbenutzern eher schwer. Die genaue Messung der Linienbreite zur Ermittlung der Höhe, etwa mit einer Messlupe, wird in der praktischen Anwendung sicher äußerst selten angewendet werden. In thematischen Karten wird man eher die Legende konsultieren als die Höhe aus der Linienbreite zu bestimmen.

Zusammengesetzte Liniensignaturen

Eine gut erkennbare und unterscheidbare Liniensignatur dient dem Ziel der optimalen Vermittlung der kartographischen Information möglicherweise besser als eine exakt proportionale Linienbreite. Nach den Regeln der Graphischen Semiologie erhöht die Kombination von visuellen Variablen die Redundanz der Information: Die Wiedererkennung der Isolinien bzw. ihrer Höhe wird erleichtert und die intuitive Erfassung der Karte verbessert. Die Bedeutung der visuellen Variablen muss aus der Legende erkennbar sein. Ein Beispiel für die Kombination von graphischen Variablen in einer Liniensignatur ist die Abbildung

17-3. Die Isolinien-Niveaus werden anhand einer Legende zugeordnet. Die Linien erscheinen mit zunehmender Höhe visuell breiter.

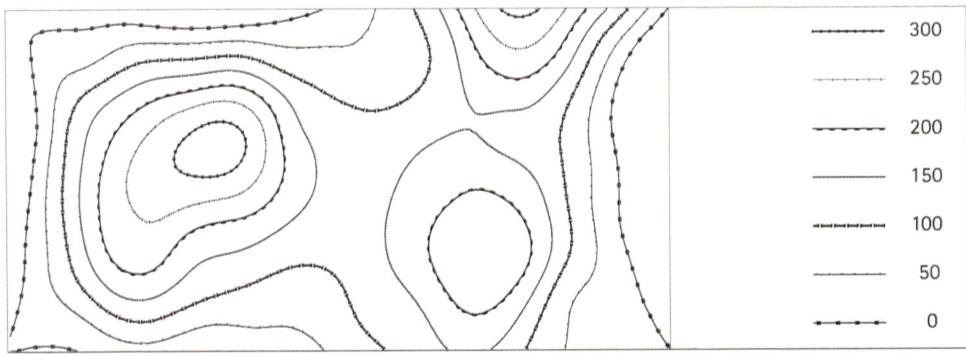

Abbildung 17-3
Isolinien-Darstellung mit Liniensignaturen

Isoflächen oder Schichtflächen

Eine Erweiterung der Darstellung durch Isolinien sind die *Isoplethen, Isoflächen oder Schichtflächen.* Die Fläche zwischen zwei benachbarten Isolinien wird mit einer Farbe oder Signatur ausgefüllt. Die Flächenfüllung repräsentiert einen Wertebereich oder eine Klasse, die Gesamtheit der Füllungen eine geordnete Reihe (Höhenklassen). Aufgrund der verhältnismäßig großen Füllflächen ist die Identifizierung der Wertebereiche sehr einfach und einprägsam (Abb. 17-4). Die geordnete Reihe (die Höhenklassen oder Schichten der Oberfläche) muss durch eine dafür geeignete graphische Variable abgebildet werden.

Abbildung 17-4
Isoplethen (Schichtflächen) in Kombination mit Isolinien im Abstand von 50 Einheiten, ergänzt durch die Höhenangabe bei den Vielfachen von 100. Die Isoplethen sind durch Farbstufen mit zunehmender Intensität kodiert.

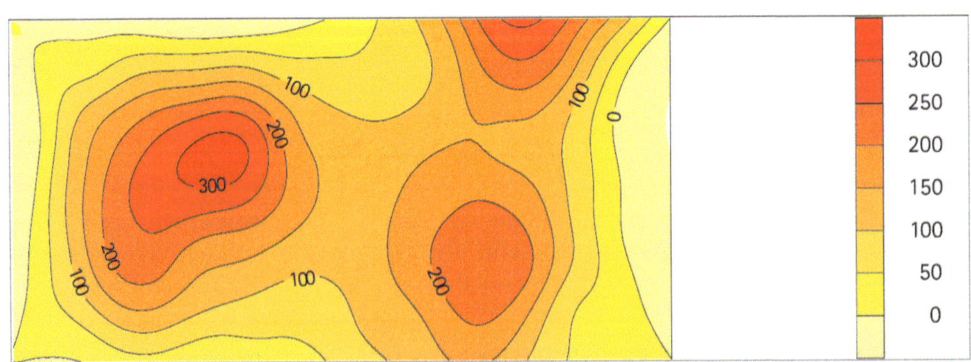

Für die farbliche Kennzeichnung der Höhe der Erdoberfläche in verschiedenen Maßstäben zählt Imhof (1965) mehr als dreizehn Typen auf. Sie reichen von einer kontrastierenden Farbfolge (gänzlich ungeeignet im Urteil von Imhof), Helligkeitsstufen („je höher, desto heller" oder „je höher, desto dunkler") bis zu mehreren Variationen der Spektralfarben-Skala. In vielen dieser Farbskalen wird, bewusst oder unbewusst, von Farbassoziationen oder „Erinnerungsprojektionen" (Imhof 1965) Gebrauch gemacht. Eine Erinnerungsprojektion entspricht der alltäglichen Erfahrung mit dem Wasserhahn: kaltes Wasser wird durch Blau signalisiert, warmes Wasser durch Rot. Sollte einmal der Installateur die Farben verwechselt haben, kann es zu schmerzhaften Erfahrungen beim Öffnen des Wasserhahns kommen. Die Reihenfolge der Spektralfarben, wie in einem Regenbogen, ist ebenfalls eine Erfahrung aus dem Alltag, wenn auch etwas seltener als mit dem Wasserhahn.

Großen Einfluss auf die Gestaltung von Karten der Oberflächenform hatte die Farbskala von Peucker (1898), im wesentlichen eine modifizierte Spektralfarben-Skala. Nach Imhof (1965) ist die theoretische Begründung von Peucker für die Farbstufen „eine seltsame Mischung richtiger Erkenntnisse mit Irrtümern und argen Verschrobenheiten". Diese *Farbenplastik* und ihre Variationen wurde vor allem durch ihre Verwendung in Schulatlanten bekannt.

Nach den Regeln der Graphischen Semiologie (Bertin 1974) kommen für die Transkription einer geordneten Reihe nur die Variablen *Helligkeit* oder *Muster* in Betracht. Die Variable *Farbe* allein kann keine geordnete Reihe transkribieren, entgegen einer weitverbreiteten Auffassung („Flächenfarben für sich allein erscheinen weder hoch noch tief" (Imhof 1965). Einige der bei Imhof angeführten Skalen nutzen neben den Farbassoziationen auch den Effekt, dass manche Farben, etwa Gelb, als heller empfunden werden als andere, etwa Blau, Violett oder Braun. Wenn die Isolinien keine Höhenwerte tragen, ist eine Legende für die Farbflächen notwendig.

Multidimensionale Isoliniendarstellung

Mehrere Farb-Muster-Variablen können mehrere Variablen getrennt transkribieren. Oberflächen sind quantitative Variablen, deshalb wird die Breite der Isolinie als zweite visuelle Variable zur Darstellung einer zweiten Oberfläche genutzt. Die Variation der Linienbreite im Verlauf der Isolinie (Größe in linienhafter Implantation, Bertin 1974) ist proportional zur Höhe einer zweiten Oberfläche. Damit lassen sich vier Dimensionen nur mit Isolinien darstellen.

Die Höhe der Oberfläche in Abbildung 17-5 ist proportional zur Nähe zum nächstgelegenen Datenpunkt („Konfidenz-Oberfläche"). Die Isolinien sind die Linien gleichen Höhenwertes. Zur Verdeutlichung wurde die Oberfläche mit einem proportionalen Schwärzungsgrad (je höher, umso dunkler) dargestellt. Die Oberfläche ist die kontinuierliche Variante des Voronoi-Diagramms, das aufgrund der hellen Linien in der Oberfläche aufscheint. Die zweite Oberfläche ist gleich dem Abstand eines Interpolationspunktes zum nächsten Datenpunkt. Diese Oberfläche wird durch die Breite der Isolinien transkribiert.

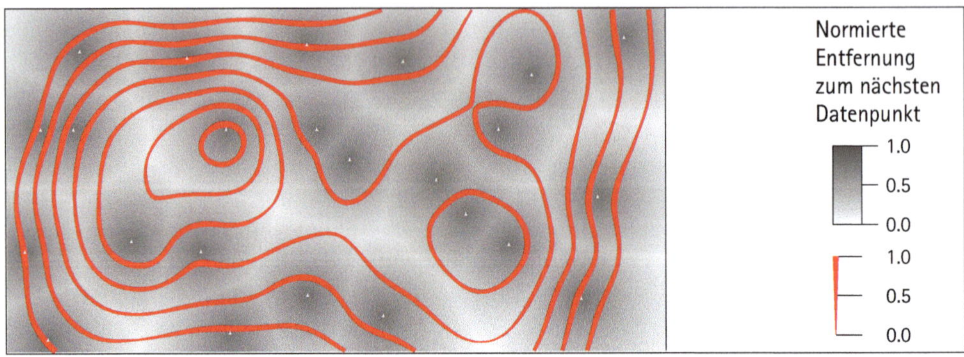

Abbildung 17-5
Darstellung der 4. Dimension durch die Linienbreite

Je näher die Isolinie an einem Stützpunkt liegt, umso breiter ist die Linie. Die Breite ist ein Maß für die Vertrauenswürdigkeit des z-Wertes an diesem Punkt.

Diese Erweiterung der Isolinien-Darstellung geht auf einen Vorschlag von IMHOF (1965) zurück, den mittleren Lagefehler einer Isohypse durch ein Band mit variabler Breite entlang der Isolinie darzustellen. Solche Lagefehler entstehen zum Beispiel durch Messfehler bei der Datenerfassung oder aufgrund des Interpolationsverfahrens. Die manuelle Zeichnung von variabel breiten Isolinien ist so aufwendig, dass sie aufgrund der hohen Personalkosten sehr selten genutzt wurde. Dieses Hindernis ist bei der rechnergestützten Lösung beseitigt.

Durch Kombination der graphischen Variablen allein für die Isolinien kommt man theoretisch auf fünf Dimensionen. Die Länge der verbalen Beschreibung und die Zeit, die man für die Erfassung der Abbildung 17-5 aufwenden muss, sind Indikatoren dafür, dass diese Technik der multidimensionalen Darstellung nicht notwendigerweise die kartographische Kommunikation verbessert. Die Kombination von mehreren visuellen Variablen sollte vor allem dazu genutzt werden, die Redundanz in der Transkribierung einer Variable zu erhöhen. Das primäre Ziel ist die Verbesserung der Lesbarkeit und Erfassbarkeit der Karte. Die Darstellung von mehr als einer Oberfläche sollte sich auf die Fälle beschränken, bei denen eine eindeutige Korrelation zwischen zwei oder mehr Variablen verdeutlicht werden soll. In allen anderen Fällen ist es besser, zwei oder mehr Karten für zwei oder mehr Oberflächen zu zeichnen.

Verwandte der Isolinien-Darstellung

Wenn viele Isolinien-Niveaus in relativ geringem Abstand die Oberfläche schneiden, entsteht ein räumlicher Eindruck der Oberflächenform. Es sieht so aus, als wäre die Oberfläche mit einer Lichtquelle im Zenit beleuchtet (Abb. 17-6). Dieser Effekt rührt daher, dass an den steileren Hängen die Isolinien dichter geschart sind als an den mehr ebenen

Flächen. Die durchschnittliche Schwärzung der Hänge ist größer als die der Ebenen. Diese Verteilung der Helligkeit entspricht ungefähr einer Beleuchtung der Oberfläche von oben, verdeutlicht durch die Darstellung der Halbkugel rechts neben der Oberfläche. Der plastische Eindruck bei den dichten Isolinien ist ein zufälliger Effekt.

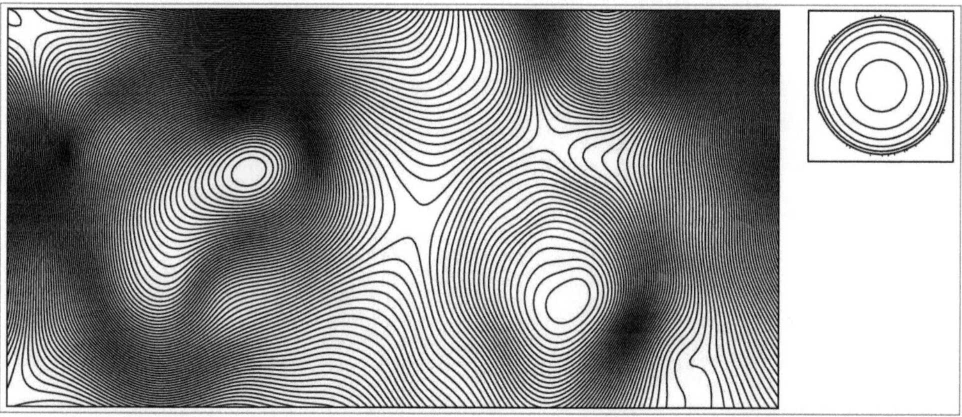

Abbildung 17-6
Helligkeitsvariation durch enge Scharung der Isolinien

Man muss bei der Darstellung mit Isolinien immer im Gedächtnis behalten, dass Werteklassen abgebildet werden, die das Modell vereinfachen oder generalisieren. Die Generalisierungsfunktion ist ein Vorteil der Isoliniendarstellung, aber auch ein Nachteil, wenn die geringfügigen lokalen Variationen in der Oberfläche zwischen den Wertgrenzen sichtbar gemacht werden sollen.

Schräge Schnittflächen

Die logische Fortführung der Helligkeitsvariation durch dichte Scharung der Isolinien ist das Verfahren der schrägen Schnittflächen. Eine Oberfläche wirkt viel plastischer, wenn das Licht schräg einfällt. Um den Effekt der Schrägbeleuchtung zu erreichen, schneidet man die Oberfläche mit Ebenen, die nicht parallel zur Bezugsebene wie bei „richtigen" Isolinien, sondern senkrecht zur Lichtquelle orientiert sind. Die Normale der Schnittebenen ist parallel zur Einfallsrichtung der Lichtstrahlen.

Die Dichte der Linien ist auf den der Lichtquelle zugewandten Hängen geringer als an den der Lichtquelle abgewandten Hängen. Dadurch entsteht der visuelle Eindruck, der grob einer beleuchteten Oberfläche entspricht (Abb. 17-7). Der Lichteinfall von links oben (in der Regel Nordwesten auf der Karte) erzeugt den wirkungsvollsten Effekt. Die Strahlen der imaginären Lichtquelle sollen deshalb mit 135° Azimut (Drehachse senkrecht zur Bezugsebene, mathematischer Drehsinn) und 45° Neigung zur Drehachse einfallen (YOÉLI 1967). Beim Lichteinfall aus der entgegengesetzten Richtung (Azimut von 315°) entsteht die bekannte optische Täuschung der Reliefumkehrung. Die Berge werden scheinbar zu Tälern und die Täler zu Bergen. Deshalb sollten Orthophotokarten, die aus Luftbild- oder Satellitenaufnahmen mit realer Beleuchtung durch die tiefstehende Sonne aus Osten oder Südosten entstanden sind, nach Süden ausgerichtet sein. Bei der üblichen Kartenorientierung nach Norden entsteht ein völlig falscher Eindruck von der Form des Reliefs.

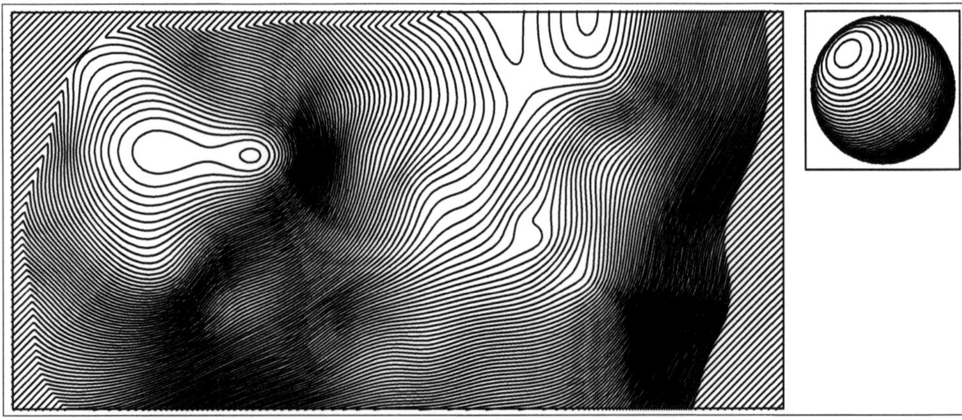

Abbildung 17-7
Simulation der Beleuchtung aus Nordwest durch schräge Schnittflächen

Die Berechnung der Schnittlinien mit den schrägen Schnittflächen würde einen höheren Aufwand bedeuten als für die Isolinien mit Schnittflächen parallel zur Bezugsfläche. Mit einem kleinen Trick können die gleichen Programme wie für die „normalen" Isolinien benutzt werden. Der Trick besteht darin, vor der Isolinien-Konstruktion die die Matrix mit den Höhenwerten (rechteckiges Gitter) nach folgender Formel zu transformieren (PEUCKER et al. 1972):

$$ztrans_{ij} = \sin\varphi * \sin\lambda * x_i + \sin\varphi * \cos\lambda * y_j - \cos\varphi * z_{ij}$$

$ztrans_{ij}$ transformierter z-Wert am Punkt i, j
x_i x-Koordinate am Punkt i, j
y_j y-Koordinate am Punkt i, j
z_{ij} originaler z-Wert am Punkt i, j
φ Neigungswinkel der virtuellen Lichtquelle
λ Drehwinkel der Lichtquelle

Die Methode der schrägen Schnittflächen wurde in einer Zeit entwickelt, als nur vektororientierte Zeichengeräte (Stiftplotter) zur Verfügung standen. Die Entwicklung der Computertechnik und der Graphikgeräte haben diese Darstellungstechnik obsolet gemacht.

Isolinien mit Schatten

Aus dem gleichen Grund hat eine andere Darstellungstechnik, die Isolinien mit Schatten, kaum noch verwendet. Für jede Isolinie wird der imaginäre Schatten dargestellt, den die Schichtfläche auf die benachbarte tiefere Schichtfläche werfen würde (TANAKA 1950). Es entsteht ein plastischer Eindruck der Oberfläche und besser der Höhenschichten (SPRUNT 1975). Die Schatten konnten mit einem Stiftplotter durch Aneinandersetzen mehrerer dünner Linien realisiert werden. Die Alternative für diese Technik wie auch für die schrägen Schnittflächen ist mit simulierter Beleuchtung besser realisierbar, wie im nächstes Kapitel beschrieben.

Isolinien–Darstellungen erfordern Expertenwissen

Der Wert des Kontinuums (Höhe der Oberfläche) ist nur am Ort der Isolinien genau bestimmbar, unter Berücksichtigung der Genauigkeit und Auflösung der dargestellten Oberfläche. Für den Bereich zwischen den Höhenlinien sind lediglich Annahmen über den Verlauf der bivariaten Kurve und Schätzungen der Höhenwerte möglich. Lokale Abweichungen innerhalb der beiden benachbarten Isolinien-Niveaus werden nicht dargestellt und sind deshalb auch in der Karte nicht sichtbar. Die Isoplethen bilden Klassen von Höhen der Oberfläche oder Höhenschichten ab. Die Darstellung ist das Äquivalent zu den 3D-Choroplethen-Karten. Höhenproportionale Prismen über der Grundfäche der Bezugseinheiten visualisieren Wertklassen, verstärkt durch eine Flächensignatur.

Die mentale Synthese der Oberflächenform allein aus Isolinien mit identischer Signatur erfordert Erfahrung, räumliches Vorstellungsvermögen und auch Expertenwissen über die dargestellten Sachverhalte. Die intuitive Erfassung der Morphologie gelingt nur mit einer dichten Scharung der Isolinien. Liniensignaturen, die eine Reihenfolge wiedergeben, erleichtern die Zuordnung der Höhenstufen und damit die Synthese. Am einfachsten ist die Visualisierung durch Schichtflächen mit einer Signatur, die eine geordnete Reihe transkribiert. Die mit Isolinien verwandten Verfahren – schräge Schnittflächen oder Isolinien mit Schatten – werden dank des technischen Fortschritts nicht mehr angewendet und haben lediglich historische Bedeutung.

Isolinien ohne besondere Signatur können gut mit anderen linienförmigen Objekten in Karten kombiniert werden, wenn die Scharung der Isolinien nicht zu dicht ist. Die visuelle Erfassung der Oberfläche wird bei Anwesenheit von anderen linienförmigen Elementen erschwert. Die Linienstrukturen sind nicht mehr eindeutig, die Gefahr der Verwechslung steigt. Die Verträglichkeit mit flächenförmigen Darstellungen ist gut, etwa mit proportionaler Helligkeit oder simulierter Beleuchtung. Bei der Darstellung mit Isoplethen sind nur wenige andere Darstellungselemente oder -formen auf der gleichen Karte möglich.

Die Kosten der rechnergestützten Herstellung von Isolinien und Isoflächen sind moderat. Die Interpolation in isolierten Dreiecken verursacht nur geringen Programmieraufwand, aber aufgrund der vielen kleinen Strecken und Flächen ist der Zeitaufwand für die Übertragung an das Zeichengerät und die Verarbeitung zum Bild relativ groß. Das Zusammenfügen der Strecken zu Linien oder das Durchsuchen des Gitters erfordert komplexere Programme und mehr Speicherplatz, aber weniger Aufwand für die Zeichnung.

Literatur

DAYHOFF MO (1963) A contour-map program for X-ray crystallography. Communications of the ACM, Vol. 6, No. 10, October 1963, 620–622

BERTIN J (1974) Graphische Semiologie. Diagramme, Netze, Karten. de Gruyter, Berlin

DIBIASE D, SLOAN JLR II, PARADIS T (1994) Weighted isolines: an alternative method for depicting statistical surfaces. Professional Geographer, 46(2) 1994, 218–228

HAKE G, GRÜNREICH D, MENG L (2002) Kartographie. Visualisierung raum-zeitlicher Informationen. 8. vollständig neu bearbeitete und erweiterte Auflage. de Gruyter, Berlin

IMHOF E (1965) Kartographische Geländedarstellung. de Gruyter, Berlin

PEUCKER K (1898) Schattenplastik und Farbenplastik. Beiträge zur Geschichte und Theorie der Geländedarstellung. Artaria, Wien

PEUCKER TK, TICHENOR M, RASE WD (1972) Die Automatisierung der Methode der schrägen Schnittflächen. Kartographische Nachrichten, 22. Jahrgang, Heft 4, August 1972, 143–148
http://www.wdrase.de/SchraegeSchnittflaechen-KN41972.pdf (11/2015)

SPRUNT BF (1975) Relief representation in automated cartography: An algorithmic approach. IN: DAVIS JC, MCCULLAGH, MJ (ed.) Display and Analysis of Spatial Data. John Wiley, London, 173–186

TANAKA K (1950) The relief contour method of representing topography on maps. Geographical Review, Vol. 40, 444–456

WATSON DF (1992) Contouring. A guide to the analysis and display of spatial data. Pergamon Press, Oxford.

YOÉLI P (1967) Die Richtung des Lichts bei analytischer Schattierung. Kartographische Nachrichten, Jahrg. 17, Heft 2, 37–44

18 Simulation der Beleuchtung

Die Technik der berechneten oder analytischen Beleuchtung wird seit langer Zeit in der Kartographie für die Darstellung der Erdoberfläche genutzt. Eine imaginäre Lichtquelle beleuchtet die Oberfläche. Eine Facette der Oberfläche, die genau senkrecht zum Einfall der Lichtstrahlen orientiert ist, erscheint heller als eine Facette, die nicht senkrecht zum Lichteinfall steht. Je kleiner der Winkel zwischen der Flächennormalen und dem Richtungsvektor der Lichtstrahlen ist, umso größer ist die Lichtintensität. Das menschliche Auge-Gehirn-System ist aufgrund der lebenslangen Vertrautheit mit diesem Phänomen in der Lage, aus den unterschiedlichen Helligkeiten eines zweidimensionalen Bildes die Gestalt des dreidimensionalen Körpers zu rekonstruieren.

Schattenplastik

Die Grauwerte in einer schattenplastischen Darstellung der Erdoberfläche wurden früher manuell durch Aquarellierung, Verreiben einer Farbe („Schummern"), durch Schraffur oder Rasterung der Flächen erzeugt. WIECHEL (1878) gab der Darstellung durch imaginäre Beleuchtung zum ersten Mal eine solide wissenschaftliche Grundlage. Bis zur Veröffentlichung von Wiechel war die Zeichnung des quasi-beleuchteten Reliefs vor allem eine künstlerische Tätigkeit, die gutes räumliches Vorstellungsvermögen und handwerkliche Fähigkeiten erforderte. Auf Wiechel geht auch eine graphische Methode zur Ableitung der Grauwerte aus den Isohypsen (Linien gleicher Höhe über der Oberfläche) zurück.

Im Laufe der Jahre wurden die manuellen Techniken der Schattierung weiterentwickelt. IMHOF (1965) hat wesentliche Impulse zur Verbesserung der Technik der Schattierung und Schattenplastik gegeben und ihre Verwendung in den amtlichen topographischen Karten der Schweiz beeinflusst („Schweizer Manier"). Das Relief des Landes stellt besonders hohe Anforderungen an die kartographische Wiedergabe der Geländeformen. Deshalb ist es notwendig und gerechtfertigt, einen höheren Aufwand für die Geländedarstellung in den topographischen Karten zu betreiben. Die *Schummerung* (zum Begriff später mehr) und andere Techniken der Geländedarstellung sind im Standardwerk von IMHOF (1965) umfassend beschrieben.

Die manuelle Schummerung blieb trotz aller Neuerungen eine kostenintensive Technik. Sie stellt hohe Anforderungen an die künstlerischen und handwerklichen Fähigkeiten des Kartographen und erfordert viel Zeit. Deshalb hat man versucht, den Herstellungsprozess zu mechanisieren. Ein dreidimensionales Modell der Oberfläche wurde von Hand geformt oder mit Hilfe einer numerisch gesteuerten Werkzeugmaschine aus dem Block gefräst und noch manuell geglättet. Das Modell wurde dann sorgfältig ausgeleuchtet und fotografiert. Das Foto wurde als Hintergrund in die topographischen Karten einkopiert (IMHOF 1965).

Die Anfertigung des Modells war auch mit dem Einsatz von numerisch gesteuerten Werkzeugmaschinen immer noch sehr aufwendig. Deshalb musste die Anwendung des Verfahrens auf Karten beschränkt bleiben, die in hoher Auflage vervielfältigt wurden. Mit der numerischen Repräsentation der Erdoberfläche in einem Geo-Informationssystem und mit Hilfe von computergesteuerten Werkzeugmaschinen wäre die Herstellung des Modells heute weniger kostenaufwendig. Noch preiswerter ist es aber, Beleuchtung und fotografische Abbildung in einem Computerprogramm zu simulieren. Insbesondere in den Fällen, in denen die Oberfläche schon als numerisches Modell vorliegt, ist der zusätzliche Aufwand für die Berechnung der simulierten Beleuchtung nicht sehr hoch.

„Schummerung"

In der kartographischen Literatur wird die simulierte Beleuchtung oft als *Schummerung* oder *Schräglichtschummerung* bezeichnet. Dieser Begriff geht auf die Technik des manuellen Farbauftrags zurück. Manchmal findet man auch den Begriff *Schattierung* oder *Analytische Schattierung* (YOÉLI 1966, 1967). Die wechselnde Helligkeit von Flächen hat aber nichts mit Schatten zu tun, wie man vielleicht annehmen könnte. Schatten, Schattenwürfe oder Schlagschatten sind eher ein Störfaktor (NEUGEBAUER & DORRER 1996). Deshalb ist auch der Begriff *Schattenplastik* eine irreführende Bezeichnung. Das Wort *Schattierung* (in Englisch *shading*) ist nicht unbedingt falsch, kann aber zu Missverständnissen durch falsche Assoziationen führen. Der Begriff *Schummerung* beschreibt mehr die Tätigkeit des Farbauftrags als die Methode der computergenerierten Beleuchtung. Deshalb werden die Begriffe *Simulation der Beleuchtung oder simulierte Beleuchtung* vorgezogen.

Berechnung der Facetten-Helligkeit

Die ersten Versuche zur Darstellung der Erdoberfläche mit programmgenerierter Simulation der Beleuchtung in den sechziger und siebziger Jahren litten vor allem unter den unzureichenden Fähigkeiten der graphischen Ausgabegeräte. YOÉLI (1967) hat zum Beispiel die berechneten Helligkeitswerte als graue Quadrate in die Karte eingeklebt, weil ihm damals kein geeignetes Ausgabegerät zur Verfügung stand. BRASSEL (1973) musste sich mit einem Zeilendrucker für die Erzeugung der Grauwerte behelfen. Die Helligkeitsabstufungen wurden durch mehrfaches Überdrucken auf die gleiche Druckstelle erzeugt. Die gedruckten Seiten wurden anschließend zur Verfeinerung des Rasters fotografisch verkleinert. Heute sind Geräte mit ausreichender Auflösung wie Laser- und Tintenstrahldrucker allgemein verfügbar, auch Filmbelichter mit hoher Auflösung.

In der Fortführung der von Imhof begründeten Tradition und der rechnergestützten Realisierung von Brassel sind in der Schweiz später Forschungsarbeiten zu diesem Thema entstanden, zum Beispiel die Arbeiten von Lukas (1994) und Bär (1996). Wie wichtig die Technik für die Darstellung realer Oberflächen ist, nicht nur auf der Erde, belegt die Arbeit von Neugebauer & Dorrer (1996) über die kartographische Darstellung der Mars-Oberfläche.

Beleuchtungsmodelle

Die Simulation der Beleuchtung ist kein Privileg der Kartographie. Für die rechnergestützte Darstellung von realitätsnahen 3D-Szenen muss die Beleuchtung – besser ihre Wirkungen auf die Objekte in der Szene – möglichst wirklichkeitsgetreu nachgebildet werden. Deshalb war die Simulation der Beleuchtung von Anfang an ein wichtiger Gegenstand in Forschung und Entwicklung für die Computergraphik. Beleuchtungsmodelle sind in den meisten Textbüchern der Computergraphik ausführlich beschrieben, etwa bei Rauber (1993), Ramamoorthi et al. (2007) oder Hughes et al. (2013). Eine umfassende Darstellung einschließlich Programmen ist das Buch von Hall (1989).

Für jede Facette des Objekts wird ein Helligkeitswert berechnet, wie er durch eine reale Beleuchtung entstehen würde. Die Fläche wird mit dem berechneten Grau- oder Farbwert gefüllt und auf dem graphischen Ausgabegerät gezeichnet. Die Beleuchtungsmodelle und -verfahren der Computergraphik reichen von der einfachen diffusen Reflexion mit einer Lichtquelle bis zu sehr aufwendigen Verfahren, die unterschiedliche Reflexionseigenschaften des Oberflächenmaterials, spiegelnde Reflexion, Spektralverschiebungen, Transparenz, Schattenwurf, mehrere punktförmige oder flächenförmige Lichtquellen, indirekte Reflexion, atmosphärische Effekte wie Staub, Dunst und Nebel, Oberflächentextur und noch andere Erscheinungen berücksichtigen. Das Ziel der aufwendigeren Verfahren ist der *Fotorealismus*. Das vom Computer erzeugte Bild soll der Wirklichkeit so ähnlich wie möglich sehen, wie ein Foto eben.

Je perfekter die Realität kopiert werden soll, umso komplexer und aufwendiger werden die Algorithmen und Datenstrukturen, umso teurer ist die Herstellung der Bilder. Der Fotorealismus der Bilder muss mit relativ langen Rechenzeiten oder leistungsfähigen Computern, Spezial-Hardware und hochauflösenden Ausgabegeräten bezahlt werden. Am oberen Ende der Qualitätsskala stehen die Verfahren der *Strahlverfolgung* (ray tracing) und des *Energiegleichgewichts* (radiosity). Das Verfahren der Strahlverfolgung hat trotz des Rechenaufwandes einige wirtschaftliche Vorteile, deshalb wird es später etwas ausführlicher behandelt.

Perfekte Nachbildung oder Illusion der Wirklichkeit?

Für die Synthese von Bildern in der Computergraphik lassen sich zwei prinzipielle Richtungen unterscheiden. Bei der einen Richtung werden die physikalischen Vorgänge so akkurat wie möglich nachvollzogen, die bei der Beleuchtung einer Szene wirksam werden. Das Ziel ist die Illusion des exakten Abbilds der realen Welt. Beispiele für diese Art des Realitätsanspruchs sind die computergenerierten Szenen in Kinofilmen wie *Jurassic Park, Titanic* oder den neuen Folgen der Star-Wars-Filme. Der Betrachter erkennt in der Regel nicht, welche Szenen von der Realität abgefilmt und welche Objekte und Szenen ganz oder teilweise vom Computer berechnet wurden.

Die andere Richtung versucht, durch Verstärkung der visuellen Schlüssel (*depth cues*) die Illusion der Tiefe beim Betrachter zu erzeugen. Das Ziel ist die Übermittlung einer Botschaft über den optischen Kanal. Es wird kein Anspruch auf exakte Nachbildung der physikalischen Gesetze bei der Bilderzeugung oder der realen Welt beim fertigen Bild erhoben. Die Ergebnisse der beiden Richtungen stehen im gleichen Verhältnis wie zum Beispiel eine Fotografie zu einem impressionistischen Gemälde (HALL 1989).

Die Anwendung der simulierten Beleuchtung in der Kartographie ist in die zweite Kategorie einzuordnen. Bei den immateriellen Oberflächen gibt es kein reales Vorbild, das wirklichkeitsgetreu wiedergegeben werden muss. Selbst für reale Oberflächen wird kein „natürliches" Bild angestrebt. Dass die Nachahmung der tatsächlichen Lichtverhältnisse nicht das Ziel der simulierten Beleuchtung ist, beschreiben NEUGEBAUER & DORRER (1996) in ihrem Aufsatz zur Visualisierung der Mars-Oberfläche. Ein großer Teil der Arbeit bei der Herstellung der Mars-Karten bestand darin, die in den Satellitenaufnahmen vorhandene ursprüngliche Beleuchtung durch die Sonne und die Schatten auf der Mars-Oberfläche zu entfernen und durch eine simulierte Beleuchtung zu ersetzen.

Richtung des Lichteinfalls

Die Bevorzugung des Lichteinfalls von links oben scheint eine kulturelle Prägung aufgrund der vorherrschenden Rechtshändigkeit zu sein. Bei dieser Position der Lichtquelle wirft die schreibende Hand kaum Schatten auf die Schreibfläche, auch bei der Verwendung von Schriften, die von rechts nach links geschrieben werden. Klassenzimmer sollten immer so eingerichtet sein, dass sich die Fenster auf der linken Seite der Schüler befinden. Ist die Lichtquelle für die simulierte Beleuchtung an einem anderen Punkt angeordnet, etwa im Südosten wie die morgendliche Sonne, kehrt sich das Relief scheinbar um: die Berge werden zu Tälern, und die Täler zu Bergen. Das Phänomen der Reliefumkehrung kann man leicht selbst testen, indem man die Abbildungen 18-1 und 18-2 um 180 Grad dreht.

Diffuse Reflexion

Für die kartographische Darstellung von immateriellen Oberflächen durch simulierte Beleuchtung kommt man in den meisten Fällen mit Verfahren aus, die relativ einfach zu implementieren und vor allem schnell und preiswert sind. Fotorealismus ist nicht unbedingt notwendig, wichtig ist die optimale Übermittlung der Nachricht in der Karte. Allerdings gibt es wirtschaftliche Gründe, dennoch ein auf den ersten Blick teuer erscheinendes Verfahren wie die Strahlverfolgung zu nutzen.

Die erste Annäherung an die physikalischen Vorgänge der Beleuchtung ist die Simulation der diffusen Reflexion. Eine Oberfläche, die nicht selbst leuchtet, strahlt einen Teil der von einer Lichtquelle aufgefangenen Energie wieder in die Umgebung zurück. Ein Teil davon gelangt auf die Netzhaut und ruft den Eindruck eines Grau- oder Farbtons hervor. Bei einer matten Oberfläche wird das Licht gleichmäßig in alle Richtungen gestreut. Im Idealfall hat der Betrachter von jedem Punkt über der Oberfläche immer den gleichen Eindruck von Helligkeit und Farbton. Die Intensität des von einer Facette der Oberfläche reflektierten Lichts wird nach dem *Lambertschen Gesetz* berechnet:

$$I_d = I_e * k_d * \cos \delta$$

I_d Intensität des reflektierten Lichts

I_e Intensität des einfallenden Lichts

k_d Reflexionskoeffizient des Oberflächenmaterials

δ Winkel zwischen Flächennormalen und einfallendem Licht

Da nur ein Teil des Lichts zurückgestrahlt wird, muss k kleiner als 1 sein. Unter der Voraussetzung, dass nur ein Material verwendet wird, die Oberfläche das gleiche Spektrum reflektiert und sich die Intensität des reflektierten Lichts im Bereich von 0 bis 1 bewegt, ist die Intensität allein eine Funktion des Cosinus der Winkeldifferenz δ zwischen der Flächennormalen und der Richtung der einfallenden Lichtstrahlen.

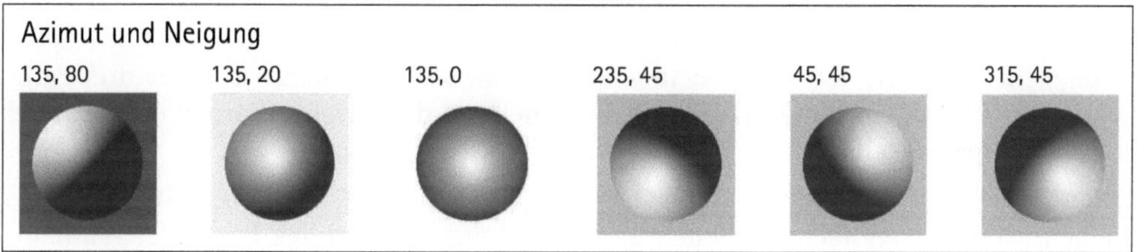

Abbildung 18-1
Wirkung der Beleuchtung durch Variation von Azimut und Neigungswinkel

Zur weiteren Vereinfachung wird angenommen, dass die Lichtstrahlen parallel verlaufen und an jeden Punkt der Fläche unter dem gleichen Winkel eintreffen. Das ist der Fall, wenn eine punktförmige Lichtquelle sehr weit entfernt ist, wie etwa die Sonne. Der *Neigungswinkel* ist der Winkel zwischen der Normale der Abbildungsebene und dem Vektor der Lichtstrahlen, also der Gerade zwischen Lichtquelle und dem Mittelpunkt der Abbildung. Der Drehwinkel (Azimut) ist der Winkel um die Normale der Abbildungsebene im mathematischen Drehsinn. In Abbildung 18-1 wird der Standort der imaginären Lichtquelle verändert. Bei einen tiefen Standort der Lichtquelle (Neigungswinkel > 45°) wirkt die Oberfläche plastischer, bei einem hohen Standort (kleiner Neigungswinkel) erscheint das Relief flacher.

Bei Betrachtung mit dem Augenpunkt auf der Normalen zur Bildebene (Aufsichtsprojektion) wird in der Regel ein Azimut von 135° (Nordwesten) und ein Neigungswinkel von 45° benutzt. Diese Richtung ist visuell am wirkungsvollsten, obwohl es kaum natürliche

Vorbilder für diese Beleuchtung gibt. Treffen die Lichtstrahlen aus Südosten auf, wird die Halbkugel oft als Vertiefung gesehen (Inversionseffekt). Die Facetten der Oberfläche müssen ausreichend klein sein, damit eine gute graphische Qualität erzielt wird.

Bei nur einer Lichtquelle bleiben die Facetten der Oberfläche schwarz, die von der Lichtquelle abgewandt sind (Winkeldifferenz > 90°). In der realen Welt werden die nicht von der Sonne direkt angestrahlten Teile der Erdoberfläche aber von der Umgebungshelligkeit (diffuse Reflexion in der Atmosphäre) beleuchtet und sind deshalb sichtbar. Bei der Intensitätsberechnung sollte deshalb auch die Umgebungshelligkeit einbezogen werden. Die Umgebungshelligkeit ist ein Pauschalwert für die Sekundärbeleuchtung durch ungerichtetes Licht, das durch Streuung in der Atmosphäre oder Rückstrahlung in der gleichen Szene entsteht. Die Formel für die relative Helligkeit lautet unter Berücksichtigung der vorher beschriebenen Vereinfachungen:

$$I_r = I_u + I_d * (1.0 - I_u)$$

I_r Relative Helligkeit
I_u Umgebungshelligkeit
I_d Reflexionshelligkeit

Ein Wert von 0.2 oder 0.3 für die Umgebungshelligkeit hat sich als gut geeignet erwiesen. Die Formeln beziehen sich auf weißes Licht und eine weiße Oberfläche, die das Spektrum nicht verändert. Ist die reflektierende Fläche farbig, wird für jede der drei Farbkomponenten Rot, Grün und Blau im RGB-Modell mit der gleichen Formel ein separater Intensitätswert berechnet.

Farbverschiebungen durch unterschiedliche Reflexionseigenschaften des Materials bleiben bei diesem einfachen Beleuchtungsmodell unberücksichtigt. Für andere Farbmodelle als RGB, wie zum Beispiel CMYK (cyan, magenta, gelb, schwarz) oder HLS (*hue, light, saturation*) ist die Berechnung der Komponenten entsprechend zu modifizieren. Algorithmen und Programme zur Konversion von Farbmodellen findet man zum Beispiel bei Hughes et al. (2013).

Berechnung der Flächennormalen

Für die Berechnung des Differenzwinkels und damit der Helligkeit der Facette müssen die Flächennormale beziehungsweise die Koeffizienten der Ebenengleichung bestimmt werden. Die Formeln findet man in den Formelsammlungen zur Analytischen Geometrie des Raumes. Ein Dreieck wird in diesem Kontext als planar angenommen, das heißt, die Fläche ist eine Ebene. Die Reihenfolge oder der Drehsinn der drei Punkte ist zu beachten.

Die vier Eckpunkte einer rechteckigen Facette einer Oberfläche liegen jedoch selten in einer Ebene. Deshalb wird das Rechteck in zwei Dreiecke entlang einer Diagonalen zerlegt und die Helligkeit für jedes Dreieck getrennt berechnet. Im Prinzip spielt es keine Rolle, welche Diagonale benutzt wird. Bei der Beleuchtung aus Nordwesten wird man bei einer Diagonale von links unten nach rechts oben ein anderes Bild erhalten als bei einer Diagonale von links oben nach rechts unten. Die Bevorzugung einer Richtung kann durch die Teilung in vier Dreiecke (zwei Diagonalen) abgemindert werden, ähnlich wie bei der Konstruktion der Isolinien. Allerdings können dadurch Artefakte in Form von pyramidenförmigen Gebilden entstehen, wenn die Rechtecke erheblich von der planaren Ebene abweichen.

Eine andere Möglichkeit ist die Berechnung der Flächennormalen nach dem Algorithmus von Newell (TAMPIERI 1994). Das Verfahren von Newell hat den Vorteil, dass Flächen mit einer beliebigen Anzahl von Punkten und konkaver Form verwendet werden können. Auch werden arithmetische Probleme ausgeglichen, die zum Beispiel durch nahe beieinander liegende Punkte eines beliebigen Polygons verursacht werden. Die Koeffizienten der Ebenengleichung sind Durchschnittswerte, die Gleichung gibt die generelle Richtung der Fläche und der Flächennormalen wieder. Da die Facetten der Oberfläche selten planar sind, sollte der Newellschen Formel der Vorzug vor der Teilung der Rechtecke in Dreiecke gegeben werden. Ein weiterer Vorteil des Verfahrens von Newell ist die Möglichkeit der graphischen Ausgabe von Rechtecken als Gitter von Bildpunkten, die ohne großen Aufwand auf einem rasterorientierten Gerät ausgegeben werden können.

Flat, Gouraud, Phong

Bei der Anwendung von simulierter Beleuchtung mit Standard-Software, so auch im Programm Surfer, wird man auf die Begriffe *flat*, *Gouraud* und *Phong* treffen. Mit *flat* ist die Berechnung der Beleuchtungsintensität für jede einzelnen Facette des 3D-Körpers gemeint, wie sie bisher besprochen wurde. Als die Rechner und Graphikgeräte noch nicht so leistungsfähig waren, musste die Anzahl Facetten des 3D-Körpers ziemlich klein sein. Die Oberfläche wirkte deshalb mit *flat shading* etwas grob.

Zur Erzeugung einer scheinbar glatten Oberfläche haben GOURAUD (1971) und PHONG (1975) unabhängig voneinander Verfahren entwickelt. Sie erweckten trotz mit den relativ geringen Rechenleistungen der Computer dieser Zeit den Eindruck einer höheren Auflösung, als sie tatsächlich im 3D-Körper vorhanden ist. Im Prinzip interpolieren beide Verfahren die benachbarten Normalen der Flächen oder Punkte und erzielen dadurch eine höhere temporäre Auflösung, ohne dass der Speicheraufwand für die Oberfläche steigt.

Angesichts der heutigen Leistungfähigkeit von Rechnern und Graphikgeräten spielen diese Verfahren keine so große Rolle mehr. Die graphische Qualität der Verfahren von Gouraud und Phong ist nicht ausreichend für die Erzeugung fotorealistischer Szenen. Manchmal entstehen auch auf den ersten Blick unerklärliche Artifakte durch die Glättung, insbesondere an scharfen Kanten. Für die Visualisierung von kartographischen Oberflächen ist es besser, die Maschenweite für das Höhenmodell zu verkleinern.

Allgemeine Beleuchtungsmodelle in der Computergraphik

Die diffuse Reflexion ist ein sehr einfaches Modell der physikalischen Vorgänge, die sich bei der Beleuchtung einer Oberfläche abspielen. Bei den meisten Oberflächenmaterialien sind neben der diffusen Reflexion weitere Komponenten zu beachten, etwa eine richtungsabhängige Komponente. Das einfallende Licht wird in eine bevorzugte Richtung zurückgestrahlt. Bei einer spiegelnden Oberfläche ist der Ausfallswinkel der Lichtstrahlen gleich dem Einfallswinkel. Bei glänzenden Oberflächen mit einem geringeren Anteil von gerichteter Reflexion wird das Licht in einem Kegel mit unterschiedlich großem Öffnungswinkel reflektiert. Es entstehen *Glanzlichter*, deren Helligkeit und Ausdehnung von den physikalischen Eigenschaften des Materials abhängig sind. Weitere Eigenschaften des Materials (matt, reflektierend, durchsichtig, durchscheinend, farbverändernd usw.) gehen in die Berechnungen ein, um die Szene so wirklichkeitsnah wie möglich erscheinen zu lassen.

Die wichtigsten Beleuchtungsmodelle sind in den Handbüchern der Computergraphik beschrieben (HALL 1989, HUGHES et al. 2013). Im Programm POV-Ray sind viele Techniken mit zahlreichen Optionen enthalten.

Skalierung der Höhenwerte

Die korrekte Skalierung der z-Werte ist wichtig für die visuelle Erscheinung und damit die mentale Umsetzung und Erfassung der Oberflächenform, anders als bei Isolinien und proportionalen Abbildungen. Ist das Verhältnis der Höhenwerte zu den Abmessungen der Bezugsfläche zu hoch, sind die der Lichtquelle zugewandten Hänge zu steil. Die Zwischenwerte fehlen, die für die lokale Differenzierung notwendig sind. Ist die Oberfläche zu flach, sind die Kontraste zu gering, mit dem gleichen Effekt beim Betrachter. Die Erdoberfläche muss in den meisten Fällen überhöht werden, damit die Oberfläche eine ausreichende Plastizität erhält. Ein Faktor von 0.4 bis 0.8 für das Verhältnis der Höhendifferenz zur Ausdehnung der Oberfläche in einer Richtung der Bezugsebene hat sich als brauchbarer Anhaltswert erwiesen.

Entscheidend für die relative Helligkeit, den Kontrast oder allgemein die Abbildungskurve der Grauwerte sind die anderen Bildelemente auf der Karte. In einer topographischen Karte mit Höhenlinien, Verkehrs- und Gewässernetz, Siedlungsflächen, Bodenbedeckung und weiteren Objekten müssen die Grauwerte relativ hell sein, damit die anderen Bildelemente sichtbar bleiben. Durch Hinzufügen von Umgebungshelligkeit oder Veränderung der Grauwerte mit einem Bildbearbeitungs-Programm werden die Helligkeitswerte der Beleuchtung der Gesamthelligkeit angepasst (NEUGEBAUER & DORRER 1996). Bei der Darstellung von immateriellen Oberflächen ist dieses Problem weniger kritisch, weil in der Regel nur wenige Objekte außer der Oberfläche dargestellt sind.

Probleme mit graphischen Ausgabegeräten

Die gleiche Oberfläche erhält manchmal ein anderes, zuweilen bis zur Unkenntlichkeit verändertes Aussehen, wenn sie auf einem anderen Graphikgerät ausgegeben wird. Die Drucker unterscheiden sich in der Technik des Farbauftrags, in der Auflösung, in den Algorithmen zur Erzeugung des Rasters und noch anderen Parametern. Numerisch identische Werte für die Farbkomponenten ergeben unterschiedliche Grau- oder Farbwerte auf dem Zeichnungsträger. Die gleiche Zeichnung erscheint auf verschiedenen Druckern einmal heller, einmal dunkler. Neben der objektiv messbaren Schwärzung spielen noch sehphysiologische Phänomene mit eine Rolle, etwa der Einfluss der Textur des Druckrasters oder der Helligkeitsverteilung im Umfeld. In vielen Fällen kann das visuelle System die unterschiedlichen Schwärzungen und Kontraste ausgleichen und trotzdem die Oberfläche mental rekonstruieren, aber nicht immer.

Bei der Vervielfältigung im Maschinendruck treten zusätzliche Parameter auf, die das Halbtonbild weiter verändern können, etwa die Verschiebung der Grauwertskala bei der Film- und Druckplattenkopie oder die optischen Eigenschaften der Druckfarben und des Papiers. Die simulierte Beleuchtung nähert sich dem Fotorealismus mehr als die anderen Darstellungsformen. Deshalb sind die Regeln zu beachten, die beim Druck und der Vervielfältigung von Halbtonvorlagen gelten. Eine sorgfältige Kalibrierung der Monitore, Drucker und der Ausgabegeräte in der Druckvorstufe ist unbedingt notwendig, um gute Ergebnisse zu erzielen.

Mehrere Lichtquellen

Die Facetten der Oberfläche bleiben schwarz, die von einer einzigen Lichtquelle im Nordwesten nicht direkt angestrahlt werden. Mit der Umgebungshelligkeit kann man diese schwarzen Flächen aufhellen. Damit lässt sich aber keine Differenzierung in der Helligkeit erreichen wie bei den Hängen, die direkt angestrahlt werden. Wie bei der Beleuchtung eines realen Modells wird deshalb zur Aufhellung der nicht direkt beleuchteten Facetten eine zweite oder eine dritte Lichtquelle simuliert, mit geringeren Lichtstärken und aus anderen Richtungen als die Hauptlichtquelle.

Die Intensitätswerte aller Lichtquellen werden addiert. Bei ungünstigen Umständen kann es vorkommen, dass die Summe der Helligkeiten oder der Farbwerte für eine Facette mehr als den Wert 1 ergibt. Um den Wert nicht größer als 1 werden zu lassen, können zum Beispiel nur der maximale Helligkeitswert pro Facette und Lichtquelle ausgewählt oder die Helligkeitswerte nach dem Maximalwert aller Facetten skaliert werden (HALL 1989).

In Abbildung 18-2 sind die Effekte zu sehen, die durch zwei oder drei Lichtquellen aus verschiedenen Richtungen mit abgestuften Intensitäten entstehen. Sind die Lichtquellen gleich stark, ist der plastische Effekt gering. Um den Scheitelpunkt wird die Kugel von beiden Lichtquellen getroffen. Die Summe der Intensitäten der beiden Lichtquellen ist hö-

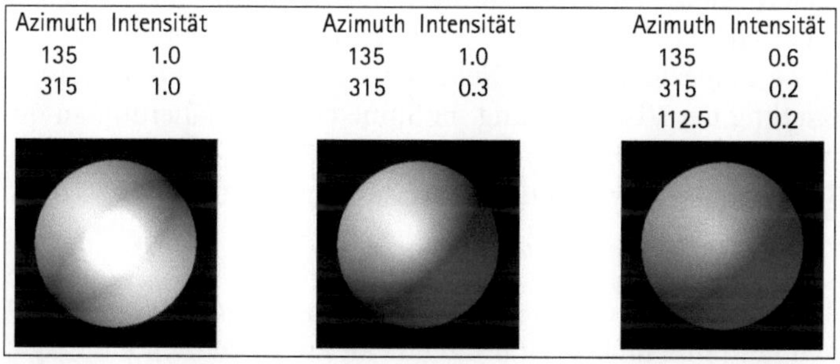

Azimuth	Intensität		Azimuth	Intensität		Azimuth	Intensität
135	1.0		135	1.0		135	0.6
315	1.0		315	0.3		315	0.2
						112.5	0.2

Abbildung 18-2
Zwei oder drei Lichtquellen mit abgestuften Intensitäten

her als der Maximalwert. Durch die Beschränkung auf den Maximalwert 1 entsteht eine Zone mit maximaler Helligkeit. Eine geringere Intensität der Nebenlichtquelle bringt den plastischen Eindruck wieder zurück. Die Zone mit maximaler Helligkeit wird kleiner.

Die für die Beleuchtung von realen Oberflächen oft verwendete Anordnung ist eine imaginäre Lichtquelle aus Nordwesten mit 60% Anteil, eine Lichtquelle aus Südosten mit 20% und eine Lichtquelle aus Nordnordwesten mit ebenfalls 20% (Neugebauer & Dorrer 1996).

Beleuchtungsmodelle für die Geländedarstellung

Das bisher diskutierte Beleuchtungsmodell ist auch mit mehreren Lichtquellen noch nicht optimal für die Darstellung der Erdoberfläche, insbesondere an Geländekanten. In Nachbildung des manuellen Verfahrens hat Yoéli (1967) versucht, durch lokale Veränderungen der Lichtrichtung einige Probleme der Geländedarstellung mit analytischer Schattierung zu lösen. Da ihm kein geeignetes Ausgabegerät zur Verfügung stand, konnten diese Verbesserungen nicht an Gittern mit ausreichend feiner Auflösung überprüft werden.

Brassel (1973) hat die mit der manuellen Schummerung von topographischen Karten gewonnenen Erfahrungen in die simulierte Beleuchtung der Erdoberfläche übertragen. Eine Modifikation des einfachen Beleuchtungsmodells war die Änderung des Neigungswinkels der Lichtquelle für individuelle Facetten. Brassel kommt selbst zum Schluss, dass diese Änderung „für die Qualitätsverbesserung von untergeordneter Bedeutung" ist (Brassel 1974). Eine zweite Modifikation war eine lokale Änderung des Drehwinkels (Azimut) der Lichtquelle in Abhängigkeit von der Richtung der Geländekanten. Für die Berechnung der Winkeländerungen wurden die Linien der Geländekanten zusätzlich zum Gitter mit den Höhenwerten aus der topographischen Karte erfasst. Diese Modifikation bezieht sich auf die Unstetigkeiten der Erdoberfläche, die bei virtuellen Oberflächen nicht oder selten vorkommen.

Eine weitere Modifikation von Brassel war die Simulation der *Luftperspektive* nach dem Prinzip „je höher, desto klarer, je tiefer, desto dunstiger". Brassel hat die Luftperspektive durch Variation des Helligkeitskontrastes und Variation des Grautons in Abhängigkeit vom Höhenwert der Facetten angenähert. Diese Modifikation ist verwandt mit der Simulation von Nebel in den aufwendigeren Beleuchtungsmodellen der Computergraphik (Glassner 1990). Virtuelle Oberflächen haben keine Atmosphäre, in der Wettervorgänge ablaufen. Deshalb bedeutet die Einbeziehung von Nebel oder Dunst, anders als bei der Erdoberfläche, keine Verbesserung der Visualisierung im Sinne einer Annäherung an die Wirklichkeit. Allerdings kann die *Erinnerungsprojektion* (Imhof 1965) in Analogie zur Geländedarstellung zu einer Verbesserung der intuitiven Erfassung beitragen.

„Wo ist die Legende?"

Demonstriert man die simulierte Beleuchtung vor einem Kreis von Personen, die mit thematischen Karten umzugehen gewöhnt sind, kommt irgendwann unweigerlich die Frage:

„Wo ist denn die Legende?". Aufgrund von Ausbildung und Erfahrung haben Kartographen verinnerlicht, dass jede Karte eine Legende hat. Variablen in thematischen Karten werden durch visuelle Variablen transkribiert. Die Art und die Proportionen der Transkribierung mit visuellen Variablen sind in der Legende in graphischer Form beschrieben. Fehlt diese Visualisierung der Transkribierungsvorschrift, stellt sich wie ein Reflex das Gefühl der Unsicherheit ein, das die Frage nach der Legende provoziert.

Nach kurzem Nachdenken wird klar, dass die Variation der Helligkeit keine proportionale Abbildung eines Höhenwerts oder einer thematischen Variablen ist. In einer simulierten Beleuchtung wird der Cosinus der Winkeldifferenz zwischen dem Vektor der Lichtquelle und der Normalen einer Facette der Oberfläche durch einen Helligkeitswert repräsentiert. Facetten mit unterschiedlichen Höhenwerten, Hangrichtungen und Gradienten können den gleichen Grauwert tragen. Die Transkribierung ist also nicht umkehrbar. Aus dem Helligkeitswert lässt sich die Höhe eines Oberflächenpunktes nicht rekonstruieren. Als Legende wäre ein geometrischer Körper möglich, etwa eine beleuchtete Halbkugel. Die Legende leistet aber keinen Beitrag zur besseren Erkennung der Form oder zur Ermittlung von Höhenwerten der Oberfläche. Die simulierte Beleuchtung ist also keine graphische Transkribierung eines Höhenwerts mit Farb-Muster-Variablen.

Personen ohne Vorkenntnisse im Kartenentwurf und in der Graphischen Semiologie fragen nicht nach der Legende. Sie nutzen intuitiv ihre lebenslangen Erfahrungen in der Interpretation von Helligkeitsunterschieden zur mentalen Rekonstruktion des Körpers oder der Oberfläche.

Kombination von Visualisierungstechniken

Durch die Kombination von visuellen Variablen, aber auch von Darstellungstechniken wird die Redundanz in der Informationsübermittlung erhöht. Wenn die gleiche Variable mit mehr als einer Technik visualisiert wird, sind mehrere Erfassungskanäle einbezogen, die Chancen zur Erfassung sind erhöht. Die Kombination kann auch genutzt werden, um mehrere Variablen unabhängig voneinander zu repräsentieren und damit eine visuelle Korrelation zwischen den Variablen herzustellen.

Simulierte Beleuchtung und Isolinien/Isoplethen

Die Kombination von Isolinien- oder Isoplethenkarten mit simulierter Beleuchtung verringert einen grundsätzlichen Nachteil von Isolinien und Isoplethen: die Darstellung ist stufig, Einzelheiten in der Oberfläche zwischen den Niveaus können nicht dargestellt werden. Die Verbindung der Vorteile beider Techniken, die Ausmessbarkeit der Isoliniendarstellung mit der intuitiven Wirkung der simulierten Beleuchtung verbessert die Erfassung der Karte. Die Linien und Farbflächen vertragen sich gut mit den Grau- oder Farbwerten der simulierten Beleuchtung. Das kann man auch in den traditionellen topographischen Karten sehen, die mit Isolinien und Schattenplastik oder simulierter Beleuchtung die Erdoberfläche darstellen. Die Kombination beider visueller Variablen zur Darstellung der gleichen Ausgangsvariablen oder Oberfläche erhöht die Redundanz und verbessert damit die Übermittlung der Information.

In Abbildung 18-3 sind Isoplethen und simulierte Beleuchtung in einer Visualisierung der Test-Oberfläche kombiniert. Die Farben der Schichtflächen wurden mit dem Helligkeitswert der simulierten Beleuchtung verändert. Die Farbkodierung der Schichtflächen erleichtert die Zuordnung zu einer absoluten Höhe, die Helligkeitsvariation im Farbwert erzeugt den plastischen Eindruck. Die Kombination der visuellen Variablen verstärkt die Kontraste und verbessert dadurch die selektive Wahrnehmung der Karte, genauso wie es BERTIN (1974) postuliert hat. Die Anzahl der Klassen oder Schichtflächen darf bei dieser Kombination allerdings nicht zu groß sein. Die Veränderung in der Helligkeit der Farben kann unter Umständen die noch erkennbaren Farbunterschiede an den Klassengrenzen (Legende der Höhenschichten) verwischen. Die visuelle Zuordnung der Schichten zu einer Farbe mit Hilfe der Legende ist dann nicht mehr eindeutig.

Eine eindeutige Zuordnung scheint möglich zu sein, wenn anstatt der Gelb-Rot-Reihe alle Farben des Spektrums für die Kodierung der Schichten verwendet werden. Das hätte den Vorteil, dass die Klassengrenzen auch bei einer größeren Zahl von Schichten noch gut erkennbar wären. Nach den Regeln der Graphischen Semiologie eignet sich die graphische Variable *Farbe* aber nicht für die Transkription einer geordneten Reihe (Klassen, Höhenschichten), sondern nur für die Wiedergabe von Typen.

Für die Abbildung 18-3 wurden die Parameter für die Position und Intensität der Lichtquelle so ausgewählt, dass die Oberfläche gut erfassbar ist. Bei nur einer Lichtquelle aus Nordwesten sind die nach Südosten orientierten Facetten dunkler, je nach Neigung bis zur vollkommenen Schwärzung. Die Beleuchtung mit einer zweiten oder dritten Lichtquelle aus einer anderen Richtung und abgestuften Intensitäten könnte die zu dunklen Stellen aufhellen und das Bild der Oberfläche noch deutlicher machen. Abbildung 18-3 wurde mit dem Programm Surfer angefertigt, das zur Zeit nur eine Lichtquelle vorsieht.

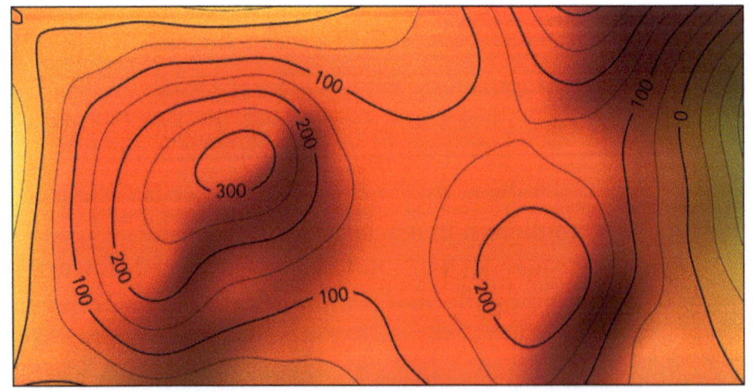

Abbildung 18-3
Kombination von Isoplethen und simulierter Beleuchtung in einer Karte

Gestufte Oberfläche mit Schatten (Pseudo-Tanaka)

Die Darstellung einer Oberfläche mit schattierten Isolinien (TANAKA 1950) kann mit der Technik der simulierten Beleuchtung angenähert werden. KENNELLY & KIMERLING (2001) geben einen ausführlichen Überblick zur Tanaka-Methode, ihrer Weiterentwicklung und die Realisierung von Karten mit schattierten Isolinien in den Paketen Arc/INFO bzw. ArcView, den Vorläufer-Versionen von ArcGIS.

DICKENSON (2016) beschreibt ein Verfahren zur Nachbildung der Tanaka-Technik mit Surfer. Durch eine Umformung der kontinuierlichen Oberfläche wie in Abbildung 18-3 in eine gestufte Form und die Darstellung mit simulierter Beleuchtung entstehen scheinbar Isolinien. Sie sind auf der der Lichtquelle abgewandten Seit dunkel, auf der zugewandten Seite hell. Die Technik ist nicht identisch mit dem ursprünglichen Vorschlag von Tanaka, aber eine gute Annäherung.

Mehrere Oberflächen in einer Karte

Durch die Kombination von Höhenschichten mit der simulierten Beleuchtung werden die Höhenvariationen innerhalb einer Schicht sichtbar, wenn auch indirekt und nicht quantifizierbar. Beide Darstellungstechniken zusammen ergeben eine bessere Visualisierung des Modells als jede Technik für sich allein. Der Gedanke liegt nahe, diese und andere Kombinationen von Darstellungstechniken und graphischen Variablen zur Abbildung von mehr als einer Oberfläche in der gleichen Karte zu nutzen. Das Ziel ist nicht die Einsparung von Druckkosten, indem man mehr Informationen in einer Karte unterbringt und dadurch mit weniger Abbildungen auskommt. Die Absicht ist vielmehr, durch die gemeinsame Darstellung von mehreren Variablen in einer Karte Abhängigkeiten graphisch darzustellen, die vielleicht zwischen den Variablen vorhanden sind. Die Visualisierung der Wechselwirkungen von Variablen kann dazu führen, dass bessere Erklärungen für bestimmte räumliche Zustände und Prozesse gefunden oder Wirkungszusammenhänge aufgedeckt und erklärt werden können. Die Zusammenhänge sind bei der Darstellung in getrennten Karten weniger deutlich sichtbar oder bleiben sogar verborgen.

Abbildung 18-4
Annäherung der Tanaka-Methode durch eine getreppte Oberfläche und simulierte Beleuchtung

Quantitative Reihe und Typen

Mit der Kombination der graphischen Variablen *Helligkeit* und *Farbe* ist es möglich, zwei verschiedene Sachverhalte auf der gleichen Karte zu repräsentieren. Die Facetten des Oberflächenmodells sind mit verschiedenen Farben gekennzeichnet, deren Helligkeitswert durch das Verfahren der simulierten Beleuchtung verändert wird. In der Abbildung 18-5 sind die Facetten nach ihrer Zugehörigkeit zu einer Bezugsfläche (Kreise und Kreisaggregate) eingefärbt. Die Zuordnung der Farben zu den Bezugseinheiten ist so gewählt, dass Kreise mit einer gemeinsamen Grenze nie die gleiche Farbe tragen. In diesem einfachen Fall einer multivariaten Karte transkribieren die Farben nicht eine Variable, sondern die Geometrie der Bezugseinheiten. Der „Flickenteppich" erschwert zwar die visuelle Erfassung der Oberfläche. Die Oberflächengestalt ist trotzdem noch gut erkennbar. Die plastische Wirkung lässt sich, in Grenzen, durch Variation des Höhenfaktors und der Position der Lichtquelle verändern. Der visuelle Eindruck ist natürlich auch von der Qualität und der Farbwiedergabe des Druckers abhängig.

Vier Farben genügen

Die Abbildung 18-5 gibt Anlass zu einem kleinen Exkurs zum *Vier-Farben-Satz*. Nur vier Farben sind notwendig, um alle Flächen in der Ebene so zu füllen, dass Polygone mit einer gemeinsamen Grenze eine unterschiedliche Farbe erhalten. Dieses alte Problem der mathematischen Topologie, früher auch *Vier-Farben-Theorem* oder *Vier-Farben-Vermutung* genannt, wurde erst vor einigen Jahren von den Mathematikern APPEL & HAKEN (1976, 1977) bewiesen. Der Beweis des Theorems hat einiges Aufsehen erregt, einmal durch die Sache selbst, zum zweiten deshalb, weil ein Beweis zum ersten Mal mit massiver Unterstützung durch ein Computerprogramm geführt wurde (FRITSCH & FRITSCH 2004). Für die Ermittlung der Farbzuordnungen in Abbildung 18-5 wurde eine Backtracking-Technik angewendet (NIJENHUIS & WILF 1978).

Weitere Kombinationsmöglichkeiten

Anstatt der Typen kann man auch eine geordnete Reihe für die Kennzeichnung der Bezugseinheiten verwenden. Eine Variable wird klassifiziert und die Klassen werden durch Flächenfarben repräsentiert. Diese Choroplethen-Karte wird als Muster über eine interpolierte Oberfläche gelegt und die texturierte Oberfläche mit simulierter Beleuchtung visualisiert, ähnlich wie die Flächenkennzeichnung in Abbildung 18-5. Die Grenzen der Schichten sind dann nicht mehr identisch mit den Grenzen der Bezugseinheiten.

Oberfläche und Choroplethen-Karte

Anstatt der Typen kann man eine geordnete Reihe für die Kennzeichnung der Bezugseinheiten verwenden. Eine Variable wird klassifiziert und die Klassen werden durch Flächenfarben repräsentiert. Diese Choroplethen-Karte wird auf die Oberfläche aufgespannt, die aus dem Indikator der landschaftlichen Attraktivität interpoliert wurde (Abb. 18-6). Die landschaftliche Attraktivität ist in den Regionen sehr niedrig, in denen die Einwoh-

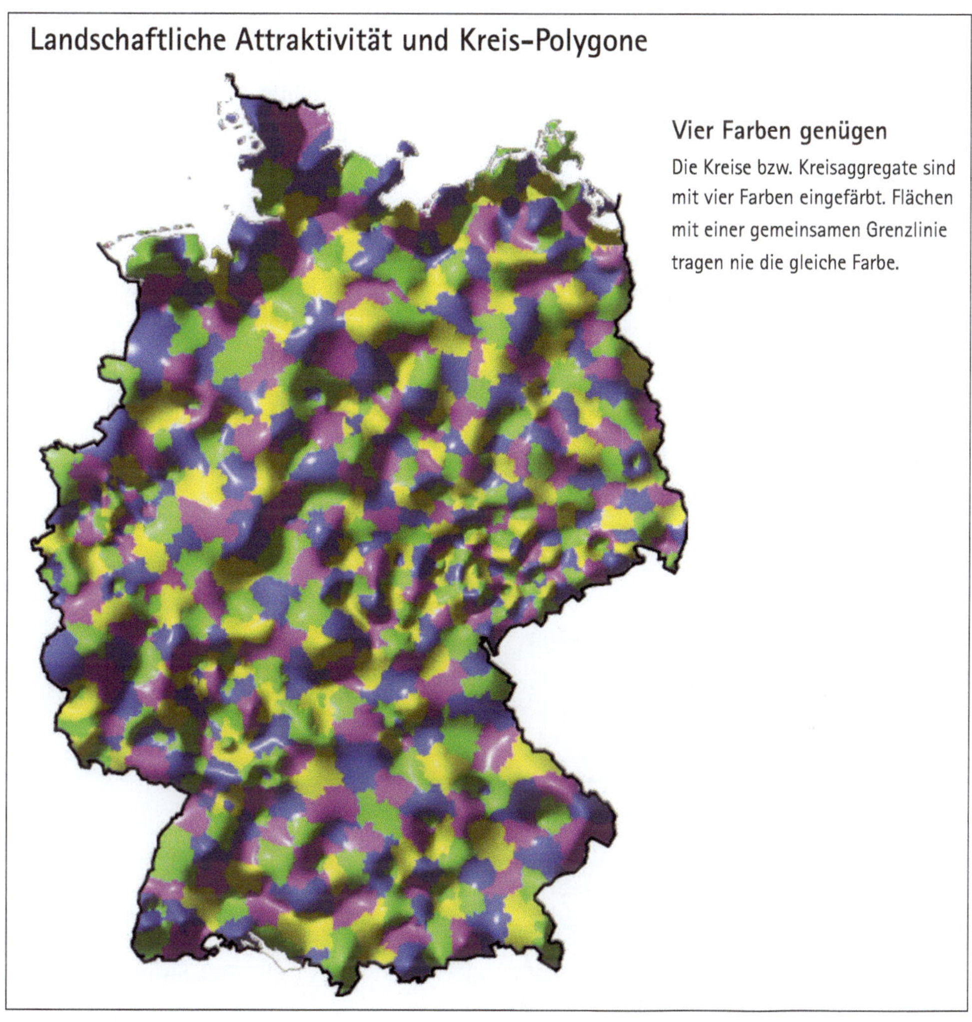

Abbildung 18-5
Kombination von Oberfläche und Muster

nerdichte sehr hoch ist, und umgekehrt. Das wird deutlich vor allem in den ländlichen Regionen (Mecklenburg-Vorpommern, Bayern, Niedersachsen, Eifel). Von erhöhtem Interesse sind die Regionen, wo trotz erhöhter Bevölkerungsdichte auch die landschaftliche Attraktivität hoch ist, etwa im Bereich des Schwarzwaldes und des Oberrhein-Grabens. Hier sind Ansatzpunkte für eingehende Untersuchungen, um die Gründe für die Abweichungen von der Theorie zu finden.

Diese Kombination von zwei Darstellungsformen – Oberfläche durch simulierte Beleuchtung, Choroplethen-Karte mit farbkodierten Klassen – ist nicht leicht zu erfassen. Die mentale Trennung der beiden Variablen ist schwierig, es gelingt kaum, die Korrelation beider Variablen herzustellen. Selbst bivariate Choroplethen-Karten, bei denen die Färbung durch Mischung der Farbstufen von zwei Variablen erzeugt wird, bereiten ziemliche Schwierigkeiten bei der Erfassung.

Zwei Oberflächen

Wenn die Darstellung der Bezugsflächen nicht erwünscht ist, kann man beide Variablen auch als Oberflächen abbilden (Abb. 18-7). Nach der Interpolation der ersten Oberfläche

Abb. 18-6
Einwohnerdichte und landschaftliche Attraktivität als Choroplethenkarte und Oberfläche

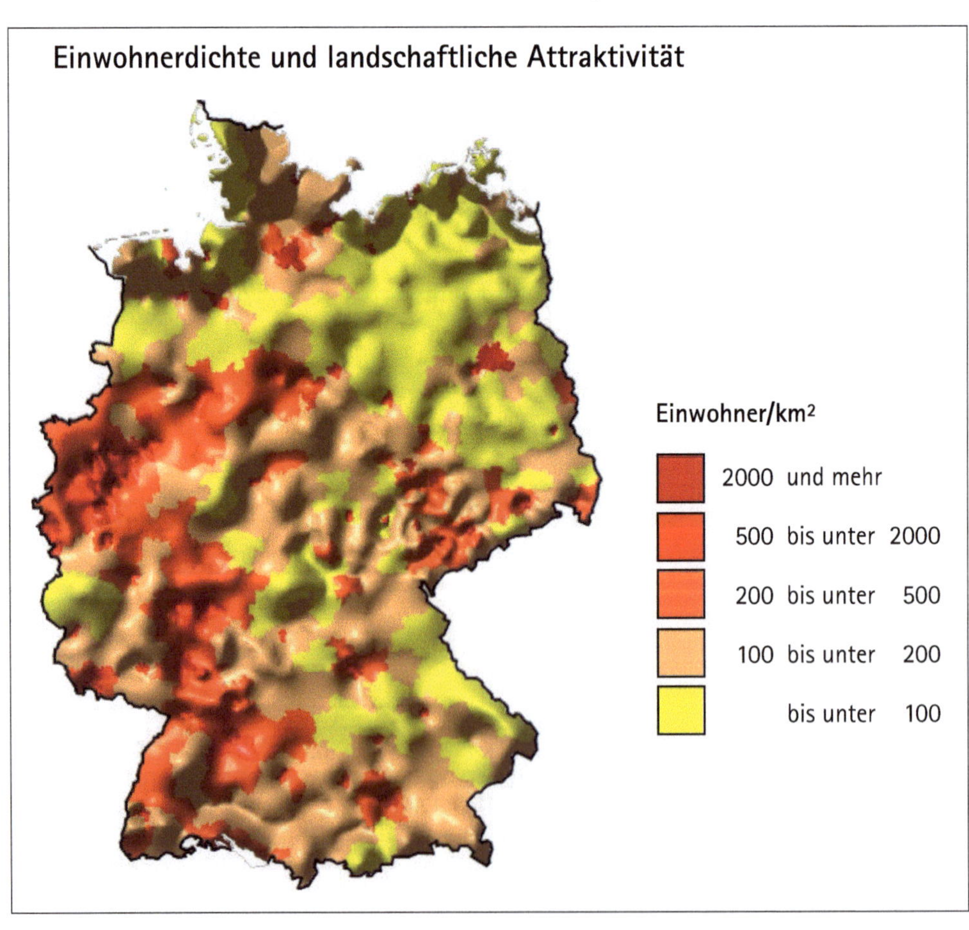

werden die einzelnen Punkte, nicht die Bezugsflächen, in Klassen oder Schichten eingeordnet. Die Farbe der jeweiligen Schicht wird den Facetten der zweiten Oberfläche zugeordnet. Die zweite Oberfläche wird mit simulierter Beleuchtung dargestellt. Die Grenzen der Schichten sind nicht mehr identisch mit den Grenzen der Bezugseinheiten wie in Abbildung 18-6.

Theoretisch können noch mehr Variablen oder Oberflächen in der gleichen Karte kombiniert werden. Denkbar wären zusätzliche Isolinien, die mit gestufter oder variabler Linienbreite oder einem Linienmuster weitere Variablen transkribieren. Der Kartenleser hat aber bei diesen beiden Beispielen schon Schwierigkeiten, die zwei Variablen miteinander in Beziehung zu setzen und Korrelationen zu erkennen. Die zunehmende Komplexität der

Abb. 18-7
Einwohnerdichte und landschaftliche Attraktivität als zwei Oberflächen

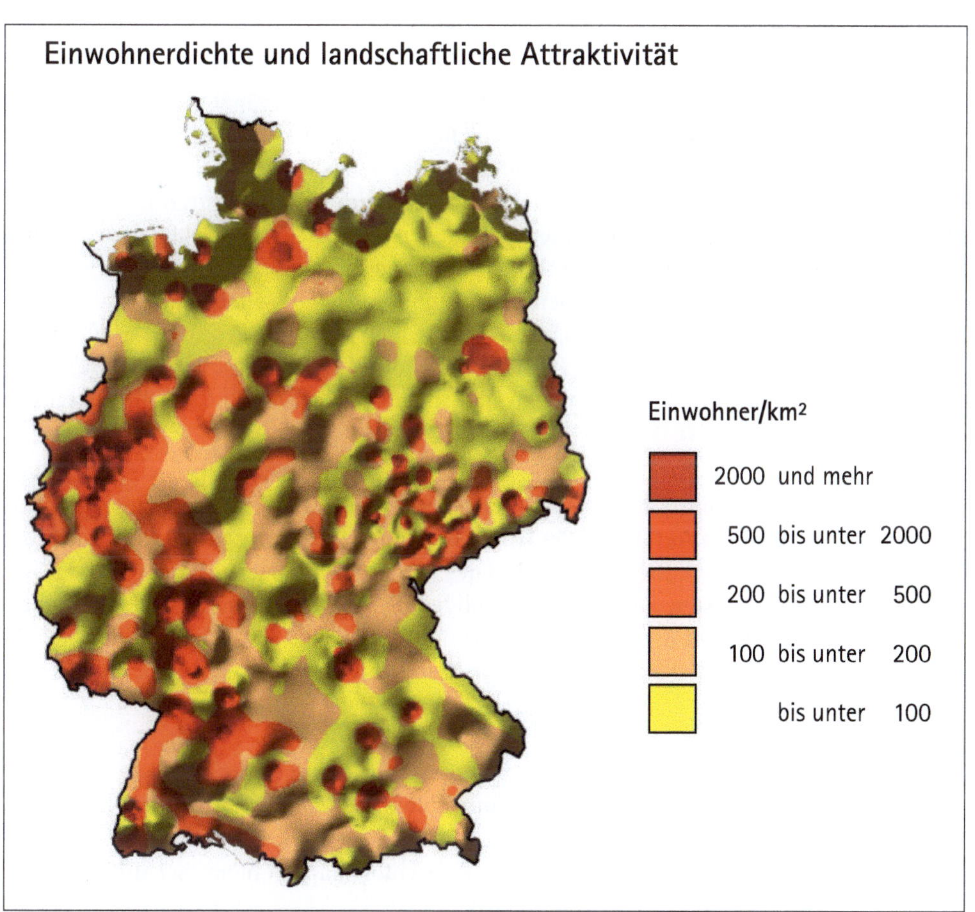

Wirkungsbeziehungen überfordert die Synthesefähigkeit des menschlichen Auge-Gehirn-Systems. Deshalb ist es besser, die Informationen in mehreren Karten zu übermitteln. Nicht alles, was machbar ist, ist auch sinnvoll, im täglichen Leben, in der Wissenschaft und auch in der kartographischen Visualisierung.

Simulierte Beleuchtung schafft Tiefenwirkung

Bei der simulierten Beleuchtung durch eine imaginäre Lichtquelle ist die Höhe der Oberfläche aufgrund der Helligkeitswerte nicht zu rekonstruieren, weder rein visuell noch mit Hilfe von Messgeräten. Mit der simulierten Beleuchtung nach dem Modell der diffusen Reflexion, dem Phong-Modell und weiteren fortgeschrittenen Verfahren sind die Oberflächenformen sehr gut erfassbar. Die simulierte Beleuchtung kommt einer fotografischen Abbildung der realen Oberfläche oder eines verkleinerten Modells näher als alle bisher betrachteten Visualisierungstechniken für Oberflächen. Der Grund liegt in der im Laufe des Lebens erworbenen Fähigkeit des menschlichen Auge-Gehirn-Systems, aus der Verteilung von Helligkeiten auf die Form eines dreidimensionalen Körpers zu schließen.

Die simulierte Beleuchtung kann sehr gut durch Isolinien ergänzt werden, die einen Rückschluss auf die absolute Höhe der Oberfläche zulassen. Die Nutzung der graphischen Variable *Farbe* für die Höhenschichten und der Variable *Helligkeit* für die Visualisierung der Form erhöht die Redundanz der Information und erleichtert dadurch die Erfassung der Karte. Durch Transkription mit unterschiedlichen graphischen Variablen, vorwiegend Farbe und Helligkeit, lassen sich verschiedene Sachverhalte als Typen, geordnete Reihe oder Oberfläche mit einer anderen Oberfläche kombinieren. Die gemeinsame Darstellung mehrerer Variablen in einer multidimensionalen Karte verdeutlicht Wirkungsbeziehungen und Prozesse im Raum. Für die Anzahl der Dimensionen und die intuitive Erfassung der Relationen zwischen den Oberflächen sind natürliche Grenzen durch die Fähigkeiten des menschlichen Auge-Gehirn-Systems gesetzt.

Die Rechenkosten für die simulierte Beleuchtung sind in Abhängigkeit von der angestrebten Realitätsnähe mittel bis hoch im Vergleich mit den anderen Techniken. Es ist zu berücksichtigen, dass die Auflösung des Gitters mit den Höhenwerten feiner sein muss als bei den anderen Verfahren. Die Interpolation des feineren Gitters macht den größeren Teil der erhöhten Rechenkosten aus. Die aufwendigeren Modelle verlangen Ausgabegeräte, die in der Auflösung und der Wiedergabe der Farben höhere Ansprüche stellen als sie zum Beispiel für Isolinien oder Isoplethen notwendig sind.

Literatur

APPEL K, HAKEN W (1976) A proof of the four color theorem. Discrete Mathematics 16 (1976), 179–180

APPEL K, HAKEN W (1977) The solution of the four-color-map problem. Scientific American, Vol. 237, No. 4, October 1977, 108–121

Bär HR (1996) Interaktive Bearbeitung von Geländeoberflächen. Konzepte, Methoden, Versuche. Geoprocessing-Reihe Vol. 25, Universität Zürich, Geographisches Institut

Bertin J (1974) Graphische Semiologie. Diagramme, Netze, Karten. de Gruyter, Berlin

Brassel K (1973) Modelle und Versuche zur automatischen Schräglichtschattierung. Dissertation, Universität Zürich, Geographisches Institut

Brassel K (1974) Ein Modell zur automatischen Schräglichtschattierung. Internationales Jahrbuch der Kartographie 1974, 66–77

Dickenson K (2016) Variations in Hillshading: Creating Tanaka-style illuminated contour maps. Golden Software, Surfer Blog
http://www.goldensoftware.com/blog/variations-in-hillshading-creating-tanaka-style-illuminated-contour-maps (1/2016)

Fritsch R, Fritsch G (2004) Der Vierfarbensatz: Geschichte, topologische Grundlagen und Beweisidee. BI-Wissenschaftsverlag

Glassner AS (1990) Simulating fog and haze. In: Glassner AS (ed.) Graphic Gems. Academic Press, Boston, 364–365

Gouraud H (1971) Continuous shading auf curved surfaces. IEEE Transactions on Computers, Vol. C20, No. 6, 87–93

Hall R (1989) Illumination and color in computer generated imagery. Springer, New York

Hughes JF, van Dam A, McGuire M, Sklar DF, Foley JD, Feiner SK, Akeley K (2013) Computer Graphics: Principles and Practice, 3rd ed. Addison-Wesley, Reading, MA

Imhof E (1965) Kartographische Geländedarstellung. de Gruyter, Berlin

Kennelly P, Kimerling AJ (2001) Modifications of Tanaka's illuminated contour method. Cartography and Geographic Information Science, Vol. 28, No. 2, 2001, 111–123
http://www.mbmg.mtech.edu/pdf/gis_illum.pdf (1/2016)

Lukas K (1994) Analytische Schräglichtschattierung in der Kartographie. Diplomarbeit, Geographisches Institut, Universität Zürich

Neugebauer G, Dorrer E (1996) Experimentelle Untersuchungen zur kartographischen Darstellung der Marsoberfläche. Kartographische Nachrichten, 46. Jahrgang, Heft 2, April 1996, 41–49

Nijenhuis A, Wilf HS (1978) Combinatorial algorithms for computers and calculators. Academic Press, New York

Phong BT (1975) Illumination for computer generated pictures. Communications of the ACM, Vol. 18, No. 6, 311–317

Ramamoorthi R, Mahajan D, Belhumeur P (2007) A first-order analysis of lighting, shading, and shadows. ACM Transactions on Graphics, Vol. 26, No. 1, January 2007, 1–21

Rauber T (1993) Algorithmen in der Computergraphik. Teubner, Stuttgart

Tampieri F (1994) Newell's method for computing the plane equation of a polygon. In: Kirk D (ed.) Graphic Gems III (IBM Version). Academic Press, Boston, 231–232, 517–518

TANAKA K (1950) The relief contour method of representing topography on maps. Geographical Review, Vol. 40, 444–456

WIECHEL, H (1878) Theorie und Darstellung der Beleuchtung von nicht gesetzmäßig gebildeten Flächen mit Rücksicht auf die Bergzeichnung. Civilingenieur, Band 24, 335–364

YOÉLI P (1966) Die Mechanisierung der Analytischen Schattierung (Facettenmethode). Kartographische Nachrichten, Jahrg. 16, Heft 3, 103–107

YOÉLI, P (1967) Die Richtung des Lichts bei analytischer Schattierung. Kartographische Nachrichten, Jahrg. 17, Heft 2, 37–44

19

19 Darstellung mit wertproportionalen Zeichen

Bei einer Oberflächendarstellung mit Isolinien wird eine Reduzierung in der Genauigkeit der Wiedergabe in Kauf genommen. Der Höhenwert eines Punktes im Höhengitter lässt sich nur genau bestimmen, wenn der Punkt auf oder nahe einer Isolinie liegt. Den Wert von Punkten zwischen den Isolinien kann man nur schätzen, etwa aufgrund der Oberflächenform. Lokale Variationen in den Oberflächenformen, die zwischen zwei Isolinien-Niveaus liegen, sind in der Karte nicht sichtbar. Der Wert der Gitterpunkte an diesen Stellen kann vom erwarteten Verlauf der Oberfläche abweichen, die Schätzung ist dann fehlerbehaftet. In den Anwendungsfällen, die eine genauere Bestimmung des Höhenwertes erfordern, ist eine wertproportionale Darstellung notwendig. Der Wert der visuellen Variable ist proportional zum Höhenwert des Gitterpunktes. Durch Vergleich mit der Legende oder durch Ausmessen kann der Wert jedes Rasterpunktes unter Berücksichtigung der Auflösung und Genauigkeit des Modells und der graphischen Darstellung bestimmt werden.

Die visuelle Variable *Größe* ist zur Transkription einer quantitativen Variable geeignet, theoretisch auch der Helligkeitswert. Die Rekonstruktion des Variablenwerts aus den Helligkeitswerten einer Graphik bringt aber technische Probleme mit sich. Der Vergleich von Grauwerten in Karte und Legende allein mit dem Auge, ohne ein technisches Hilfsmittel wie ein Densitometer, ist schwierig. Auch sind der exakten Reproduzierbarkeit von Helligkeitswerten und Mustern auf verschiedenen Ausgabegeräten Grenzen gesetzt, zum Beispiel auch dadurch, dass Helligkeitswerte durch ein feines Muster (Druckraster) auf den Ausgabegeräten erzeugt werden. Aufgrund von komplexen sehphysiologischen Wechselwirkungen zwischen der Textur des Rasters, der Helligkeit und der Farbe und noch anderen optischen Effekten ist praktisch keine proportionale Abbildung zu erreichen. Helligkeit und Muster sind deshalb nur für die Wiedergabe einer geordneten Reihe (Klassen) geeignet.

Mit den visuellen Variablen *Farbe*, *Richtung* und *Form* lassen sich lediglich Typen visualisieren. Die Variable *Farbe* vermittelt nur in Verbindung mit einer Helligkeitsabstufung den Eindruck einer Reihenfolge. Ausnahmen davon sind kulturell bedingte Farbassoziationen, wie wir es von unseren Wasserhähnen kennen. Aus einem blau gekennzeichneten

Wasserhahn erwarten wir kaltes Wasser, aus einem Hahn mit rotem Symbol warmes Wasser. Solche Erinnerungsprojektionen (IMHOF 1965) beeinflussen die Rezeption von Farben in Karten. Zum Beispiel neigen Physiker dazu, die Reihenfolge der Farben im sichtbaren Bereich des Spektrums, die Regenbogen-Farben, als geordnete Reihe aufzufassen. Sie geraten meistens in Verlegenheit, wenn man sie fragt, ob die Wellenlänge oder die Frequenz für die Definition der Reihenfolge benutzt wurde. Bei der Diskussion um Farben sollte man auch nicht vergessen, dass ein hoher Prozentsatz der Bevölkerung unter Farb-Fehlsichtigkeit in verschiedenen Ausprägungen und Intensitäten leidet.

Durch eine ausreichend große Reihe von in der Helligkeit abgestuften Grauwerten kann man eine kontinuierliche Variable annähern. Damit lassen sich quantitative Variablen, in unserem Fall eine Oberfläche, mit einer für den Anwendungszweck ausreichenden, technisch möglichen und wirtschaftlich sinnvollen Genauigkeit repräsentieren. Die Abbildung der z-Werte an den Gitterpunkten durch proportionale Größensymbole ist die einzig mögliche Transkribierung nach den Regeln der Graphischen Semiologie (BERTIN 1974).

Größenproportionale Punktsymbole

Die Höhe oder Intensität eines Schnittpunktes im rechteckigen Gitter des Kontinuums wird durch die visuelle Variable *Größe* transkribiert. Die Fläche des Symbols ist proportional zur Höhe des Punktes in der Oberfläche. Die Höhe lässt sich aus der Karte durch Vergleich mit der Legende abschätzen. Durch Ausmessen der Symbolgröße und Flächenberechnung kann die Höhe im Rahmen der Abbildungs- und Messgenauigkeit noch exakter bestimmt werden. Voraussetzung ist, dass die Art der Transformation von Höhe zu Symbolgröße bekannt ist oder aus der Legende abgeleitet werden kann.

Gitter mit proportionalen Kreisen

In Abbildung 19-1 ist die Fläche jedes Kreissymbols proportional zum Höhenwert des Gitterpunktes. Die niedrigen und hohen Werte in der Oberfläche sind gut zu erkennen. Allerdings werden auch gleich die Probleme der Darstellungsform offenbar, oder auch die Probleme des Indikators. In der Karte entspricht der größte Kreis einem Indikatorwert von 400. Einige Bezugseinheiten an der Küste und in den Alpen erreichen aber Werte von über 1600, und die höchsten Gipfel der Oberfläche sind höher als 2000 Einheiten. Setzt man den größten Kreis gleich dem Maximalwert des Indikators, sind die Kreise in den meisten Regionen der Bundesrepublik Deutschland so klein, dass keine visuelle Differenzierung mehr möglich ist. Die „Kappung" der Oberfläche (alle Werte über 400 werden auf 400 gesetzt) ist ein Eingriff, der in diesem Fall toleriert werden kann, weil sich die sehr hohen Indikatorwerte auf kleine Teile des Untersuchungsgebietes beschränken. An diesen Stellen ist die Oberfläche nicht ausmessbar. Bei einem Dreiecksnetz sind die Gitterpunkte dichter gepackt. Für die gleiche Flächenbedeckung kann die Maschenweite etwas weiter sein, es sind weniger Rasterpunkte notwendig.

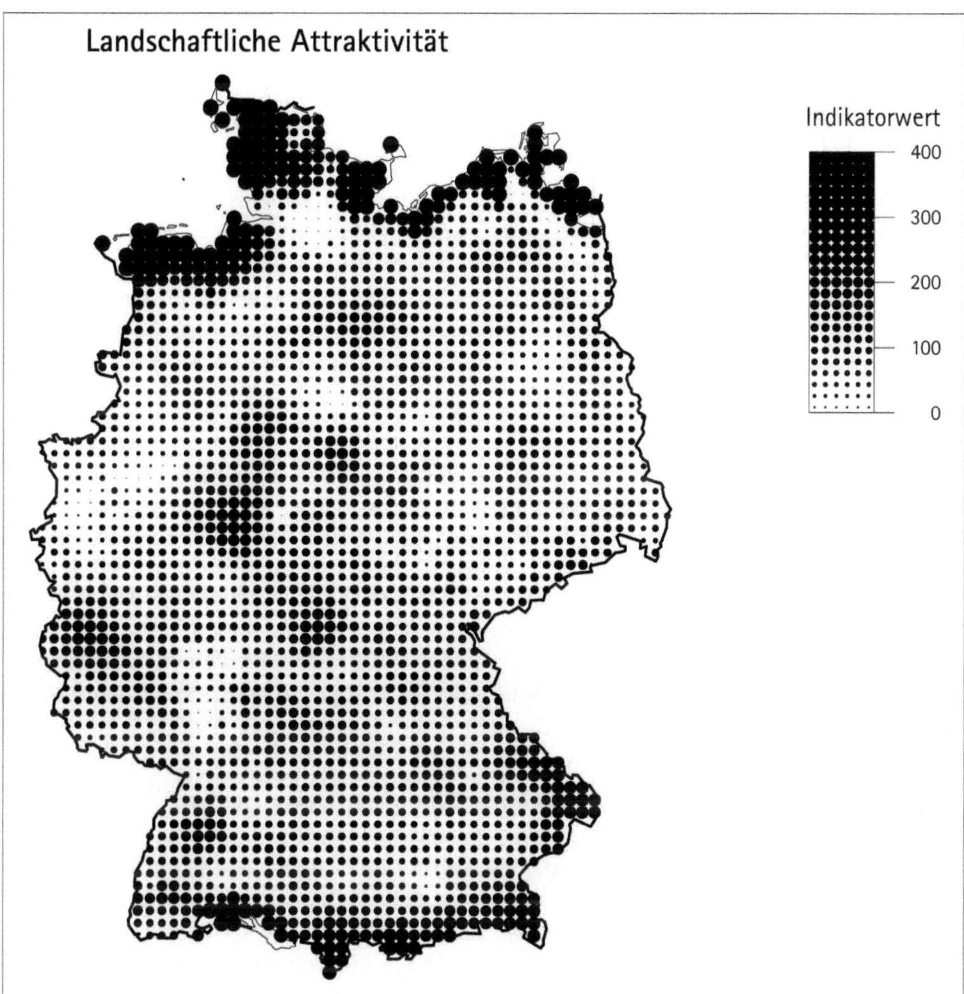

Abbildung 19-1
Gitter mit proportionalen Kreisen

Verteilung der Indikatorwerte und Symbolgröße

Setzt man den Durchmesser des Kreises gleich der Seitenlänge des Quadrates im Gitter, bleiben Teile des Quadrates weiß. Deshalb sollte man den Kreisdurchmesser etwas größer wählen als die Maschenweite des Gitters. Die Kreise überlappen sich dann an manchen Stellen, was aber die generelle Erfassung des Karteninhalts nicht stört. Muss der Durchmesser aller Kreise bestimmt werden, kann man die überlappenden Kreise mit einem

Halo oder einer weißen Umrandungslinie optisch voneinander trennen (BERTIN 1974, RASE 1987).

Ähnlich wie bei den proportionalen Liniensymbolen wird man die Größe der Symbole selten zur exakten Bestimmung der Höhenwerte heranziehen, sondern eher Schätzungen durch Vergleich mit der Legende vornehmen. Aufgrund der Einschränkungen in der Messgenauigkeit bei kleineren Symbolen ist der ermittelte Höhenwert nicht sehr exakt. Deshalb sollte man in Fällen, in denen die Höhen der Gitterpunkte genauer bekannt sein müssen, die exakten Werte nicht aus der graphischen Transkription, also der Karte, sondern aus der numerischen Repräsentation der Oberfläche entnehmen.

Wenn die Oberfläche negative und positive Werte enthält, können die negativen und positiven Zahlenbereiche durch Farben kodiert werden. In Abbildung 19-2 sind die Absolutwerte der Residuen der Trend-Oberfläche durch proportionale Kreise dargestellt. Der negative Wertebereich ist durch die Farbe Blau, der positive Bereich durch die Farbe Rot repräsentiert. Die quantitative Variable *Größe* wird durch die qualitative Variable *Farbe* zur Kennzeichnung der negativen und positiven Bereiche ergänzt.

Optische Irritationen als Aufmerksamkeitserreger

Bei intensiver Betrachtung der Abbildung 19-1 treten optische Irritationen auf. Das Raster scheint zu vibrieren, und das Auge hat Schwierigkeiten, sich an einem Punkt festzuhalten. Dieser visuelle Effekt kann als Aufmerksamkeitserreger genutzt werden, insbesondere für weniger geübte Kartenleser. Der Irritationseffekt ist bei farbigen Abbildungen etwas schwächer (Abb. 19-2). In der Medizin werden ähnliche Graphiken zur Diagnose von krankhaften Veränderungen im Gehirn verwendet.

BERTIN (1974) erklärt das Phänomen folgendermaßen: „Diese «Vibration» scheint das Ergebnis zu sein des Zusammenwirkens zwischen einem physiologischen Effekt, dem Entstehen einer gewissen Resonanz auf der Retina, und einem psychologischen Effekt, der Unschlüssigkeit darüber, ob es sich um eine Flächendarstellung oder um Einzelzeichen handelt...Der Bearbeiter einer graphischen Darstellung muss die Variation geschickt nutzen, d. h. er muss die Resonanz erreichen, darf aber keinen unangenehmen Effekt hervorrufen".

Die Wirkung der optischen Vibrationen ist von Betrachter zu Betrachter verschieden. Diese Abbildungen können bei empfänglichen Personen, die das Bild länger betrachten, Augenflimmern und ein unangenehmes Gefühl hervorrufen. Damit wird eigentlich genau das Gegenteil der ursprünglichen Absicht der Karte erreicht. Diese Fälle sind wahrscheinlich eher selten. Der Kartenentwerfer hat in jedem Fall die Aufgabe, das richtige Gleichgewicht zwischen der anziehenden und abstoßenden Wirkung des Effekts zu finden.

Die Verwandtschaft der Darstellung von größenproportionalen Symbolen zu einigen Richtungen der modernen Kunst sind nicht zu übersehen. Insbesondere die Kunstrichtung *Op Art* bezieht ihre Wirkung aus den optischen Effekten von regelmäßigen Gittern und ihrer Abweichung von der Regelmäßigkeit, sehr eindrucksvoll sichtbar in den Werken von

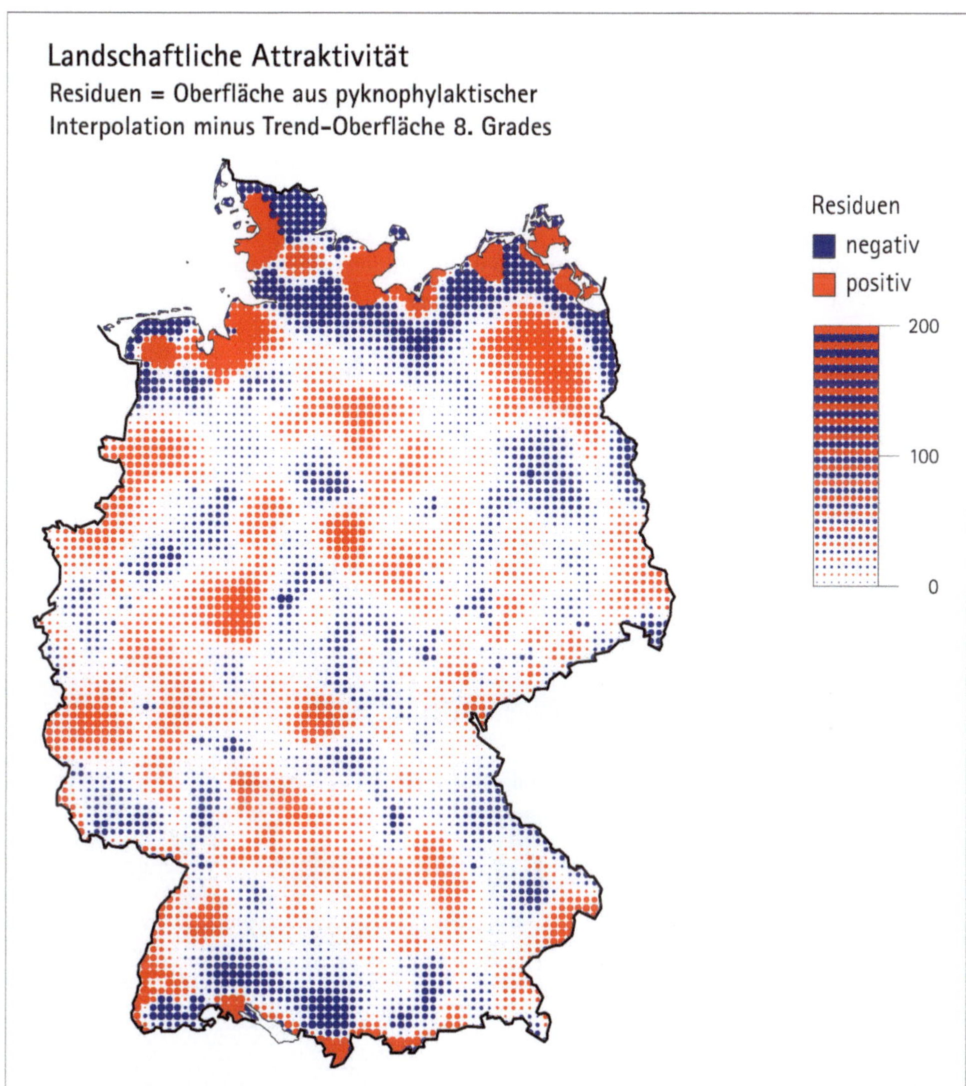

Abbildung 19-2
Proportionalkreise mit negativen und positiven Werten

Victor Vasarely (1908-1997), dem bekanntesten Vertreter dieser Richtung (Barret 1974).
Die optischen Irritationen und Vibrationen sind beim Betrachten vieler Bilder Vasarelys
zu spüren.

Wertproportionale Quadrate oder Sechsecke

Anstelle von Kreisen können auch Rechtecke oder Quadrate als Proportionalsymbole verwendet werden. Rechtecke und Quadrate sind leichter ausmessbar als Kreise und füllen das Rechteckgitter ohne Überlappungen. Der Irritationseffekt, das optische Vibrieren des Gitters, bleibt erhalten (Abb. 19-3). Das Äquivalent zum Rechteck oder Quadrat im Rechteckgitter ist im Dreiecksgitter das Sechseck. Der Unterschied im visuellen Eindruck von Abbildung 19-3b zur Abbildung 19-1 ist nicht sehr groß. Die Kreise im Dreiecksnetz werden optisch fast wie Sechsecke empfunden. Nur an den dicht gepackten Stellen ist der Formunterschied gut erkennbar.

Sprechende Symbole

Anstelle der Kreise, Quadrate oder Sechsecke kann man eine beliebig geformte Füllfläche als Proportionalsymbol verwenden. Die Koordinaten des Polygons werden so skaliert, dass die Symbolfläche proportional zum Höhenwert des Gitterpunktes ist. Die Form des Symbols steht üblicherweise im Bedeutungszusammenhang mit der dargestellten Oberfläche. Durch die „sprechenden" Symbole soll unter anderem das Interesse des Kartenlesers ge-

Abbildung 19-3
Wertproportionale Quadrate und Sechsecke

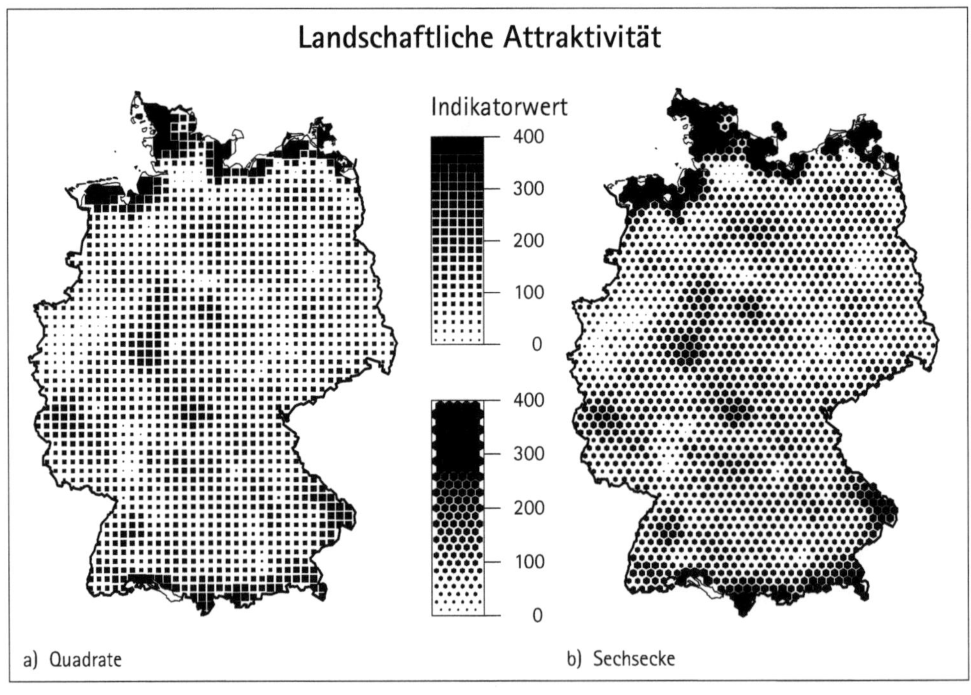

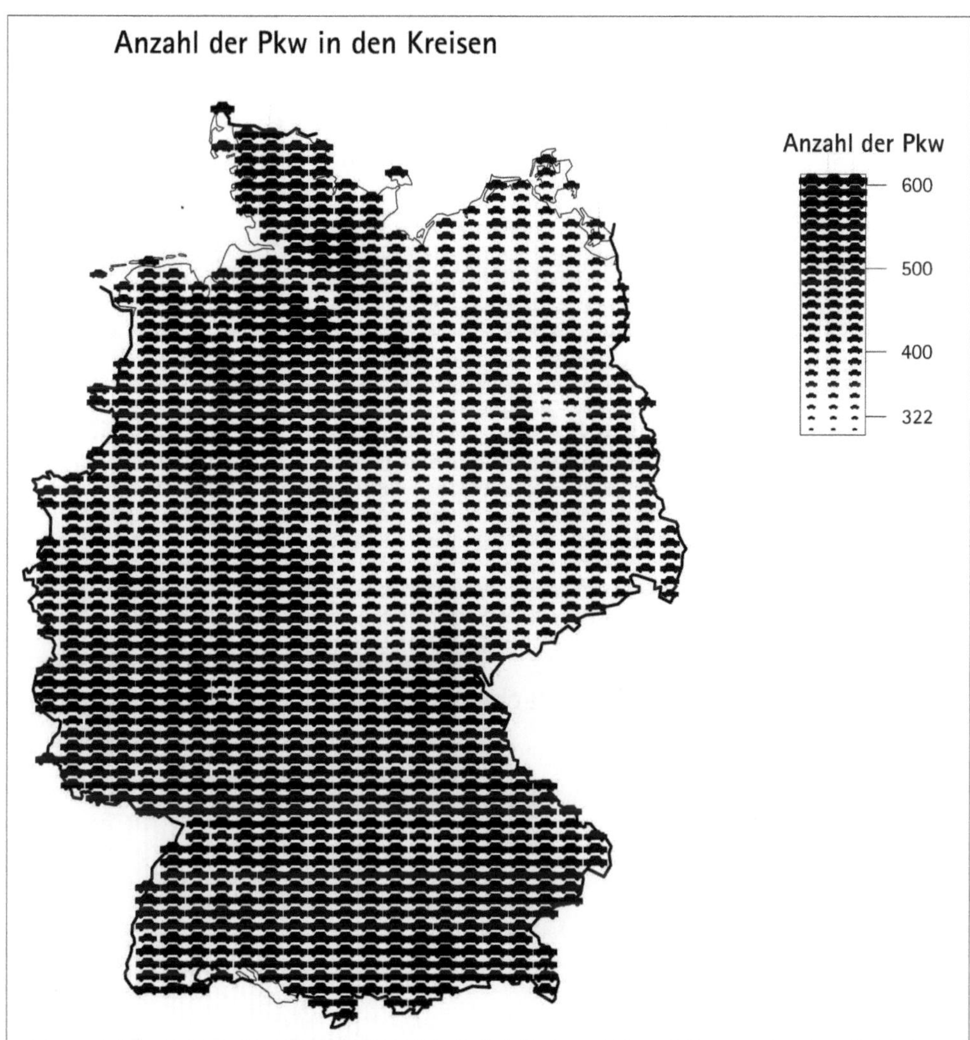

Abbildung 19-4
Proportionalsymbole mit bedeutungstragender Form

weckt oder verstärkt werden, sich mit dem Bild und der darin enthaltenen Botschaft zu beschäftigen (Abb. 19-4).

Wenn man die Abmessungen der unregelmäßigen Symbole auf die Abmessungen der Rechtecke oder Sechsecke beschränkt, werden die Facetten nicht vollständig gefüllt. Werden sie größer als die Facetten, überlappen sie benachbarte Symbole wie bei den Kreisen in

Abb. 19-1. Bei kleinen Symbolen in einem relativ feinen Gitter ist es kaum noch möglich, die Form des Symbols zu erkennen. Wenn die Form nicht mehr deutlich erkennbar ist, wird auch keine Bedeutung übermittelt, sondern nur der Eindruck der unterschiedlichen Helligkeit. Man kann sich in diesem Fall den Aufwand für die unregelmäßigen Symbole sparen und sich auf die einfachen Symbole Kreis, Quadrat oder Sechseck beschränken.

Streifen oder Bänder

Eine weitere Variante der Darstellung von Oberflächen mit Elementen proportional zu den Höhenwerten im Gitter sind Streifen mit einer Breite, die proportional zum Höhenwert der Oberfläche entlang des Streifens ist (Abb. 19-5). Die Streifen können horizontal und vertikal angeordnet sein. Auch hier zeigt sich wieder der Irritationseffekt wie bei den Abbildungen mit Kreisen, Quadraten oder Sechsecken.

Streifen haben eine besondere Bedeutung in der Kunst- und Kulturgeschichte. Im Mittelalter kennzeichnen sie Unordnung und Abweichung, markieren Außenseiter und gefährliche Orte („des Teufels Tuch"). In der Renaissance und später in der Romantik ste-

Abbildung 19-5
Proportionale Streifen in horizontaler oder vertikaler Richtung

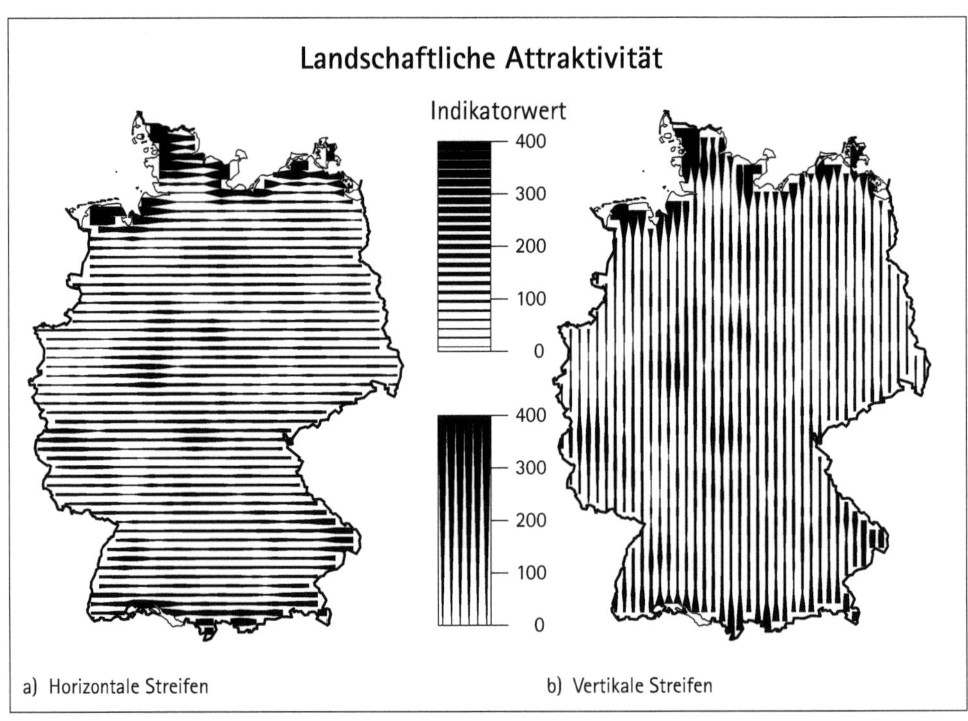

hen sie für Festtage, Exotik und Freiheit (PASTOUREAU 1995). Heute symbolisieren die Streifen Gefahr (Zebrastreifen), Unfreiheit (Gefängniskleidung), Freizeit und Sport („die Marke mit den 3 Streifen"). Die Darstellung mit Streifen ist eine Möglichkeit, diese Assoziationen für die kartographische Gestaltung und die Übermittlung der Botschaft zu nutzen.

Streupunkte

Der Höhenwert des Gitterpunktes lässt sich anstatt einer zusammenhängenden Fläche proportional zum Höhenwert durch eine proportionale Anzahl von kleinen Punkten transkribieren, die in der Facette verteilt sind. Die Auflösung für jeden Höhenwert, also die maximale Anzahl der Punkte pro Facette, ist wählbar. Auch in diesem Fall wird man nicht die Punkte in einer Facette zählen, um den Höhenwert zu bestimmen, sondern den Wert aufgrund der Helligkeit im Vergleich mit der Legende schätzen.

Für die Zeichnung der Punkte wird die rechteckige Facette in kleinere Rechtecke aufgeteilt (Mikrogitter). Die Anzahl der Rechtecke im Mikrogitter entspricht der Anzahl der vorgegebenen maximalen Anzahl von Punkten oder Abstufungen. Beim maximalen Schwärzungsgrad werden alle Rechtecke im Mikrogitter ausgefüllt. Ist die maximale Punktzahl eine Quadratzahl, ist die Anzahl der Punkte in beiden Achsenrichtungen gleich. Bei anderen Punktzahlen werden Anpassungen vorgenommen, um die Anzahl der Punkte oder besser Rechtecke in beiden Richtungen ungefähr gleich zu halten. In diesem Fall ist möglicherweise die effektive Punktzahl kleiner als vorgegeben. Die kleinen Rechtecke werden mit einer Farbe ausgefüllt, in der Regel mit Schwarz.

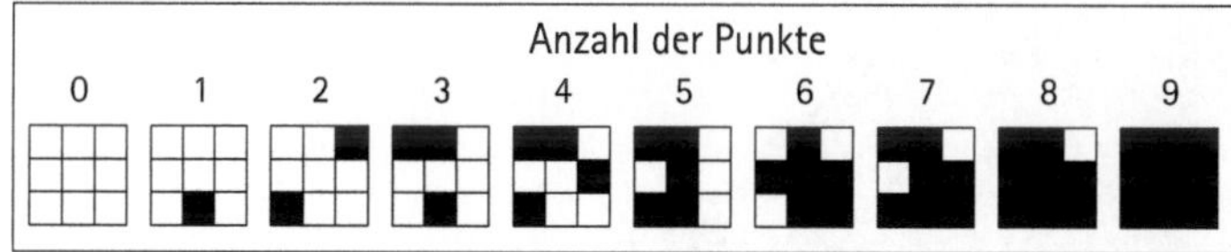

Abbildung 19-6
Mikrogitter mit 3*3 Punkten

Zur Vermeidung von optischen Interferenzen werden die ausgefüllten Rechtecke im Mikrogitter zufallsverteilt ausgewählt. In Abbildung 19-6 ist die Technik mit einem Gitter von 9 Punkten oder Zellen veranschaulicht. Mit den neun Punkten lassen sich zehn Stufen repräsentieren. Ein größeres Gitter ergibt mehr Stufen und kleinere Punkte bei gleichbleibender Größe der Facette. Da der Ort der Punkte im Gitter mit einem (Pseudo-)Zufallszahlen-Generator ausgewählt wird, sieht jede Facette der Oberfläche anders aus.

Die zufallsverteilten Punkte sind die einfachste Form eines amplitudenmodulierten Druckrasters mit relativ grober Auflösung. Die Abmessungen des Grundrasters (des Oberflächengitters) bleiben konstant, die Helligkeit der Facette wird durch Variation der Punktanzahl verändert. Für die Wiedergabe von Halbtonbildern werden erheblich feinere Raster verwendet, in denen die Punkte nicht mehr mit bloßem Auge erkennbar sind. Einige Verfahren der Rastererzeugung sind zum Beispiel bei KNUTH (1987) oder GEIST et al. (1993) beschrieben. Es ist nur in Ausnahmefällen sinnvoll, die Druckraster selbst im Anwendungsprogramm zu erzeugen. Meistens, auch für die Routineanwendungen

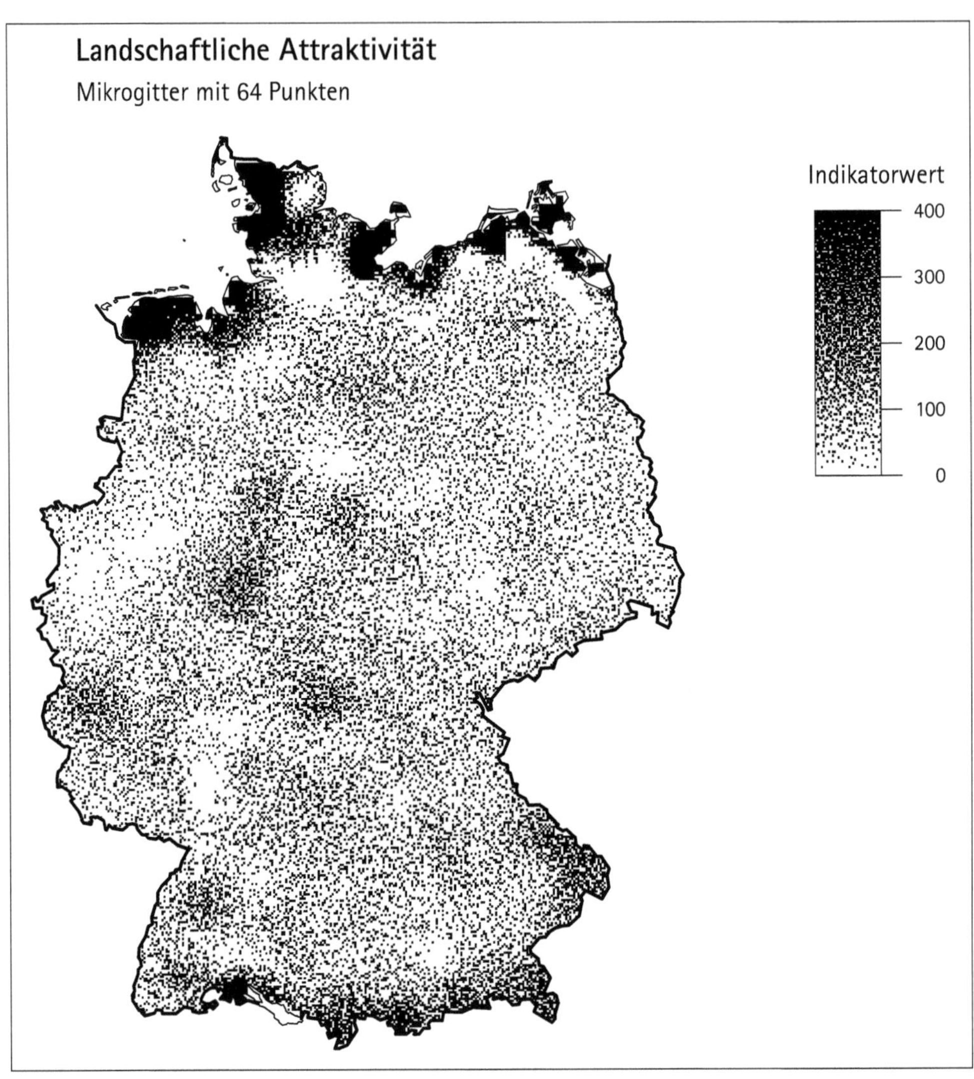

Abbildung 19-7
Helligkeitsvariation mit Streupunkten

in der Kartographie, wird man auf die Voreinstellungen der Graphik-Geräte oder der Betriebssoftware zurückgreifen.

Abbildung 19-7 ist ein Beispiel für die Darstellung einer Oberfläche mit zufallsverteilten Punkten in einem Mikroraster. Die Verteilung der Punkte erweckt den Eindruck einer Abstufung im Schwärzungsgrad, der proportional zur Höhe der Oberfläche ist. Durch Veränderungen in der Auflösung des Höhenmodells und der maximalen Anzahl der Punkte pro Facette lässt sich das visuelle Erscheinungsbild verändern, von einer sehr groben Punktverteilung bis zu einem feinen Raster, in dem die einzelnen Punkte fast nicht mehr erkennbar sind.

Die Darstellungstechnik ist eine Variation der *Punktstreuungs-Karten*. In der ursprünglichen Form wird eine Zähleinheit an ihrem Standort auf der Erdoberfläche durch einen Punkt dargestellt. Oft ist der individuelle Standort der Zähleinheiten nicht bekannt, aber die Anzahl der Einheiten in einer Bezugseinheit, etwa die Ärzte in einem Kreis. In diesem Fall kann man die Einheiten durch Punkte darstellen, die in der Bezugsfläche regelmäßig oder zufällig verteilt sind. Allerdings sollte man durch einen Hinweis in der Karte auf diesen Sachverhalt aufmerksam machen, damit nicht die falschen Schlüsse aus der Karte gezogen werden. Der Standort des Punktes gibt nicht den tatsächlichen Standort der Zähleinheit in der Bezugseinheit wieder, wie der unbefangene Kartenleser vermuten könnte.

Künstlerische Raster

Das visuelle System integriert die Anteile der Symbolflächen an der Gesamtfläche zu einem Helligkeitswert, der als annähernd proportional zu den Höhenwerten empfunden wird. Diese Eigenschaft der visuellen Wahrnehmung wird in vielen graphischen Techniken zur Erzeugung von Helligkeitsabstufungen genutzt, zum Beispiel in Stichen und Holzschnitten durch noch gut erkennbare Punkte, Linien und Muster. Beim Druck, sowohl mit rechnergesteuerten Zeichengeräten als auch im Buch- oder Zeitungsdruck, sind die geschwärzten Flächen des Druckrasters so klein, dass sie nicht mehr mit dem bloßen Auge auflösbar sind.

Wird die Helligkeitsabstufung gegenüber der Ausmessbarkeit bewußt in den Vordergrund gestellt, müssen die Symbolflächen nicht mehr im ganzen Wertebereich proportional sein. Es genügt, wenn das Verhältnis der Flächen mit der Hintergrundfarbe und der Symbolfarbe proportional zum Höhenwert ist. Dabei wird zur Vereinfachung eine lineare Perzeption der Helligkeit angenommen. Wird ein vorgegebener Schwellenwert der Helligkeit überschritten oder das Symbol größer als die Facette, wird die Facette mit der Symbolfarbe und das nun umgekehrt proportionale Symbol mit der Farbe der Facette oder des Hintergrundes (weiß) gefüllt. In Abbildung 19-8 wird das Prinzip mit einem unregelmäßig geformten Proportionalsymbol demonstriert.

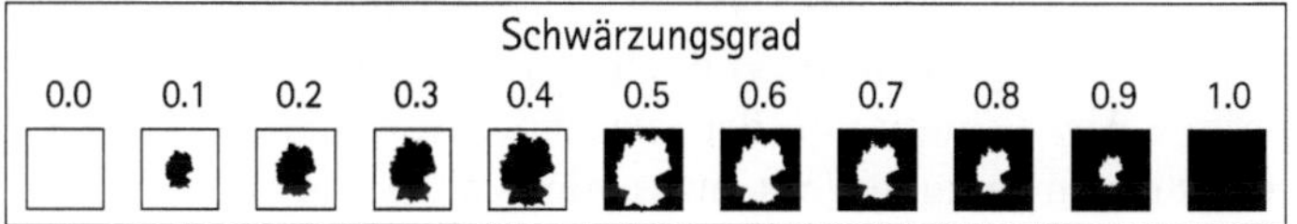

Abbildung 19-8
Symbol mit Umkehr
der Schwärzungsfläche

Das Konzept kann man bis hin zu den Techniken erweitern, die OSTROMOUKHOV & HERSCH (1995) als künstlerische Raster (*artistic screening*) beschrieben und angewendet haben. Die beiden Autoren benutzen unter anderem flächendeckende Hell-Dunkel-Transitionen mit zwei verschiedenen Formen, wie sie aus dem Werk des niederländischen Graphikers M. C. Escher bekannt sind. Die Autoren erzeugen Raster mit verschiedenen Techniken, zum Beispiel aus arabischen Ornamenten, durch Zusammenfassung mehrerer Symbole in einer Reihe von Weiß bis Schwarz, durch flächenproportional skalierte Buchstaben und Textketten. Der künstlerische Effekt des Bildes steht im Vordergrund. Die künstlerischen Raster sind etwas aufwendig für die Routineanwendung in der Kartographie. Sie können bei besonderen Gelegenheiten eingesetzt werden, um den Überraschungseffekt für den Hinweis auf spezielle Probleme zu nutzen.

Schwärzungsgrad und Helligkeit

Die feinste Stufe im Übergang vom diskreten ausmessbaren Proportionalsymbol zur kontinuierlichen Helligkeit oder Schwärzung ist die Füllung der Umgebungsfläche des Gitterpunktes mit einem Farb- oder Grauton. Die Helligkeit oder Schwärzung der Füllfläche ist direkt oder umgekehrt proportional zur Höhe des Gitterpunktes. Die Erzeugung des Druckrasters wird nicht im Anwendungsprogramm, sondern im Graphikgerät vorgenommen. In Abbildung 19-9 ist die Schwärzung proportional zur Höhe der Oberfläche.

In Abbildung 19-10 ist die Oberfläche mit einer proportionalen Helligkeit (je höher, desto heller) dargestellt. Die tiefsten und die höchsten Stellen der Oberfläche sind sofort identifizierbar. Es fällt schwer, die absolute Höhe durch Vergleich der Grauwerte in der Karte und in der Legende zu ermitteln. Man müsste die Legende direkt neben den Punkt der Oberfläche legen, um den passenden Grauton und die zugehörige Höhe zu finden. Die Höhe der Gitterpunkte ist aus der Karte nicht exakt zu bestimmen, weil das Auge weit weniger Helligkeitsabstufungen unterscheiden und vergleichen kann, als auch die besseren graphischen Ausgabegeräte zu erzeugen in der Lage sind. Bertin (1974) hat somit recht, wenn er der Variable *Helligkeit* die Fähigkeit zur Transkribierung einer quantitativen Reihe abspricht. Die Erfassungsgenauigkeit könnte zwar durch eine exakte Messung mit einem Densitometer erhöht werden. Es ist besser, exakte Höheninformationen direkt aus dem numerischen Modell zu entnehmen und nicht indirekt durch Ausmessen aus der Graphik.

Die nichtlineare Erfassung von Helligkeitswerten durch das Auge-Gehirn-System ist in der Formel nicht berücksichtigt. Durch Einführung eines Exponenten für die Proportionalität erhält man theoretisch eine bessere Annäherung an die exakte, experimentell bestimmte Perzeption der Grauwerte (Stoessel 1972, Tobler 1973). Da die Höhenwerte ohnehin nur sehr ungenau aus dem Helligkeitswert ermittelt werden können, ist für diese Art der Anwendung die geringe Abweichung von der tatsächlichen visuellen Erfassung vernachlässigbar. Der niedrigste Schwärzungsgrad muss nicht unbedingt dem Wert 0 (weiß) und der höchste Schwärzungsgrad nicht dem Wert 1 (schwarz) entsprechen. Wenn der Wertebereich der Schwärzung nicht ausgeschöpft wird, ist manchmal die Kombination mit anderen geometrischen Elementen oder Visualisierungstechniken einfacher zu realisieren.

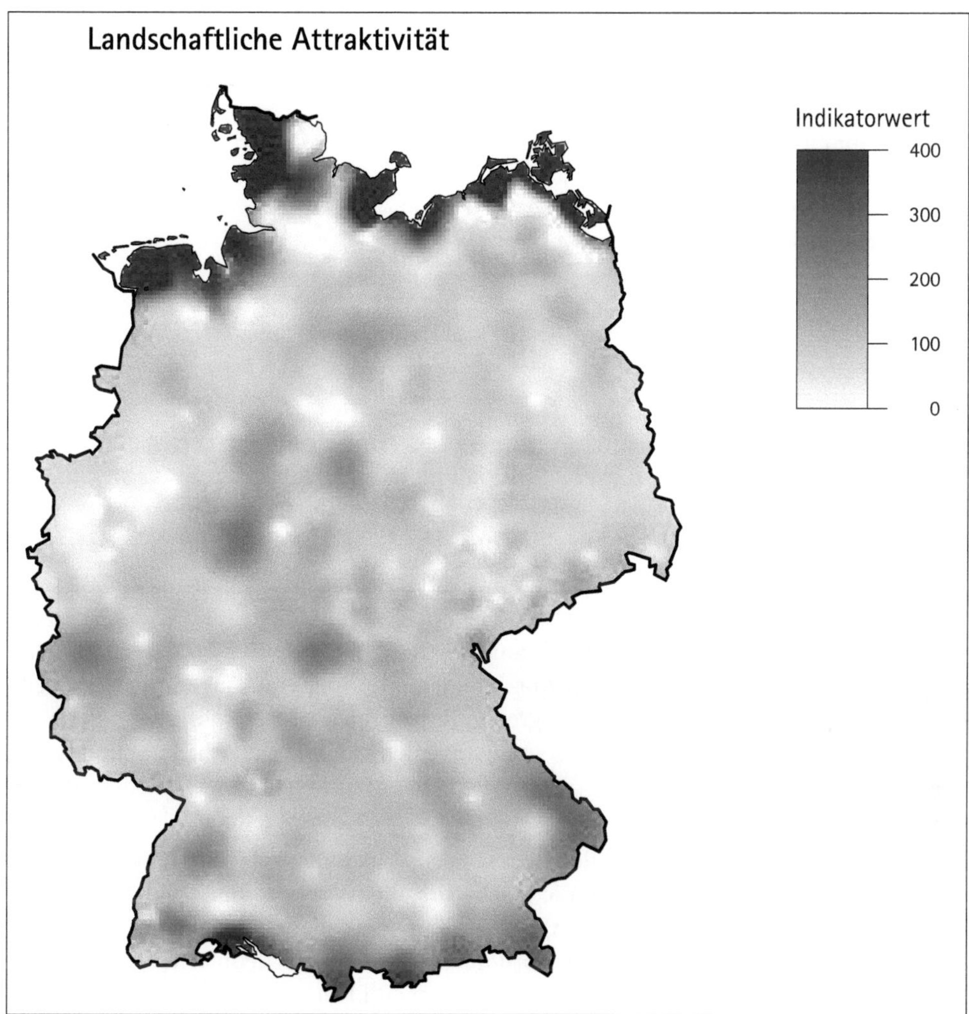

Abbildung 19-9
Schwärzungsgrad proportional zur Höhe

Die Proportionalität nach dem Prinzip „je höher, desto heller" in Abbildung 19-10 ist nicht sehr überzeugend. Das kann an den Grauwerten liegen, die der gerade benutzte Drucker erzeugt hat. Bei einem anderen Drucker kann das Bild ganz anders aussehen. Möglicherweise spielen auch die räumliche Verteilung der Indikatorwerte und der daraus resultierenden Form der Oberfläche eine Rolle.

Der Schwärzungsgrad wird nach folgender Formel berechnet:

$$s = smn + (smx - smn) * \frac{z - zmn}{zmx - zmn}$$

s	Schwärzungsgrad für einen Punkt der Oberfläche
smn	minimaler Schwärzungsgrad
smx	maximaler Schwärzungsgrad
z	Höhe des Punktes
zmn	minimaler Höhenwert
zmx	maximaler Höhenwert

Für die Berechnung der Helligkeit wird der Schwärzungsgrad vom Wert 1 subtrahiert.

Ausmessbarbarkeit

Der Wert der Gitterpunkte ist durch Ausmessen der Größe von einfachen Symbolen im Rahmen der Gitterweite, der Druckerauflösung und Messgenauigkeit rekonstruierbar. Die Ausmessbarkeit wird mit der Abnahme der Symbolgröße immer geringer, bis nur noch Helligkeitsunterschiede wahrgenommen werden.

Die mentale Umsetzung der Symbolgrößen und Helligkeitswerte zu einem Bild der Oberfläche ist schwieriger als bei Isolinien. Die proportionale Darstellung erfordert Erfahrung und Vertrautheit mit der Art der Transkribierung. Die intuitive Erfassung ist kaum möglich, weil es keine vergleichbaren Abbildungen im Alltag gibt. Auf der anderen Seite erzeugen die optischen Irritationen der groben Raster einen Überraschungseffekt, der für die intuitive Vermittlung der Botschaft genutzt werden kann. Die gleiche Funktion haben „sprechende" Proportionalsymbole, die im Bedeutungszusammenhang mit dem dargestellten Thema stehen.

Bei der Darstellung mit proportionalen Kreisen, Quadraten oder Streifen decken die relativ großen Proportionalsymbole die Fläche so zu, dass andere Darstellungstechniken für Oberflächen, zum Beispiel Isolinien, kaum damit kombiniert werden können. Mit dem fortschreitenden Verkleinerung der Proportionalsymbole bis zur Helligkeitsvariation wird die Kombinationsfähigkeit mit anderen geometrischen Elementen und Darstellungstechniken besser, insbesondere mit Isolinien.

Der wesentliche Unterschied zu den Darstellungen von Isoplethen mit Farbfüllung ist die Veränderung der Helligkeit zwischen den Niveaus. Die Variationen in der Höhe der Oberfläche zwischen den Isolinien sind nun erkennbar, mit zusätzlichem technischem Aufwand (Densitometer) auch messbar.

Die relativen Kosten der rechnergestützten Herstellung sind gering. Die Programme zur Zeichnung der Proportionalsymbole sind einfach, die Rechenzeiten kurz. Die große Datenmenge bei Karten mit Streupunkten und unregelmäßigen Symbolen beansprucht die Übertragungswege und das Ausgabegerät etwas mehr. Insgesamt sind die proportionalen Abbildungen die preiswerteste Technik der Oberflächendarstellung.

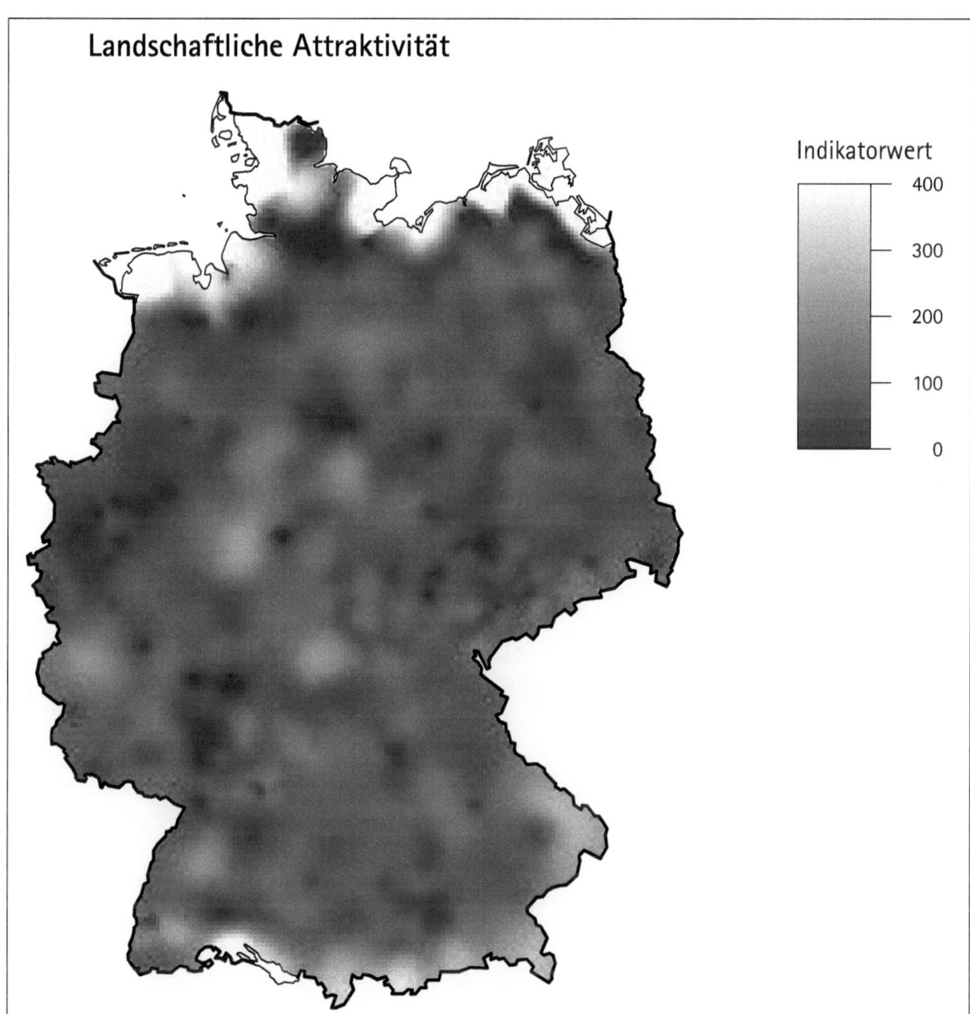

Abbildung 19-10
Helligkeit proportional zur Höhe

Literatur

BARRET C (1974) Op Art. Dumont Schauberg, Köln

BERTIN J (1974) Graphische Semiologie. Diagramme, Netze, Karten. de Gruyter, Berlin

GEIST R, REYNOLDS R, SUGGS, D (1993) A Markovian framework for digital halftoning. ACM Transactions on Graphics, Vol. 12, No. 2, 136–159

Imhof E (1965) Kartographische Geländedarstellung. de Gruyter, Berlin

Knuth DE (1987) Digital halftones by dot diffusion. ACM Transactions on Graphics, Vol. 6, No. 4, 245–23

Ostromoukhov V, Hersch RD (1995) Artistic Screening. In: SIGGRAPH Computer Graphics Proceedings, Annual Conference Series 1995, 219–228

Pastoureau M (1995) Des Teufels Tuch. Eine Kulturgeschichte des Streifens und der gestreiften Stoffe. Campus, Frankfurt/M.

Rase WD (1987) The evolution of a graduated symbol software package in a changing graphics environment. International Journal of Geographical Information Systems, Vol. 1, No. 1, 1987, 51–65

Stoessel OC (1972) Standard printing screen system. Proceedings 1972 Fall Convention, American Congress on Surveying and Mapping, Columbus, Ohio, 111–149

Tobler WR (1973) Choropleth maps without class intervals? Geographical Analysis, Vol. 5, 262–265

20

20 Perspektivische Darstellungen

Viele Nutzer von kartographischen Produkten haben in der Regel wenig Erfahrung mit thematischen Karten. Die Dekodierung der visuellen Variablen in der Karte und die mentale Rekonstruktion der kartographischen Botschaft, der dritten Dimension über der Bezugsebene, bereitet Schwierigkeiten, selbst mit Hilfe einer Legende. Insbesondere bei Karten mit vielen unterschiedlichen Informationen, wie etwa den gewohnten topographischen Karten, muss für die Dekodierung auch viel Zeit aufgewendet werden. Zeit ist eine Ressource, die Entscheidungsträgern in Politik und Verwaltung nur im begrenztem Umfang zur Verfügung steht. Die Gefahr ist groß, dass die Information in der Karte nicht korrekt, unvollständig oder überhaupt nicht beim Adressaten ankommt und damit die Karte ihren Zweck verfehlt. Die Kartenentwerfer müssen diesen Tatsachen Rechnung tragen, den Kartennutzern ein Stück entgegenkommen und sie dort abholen, wo sie sich befinden.

3D–Visualisierung in der Kartographie

Jeder Mensch hat im Laufe seines Lebens gelernt, Tiefen-Indikatoren (*depth cues*) in einem Bild zu erfassen und aus einem zweidimensionalen Bild intuitiv ein mentales Bild der dreidimensionalen Szene abzuleiten. Diese lebenslange Erfahrung in der Erfassung von 3D-Szenen wird genutzt, um einen kartographischen Inhalt zu transportieren. Der Umweg über die Kodierung der dritten Dimension durch visuelle Variablen und deren Dekodierung kann entfallen. Redundanz erleichtert aber die Informationsverarbeitung. Deshalb ist es sinnvoll, in einer 3D-Darstellung zum Beispiel die Kodierung der Höhenstufen durch die Variablen Farbe und Helligkeit beizubehalten.

Die meisten Karten sind für die Betrachtung in Aufsichtsprojektion vorgesehen. Der Augenpunkt befindet sich auf der Normalen, die Gerade senkrecht zur Bezugsebene. In Karten von Oberflächen in Aufsichtsprojektion ist die simulierte Beleuchtung aus Nordwesten schon eine gute Hilfe, um die Formen besser erkennen zu können. Die nächste Stufe ist eine perspektivische Zeichnung der Oberfläche, eine schiefwinklige Projektion mit (fast) beliebigem Augenpunkt. Die Gestalt der Oberfläche, die Verteilung der lokalen

Maxima und Minima über der Bezugsfläche ist deutlicher zu erkennen. Allerdings werden meistens Teile des Bildes verdeckt. Aufgrund der perspektivischen Verzerrung ist der Vergleich der Höhen schwierig. Die einfache Bestimmung von Entfernungen durch Anlegen eines Lineals und Maßstabsumrechnung wie in einer traditionellen Karte ist nicht möglich, zumindest auf dem Medium Papier.

In einer interaktiven Umgebung mit Bildschirm und graphischem Zeigegerät (Maus) hingegen lässt sich der Augenpunkt einfach verändern, um verdeckte Teile besser sichtbar zu machen, etwa durch Drehung, Kippung und Vergrößerung des Modells. Höhen und Entfernungen können mit Programmunterstützung gemessen werden, zum Beispiel mit Hilfe von Markern, die mit dem Zeigegerät gesetzt werden. Die Werte werden dann als Text angezeigt

Oberflächen in Schrägansicht

Bei der perspektivischen Darstellung wird die dreidimensionale Oberfläche so auf die zwei Dimensionen der Zeichenfläche abgebildet, dass der Eindruck eines realen Modells in Schrägansicht entsteht (Abb. 20-1). Der Betrachter schaut scheinbar von einem erhöhten Standpunkt, einem Berg, Turm oder Luftfahrzeug, auf die Oberfläche. Der Eindruck der Dreidimensionalität wird verstärkt durch eine Oberflächentextur und durch die simulierte Beleuchtung mit einer oder mehreren Lichtquellen an unterschiedlichen Standpunkten. Der Standort oder Augenpunkt kann verändert werden, so dass auch Teile der Oberfläche eingesehen werden können, die bei einer bestimmten Sichtrichtung verdeckt werden. Die perspektivische Darstellung ist die beste Annäherung an die natürliche Wahrnehmung eines Körpers durch das menschliche Auge-Gehirn-System. Deshalb ist diese Form der Visualisierung eine gute Ergänzung zu den Karten in Aufsichtsprojektion, insbesondere für im Kartenlesen weniger geübte Betrachter, mit den vorher erwähnten Einschränkungen.

Eine systematische Untersuchung zur Verifizierung der These von der guten Erfassbarkeit perspektivischer Darstellungen hat KRAAK (1988) durchgeführt. Typische perspektivische Darstellungen mit kartographischen Inhalten, darunter auch Oberflächen, wurden im Laborexperiment auf ihre Fähigkeit zur Informationsübermittlung überprüft. Kraak kam zu dem Ergebnis, dass für bestimmte Anwendungen und Erfassungsmodi die perspektivischen Abbildungen den gewohnten Karten in Aufsichtsprojektion überlegen sind. Die graphische Qualität der 3D-Bilder ist heute erheblich besser als die der Abbildungen, die seinerzeit Kraak bei seinen Untersuchungen zur Verfügung standen. Die Vermutung liegt nahe, dass sich die Verbesserung in der graphischen Qualität der Abbildungen auch auf die Verbesserung in der Übermittlung der thematischen Inhalte auswirkt.

„Kartenverwandte Darstellungen"

Die perspektivische Darstellung von Oberflächen wird in älteren kartographischen Lehrbüchern unter die *kartenverwandten Darstellungstechniken* eingeordnet. Der Sichtstrahl, der Vektor vom Augenpunkt zum Sichtpunkt, hat nicht unbedingt die gleiche Richtung

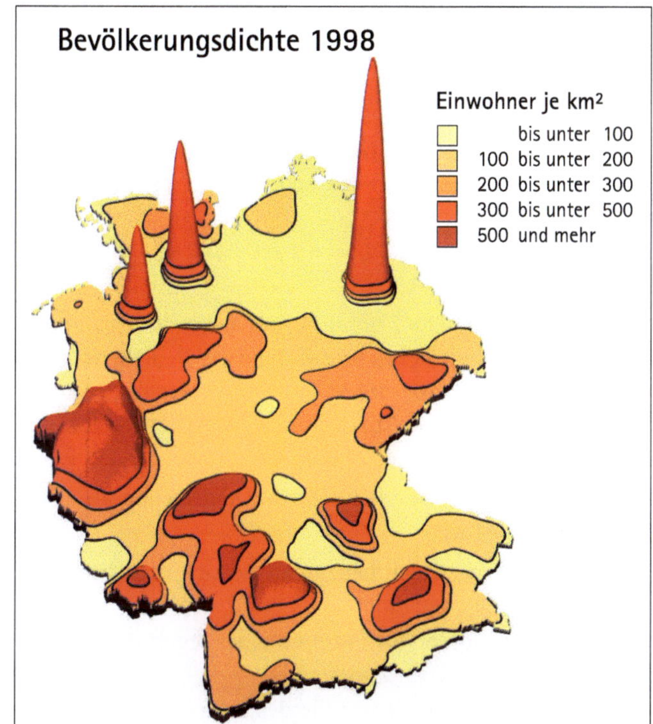

Abbildung 20-1
Perspektivischen Darstellung der Oberfläche der Bevölkerungsdichte in Deutschland; volumenerhaltende Interpolation aus Raumordnungs-Regionen

wie die Normale der Bezugsebene, wie wir das von einer „richtigen" Karte gewöhnt sind. Der Sichtstrahl kann in einem beliebigen Winkel auf die Bezugsebene treffen. In der schiefwinkligen Projektion sind die Abstände auf den drei Koordinatenachsen mehr oder weniger perspektivisch verzerrt. Aus dem Bild der Oberfläche in der Zeichenebene lassen sich mit einfachen Hilfsmitteln wie Lineal oder Winkelmesser weder Höhen in der Oberfläche noch euklidische Distanzen und Richtungswinkel in der Bezugsebene ermitteln.

Weitere „kartenverwandte" Techniken sind Luft- und Satellitenbilder mit oder ohne Transformation auf einen kartographischen Netzentwurf. Luftbild-Karten, Bildpläne, Vogelschau-Karten oder Panoramabilder werden ebenfalls in diese Kategorie eingeordnet (HAKE et al. 2002). Eine ausführliche Übersicht zu den manuellen und rechnergestützten Verfahren und Techniken für kartenverwandte Darstellungen findet man bei HERRMANN & KERN (1986). Die mathematischen Grundlagen für einige Verfahren sind zum Beispiel bei HELL (1986) nachzulesen.

Die manuelle Zeichnung von perspektivischen Darstellungen ist sehr zeitaufwendig. Sie erfordert selbst mit vereinfachten Konstruktionen sehr gute zeichnerische Fähigkeiten, die selten sind, deshalb gut bezahlt werden und damit die manuelle Zeichnung kostspielig gemacht haben. Die Anwendung der schiefwinkligen Projektion blieb vor dem

Einsatz von Computern deshalb auf Fälle beschränkt, die nur sehr unvollkommen mit einer Aufsichtsprojektion darstellbar sind. Ein Beispiel dafür sind geologische und geomorphologische Blockbilder. Ein Quader oder Block ist scheinbar aus der Erdoberfläche herausgeschnitten. Neben der Oberfläche können an den äußeren Wänden des Blocks die geologischen Formationen sichtbar gemacht werden, die zusammen mit den exogenen Faktoren – Wasser, Wind, Sonne, menschliche Eingriffe – die spezifische Ausformung der Erdoberfläche verursacht haben.

Rechnergestützte Realisierung

Aufgrund der hohen Personalkosten für die manuelle Zeichnung perspektivischer Darstellungen bestand immer schon ein großes wirtschaftliches Interesse an der Realisierung mit rechnergestützten Techniken, nicht nur in der Kartographie. Die Kosten der Entwicklung von Verfahren und Algorithmen lassen sich auf viele Anwendungen verteilen, so dass die anteiligen Kosten im Einzelfall tragbar bleiben.

Für die Implementierung der perspektivischen Darstellung von Oberflächen als Computerprogramm sind drei Komponenten relevant:

- **Konstruktion der Perspektive:** Wie wird das dreidimensionale Modell der Oberfläche in die zwei Dimensionen der Zeichenebene abgebildet?
- **Erzeugung der Oberflächen-Textur:** Wie werden die Facetten eines regelmäßigen Gitters oder die Dreiecke eines TIN gefüllt?
- **Bestimmung sichtbarer Linien und Flächen:** Welche Teile des Bildes sind perspektivisch verdeckt? Wie vermeidet man die Zeichnung der verdeckten Teile?

Aufgrund der wirtschaftlichen Bedeutung der computergenerierten, realistisch wirkenden 3D-Szenen sind für die drei Komponenten viele Lösungen entwickelt worden. Es ist nicht möglich und auch nicht notwendig, hier alle Verfahren ausführlich zu beschreiben. Nur die wichtigsten Gesichtspunkte für den Sonderfall der kartographischen Oberflächen werden vorgestellt. Ein Verfahren, das alle Komponenten berücksichtigt, wird etwas eingehender behandelt, die Strahlverfolgung.

Konstruktion der Perspektive

Die Koordinaten des dreidimensionalen Modells der Oberfläche werden durch eine Transformation, eine Projektion im weitesten Sinn, auf die zwei Dimensionen der Zeichnung abgebildet. In den Lehrbüchern der Darstellenden Geometrie und der Kartographie werden eine Reihe von Konstruktionsverfahren für perspektivische Abbildungen beschrieben, zum Beispiel *Zentralperspektive, 2- und 3-Punkt-Perspektive, isometrische Abbildung, Kavalierperspektive* oder *Militärperspektive*. Einige dieser Abbildungsverfahren sind keine „echten" Projektionen, wie sie ein optisches System erzeugt, sondern Näherungslösungen zur Erleichterung der manuellen Konstruktion. Die mit den einfachen Hilfsmitteln gezeichneten Bilder enthalten aber genügend visuelle Anhaltspunkte (*depth cues*), um dem Betrachter die Vorstellung der dritten Dimension zu vermitteln.

Mit der Implementierung der perspektivischen Transformation in einem Computerprogramm entfällt die Notwendigkeit eines Konstruktionsverfahrens allein mit Zirkel, Lineal und Winkelmesser. Manche Techniken haben deshalb nur noch historischen Wert. Einige Konstruktionen weisen aber Eigenschaften auf, die sie trotz der „falschen" Perspektive für bestimmte Kartentypen geeignet erscheinen lassen. Darunter fallen zum Beispiel die grundrisstreuen Konstruktionen, die als *Militärperspektiven* bekannt sind.

Grundrisstreue Schrägbilder

Bei grundrisstreuen Schrägbildern werden die Dimensionen der Bezugsebene unverkürzt auf die Zeichnungsebene übertragen. Die dritte Dimension mit den z-Werten wird in die Bezugsebene umgeklappt. Die Höhenwerte werden nach Bedarf skaliert, um ein anschauliches Bild zu erhalten. Die Darstellung in der Karte ist ausmessbar, damit die Transformation ohne geometrische Berechnungen umkehrbar. Deshalb könnte man die Schrägbilder auch unter die proportionalen Darstellungen einordnen.

In Abbildung 20-2 sind die Höhenwerte für jede Zeile des Rechteckgitters als proportionale Profillinie gezeichnet. In der Karte wird die Oberfläche der Erreichbarkeit zum nächsten Bahnhof im kombiniertem Ladungsverkehr (KLV) visualisiert. Die Erreichbarkeit ist definiert in Minuten Fahrzeit (LKW). An dem KLV-Bahnhöfen werden Lastwagen auf Züge mit Niederflurwaggons umgeladen, um das Straßennetz vom LKW-Fernverkehr zu entlasten. Inzwischen hat die Deutsche Bahn die Anzahl der KLV-Bahnhöfe verringert, die Karte entspricht nicht mehr dem gegenwärtigen Zustand der Erreichbarkeit.

Mit Hilfe der Legende lässt sich die Höhe der Oberfläche anhand der Höhe des Profils schätzen. Das Auffinden der zugehörigen Basislinie in der Karte ist allerdings nicht immer einfach. Zur Verstärkung des plastischen Eindrucks sind die Breiten der Profillinien in Abhängigkeit vom Winkel variiert (BERTIN 1974). Die Linien sehen aus, als wären sie mit einer breiten Feder aufgetragen. Die Strichbreite verändert sich in Abhängigkeit von der Ziehrichtung der Feder. Der Effekt ist ähnlich wie bei der simulierten Beleuchtung. Die der imaginären Lichtquelle aus zugewandten Hänge haben die geringste Breite, die der Lichtquelle abgewandten Hänge die maximale Breite. Die integrale Intensität der Schwärzung ist proportional zur Linienbreite, deshalb entsteht ein Eindruck der gerichteten Beleuchtung. Dank der falschen Perspektive ist der Betrag der absoluten Höhe gut erfassbar und mit Hilfe der Legende direkt rekonstruierbar.

An vielen Stellen in der kartographischen Literatur findet man weitere Anwendungen von grundrisstreuen Schrägbildern, die nicht ganz korrekt auch als *isometrische Abbildungen* bezeichnet werden (HAKE et al. 2002). Pseudo-perspektivisch versetzte Isolinien oder Isoflächen auf dem unverzerrten Grundriss sind eine weitere Anwendung der grundrisstreuen Konstruktionen für thematische Karten (BERTIN 1974). Bei den *Bildstadtplänen* sind auf dem Stadtgrundriss die Gebäude realitätsnah in der beschriebenen Pseudo-Perspektive eingezeichnet (BOLLMANN 1986). Da man die Gebäude aufgrund der perspektivischen Abbildung leicht erkennen kann, wird die Orientierung in einer fremden Stadt erleichtert. Die Vorteile des linear proportionalen Grundrisses bleiben dabei erhal-

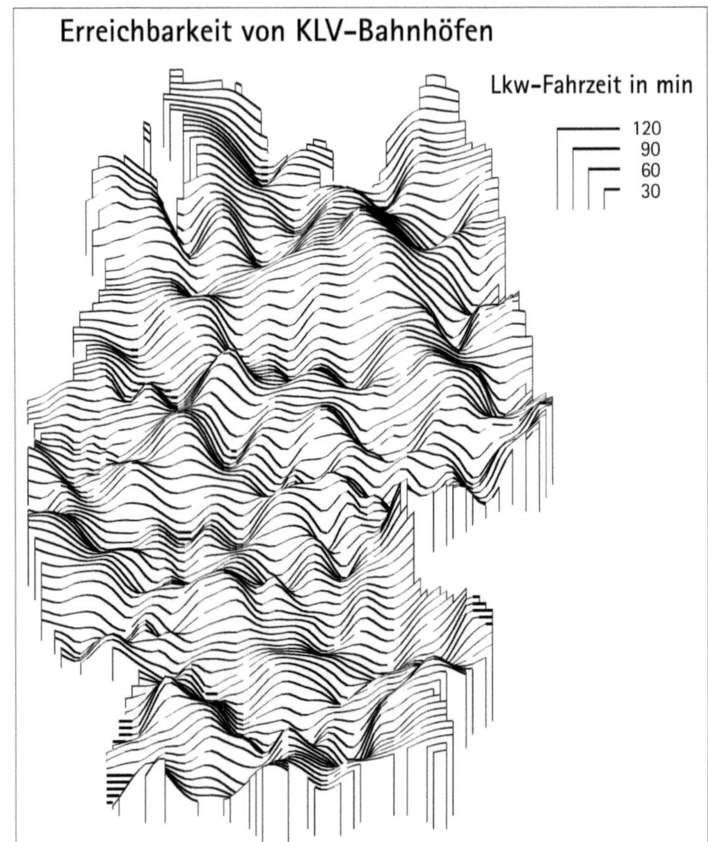

Abbildung 20-2
Die Höhenwerte der Erreichbarkeits-Oberfläche sind als Profillinie aufgetragen.

ten, zum Beispiel für die Bestimmung von Entfernungen mit Hilfe einer Maßstabsleiste. Das Problem der Verdeckung von Teilen des Stadtgrundrisses durch hohe oder voluminöse Gebäude wird dadurch gelöst, dass die vertikale Achse in den Bildstadtplänen nicht immer nach Norden zeigt.

Nachbildung des optischen Systems

Wenn die Transformation mit einem Programm ausgeführt wird, besteht keine Notwendigkeit, die Abbildung mit Rücksicht auf die manuelle Konstruktion zu vereinfachen. Man kann den Strahlengang in einem optischen System (Auge oder Kamera) rechnerisch nachbilden. Das Objektiv bildet die vom 3D-Modell ausgehenden Lichtstrahlen auf einer realen oder virtuellen Projektionsebene ab. Auch komplizierte Optiken und nichtplanare Projektionsflächen einschließlich Panoramabildern können mit geringem Aufwand simuliert werden. Im Programm POV-Ray – später mehr dazu – sind zum Beispiel folgende Kamera-Perspektiven implementiert (Abb. 20-3):

- **Perspektivisch:** Lochkamera-Modell oder linear abbildendes Objektiv mit variabler Brennweite.

- **Orthogonal** oder **parallel:** Die Brennweite des Objektivs ist unendlich groß, deshalb sind die Projektionsstrahlen parallel. Die Kanten eines Würfels bleiben nach der Projektion paarweise parallel.

- **Fischauge:** Ephärische Projektion mit einem Abbildungswinkel von 180° oder 360° (Super-Fischauge).

- **Omnimax:** Fischauge-Projektion mit 180° und mit einem kleineren Winkel als 180° in der vertikalen Richtung; das Verfahren wird benutzt für die Projektion in den gleichnamigen Filmtheatern mit kuppelförmiger Rundum-Leinwand.

- **Ultra-Weitwinkel:** Wie die Fischauge-Projektion, aber die Abbildung erfolgt auf ein Rechteck anstatt auf einen Kreis.

- **Panorama:** Zylindrische Projektion mit tolerierbarer Verzerrung bei Winkeln >180°.

- **Zylinder:** Die Szene wird auf einen Zylinder projiziert; der Zylinder ist entweder horizontal oder vertikal orientiert; der Augenpunkt ist entweder fixiert oder bewegt sich entlang der Achse des Zylinders.

In den meisten Fällen wird man die perspektivische Projektion, zuweilen die orthogonale Projektion benutzen. Die anderen Kameratypen werden relativ selten für die Erzeugung von besonderen visuellen Effekten angewendet.

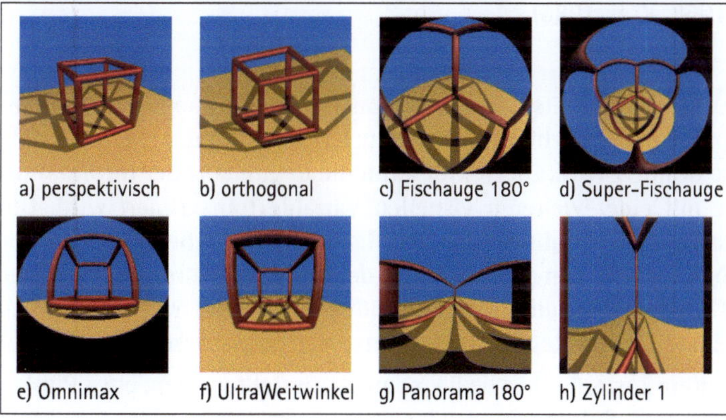

Abbildung 20-3 Kamera-Perspektiven, die in POV-Ray realisiert sind.

Fast alle Effekte, die bei optischen Systemen auftreten, lassen sich im Rechenmodell der Kamera im Programm simulieren (Abb. 20-4). Zu den häufiger benutzten Optionen gehören:

- veränderliche Brennweite (Zoom),

- variable Apertur mit einstellbarer Tiefenschärfe,

- Verkantung der Kamera, etwa für die Simulation einer Kamera an Bord eines Flugzeugs, das eine Kurve fliegt. Der Horizont ist gegen die aufrechte Achse geneigt.

- Störung des Strahlengangs, etwa zur Simulation von Luftbewegungen, Hitzeschlieren oder Spiegelungen an einer bewegten Wasser-Oberfläche (Abb. 20-4d).

Im Rechenmodell kann man sogar die physikalischen Gesetze auf den Kopf stellen, zum Beispiel durch Veränderung spezifischer Lichtstrahlen im Bild oder die Veränderung der Tiefenpriorität durch Umkehrung des Strahlenganges. „Taking liberties with physics can result in attractive, memorable, and useful pictures!" (HUGHES et al. 2013).

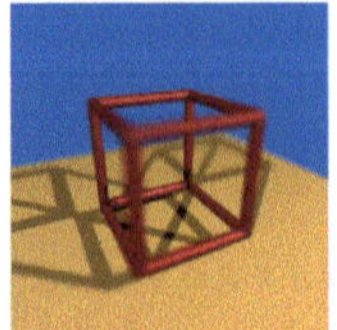

Abbildung 20-4 Mögliche Effekte bei einer synthetischen Kamera

Dieser Satz in einem der bekanntesten Textbücher der Computergraphik könnte auch in einem kartographischen Lehrbuch stehen. Ein objektiv falsches oder abstrahiertes Modell der Wirklichkeit kann manchmal die Aufgabe der Informationsübermittlung besser erfüllen als ein exaktes fotografisches Abbild. Für Panoramen und Vogelschau-Karten der Erdoberfläche werden zum Beispiel „unmögliche" Projektionen verwendet. Sie sind für den speziellen Zweck besser geeignet als die Transformationen einer perspektivischen Kamera. Ein Beispiel ist die *progressive Zentralperspektive,* die den Eindruck der Erdkrümmung hervorruft (HÖLZEL 1963, KERN 1986).

Textur der Oberfläche

Die nächste Komponente für die realitätsnahe Darstellung ist die Füllung der Facetten. Man kann sich die Textur als ein einfarbiges oder gemustertes Tuch vorstellen, das faltenfrei über die Oberfläche drapiert wird. Die Textur kann die Redundanz der Information erhöhen, indem die Höhe mit einer weiteren visuellen Variable transkribiert wird. Die Textur kann aber auch zusätzliche Variablen oder Oberflächen repräsentieren, wie sie im vorigen Kapitel beschrieben und in den Abbildungen demonstriert wurden. Auch hier folgt wieder die Warnung vor der Übertreibung der Multidimensionalität. Mit vier Dimensionen (Oberfläche plus Muster) ist im Regelfall die Grenze der Erfassbarkeit erreicht.

In der Textur können weitere kartographische Elemente dargestellt werden, etwa Punktsymbole zur Kennzeichnung von Stützpunkten oder Standorten, Grenzlinien, Gewässer oder andere topographische Anhaltspunkte. Die Verzerrung perspektivischen Verzerrung der Rechtecke oder Dreiecke der Oberfläche machen aber die Abbildung dieser Informationen in der Oberflächentextur nicht immer sinnvoll.

Die allgemeine Form der Textur ist eine rechteckige Matrix von Bildpunkten wie bei einem Digitalfoto. Die Farbpunkte können optional

- alle die gleiche Farbe tragen,
- mit unterschiedlichen Helligkeiten aufgrund der Beleuchtung verändert werden,

- durch Angabe von Materialparametern definiert sein, zum Beispiel zur Farbe und Eigenschaften der diffusen und gerichteten Reflexion,
- zu einem regelmäßigen oder unregelmäßigen Muster zusammengesetzt sein.

Die Darstellungsformen und -elemente für die Karten in Aufsichtsprojektion sind zusätzlich zur Höhendarstellung auch für die Textur in perspektivischen Abbildungen geeignet, mit kleinen Einschränkungen bei der Transkribierungen durch Proportionalsymbole.

Verdeckte Linien und Flächen

Die dritte Voraussetzung für die Erzeugung eines wirklichkeitsnahen 3D-Bildes ist die Bestimmung von Linien und Flächen, die durch andere Bildteile verdeckt werden. Die verdeckten Teile dürfen nicht im Bild erscheinen, es sei denn, die verdeckenden Teile sind transparent. Eine einfache Lösung ist das Verfahren, das bei der Zeichnung von Abbildung 20-2 angewendet wird. Die Profillinien werden von oben nach unten (oder von hinten nach vorn) abgearbeitet. Vor der Zeichnung der Profillinie auf der Zeile des Rechteckgitters wird ein Polygon, zusammengesetzt aus Profillinie und Basislinie, gezeichnet. Das Polygon ist mit der Hintergrundfarbe (weiß) gefüllt und verdeckt die dahinterliegenden Profile.

Das Interesse an wirtschaftlichen Lösungen des Problems ist groß. Entsprechend zahlreich sind die Untersuchungen und Veröffentlichungen zu Algorithmen und Verfahren. Allen Algorithmen gemeinsam ist die Bestimmung der Sichtbarkeit aufgrund der *Tiefenpriorität*. Überdecken sich zwei Objekte nach der Projektion auf die Bildebene, ist das Objekt sichtbar, das näher zum Augenpunkt oder zur Bildebene liegt. Für die Beschreibung einiger Algorithmen wird auf die sehr umfangreiche Literatur, insbesondere die Hand- und Lehrbücher zur Computergraphik, verwiesen, etwa NISCHWITZ et al. (2011) oder HUGHES et al. (2013).

Entstehung des Bildes im Auge

Ein Bild entsteht durch die Einwirkung von elektromagnetischen Wellen im sichtbaren Bereich auf lichtempfindlichen Rezeptoren wie Film oder Netzhaut. Die Wellen lassen sich aufgrund der dualen Struktur der elektromagnetischen Kraft auch als Lichtquanten oder Photonen beschreiben. Die Wellen oder Photonen und ihr Weg im Raum werden als *Lichtstrahl* bezeichnet, eine in diesem Zusammenhang zulässige Vereinfachung auf die geometrischen Eigenschaften. Von einer Lichtquelle werden Strahlen ausgesandt, die auf ein Objekt treffen. Das Objekt reflektiert die Strahlen in Abhängigkeit von den Eigenschaften der Oberfläche, entweder diffus oder gerichtet wie bei einem Spiegel oder einer Mischung aus beiden Komponenten und unter Veränderung der spektralen Zusammensetzung.

Ein Teil der reflektierten Strahlen trifft das Auge und erzeugt das Bild des Gegenstandes. Ein anderer Teil der reflektierten Strahlen trifft die anderen Objekte in der Szene, wird wieder reflektiert, möglicherweise verbunden mit einer Veränderung der spektralen Zusammensetzung in Abhängigkeit von Farbe und Material der Fläche. Ein Teil davon trifft auch die Bildebene. Die Objekte blockieren den Strahlengang von der Lichtquelle, sie werfen Schatten auf den Hintergrund oder auf andere Objekte. Die Lichtstrahlen werden in transparentem Material nach physikalischen Gesetzen abgelenkt. Kleine Partikel in der Atmosphäre wie Staub, Rauch, Wassertropfen oder Eiskristalle streuen das Licht und verändern die spektrale Zusammensetzung.

Das Verfahren der Strahlverfolgung

Eine auch nur annähernde Nachbildung des Weges und der Wirkung der Lichtstrahlen in einem Programm ist unmöglich. Es wäre viel zu aufwendig, den Weg aller Strahlen von der Lichtquelle bis zur Bildebene zu verfolgen. Bei der diffusen Reflexion entstehen eine Vielzahl von Streustrahlen in alle Richtungen, die sich bei jeder Reflexion wieder in neue Streustrahlen aufspalten. Nur ein Bruchteil der von der Lichtquelle ausgesandten Photonen erreicht die Bildebene.

Deshalb geht man den umgekehrten Weg. Vom Auge ausgehend wird für jedes Pixel in der Bildebene ein Strahl in die 3D-Szene hinein konstruiert. Dieser Strahl und seine Sekundärstrahlen (aufgrund von Reflexion oder Refraktion) werden auf dem Weg durch die Szene rückwärts bis zum Hintergrund oder zur Lichtquelle verfolgt. Deshalb nennt man das Verfahren auch *Rückwärtsverfolgung*. Die Topologie des Weges und seiner Verzweigungen durch Reflexion oder Refraktion wird als *Strahlbaum* notiert. Aus den Interaktionen der Lichtstrahlen mit den Objekten in der Szene entlang des Strahlbaumes wird die Farbe des Pixels ermittelt. Ausführliche Beschreibungen des Verfahrens findet man in den Lehrbüchern zur Computergraphik.

Durch Berücksichtigung von zusätzlichen optischen Phänomenen während der Strahlverfolgung kann der Algorithmus weiter ausgebaut werden, um das Bild noch realitätsnäher zu machen. Beispiele dafür sind atmosphärische Effekte wie Staub oder Nebel, unterschiedliche Parameter für Farben, Formen und Strahlungseigenschaften der Lichtquellen oder Halo-Effekte.

Eine weitere wichtige Funktion ist die Beseitigung der Artefakte, die aufgrund der Abbildung der Objekte auf das Bildraster entstehen. Diese Artefakte werden als Sägezahn- oder Treppenmuster in Linien oder an Flächenkanten sichtbar. Durch spezielle Algorithmen bei der Diskretisierung (*antialiasing, oversampling, supersampling*) lassen sich die Effekte visuell so abschwächen, daß sie nicht mehr störend ins Auge fallen und die visuelle Qualität verbessern.

Seit der ersten rudimentären Implementierung der Strahlverfolgung durch APPEL (1968) wurden im Laufe der Zeit viele Verbesserungen und Erweiterungen entwickelt, die sowohl die Realitätsnähe der Bilder erhöhten als auch die Rechenzeiten verkürzten. Weitere technische Einzelheiten zum Verfahren der Strahlverfolgung und ausführliche Literaturreferenzen findet man zum Beispiel bei HUGHES et al. (2013) oder GLASSNER (1989).

In den meisten Implementierungen des Verfahrens sind Auswahlmöglichkeiten vorgesehen, um entweder die Bildqualität oder die Ausführungszeit zu optimieren. Zum Testen der Perspektive und des Bildausschnittes genügt zum Beispiel eine niedrige Stufe der

Annäherung an die Realität. Man beschränkt die Tiefe der Strahlverfolgung, schließt die Berücksichtigung von bestimmten rechenintensiven Effekten der Beleuchtung oder Atmosphäre aus. Man benutzt eine relativ grobe Auflösung für das Bildraster, um die Anzahl der Pixel und damit die Rechenzeit für die Testzeichnung zu reduzieren.

Wirtschaftlichkeit der Strahlverfolgung

Der Aufwand für die Realisierung der Strahlverfolgung in einem Computerprogramm ist auf den ersten Blick sehr hoch. Weil es aber ein universelles Verfahren für viele Anwendungszwecke ist, verteilen sich die Kosten für die Programmierung auf sehr viele Anwender. Das Verfahren ist trotz der hohen Investitionskosten insgesamt wirtschaftlicher als spezialisierte Lösungen nur für Oberflächen. Neben den zahlreichen kommerziellen Produkten (siehe Links) gibt es einige Programme für die Strahlverfolgung, die kostenlos genutzt werden können. Das sind zum Beispiel die Programmpakete POV-Ray oder Blender.

Die zeitliche Trennung zwischen interaktiver Konstruktion der Szene und Ausführung der „Reinzeichnung" ist notwendig, weil die Anzahl der Rechenvorgänge bei der Strahlverfolgung sehr hoch sind. Die Berechnung einer komplexen Szene mit vielen Objekten und atmosphärischen Effekten kann auf einem Arbeitsplatzrechner bis zu mehreren Stunden dauern. Die Rechenzeit für eine Szene ist im wesentlichen proportional zur Anzahl der Pixel in der Bildebene und zur Art der Effekte, die entlang des Strahlbaums berücksichtigt werden müssen. Die Anzahl der Objekte in der Szene spielt eine geringere Rolle. Die Rechner sind erheblich schneller geworden, als man es vor einigen Jahren noch für möglich gehalten hat. Auf einem leistungsfähigen Graphik-Rechner liegen die Rechenzeiten für eine typische Oberfläche wie in den folgenden Abbildungen unter einer Minute. Die Rechner werden in Zukunft weiter leistungsfähiger werden und die reinen Produktionskosten für Raytracing weiter sinken.

Das Programm POV-Ray

Ein frei verfügbares Programm für die Anwendung der Methode der Strahlverfolgung ist POV-Ray. (*Persistence of Vision Raytracer*). POV-Ray ist auf mehreren Betriebssystemen lauffähig. An diesem Programm haben viele Entwickler mit unterschiedlichen Spezialkenntnissen und Anwendungserfahrungen mitgearbeitet. Deshalb sind sehr viele Optionen realisiert, die auf den ersten Blick für die Visualisierung von kartographischen Oberflächen wenig Bedeutung haben. Andere Optionen sind noch im Experimentierstadium. Die Entwickler erhoffen sich durch eine möglichst breite Anwendung mehr Aufschluss über die Nützlichkeit und Möglichkeiten zur Verbesserung. Die Bestandteile, die für die Darstellung von immateriellen Oberflächen am wichtigsten sind, werden hier kurz beschrieben. Leider ist nicht der Raum, um zu jeder Option eine entsprechende Abbildung beizufügen. Dazu wird auf die Dokumentation von POV-Ray verwiesen, die als Hilfe-Funktion oder als Datei im PDF-Format zur Verfügung stehen.

Im Programm Konkar werden die Dateien mit dem Höhenmodell, der Textur und den Anweisungen für die Beschreibung der Szene geschrieben. Diese Dateien werden von POV-Ray eingelesen. Daraus wird das Rasterbild auf dem Bildschirm erzeugt und in einer Datei gespeichert. Für den Entwurf von einfachen POV-Ray-Szenen sind spezielle Editoren verfügbar, die aber für kartographische Anwendungen nur bedingt brauchbar sind.

Objekte

Der Inhalt einer 3D-Szene wird durch eine Menge von *Objekten* definiert. Die wichtigsten Objekttypen für die Kodierung der Oberfläche ist das Höhenfeld (*heightfield*) und das unregelmäßige Dreiecksnetz. Das Höhenfeld ist eine zweidimensionale Matrix mit den Höhenwerten des Rechteckgitters. Ist die Oberfläche ein Dreiecksnetz, werden die Koordinaten der Dreiecke über eine Datei an POV-Ray übermittelt. Das Dreiecksnetz ist vorzuziehen, weil darin die Grenzen des Untersuchungsgebietes genauer definiert werden können.

Einfache 3D-Körper sind direkt als Kugel, Ellipsoid, Würfel, Zylinder, Kegel, Rotationskörper oder Prisma definiert. Objekte ohne Tiefenausdehnung sind Dreiecke, Polygone und verschiedene Arten von planaren und nichtplanaren Oberflächen. Die Objekte können durch Mengenoperatoren (Schnitt, Vereinigung, Subtraktion) zu neuen Objekten verknüpft werden (CSG, *constructive solid geometry*). Die Objektdefinition und die Lage und Skalierung des Objekts in der Szene werden durch Attribute ergänzt, die das Material der Objekt-Oberfläche, das Reflexions- und Refraktionsverhalten und noch weitere Eigenschaften des Objekts beschreiben.

Im Falle der immateriellen Oberflächen sind einige Zusatzinformationen durch Objekte definiert. Zum Beispiel werden die Linien in einigen Abbildungen durch eine Kombination von Zylindern – die Äquivalente zu Strecken auf 2D-Abbildungen – und Kugeln an den Knick- und Endpunkten der Linien realisiert.

Textur

Die Oberflächenstruktur der Objekte ist bestimmt durch die Textur, zusammengesetzt aus der Farbe und weiteren Materialeigenschaften, etwa den Parametern für diffuse und spiegelnde Reflexion und eventuell einem Muster. Ein Muster besteht aus Pixeln und wird vor der Berechnung der Perspektive und der Beleuchtung planar, sphärisch oder zylinderförmig auf die Oberfläche projiziert. Die Rauigkeit einer Oberflächentextur wie bei Steinen, Sand oder der Haut einer Orange wird durch lokale Variationen der Oberflächenrichtung (*bump mapping*) simuliert. Das optische Verhalten von transparenten Objekten ist durch die Refraktionsparameter festgelegt.

Beleuchtung

Die Objekte in der Szene werden durch Lichtquellen angestrahlt. Die atmosphärische Refraktion des virtuellen Sonnenlichts wird durch einen Anteil von ungerichteter Umgebungshelligkeit an der Gesamthelligkeit simuliert. Die Anzahl der Lichtquellen aus unterschiedlichen Richtungen ist beliebig. Die Lichtquellen können punktförmig oder flächenförmig sein oder jede beliebige Form besitzen, mit kugel-, kegel- oder zylinderförmigen Abstrahlcharakteristika. Die Farbe des abgestrahlten Lichts und noch weitere Eigenschaften sind frei wählbar. Jedes Objekt kann auch als selbstleuchtend deklariert werden. Das Objekt ist dann ohne Beleuchtung durch eine Lichtquelle sichtbar.

Atmosphärische Effekte

Auf dem Weg von der Lichtquelle zum Objekt und vom Objekt zur Bildebene können die Lichtstrahlen eventuell auf sehr kleine Hindernisse in der Atmosphäre treffen, wie Staub- oder Rauchpartikel, Wassertröpfchen oder Eiskristalle. Die Interaktionen mit den Partikeln resultieren in Abschwächungen und Farbänderungen, die als Dunst, Rauch, Nebel, Wolken oder Regenbogen sichtbar werden. Bei selbstleuchtenden Partikeln, zum Beispiel Funken oder Feuerwerk, sind die Strahlen vieler sehr kleiner Lichtquellen zu berücksichtigen. Die Dichte, Verteilung und Dynamik der Partikel ist beeinflussbar, so dass zum Beispiel auch unterschiedlich dichte Nebelschwaden und verschiedene Wolkenarten nachgebildet werden können. Für die Simulation von Reflexions- und Refraktionseffekten in der Atmosphäre, etwa Regenbogen, Halo oder Wolken, sind Näherungslösungen implementiert, ebenfalls für irisierende Oberflächen wie bei Ölfilmen oder Schmetterlingsflügeln und noch einige andere Effekte.

Parallelisierung

Das Verfahren der Strahlverfolgung eignet sich gut für die *Parallelisierung*. Die Berechnung der Farbe für jedes Pixel erfolgt unabhängig von den anderen Pixeln im Bild. Bei Nutzung nur eines Rechenkerns werden die Pixel beziehungsweise ihre Sichtstrahlen nacheinander (seriell) abgearbeitet. In einem Mehrkern-Prozessor arbeiten mehrere Rechenkerne simultan. Mehrere Pixel mit ihren Sichtstrahlen können gleichzeitig untersucht werden, theoretisch so viele, wie Prozessoren vorhanden sind.

Im Programm POV-Ray wird das Rasterbild in Kacheln unterteilt. Jeder Rechenkern arbeitet an einer Kachel, unabhängig von den anderen Kernen. Das Bild ist fertig, wenn alle Kacheln abgearbeitet sind. Die Rechenzeit verringert sich fast linear mit der Anzahl der Kerne. Für die gleiche Szene benötigt ein Vierkern-Prozessor etwa ein Viertel der Zeit, die ein gleich schneller Einkern-Prozessor braucht.

Visualisierung von kartographischen Oberflächen

Nachdem das Verfahren der Strahlverfolgung im allgemeinen und einige Optionen des Programms POV-Ray im speziellen beschrieben wurden, kommen wir zur perspektivischen Darstellung von immateriellen Oberflächen zurück. Im folgenden wird an einigen Beispielen gezeigt, wie die visuellen Variablen und kartographischen Darstellungsformen für Texturen und visuelle Effekte eingesetzt werden, um die Übermittlung der Botschaft in einer perspektivischen Abbildung zu verbessern.

Bei einigen der folgenden Abbildungen sind die Koordinaten des Augenpunktes und der Lichtquellen angegeben. Dazu muss man wissen, dass in POV-Ray ein „linkshändiges" Koordinatensystem benutzt wird. Wenn Daumen, Zeigefinger und Mittelfinger der linken Hand rechtwinklig voneinander abgespreizt werden und man auf den Handrücken blickt, zeigt der Daumen nach rechts in die x-Richtung, der Zeigefinger nach oben in die y-Richtung und der Mittelfinger in die z-Richtung vom Betrachter weg. Die negative z-Richtung zeigt vom Bildschirm zum Betrachter.

Typen von Oberflächen und die Perspektive

Nicht jede immaterielle Oberfläche eignet sich zur perspektivischen Darstellung. Wenn die Oberfläche zum Beispiel extrem trogförmig ist, mit sehr hohen Werten an der Peripherie des Untersuchungsgebietes und niedrigen Werten im Innern, verdecken die hohen Werte am Rand des Darstellungsgebietes die relativ niedrigen Bereiche im Inneren. Die regionale Differenzierung des Indikators mehr zur Mitte der Bundesrepublik hin ist nicht sehr gut erfassbar. Für diese Oberfläche ist eine „normale" Karte in Aufsichtsprojektion die bessere Lösung, mit allen graphischen und kartographischen Hilfen für die Verbesserung der Oberflächendarstellung. Eine solche Darstellung kann auch mit POV-Ray durch Verwendung einer Parallelprojektion mit einem zur Normalen der Bezugsebene parallelen Sichtstrahl erzeugt werden.

Bei der Oberfläche der Erreichbarkeit von KLV-Bahnhöfen ist die Höhendifferenz über die gesamte Bundesrepublik relativ ausgeglichen. Die verdeckten Bereiche sind nicht sehr groß und können durch die Veränderung des Blickwinkels sichtbar gemacht werden. Deshalb eignet sich die KLV-Erreichbarkeit gut für die perspketivische Darstellung und wird in den folgenden Abbildungen benutzt.

Bei der Auswahl des Augenpunktes sollte man sich von der „Konstanz des Vertrauten" leiten lassen. Wir sind darauf konditioniert, dass in einer Karte die Nordrichtung nach oben zeigt. Zur Erleichterung der Orientierung sollte deshalb der Augenpunkt nicht sehr weit von der südlichen Richtung abweichen. Ist die räumliche Orientierung gelungen, fällt es leichter, eine ungewöhnliche Sichtrichtung zu akzeptieren, etwa in einem zweiten Bild oder in einer Animationssequenz. Ein Nordpfeil erleichtert natürlich die Orientierung. Andererseits wirkt die Platzierung des Augenpunktes genau in der Südrichtung langweilig. Man hat eher den Eindruck eines falschen Skalenfaktors für die y-Achse als einer perspektivischen Ansicht. Deshalb wird eine Schrägansicht mit einem Augenpunkt etwas neben der Südrichtung empfohlen.

Je größer der Winkel zwischen Sichtstrahl und der Normalen der Bezugsebene ist, um so größer ist die perspektivische Verkürzung und die Wahrscheinlichkeit der gegenseitigen Verdeckung. Liegt der Augenpunkt im Zenith, ist die Verkürzung am geringsten. Liegt der Augenpunkt auf der Bezugsfläche, ist sie am größten.

Simulierte Beleuchtung der Oberfläche

Die Simulation der Beleuchtung ist der wichtigste Bestandteil der Textur von perspektivischen Darstellungen, weil die Variation der Helligkeit die Illusion der Wirklichkeit hervorruft. Die Schatten der Objekte sind eine weitere Hilfe, um sich in komplexen Szenen zurechtzufinden. Bei der perspektivischen Darstellung von Oberflächen haben sich die Schatten aber eher als störend erwiesen. Die Helligkeit der Facettenfarbe wird in Abhängigkeit von der Exposition zur Lichtquelle verändert. Ein Schatten erzeugt eine zusätzliche Variation in der Helligkeit. Die Kombination von Beleuchtungshelligkeit und Schatten kann zu visuellen Irrtümern führen, weil man im Bild die Ursache der Helligkeitsveränderungen nicht immer auf Anhieb voneinander unterscheiden kann. Deshalb sollten für kartographische Anwendungen die Schlagschatten weggelassen werden.

Neben der direkten Beleuchtung durch eine oder mehrere Lichtquellen wird die Refraktion in der Atmosphäre durch einen Anteil von indirekter Beleuchtung (Umgebungshelligkeit) berücksichtigt. Damit werden nicht direkt angestrahlte Teile der Oberfläche aufgehellt oder der gesamte Helligkeitsbereich verschoben. Die Farben und Helligkeitswerte werden durch die Eigenschaften des Materials (Farbe, Reflexionseigenschaften, Transparenz) definiert. Farbe und Materialeigenschaften können allgemein für alle Facetten eines Objekts definiert oder individuell jeder Facette oder einem Objekt zugeordnet werden.

Bei der Betrachtung in Aufsichtsprojektion wurde in der Regel die Hauptlichtquelle aus Nordwesten benutzt, eventuell ergänzt durch schwächere Nebenlichtquellen aus anderen Richtungen. Bei der perspektivischen Darstellung mit einem beliebigen Augenpunkt wählt man als Standort der Hauptlichtquelle einen Punkt in der Nähe des Augen- oder Kamerapunktes oder darüber. Eine zusätzliche Lichtquelle etwas versetzt dazu erhöht die Plastizität der Darstellung. Gegenlichteffekte, also ein Beleuchtungsvektor mit einer Winkeldifferenz von mehr als 90° zum Sichtvektor, sollten sehr sparsam und nur unter besonderen Umständen eingesetzt werden.

Die Sekundärlichtquelle sollte von links auf die Szene scheinen, damit die optische Illusion der Reliefumkehrung vermieden wird. Auch bei sorgfältiger Wahl des Augenpunktes und der Lichtquellen-Positionen ist manchmal die scheinbare Reliefumkehr nicht zu vermeiden, sogar nur partiell in bestimmten Teilen des Bildes. Die Erfahrung zeigt, dass der Urheber eines Bildes in dieser Hinsicht ziemlich betriebsblind ist. Wie bei allen optischen Illusionen sieht er vorwiegend das, was er gewöhnt ist und was er sehen will. Deshalb sollte man vor der kostspieligen Vervielfältigung solcher Darstellungen unbefangene Mitmenschen bitten, einen Blick auf die Graphik zu werfen, um grobe Fehler zu vermeiden.

Isolinien und Schichtflächen

Das Gesamtbild der Oberfläche ist in einer perspektivischen Darstellung sehr gut erfassbar. Will man die Höhe an einem Punkt der Oberfläche wissen, hat man aufgrund der perspektivischen Verkürzung der Achsen einige Probleme mit der exakten Bestimmung des Höhenwertes. Deshalb wird mit Isolinien oder Schichtstufen eine zusätzliche Information übermittelt, die die Zuordnung eines Oberflächenpunktes zu einer Höhenschicht erleichtert. Die Redundanz der Information wird vergrößert und dadurch die Erfassung verbessert.

Die Identifikation der Isolinien-Niveaus ist einfacher als in einer Karte in Aufsichtsprojektion, da die Abfolge der Linien in der Höhe jetzt eindeutig ist. Zur Verstärkung kann man die Linien nach der Breite differenzieren, also je höher, um so breiter oder umgekehrt (Abb. 20-5). In diesem Fall kann die Breite nur die Reihenfolge der Niveaus anzeigen, nicht eine quantitative Proportionalität. Die Breite der Linien ist aufgrund der perspektivischen Abbildung sowieso kaum ausmessbar.

Isolinien sind nicht gut kompatibel mit anderen linienförmigen Elementen auf der perspektivisch dargestellten Oberfläche, etwa Grenzlinien. Wenn Grenzen auf der Oberfläche dargestellt werden, ist es besser, die Isolinien wegzulassen, um Irrtümer in der Zuordnung zu vermeiden.

Redundanzerhöhung durch Kombination visueller Variablen

Wie in der Graphischen Semiologie postuliert, wird die Redundanz der Darstellung durch die Kombination mehrerer visueller Variablen zur Transkribierung der gleichen thematischen Variable erhöht. Dadurch wird die Erfassung der Karte erleichtert. In Abbildung 20-6 wird die quantitative Transkribierung, die Höhen der Oberfläche, ergänzt durch die ordnende Wirkung des Helligkeitswertes (je höher, desto dunkler) und die selektive Wirkung der Farben. Diese wird noch verstärkt durch die trennende Wirkung der Isolinien an den Schichtgrenzen. Die Perspektive und die simulierte Beleuchtung sind ein gut erfassbares Äquivalent zur realen Welt.

Abbildung 20-5
Oberfläche mit graduierten Isolinien

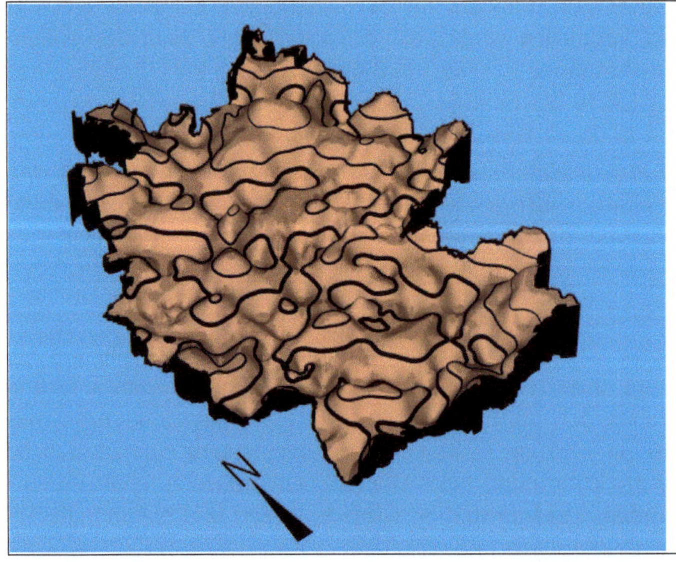

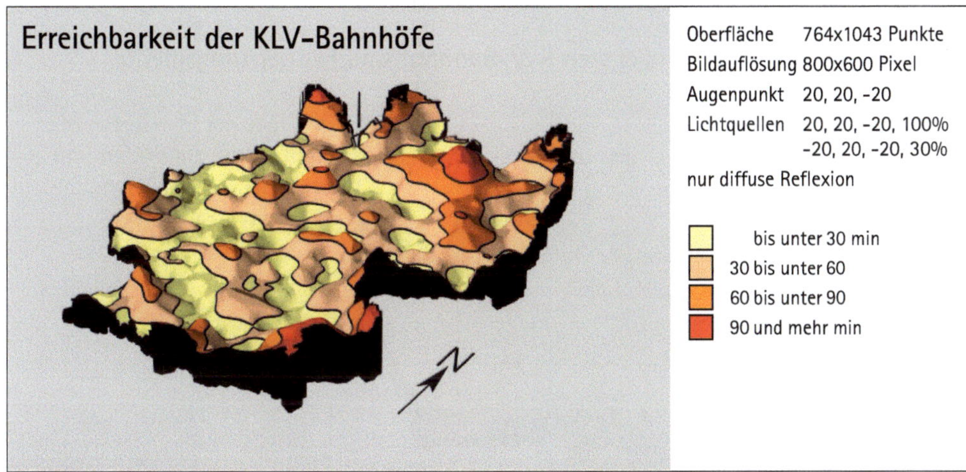

Abbildung 20-6
Oberfläche mit Höhenschichten und Isolinien

Darstellung der vierten Dimension durch die Textur

Weitere Dimensionen können durch zusätzliche visuelle Variablen transkribiert werden. Die Variablen sollten mit der primären Oberfläche des 3D-Modells in Wirkungsbeziehungen stehen. In Abbildung 20-7 ist die Oberfläche der Erreichbarkeit von KLV-Bahnhöfen mit einer Textur versehen, die die Zuordnung der Gitterpunkte zu Klassen der Fahrleistungsdichte im Jahr 1990 repräsentiert. Die Fahrleistungsdichte ist ausgedrückt durch die Summe der Kilometer in einem Stadt- oder Landkreis, die alle Fahrzeuge zurücklegen, dividiert durch die Fläche der Bezugseinheit. Die Fahrleistungsdichte ist ein Maß für die Intensität des Kraftfahrzeugverkehrs. Je höher die Fahrleistung ist, um so notwendiger ist ein KLV-Bahnhof in der Nähe, um die Fracht so schnell wie möglich auf die Schiene zu bringen.

Die Abbildung zeigt, dass tatsächlich eine negative Korrelation zwischen den Werten der Erreichbarkeit und der Fahrleistungsdichte besteht. An den niedrigen Stellen der Oberfläche treten die höchsten Fahrleistungsdichten auf, an den Oberflächenmaxima die niedrigen Werte für die Fahrleistungsdichte. Die Ausnahmen, die weiter weg von den Regressionsgeraden liegen, sind die Problemgebiete, mit denen man sich näher beschäftigen muss.

In den Abbildungen 20-6 und 20-7 kann man sehen, dass die Farbskala in der Legende nicht exakt den Farben in der Oberfläche entspricht. Die Abweichungen entstehen durch die Veränderung des Farbtons aufgrund der simulierten Beleuchtung. Weitere Farbveränderungen resultieren aus einer Gamma-Korrektur oder der Reduktion auf eine geringere Anzahl von Farben durch das Ausgabegerät. Der Anwender kann die Veränderungen nicht immer im gewünschten Umfang kontrollieren.

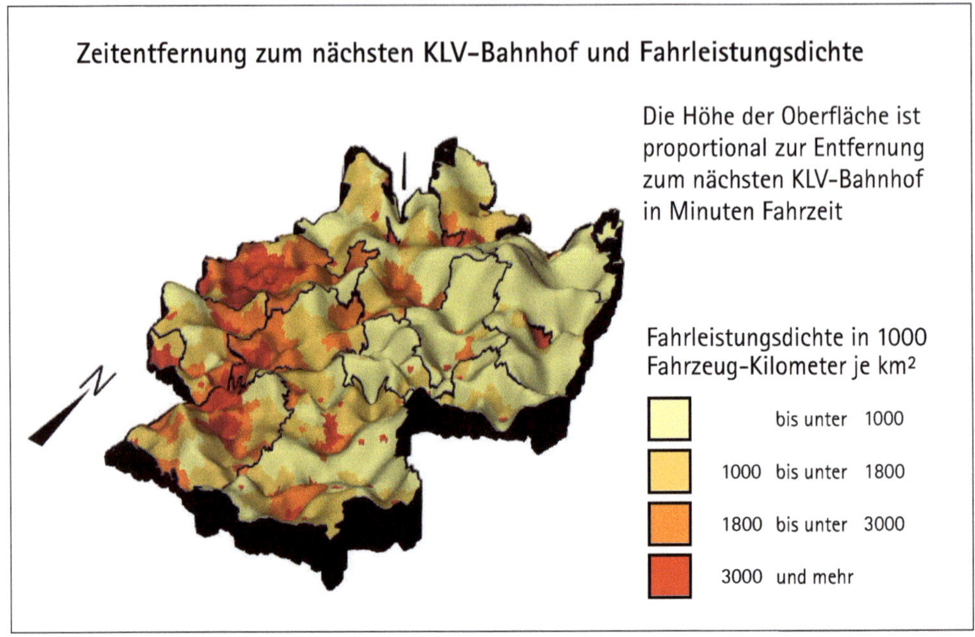

Abbildung 20-7
Oberfläche der Erreichbarkeit von KLV-Bahnhöfen mit einer Textur, die die Zuordnung der Oberfläche zu Klassen der Fahrleistungsdichte im Jahr 1990 repräsentiert.

Bei der Anwendung multidimensionaler Darstellungen sollte man die notwendige Zurückhaltung üben, damit die Absicht, die optimale Übermittlung einer Botschaft, nicht durch übermäßigen und störenden Gebrauch der technischen Mittel ins Gegenteil verkehrt wird.

Höhenlegende

Eine Höhenlegende neben der Oberfläche kann die Schätzung der Proportionalität verbessern, also mit welchem Faktor der Wert der Variable in den Höhenwert eines Punktes umgesetzt wurde wie in der Karte mit den Profillinien (Abb. 20-2). Die Legende erlaubt aber kaum die Messung des Höhenwertes, weil die Fußpunkte der Oberflächenpunkte nur selten sichtbar ist und die perspektivische Verkürzung die Umrechnung zusätzlich erschwert.

Proportionale Transkribierung der Höhe

Die Transkribierung von z-Werten durch größenproportionale Symbole wie Kreis, Quadrat oder Sechseck ist bei perspektivischer Darstellung der Oberfläche nicht anwendbar. Die Form der Symbole wird durch die Verkürzung auf den Projektionsachsen, die Verzerrungen durch die Drapierung der Textur über die Oberfläche und die perspektivische Verdeckung so gestört, dass weder ein exakte Messung noch eine überschlägige Schätzung der Symbolgröße anhand der Legende möglich ist.

Die visuelle Variable *Helligkeit* eignet sich zur Redundanzverstärkung der Höheninformation (Abb. 20-8). Die Helligkeitsvariation als geordnete Reihe wird in der Regel bei der Farbgebung einer begrenzten Anzahl von Höhenstufen genutzt. Die Variation des Helligkeitswertes aufgrund einer simulierten Beleuchtung ist nicht so groß, dass die Stufen nicht mehr erkennbar wären. Eine größere Zahl von Helligkeitsstufen als Annäherung an eine quantitative Reihe ist nur möglich, wenn die proportionalen Helligkeitswerte nicht durch eine simulierte Beleuchtung verändert werden. Die Kombination beider Effekte in einer Oberflächentextur stört die Eindeutigkeit und erschwert dadurch die Erfassung.

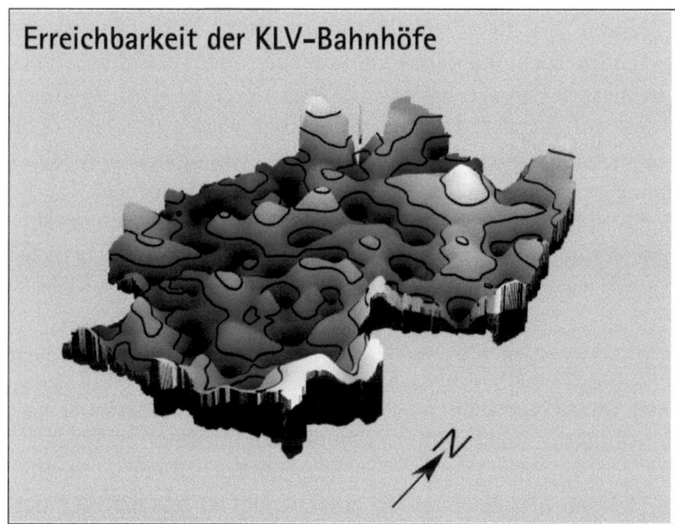

Abbildung 20-8
Helligkeit proportional zur Höhe, Oberfläche als selbstleuchtend deklariert

Bei der Realisierung von Abbildung 20-8 wurde die Oberfläche deshalb als selbstleuchtend definiert. Für die Definition der Textur wurde die gleiche Höheninformation wie für das dreidimensionale Modell benutzt. Die sonst üblichen und auch notwendigen Lichtquellen wurden weggelassen, damit keine simulierte Beleuchtung entsteht. Die Isolinien sind schwarz, deshalb heben sie sich ohne Beleuchtung von der helleren Oberfläche ab. Die Isolinien verstärken auch die plastische Wirkung. Wenn die Isolinien weggelassen werden, wirkt die Oberfläche etwas kulissenhaft.

Topographische Anhaltspunkte, textliche Informationen

In der Karte mit thematischen Inhalten müssen auch topographische Anhaltspunkte vorhanden sein, damit sich nicht nur der Spezialist zurechtfindet, sondern auch der Kartennutzer, der weniger oder kaum mit der regionalen Gliederung des Untersuchungsgebietes vertraut ist. Die Grenzen von Gebietseinheiten oder Symbole für Bezugspunkte sind meistens ausreichend in Karten für die großräumige Planung. Durch die perspektivische Verkürzung tritt eine graphische Verdichtung ein, die bei der Wahl der Gebietsgrenzen berücksichtigt werden muss. So ist es wenig sinnvoll, in die Oberflächen mit der gesamten Bundesrepublik Deutschland alle Kreisgrenzen einzuzeichnen. Die Ländergrenzen genügen für die grobe Orientierung. Bei der Bilderzeugung mit dem Verfahren der Strahlverfolgung wird ein relativ grobes Raster von Bildpunkten für das endgültige Bild benutzt. Sehr feine Linien sind deshalb nicht oder nur unvollkommen darstellbar.

Die Plazierung von Text direkt auf der Oberfläche ist ziemlich schwierig. Eine Raster-Textur mit Textketten, drapiert auf die Oberfläche, führt oft zu Verzerrungen des Rasters. Dadurch wird der Text unleserlich und damit unbrauchbar. Die „Ortsschild-" oder „Sprechblasen-Technik" ist in diesem Fall die bessere Lösung. Der Text wird im freien Bereich über der Oberfläche wie auf einem Ortsschild gezeichnet, sodass der Text ohne Verzerrung abgebildet wird. Das Schild oder die Sprechblase ist mit dem Bezugspunkt auf der Oberfläche durch einen Pfeil oder eine Linie verbunden. Mit Programmen für die Editierung von Bildern und die Simulation der Freihandzeichnung lassen sich weitere Möglichkeiten der interaktiven Veränderung in der Darstellung der Oberflächen realisieren (BÄR 1996).

Spezialeffekte

Das Verfahren der Strahlverfolgung ermöglicht ohne großen zusätzlichen Aufwand einige Effekte für die Darstellung von Oberflächen, die auf den ersten Blick überraschend wirken. Sie tragen oft zur Übermittlung der sachlichen und fachlichen Information kaum etwas bei. Sie sind so etwas wie ein Türöffner: Der Überraschungseffekt soll den Betrachter oder die Zielgruppe bewegen, sich mit dem Sachverhalt eingehender zu beschäftigen und dann zusätzliche Einsichten zu gewinnen. Das hofft zumindest der Kartenentwerfer. Die Spezialeffekte verbessern die *Anmutung*, wie die Werbepsychologen sagen würden.

In Abbildung 20-9 ist die virtuelle Kamera über der Oberfläche der KLV-Erreichbarkeit im Freistaat Bayern positioniert, mit Blick auf den Berg der schlechten Erreichbarkeit in Südostbayern. Die aufgehende Sonne erhebt sich aus dem Bodennebel der ungewissen Zukunft in der Verkehrspolitik und kündigt einen neuen Tag der Hoffnung an. Der Silberstreif der Zirruswolken ist der Vorbote neuer Luftmassen, aka politischer Aktivitäten aus Bayern, die frischen Wind in die politische Landschaft der gesamten Republik blasen werden.

Solche oder ähnliche Worte könnte man sich bei politischen Versammlungen in Bayern vorstellen. Ähnlich wie die übertriebenen verbalen Metaphern ist die Funktion der graphischen Spezialeffekte: eigentlich ohne direkte Wirkung für die Übermittlung der Infor-

Abbildung 20-9
Oberfläche der KLV-Erreichbarkeit, dazu die Sonne und atmosphärische Effekte

mation, manchmal aber wichtig für die Stimmung und Motivation. Wie schon öfter folgt die Warnung auf dem Fuß, dass man nicht übertreiben darf. Die Wirkung von Effekten nutzt sich sehr schnell ab und kann sich sich ins Gegenteil verkehren.

Gute Annäherung an das gewohnte Sehen

Aufgrund der perspektivischen Verkürzung sind Entfernungen und Richtungswinkel auf der Bezugsebene mit einfachen Mitteln nicht ausmessbar. Die absolute Höhe an bestimmten Punkten der Oberfläche ist kaum exakt zu rekonstruieren. Die Ausnahme sind Karten mit einer grundrisstreuen Projektion (Militärperspektive). Oder man benutzt interaktive Techniken durch Setzen von Markern und anschließender rechnerischer Bestimmung der Abstände und Höhen.

Mit der perspektivischen Darstellung und den vorgestellten Verfahren der Bilderzeugung ist die größte Annäherung an die menschlichen Sehgewohnheiten für die reale oder imaginäre Welt erreicht, die mit einfachen Techniken zu erzielen ist. Die Oberfläche wird so erfasst, wie sie in der Wirklichkeit aussähe oder wie wir uns vorstellen, sie sähe so aus. Aufgrund der Perspektive können allerdings Teile der Oberfläche verdeckt sein. Dieses Problem lässt sich durch zusätzliche Bilder der Oberfläche aus einem anderen Blickwinkel lösen.

Die reine Höhendarstellung der Oberfläche wird meistens durch eine Flächentextur mit Linien oder Farben ergänzt, die die intuitive Erfassung der regionalen Verteilung durch Erhöhung der Redundanz erleichtern. Grenzen und Standort-Symbole als topographische Anhaltspunkte können Bestandteil der Textur sein.

Die Textur kann auch für die graphische Transkribierung weiterer Oberflächen genutzt werden. Die gemeinsame Darstellung mehrerer Variablen in einer multidimensionalen Karte verdeutlicht Wirkungsbeziehungen und Prozesse im Raum. Die Anzahl der Variablen darf aber nicht zu groß sein, damit die Korrelationen erfassbar bleiben.

Es ist besser, textliche Informationen nicht unmittelbar auf der Oberfläche anzubringen, weil sie durch die Anpassung an das Relief und die resultierende Verformung unleserlich werden können. Eine Möglichkeit ist die Textdarstellung über der Oberfläche und die Verbindung mit Orten auf der Oberfläche über Linien oder Pfeile.

Die Rechenzeit für die Berechnung der Perspektive und der optischen Interaktionen und damit die Produktionskosten sind relativ hoch, desgleichen die Anforderungen an die Ausgabegeräte in Bezug auf die Raster- und Farbauflösung. Eine hohe Realitätstreue ist nicht sinnvoll, wenn das Ergebnis nicht sichtbar gemacht und auf einem Medium festgehalten werden kann. Die Kosten für die Rechnernutzung werden sich durch die Erhöhung der Rechengeschwindigkeit auch in Zukunft weiter verringern. Das Verfahren der Strahlverfolgung eignet sich sehr gut für die Implementierung auf Parallelrechnern. Die Antwortzeiten werden sich durch die parallele Abarbeitung der Strahlverfolgung weiter verkürzen, ein wichtiger Gesichtspunkt bei zeitkritischen Anwendungen, etwa die Darstellung in Realzeit.

Aufgrund der universellen Anwendbarkeit des Verfahrens stehen außer POV-Ray eine Reihe von Programmen kostenlos zur Verfügung, die Module für die Bilderzeugung mit Strahlverfolgung enthalten, zm Beispiel Autodesk 123D (WENDEL & GEISENHEINER 2015) oder Blender. Weitere Software wird man durch eine Suche im WWW finden. Deshalb sind Investitionskosten nur für die Erzeugung des Höhenmodells und der Anweisungsdateien aufzubringen.

Literatur

APPEL A (1968) Some techniques for shading machine-renderings of solids. SJCC, Thompson Books, 37–45

BÄR HR (1996) Interaktive Bearbeitung von Geländeoberflächen. Konzepte, Methoden, Versuche. Geoprocessing-Reihe Vol. 25, Geographisches Institut, Universität Zürich

BERTIN J (1974) Graphische Semiologie. Diagramme, Netze, Karten. de Gruyter, Berlin

Bollmann, F (1986) Entstehung von Bildstadtplänen. In: Herrmann C, Kern H (Hrsg.), Kartenverwandte Darstellungen, Werkstattberichte. Karlsruher Geowissenschaftliche Schriften, Reihe A, Band 4, 93–102

Glassner AS (ed.) (1989) An introduction to ray-tracing. Academic Press, Boston

Hake G, Grünreich D, Meng L (2002) Kartographie. Visualisierung raum-zeitlicher Informationen. 8. vollständig neu bearbeitete und erweiterte Aufl. de Gruyter, Berlin

Hell G (1986) Mathematische Grundlagen für ebene kartenverwandte Darstellungen. In: Herrmann C, Kern H (Hrsg.) Kartenverwandte Darstellungen, Werkstattberichte. Karlsruher Geowissenschaftliche Schriften, Reihe A, Band 4, 165–172

Herrmann C, Kern H (Hrsg.) (1986) Kartenverwandte Darstellungen, Werkstattberichte. Karlsruher Geowissenschaftliche Schriften, Reihe A, Band 4

Hölzel F (1963) Perspektivische Karten. Internationales Jahrbuch der Kartographie, Bertelsmann, Gütersloh

Hughes JF, van Dam A, McGuire M, Sklar DF, Foley JD, Feiner SK, Akeley K (2013) Computer Graphics: Principles and Practice, 3rd ed. Addison-Wesley, Reading, Mass.

Kern H (1986) Kreisringpanorama und Progressive Perspektive. In: Herrmann C, Kern H (Hrsg.), Kartenverwandte Darstellungen, Werkstattberichte. Karlsruher Geowissenschaftliche Schriften, Reihe A, Band 4, 153–164

Kraak MJ (1988) Computer-assisted cartographical threedimensional imaging techniques. Delft University Press, Delft

Nischwitz A, Fischer M, Haberäcker P, Socher G (2011) Computergraphik und Bildverarbeitung, Band I und II. 3., neu bearbeitete Auflage. Vieweg+Teubner

Stabinger A (1994) RAYTRACE 2.1 CD. Data Becker, Düsseldorf

Wendel L, Geisenheiner S (2015) 3D Kochbuch für Modellbauer. CAD Praxisanleitung für Anfänger.

Links

Autodesk 123D
  http://www.123dapp.com
Blender
  http://www.blender.org
POV-Ray
  http://www.povray.org
  https://de.wikibooks.org/wiki/Raytracing_mit_POV-Ray
Raytracing
  http://www.f-lohmueller.de/links/index_td.htm
Wikipedia
  https://de.wikipedia.org/wiki/Raytracing (2/2016)

https://en.wikipedia.org/wiki/List_of_ray_tracing_software
https://wiki.delphigl.com/index.php/Tutorial_Raytracing_-_Grundlagen_I

21

21 Stereogramme

Noch ein Schritt weiter zu einer realitätsnahen Darstellung sind die Stereogramme. Der Betrachter glaubt einen dreidimensionalen Körper zu sehen, auch bei einer Aufsichtsprojektion. Das technische Prinzip ist die Übermittlung von zwei verschiedenen Bildern an jedes Auge. Für die Aufnahme oder Generierung der Bilder werden unterschiedliche Positionen der realen oder virtuellen Kamera benutzt, wie bei der Abbildung der realen Welt in unseren beiden Augen. Aus den Differenzen in der Lage und Orientierung der Objekte synthetisiert das Auge-Gehirn-System die Vorstellung eines räumlichen Bildes in drei Dimensionen.

Stereopsis

Die Fähigkeit zum stereoskopischen Sehen (Stereopsis) war sehr wichtig für die Evolution der Primaten und damit auch des Menschen. Das Auge-Gehirn-System kann Entfernungen im Raum bis zu einer Weite von 30 bis 40 Metern sehr schnell abschätzen. Das hatte einige Vorteile im Überlebenskampf, etwa für die Jagd nach Beute und die rechtzeitige Flucht vor Fressfeinden. Auch für die Koordinierung der Handbewegungen unter Sichtkontrolle ist das räumliche Sehen wichtig, etwa für den Gebrauch von Werkzeugen und anderen Tätigkeiten, die ein hohes Maß an Präzision erfordern.

Die Stereo-Wahrnehmung wird auch mit anderen sensorischen Kanälen genutzt. Menschen und Tiere können die ungefähre Richtung einer Geräuschquelle durch Auswertung der unterschiedlichen Laufzeiten des Schalls zu beiden Ohren bestimmen. Bei manchen Eulenarten beispielsweise ist das stereoskopische Hören so verfeinert, dass sie in völliger Dunkelheit zielsicher ihre Beute aufgrund der von ihr ausgehenden Geräusche ansteuern können. Fledermäuse und Delphine „beleuchten" das Zielfeld mit Ultraschall und werten die Echos aus. Sie erreichen aufgrund der kürzeren Wellenlänge im Ultraschall-Bereich eine höhere Auflösung und Ortungsgenauigkeit als mit hörbarem Schall. Manche Schlangenarten besitzen Infrarot-Sensoren, die auf beiden Seiten des Kopfes sitzen. Damit können die Schlangen die Infrarot-Strahlung warmblütiger Tiere orten und die Richtung zur Beute sehr genau bestimmen.

Für die Erzeugung von Stereogrammen gibt es mehrere technische Wege. Sie haben alle gemeinsam, dass dem linken und rechten Auge verschiedene Bilder zugeführt werden. Die Verfahren unterscheiden sich im wesentlichen durch Material und Format des Bildträgers, die Art der Bildspeicherung und -trennung und ihre Eignung für die Speicherung und die Wiedergabe bewegter Bilder (Animation). Das bildgebende Verfahren kann die Fotografie sein, wie etwa bei den Kinderspielzeugen und 3D-Filmen der fünfziger Jahre. Immaterielle Oberflächen lassen sich nicht direkt fotografieren, deshalb wird die synthetische Kamera in Form eines Graphikprogramms zur Erzeugung der Bilder von immateriellen Oberflächen verwendet. Eine gute Übersicht der Techniken zur Erzeugung von Stereogrammen für kartographische Anwendungen findet man bei BUCHROITHNER et al. (2012).

Voraussetzungen für stereoskopisches Sehen

Die erste Voraussetzung für stereoskopisches Sehen ist eine etwa gleiche Sehkraft auf beiden Augen. Selbst wenn diese Bedingung erfüllt ist, fehlt manchen Menschen die Fähigkeit zur Synthese des räumlichen Bildes. In einigen Fällen kann dieser Mangel durch Training behoben werden, in anderen nicht. Nach voneinander abweichenden Schätzungen sind zwei bis zehn Prozent der Menschen nicht in der Lage, stereoskopisch zu sehen (WATKINS & MALLETTE 1996). Auch aus diesem Grund sind Stereogramme eine Ergänzung und Erweiterung, nicht ein Ersatz für die traditionelle kartographische Darstellung in Aufsichtsprojektion.

Prüfung der Fähigkeit zum stereoskopischen Sehen

Die Überprüfung des stereoskopischen Sehens ist heute Bestandteil des Sehtests für jeden Führerschein-Anwärter und jeder eingehenden augenärztlichen Untersuchung. Ein einfaches Verfahren, um die Fähigkeit zum stereoskopischen Sehen ohne Gerät zu prüfen, ist der „Würstchen-Test". Man fixiert den Blick auf einen Gegenstand, der einige Meter entfernt ist. Die ausgestreckten Zeigefinger werden etwa zehn Zentimeter vor dem Gesicht in Höhe der Nasenwurzel zusammengeführt. Die Blickfixierung darf sich dabei nicht ändern. Bei der Annäherung der Fingerspitzen erscheint ein Oval, das länger wird, bis sich die Finger berühren. Ist das „Würstchen" sichtbar, gibt es keinen physiologischen Grund, warum man nicht stereoskopisch sehen kann.

Das ist aber noch keine Garantie dafür, dass im Gehirn tatsächlich das Stereogramm entsteht. Auf jeden Fall muss das korrekte Erzeugen von Stereogrammen erlernt und geübt werden. Bei manchen Verfahren stellt sich der Erfolg sehr schnell ein, etwa bei Anaglyphenbildern oder der Benutzung eines Stereobetrachters. Andere Techniken erfordern längeres Üben, bis das Stereogramm sichtbar wird, etwa bei den Autostereogrammen.

Die Praxis der Stereobetrachtung

Beim stereoskopischen Sehen (*Stereopsis*) sind zwei Vorgänge beteiligt, die normalerweise automatisch ablaufen:

- **Fokussierung oder Akkomodation**: die Brennweiten-Veränderung der Augenlinse zur Erzeugung des scharfen Bildes auf der Netzhaut.
- **Konvergenz**: die Einstellung der beiden Augenrichtungen auf einen Punkt im Raum. Bei der Fixierung auf ein nahes Objekt ist der Winkel zwischen den Augenrichtungen größer, bei einem ferneren Objekt kleiner.

Das Gehirn erzeugt das Stereogramm durch die unbewusste Auswertung der Augenstellung und der leicht unterschiedlichen Lage und Geometrie der Bilder auf der Netzhaut. Die Fähigkeit zur Stereopsis wird im Laufe des Lebens erworben. Säuglinge greifen im frühen Alter oft daneben, denn sie können die Augenstellung und die Muskeln in den Augen und Armen noch nicht richtig synchronisieren.

Die Fähigkeit zur getrennten Einstellung von Fokus und Konvergenz bei der Betrachtung eines Stereobildes wird durch Training gelernt und automatisiert. Für die Betrachtung von Stereobildern – das gilt für alle Techniken der Stereobetrachtung – sollten folgende Punkte beachtet werden:

- **maximale Sehschärfe**: Damit ein scharfes Bild auf die Netzhaut beider Augen projiziert wird, sollten Fehlsichtige ihre Sehhilfen tragen (Brille, Kontaktlinsen) oder einen Stereobetrachter mit optischer Korrektur benutzen.
- **gute Ausleuchtung**: Die Stereobilder müssen ausreichend hell und gleichmäßig ausgeleuchtet sein, damit das Bild gut fokussiert werden kann.
- **keine Hektik**: Beim Betrachten von Stereogrammen sollte man sich Zeit nehmen.

Für die Synthese des räumlichen Bildes erkennt das Gehirn identische Objekte mit geringfügig veränderter Geometrie und setzt sie miteinander in Beziehung. Das Erkennen wird erleichtert durch scharfe Kanten mit hohen Kontrasten. Sind die Kanten durch schlechte Fokussierung unscharf abgebildet, gelingt es dem Gehirn nicht, die beiden Bilder zu einem räumlichen Bild zusammenzuführen. Die gute und gleichmäßige Beleuchtung ist notwendig für die Fokussierung auf die Kanten und die Einstellung der Augenrichtungen. Stereogramme sollten, wenn möglich, mit Ruhe und Konzentration betrachtet werden. In einer unruhigen Umgebung, in Hektik und unter Stress fällt es sehr schwer, die Stellung der Augen als Voraussetzung zur Synthese der Stereobilder zu kontrollieren.

Stereoskopische Verfahren sind eine der Grundlagen für die Photogrammetrie. Mit den Techniken der Bildmessung werden reale Objekte in digitale Modelle umgesetzt. Die Erdoberfläche wurde früher mit optischen Geräten und mit Hilfe von Stereopaaren aus Luft- und Satellitenaufnahmen vermessen. Ähnliche Techniken wurden für die dreidimensionale Vermessung von Gebäuden, archäologischen Fundstätten und anderen Objekten benutzt, auch für die Vermessung des menschlichen Körpers und seiner Organe für medizinische Zwecke.

Für die älteren Stereo-Auswertegeräte war ein menschlicher Bediener zur Einstellung des Stereomodells, zur Erfassung der Höhenpunkte und Verfolgen der imaginären Linien gleicher Höhe notwendig. Für die Erfassung der Grunddaten werden in der Erd- und Nahbereichs-Photogrammetrie überwiegend Geräte für Laser-Scanning (LiDAR) eingesetzt. Die Geräte und die Software sind so fortgeschritten, dass nur geringe manuelle Interventionen für die Erfassung der Höhen- oder Entfernungsdaten notwendig ist. Für die Erkennung und Einordnung der mit den Laseraufnahmen gewonnenen Messpunkte werden komplexe Programme angewendet, etwa um passende Objekte in den Stereopaaren zu finden und zusammengehörige Objekte zu identifizieren. Aus den geringfügigen Unterschieden in der Geometrie der abgebildeten Objekte wird das Raumbild rekonstruiert, die Tiefenausdehnung berechnet und der Körper als numerisches Modell in drei Dimensionen gespeichert (BÄHR & VÖGTLE 2005).

Weitere Ausführungen zum konventionellen stereoskopischen Sehen und Messen, unter anderem für die Auswertung von Luftbildern, findet man zum Beispiel bei SCHNEIDER (1974) oder SCHWIDEFSKY (1961). WATKINS & MALLETTE (1996) beschäftigen sich mit den Verfahren und Programmen für die rechnergestützte Herstellung von Stereobildern. VOLBRACHT (1996) hat verschiedene Verfahren auf ihre Eignung zum Erkennen von dreidimensionalen Molekülstrukturen experimentell untersucht.

Getrennte Stereobilder

Das älteste System zur Erzeugung von Stereogrammen ist ein optisches Gerät, das jedem Auge ein getrenntes Bild zuführt. Der Augenpunkt der Bilder ist bei normaler Sehentfernung um den Abstand der Augen verschoben. Bei größeren realen oder virtuellen Entfernungen kann die virtuelle Augenbasis auch breiter sein, bis zu mehreren Kilometern bei Stereopaaren aus Luft- oder Satellitenaufnahmen. Für Szenen innerhalb des normalen Sichtbereichs gilt als Daumenregel, dass sich der Abstand der Projektionszentren zum Aufnahmeabstand ungefähr so verhält wie der Augenabstand zur normalen Sehentfernung.

Die einfachste Form des Stereobetrachters sind zwei Linsen, die in einer Fassung mit einem Abstandshalter montiert sind (Taschen-Stereoskop). Der Bildträger kann Papier sein, wie in den Abbildungen dieses Abschnitts. Das Problem der gleichmäßigen Ausleuchtung wird besser mit einem transparenten Bildträger (Diapositiv) gelöst. Nach diesem Prinzip sind die Betrachter gebaut, die zum Beispiel als Kinderspielzeug unter der Marke *Viewmaster* verkauft wurden. Muss die Abbildung bei photogrammetrischen Anwendungen genau und rechnerisch nachvollziehbar sein, werden hochwertige optische Systeme benutzt, zum Teil mit Spiegeln und Prismen.

Bei längerer Erfahrung in der Betrachtung von Stereopaaren können begabte Spezialisten die Augenstellung willentlich so beeinflussen, dass sich der räumliche Effekt auch ohne Stereobetrachter einstellt. Eine zusätzliche Hilfe ist ein Stück Papier oder Karton, das zwischen die beiden Stereobilder gestellt wird und das bis zum Gesicht reicht. Damit wird verhindert, dass das linke Auge das rechte Bild und das rechte Auge das linke Bild sieht. Mit einiger Übung werden die beiden Bilder zum Raumbild fusioniert. Mit der Zeit kann man auch versuchen, die Blende wegzulassen und das Stereobild ohne Hilfsmittel zu betrachten.

Stereopaare in Aufsichts-Projektion

Für die Betrachtung der Abbildungen 21-1 und 21-2 ist entweder ein einfacher Stereobetrachter mit zwei Linsen (Taschen-Stereoskop) oder die Fähigkeit zum stereoskopischen Sehen ohne Betrachter notwendig. Der Stereobetrachter wird so auf die Abbildung gestellt, dass das linke Auge das linke Bild und das rechte Auge das rechte Bild sieht. Durch abwechselndes Schließen oder Abdecken beider Augen kann man die Stellung prüfen. In der scheinbaren Mitte zwischen den Bildern muss nun das räumliche Bild zu sehen sein. Eventuell ist es notwendig, den Stereobetrachter etwas zu verschieben oder zu drehen, bis die beiden Bilder übereinander passen.

Die konventionelle Technik der Bereitstellung der Stereopaare sind zwei Fotografien, die aus zwei unterschiedlichen Kamera-Standorten aufgenommen wurden, in der Regel im Augenabstand entlang einer horizontalen Linie. So wurden die Bildvorlagen für das Gerät *Viewmaster* gefertigt. Die Stereopaare können auch mit computergenerierten Graphiken erzeugt werden. Ein einfaches Beispiel ist die Abbildung 21-1. Über die weiße Oberfläche wurde ein rechteckiges Gitter mit Höhenprofilen gezeichnet. Der stereoskopische Effekt ist sichtbar, aber trotz der Überhöhung der Oberfläche nicht sehr beeindruckend. Es scheint so, als ob horizontalen Gitterlinien an manchen Stellen in die Ebene hineingeklappt wären.

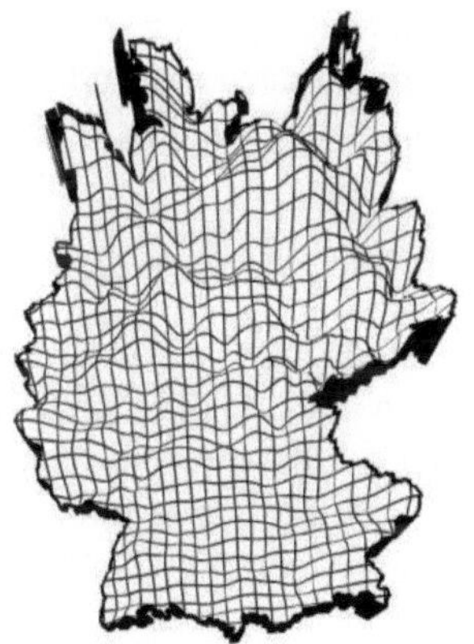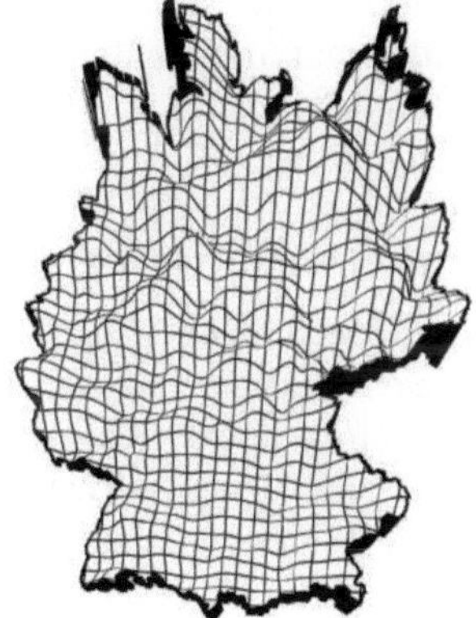

Abbildung 21-1
Stereopaar in Aufsichtsprojektion

Der Stereoeffekt entfaltet seine volle Wirkung, wenn eine schiefwinklige Perspektive benutzt wird. Unter dem Stereobetrachter tritt die Oberfläche in Abb. 21-2 plastisch hervor. Die Berge und Täler sind in Höhe und Tiefenwirkung klar zu erkennen. Die Textur mit den Schichtflächen ermöglicht die eindeutige Zuordnung zu jeder Entfernungszone. Die simulierte Beleuchtung erhöht die visuelle Eindeutigkeit in der Erkennung der Hangexposition.

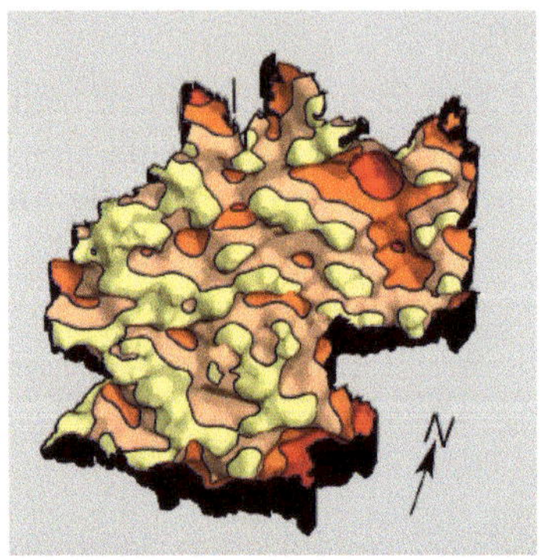
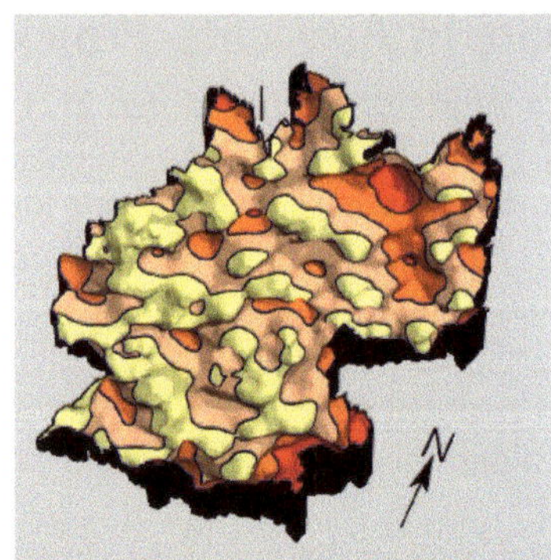

Abbildung 21-2
Stereogramm mit schiefwinkliger Perspektive

Die Abmessungen und der scheinbare Augenabstand des Stereopaars in Abb. 21-2 sind so gewählt, dass sie mit einem Taschenstereoskop betrachtet werden können. Je höher die Auflösung des Rasterbilds und des Farbdruckers, um so besser ist der visuelle Eindruck aus dem Stereogramm. Eine Möglichkeit zur Qualitätsverbesserung ist die Ausgabe in einem größeren Bildformat und die Betrachtung mit einem dazu passenden Stereobetrachter, wie er zum Beispiel in der Fernerkundung benutzt wird. Dadurch wird der Aufwand und auch die Kosten höher.

Stereogramme am Bildschirm

Die Stereogramme in den bisherigen Abbildungen sind statisch. Für die kartographische Animation, etwa zur Visualisierung der Zeitdimension, müssen die Karten als Bildsequenz schnell aufeinander folgen, was mit einem Taschen-Stereoskop und Papierbildern nicht realisierbar ist. Im folgenden werden einige technische Lösungen kurz beschrieben, die sowohl für statische Bilder als auch für die Animation von Stereobildern genutzt werden.

Blenden-Brillen

In einem Verfahren werden unterschiedliche Polarisierungsrichtungen des Lichtes genutzt. Das Bild für das linke Auge wird mit horizontaler Polarisation, das Bild für das rechte Auge mit vertikaler Polarisation ausgestrahlt. Der Betrachter trägt eine Brille, deren linkes Glas nur horizontal polarisiertes Licht und deren rechtes Glas nur vertikal polarisiertes Licht durchlässt. Die Umschaltung der Polarisierungsrichtung ist mit dem Bildwechsel für linkes und rechtes Bild synchronisiert. Das Verfahren hat den Nachteil, dass der Bildschirm mit vorgeschalteten LCD-Zellen sehr kostspielig und fehleranfällig ist. Deshalb hat sich das Verfahren nicht durchgesetzt.

Eine Realisierung mit neueren Techniken ist eine Kombination von einem Sichtgerät und einer rechnergesteuerten Blendenbrille. Der Gläser der Brille werden abwechselnd für das linke und rechte Auge durchsichtig und undurchsichtig (Shutter-Brille). Erscheint auf dem Schirm das Stereobild für das linke Auge, wird das Glas für das linke Auge durchsichtig geschaltet. Zur gleichen Zeit ist das Glas für das rechte Auge undurchsichtig. Ist das Glas für das rechte Auge durchsichtig, wird das Bild für das rechte Auge dargestellt. Aus dem Stereopaar wird im Gehirn das räumliche Bild erzeugt (VOLBRACHT 1996).

Immersions-Brillen

Nach dem gleichen Prinzip der binokularen Bildzuführung funktionieren auch die Betrachtungsgeräte, die wie eine Art überdimensionierter Skibrille aussehen. Im Gegensatz zu den vorher erwähnten Blenden-Brillen ist bei vielen Geräten die Umgebung weitgehend abgeschlossen. Nach dem Beginn der Bilddarstellung wird der Betrachter in eine scheinbare Realität versetzt. Deshalb spricht man von Immersion. Früher war für die Fixierung der Geräte am Kopf ein stabiler Helm erforderlich. Durch die Verkleinerung der Elektronik sind die Immersions-Brillen auf ein einigermaßen bequemes Gewicht geschrumpft.

Am unterem Ende des Preisspektrums sind die Kartonboxen plaziert, auch VR-Halterung genannt. Fertig zugeschnittene Kartonteile werden zu einer Box montiert. An der vorgesehenen Stelle in der Box wird ein Smartphone eingesetzt. Über zwei Linsen wird jedem Auge ein Stereobild zugeführt (JANNSEN 2015). Eine App im Smartphone erzeugt die beiden Bilder nebeneinander auf dem Display, zum Beispiel aus Bildpaaren zweier Kameras im Smartphone, von generierter Stereopaaren oder einem 3D-Film.

Viele Smartphones enthalten ein GPS-Modul und Sensoren zur Positionierung im Raum, mit denen Kopfbewegungen erfasst. Bewegt der Betrachter den Kopf, wird unter Berücksichtigung der Positionsänderung ein neues Stereopaar mit anderer Perspektive erzeugt. Der Betrachter hat den Eindruck, sich in einer dreidimensionalen Umgebung zu befinden und zu bewegen. Die Erfassung ist grob und oft mit einer Zeitverzögerung verbunden, weil die Prozessoren in Smartphones nicht sehr leistungsfähig sind. Dazu ist die Auflösung des Displays und damit die Bildqualität nicht Spitzenklasse.

Eine Qualitätsstufe höher sind die Geräte, für die kein Smartphone notwendig ist, sondern die über ein Display und die notwendige Elektronik verfügen. Mit leistungsfähigen Prozessoren werden die Position der Augen und die Sichtrichtung mit hoher Präzision ermittelt. Die Auflösung der Displays ist höher als die der Smartphones, deshalb ist der visuelle Eindruck besser. Zusätzlich kann der Träger der Brille über graphische Eingabegeräte, etwa einer 3D-Maus, mit der virtuellen Realität interagieren. Damit die Illusion der Wirklichkeit in Echtzeit entstehen kann, ist eine Bildfrequenz von etwa 25 bis 30 Bildern pro Sekunde notwendig.

Es ist zu erwarten, dass im Laufe der Zeit weitere preisgünstige VR-Brillen auf dem Markt erscheinen. Damit soll die virtuelle Realität auch für den normalen Konsumenten erlebbar gemacht werden. Ein wichtiger Zielbereich für die 3D-Brillen sind Computerspiele. Die VR-Brillen sollen die Illusion einer wirklichen Umgebung verstärken, insbesondere bei Spielen mit viel Interaktion. Die Anzahl der potentiellen Nutzer in diesem Feld ist sehr hoch. Viele der Spiele-Anwender sind bereit, die nicht unerheblichen Kosten für eine Immersions-Brille aufzubringen. Ein Problem ist das Auftreten von Schwindelgefühlen, wenn die Brille längere Zeit getragen wird. Wahrscheinlich spielt dabei auch die individuelle Anfälligkeit des Trägers eine Rolle. Einige Anbieter wollen dieses Problem durch Erhöhung der Auflösung, höhere Bildfrequenzen und mit Verbesserungen in der Software lösen.

Die virtuelle Realität mit Immersionsbrillen hat die breite Öffentlichkeit erreicht. wie die Beiträge zu diesem Thema in Magazinen und Wochenzeitungen zeigen, zum Beispiel von ALBRECHT & SCHMIDT (2015). Die Entwicklung ist in vollem Gang. Deshalb sind Übersichten der verfügbaren Datenbrillen nur Momentaufnahmen, die wahrscheinlich bald überholt sein werden (AUSTINAT et al. 2015, ALBRECHT et al. 2015).

Augmented reality

Die nächste Stufe sind Geräte, die reale Bilder der Umgebung, aufgenommen mit einer 3D-Kamera, mit synthetischen Bildern mischen (*augmented reality*). Die Datenbrillen müssen in der Lage sein, den Ort der Augen sehr genau zu bestimmen, um die realen mit den virtuellen Bildern präzis in Einklang zu bringen. Solche Geräte sind zum Beispiel gut geeignet für Wartungsarbeiten an Maschinen und technischen Geräten, wenn beide Hände gebraucht werden. Der Mensch erhält die Arbeitsanweisungen über die Datenbrille, ohne dass er in einem Handbuch blättern oder einen Notebook-Rechner bedienen muss. Eine weitere Anwendung ist die bildliche Darstellung des gewünschten Zustands, zum Beispiel geplante Gebäude, architektonische Ensembles oder Brücken.

Nach oben offen sind die Preise für hochauflösende und schnelle Geräte mit einer Positionierungsgenauigkeit, die weit über die mit GPS und anderen Techniken erzielbare Genauigkeit hinausgeht. Für die Nutzung in Gebäuden müssen technische Konzepte für die genaue Verortung im Raum entwickelt werden. Eine Möglichkeit ist die Passung von realem und virtuellen Bild durch Bildverarbeitung, etwa durch den Vergleich von Kanten in beiden Bildquellen.

Stereogramme in einem Bild

Bei den bisher betrachteten Techniken sind zwei getrennte Bilder notwendig, die gleichzeitig oder abwechselnd dem linken und rechten Auge gezeigt werden. Es gibt weitere Verfahren, die tatsächlich oder scheinbar nur ein Bild benötigen, um ein Stereogramm zu erzeugen.

Holographie

Bei einem Hologramm wird neben den Intensitätswerten des Lichts wie bei einer Fotografie die Wellenfront als Interferenzmuster auf Film gespeichert. Mit dem Interferenzmuster wird beim Betrachten die Wellenfront rekonstruiert, die den 3D-Eindruck hervorruft.

Für die Erzeugung des Interferenzmusters und die Betrachtung des Hologramms werden mehrere Verfahren eingesetzt. Der gemeinsame Nenner ist die Notwendigkeit für kohärentes Licht, das von einem Laser ausgestrahlt wird. Die technische Ausstattung zur Fertigung von Hologrammen ist ziemlich aufwendig. Für die fotografische Schicht zur Speicherung des Interferenzmusters müssen spezielle Emulsionen verwendet werden, die nicht gerade preiswert sind (OSTROWSKI 2013).

Der Vorteil der Holographie liegt darin, dass die 3D-Bilder von sehr guter Qualität sind und ohne optische Systeme betrachtet werden können. Der Nachteil sind die relativ hohen Kosten für die Herstellung der Hologramme. Deshalb sind kartographische Darstellungen mit Hologrammen auf Spezialfälle beschränkt, bei denen die hohen Herstellungskosten eine untergeordnete Rolle spielen (KIRSCHENBAUER 2004). Kartographische Darstellungen und erst recht Animations-Sequenzen mit Hologrammen sind im Vergleich mit den anderen 3D-Visualisierungsmethoden wirtschaftlich nicht mehr sinnvoll. Seit den kartogaphischen Animationssequenzen mittels Holographie von DUTTON (1979) sind die Kosten für die Alternativen erheblich gesunken. Rechner mit ausreichender Leistung stehen für das Erzeugen von 3D-Darstellungen und Animationen allgemein zur Verfügung.

Zur Vorsicht wird geraten, wenn Software oder Bilder direkt oder indirekt mit Holographie, Hologramm oder ähnlich klingenden Begriffen in Verbindung gebracht werden. Bei näherem Hinsehen stellt sich meistens heraus, dass es sich keineswegs um holographische Techniken handelt. Es besteht der Verdacht, dass der Anbieter den Ruf der "echten" Hologramme nutzt, um sein Produkt besser vermarkten zu können. Die Firma Microsoft hat eine Immersionsbrille angekündigt, die den Name *HoloLens* trägt. Microsoft hat bisher über das technische Prinzip dahinter sehr wenig verlauten lassen. Es ist aber ziemlich sicher, dass es sich nicht um Holographie handelt.

Anaglyphen-Bilder

Anaglyphen-Bilder sind eine schon ältere Technik für die Realisierung von Stereogrammen in einem Bild. Das Stereobild für das linke Auge wird mit einer anderen Farbe gedruckt als das Bild für das rechte Auge. Eine Brille mit dem zum Bild passenden Filter macht jedem Auge das dafür vorgesehene Bild zugänglich. Das Gehirn rekonstruiert aus den beiden Bildern das Stereogramm. Anlässlich der Verhüllung des Reichstags-Gebäudes in Berlin durch das Ehepaar Christo im Jahr 1995 hat eine Zeitschrift Stereo-Fotos des Reichstags als Anaglyphen-Bilder gedruckt (STERN 1995). Jeder Kopie der Ausgabe mit den Stereobildern war eine Anaglyphen-Brille beigeheftet. Algorithmen für die Zeichnung von Anaglyphen-Bildern sind zum Beispiel bei WATKINS & MALLETTE (1996) zu finden.

Abbildung 21-3 zeigt eine Oberfläche als Anaglyphen-Bild, das vom Programm 3D-Easy SPACE (New Art Illusion) aus zwei Stereobildern der Oberfläche erzeugt wurde. Für diese Abbildung ist eine Brille mit Folien in Rot und Cyan notwendig. Mit dem Programm 3D-Easy können auch Anaglyphen-Bilder für Brillen mit anderen Farbkombinationen herstellen, etwa Rot-Blau, Rot-Grün, Magenta-Grün oder Grün-Blau. In jedem Fall muss die Brille mit den beiden Farbfolien zum vorliegendem Anaglyphen-Bild

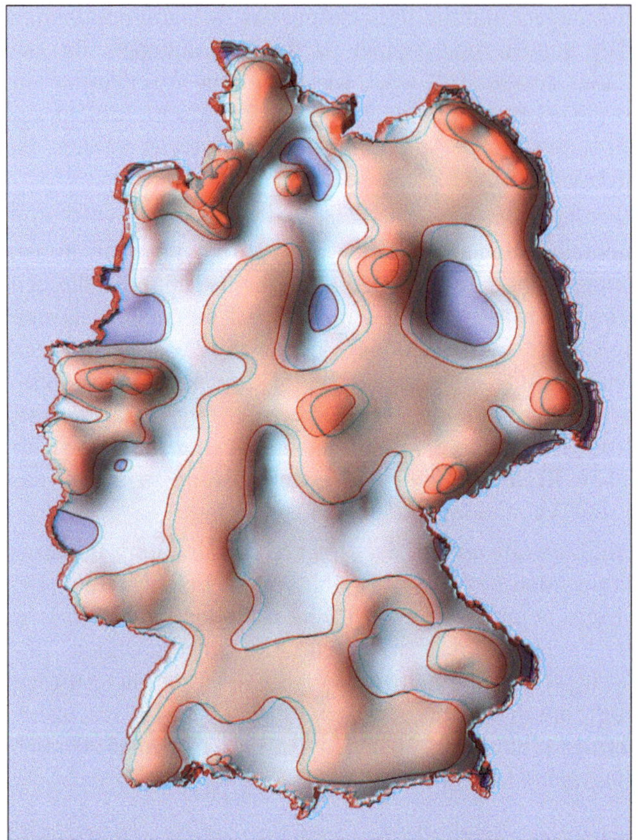

Abbildung 21-3
Anaglyphenbild (rot-cyan)
einer Oberfläche

passen, sonst entsteht kein Stereogramm. In den fünfziger Jahren des 20. Jahrhunderts wurden Kinofilme in Anaglyphentechnik hergestellt, damals noch in Schwarz-Weiß.

Durch die Farbaufspaltung bleiben die Originalfarben nur unvollkommen erhalten, denn die Farbinformation wird für die Bildtrennung benötigt. Deshalb ist nur eine annähernd farblich differenzierte Textur möglich, die zum Beispiel die Zuordnung von Punkten auf der Oberfläche zu Wertebereichen erleichtern würde. Anaglyphen-Bilder haben aus diesem Grund eine weniger geringe Bedeutung für die Wiedergabe von kartographischen Oberflächen. Der Vorteil liegt in dem relativ niedrigen Preis für die Brille mit den Farbfolien.

Anaglyphen-Bilder haben dazu den Nachteil, dass für ihre Betrachtung sowohl die Fähigkeit zur Stereopsis als auch zum korrekten Farbsehen notwendig sind. Experten schätzen, dass etwa acht Prozent der Männer und 0,4 Prozent der Frauen Probleme mit dem korrekten Farbsehen haben (EDLER et al. 2015). Unter Annahme der ungünstigsten Umstände ist die Wahrscheinlichkeit etwa 1:7, dass eine Person entweder stereoblind oder farbenblind ist und deshalb die in Anaglyphen-Bildern enthaltenen Stereobilder nicht wahrnehmen kann.

ColorCode 3D

Relativ neu ist das Verfahren *ColorCode 3D,* das von der dänischen Firma Ogon3D entwickelt und patentiert wurde. Zur Erzeugung des Stereogramms in Abbildung 21-4 ist eine Vorsatzbrille mit einer bernsteinfarbigen und einer blauen Folie notwendig. Spezielle Software bereitet die Stereopaare so auf, dass durch das bernsteinfarbige Filter die Farbinformationen übermittelt werden. Mit der blauen Folie wird ein monochromes Bild sichtbar gemacht, das die Tiefeninformation enthält. Die Folien haben spezielle optische Eigenschaften, mit denen bestimmte Spektralbereiche verstärkt oder abgeschwächt werden.

Für die Herstellung des ColorCode-Bildes ist spezielle Software notwendig, die von der Firma Ogon3D lizensiert werden kann. Die Abbildung 21-4 wurde mit dem Pro-

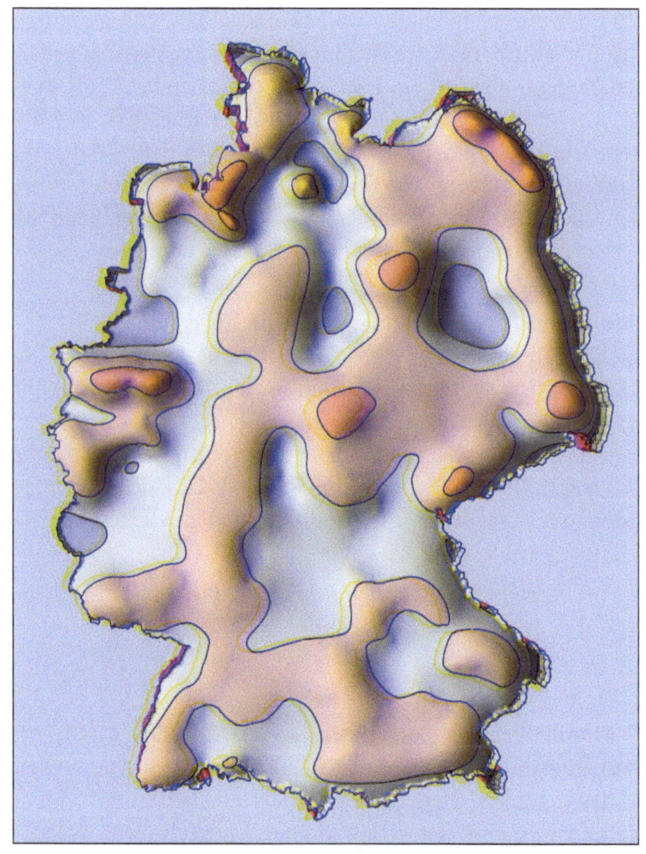

Abbildung 21-4
3D-Bild nach dem Color-Code-Verfahren. Für den 3D-Eindruck ist eine ColorCode-Brille erforderlich.

gramm 3D-View angefertigt, das die ColorCode-Aufbereitung unterstützt. Das 3D-Bild kann auch ohne Brille betrachtet werden. Dann sind die Farbwerte leicht verändert, und die Konturen sind mit hellblauen und gelben Säumen umgeben. Ohne Brille bleibt der 3D-Effekt wie zu erwarten aus.

Im Vergleich mit den traditionellen Anaglyphen-Bildern hat das ColorCode-Verfahren den Vorteil, dass die Farben in den Stereobildern erhalten bleiben, auf bedrucktem Papier, auf Bildschirmen, auch in Animationssequenzen. Der Privatsender ServusTV sendet ab und zu 3D-Filme, die mit diesem Verfahren hergestellt wurden. Für kurze Zeit hat der Sender die dafür notwendigen Brillen an die Zuschauer verschenkt. Von der Videoplattforn Youtube sind Clips mit der ColorCode-Technik aufrufbar.

Die einfachste Ausführung der ColorCode-Brille mit einer Fassung aus Pappe kostet ca. 1,50 €, eine Brille mit Plastikfassung ca. 15 €. Die kostengünstige Variante ist damit nur unwesentlich teurer als eine traditionelle Anaglyphen-Brille.

Chromadepth–Verfahren

Beim Chromadepth-Verfahren wird der unterschiedliche Ablenkungswinkel von Licht unterschiedlicher Wellenlänge genutzt. Schickt man weißes Licht durch ein Prisma, erhält man ein buntes Lichtband in den Regenbogenfarben. Eine planare Darstellung auf dem Bildschirm und oder Papier wird mit sorgfältig ausgewählten Farben dargestellt. Zur Erzeugung des 3D-Eindrucks ist ein Chromadepth-Brille erforderlich. Die Brille hat zwei verschiedene Kunststoff-Folien, die mit nebeneinanderliegenden kleinen Prismen besetzt sind. Betrachtet man das Bild durch die Brille, werden beiden Augen unterschiedliche Bilder zugeführt, die im Gehirn zum Stereogramm zusammengesetzt werden (CHROMATEK 2013).

Der Vorteil bei diesem Verfahren liegt darin, dass man das Bild auch ohne Brille betrachten kann. Der 3D-Effekt bleibt dann natürlich aus. Die Nachteile sind einmal die nicht ganz billige Brille, zum anderen der Zwang zu bestimmten Farben in einer nicht beliebig wählbaren Reihenfolge. Rot liegt zum Beispiel gefühlt immer näher als Blau. Das macht das Verfahren nur für Karten mit klar abgegrenzten Typen geeignet, weniger für kontinuierliche Oberflächen oder sogar Bilder. Die vorgegebenen Farben des Chromadepth-Verfahrens stehen im Widerspruch zu der Funktion der visuellen Variable Farbe (BERTIN 1974).

Das Programm Surfer enthät eine Voreinstellung für eine Farbskala nach dem Chromadepth-Verfahren.

Lentikular–Bilder

Manche Smartphones bieten die Möglichkeit zur Darstellung von 3D-Bildern. Das Gerät verfügt über zwei Kameras im Augenabstand, die ein Stereopaar aufnehmen. Die beiden Bilder werden auf dem Display des Telefons wiedergegeben, das ein Gitter mit einem Lentikular-Gitter enthält. Lentikular-Gitter sind aus vielen kleinen Halbzylindern zusammengesetzt, die als Linsen wirken. Die beiden Augen erhalten über die Linsenstreifen zwei stereoskopische Bilder, die im Gehirn zum Stereogramm synthetisiert werden (ROBERTS 2003). Die zwei Bilder werden vorher in schmale vertikale Streifen aufgeteilt, um jedes Auge mit dem richtigen Bildstreifen zu versorgen (Abb. 21-5).

Das Konzept der Lentikular-Gitter lässt sich für den stationären Betrieb noch erweitern. Hat man mehrere Bilder zur Verfügung, die im Augenabstand fotografiert oder synthetisiert wurden, kann man hinter jedem Halbzylinder je einen Streifen jedes Bildes positionieren. Die Grenzen sind die erzielbare Auflösung des Druckers und die Breite der Halbzylinder. Durch Drehen des Bildträgers kann man mehrere Bildpaare sichtbar ma-

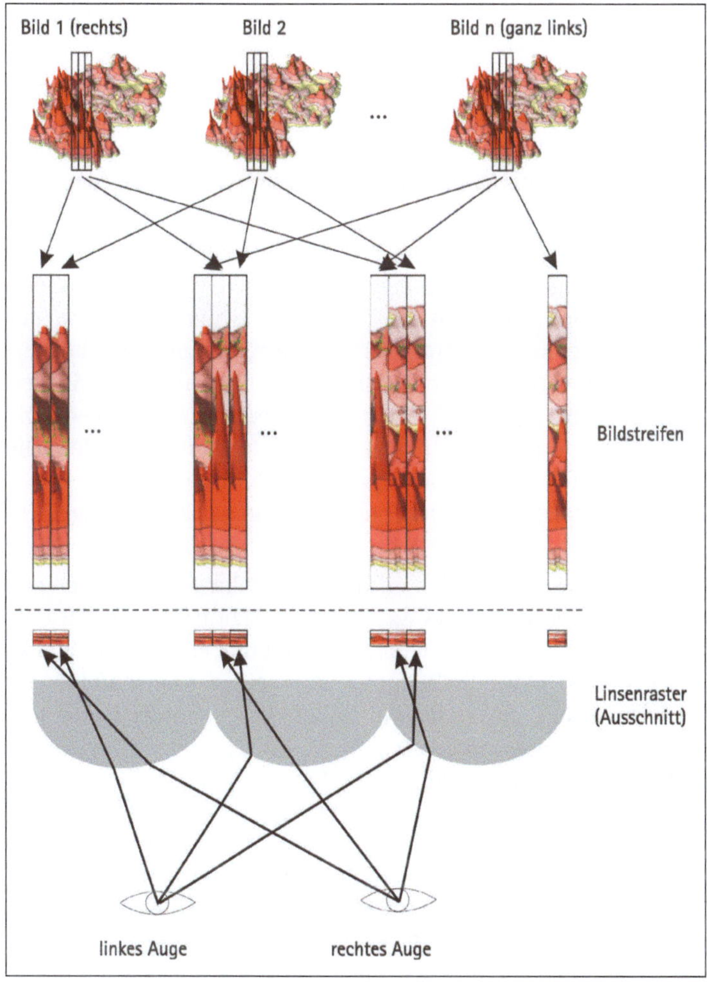

Abbildung 21-5
Herstellung des
Lentikular-Bildes

chen und das Objekt von mehreren Blickpunkten aus betrachten. Mit der gleichen Technik lassen sich auch kurze Animationen erzeugen, da nicht nur der Blickpunkt, sondern auch die Position der Objekte in den unterschiedlichen Bildpaaren verändert werden kann (BUCHROITHNER et al. 2005, GRÜNDEMANN et al. 2006).

Mit der Technik des Linsengitters werden die bekannten Kipp-Bilder erzeugt, die auf dem gleichen Bildträger zwei verschiedene Zustände visualisieren, etwa Vorher und Nachher, Tag und Nacht, oder die Wirkung von Ebbe und Flut im Wattenmeer an der Nordsee-Küste. Der Bildwechsel wird durch leichtes Kippen des Bildträgers vorgenommen.

Lentikular-Folie auf Papier

Über das Bild mit zwei oder mehr streifenförmig verschränkten Bildern wird eine Folie mit Lentikular-Gitter geklebt. Die Anzahl der Halbzylinder pro Einheit und der Radius der Halbzylinder richtet sich hauptsächlich nach dem Format des Bildträgers und damit nach der optimalen Betrachtungsentfernung. Bei Postkarten-Größe werden Dichten von 50 bis 150 Linsenstreifen pro Zoll verwendet. Bei größeren Formaten und/oder größeren Betrachtungsabständen ist die Dichte entsprechend geringer. Je höher die Linsendichte ist, umso höher muss die Auflösung beim Druck des Bildes sein, damit die Bildstreifen noch gut erkennbar und unterscheidbar sind.

Die Technik der Lentikularbilder eignet sich auch für eigene Experimente, wenn die Ansprüche an die Qualität nicht allzu hoch sind. Zwei Firmen bieten relativ preisgünstige Einstiegspakete mit der erforderlichen Software und einer Grundausstattung mit Linsenfolien unterschiedlicher Dichte und Formate an, DigiArt (Programm 3DZ) und New Art Illusion (3D-View). Für gute Stereogramme sind mehrere Bilder mit unterschiedlichen Augenpunkten notwendig, etwa 5 bis 20 Stück, je nach Auflösung des Druckers. Die einzelnen Bilder können zum Beispiel mit dem Programm POV-Ray erstellt werden. Die Lentikular-Programme fertigen aus den Rasterbildern ein Streifenbild, das mit hoher Auflösung gedruckt wird. Die heute üblichen Farbdrucker drucken fein genug, um angemessen dichte Streifenbilder erzeugen.

Die exakte manuelle Passung des Streifenbildes mit der Lentikular-Folie und die anschließende Fixierung ist der schwierigste Teil des Experiments. Man braucht dafür eine ruhige Hand, ein gutes Auge und viel Zeit. Für eine hohe Qualität und eine höhere Stückzahl ist deshalb der Druck des Streifenbildes direkt auf die Rückseite der Linsenfolie oder -platte die optimale Lösung. Der Druck muss mit sehr hoher Passgenauigkeit erfolgen, was spezialisierte Geräte und Erfahrung voraussetzt. Mehrere Firmen bieten ihre Dienstleistungen für den Druck von Lentikularbildern an.

Bildschirm mit Lentikular-Gitter

Der Bildträger muss nicht unbedingt Papier sein. Das Lentikular-Gitter kann auch über einem möglichst flachen Bildschirm angebracht werden. Eine andere Technik, aber in der Wirkung ähnlich wie das Linsengitter, sind Balkengitter, also senkrechte schwarze Streifen auf einem zweiten Display vor dem eigentlichen Bild. Die schwarzen Streifen selektieren aufgrund des Blickwinkels die Streifen des Bildes, die das linke bzw. rechte Auge sehen darf, damit das Gehirn das Stereogramm erzeugt.

Das Problem ist die Einhaltung des richtigen Betrachtungswinkels, damit die Pixelstreifen auf dem Bildschirm korrekt erfasst und wirklich das linke und das rechte Auge mit unterschiedlichen Bildern versorgt werden. Der Betrachter muss den Kopf immer in der richtigen Position zum Bildschirm halten, damit das Stereogramm sichtbar bleibt (Abb. 21-6).

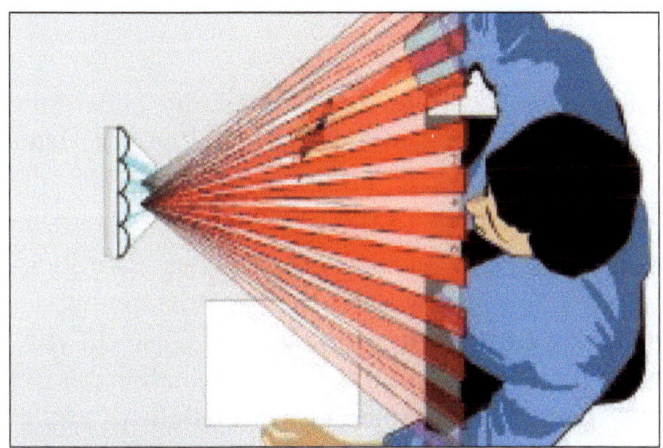

Abbildung 21-6
Prinzip des Lentikular-Bildschirms

Die automatische Positionskorrektur des Linsen-Gitters oder der Balkenstreifen ist eine Lösung zur Erhaltung des 3D-Effektes, alternativ zur permanenten Nachpositionierung des Kopfes wie bei den 3D-Smartphones. Bei einem Gerät wurde die Position der beiden Augen aufgrund der Lichtreflexe auf den Augäpfeln oder der Brille bestimmt. Das optische System vor dem Bildschirm wurde mechanisch so nachjustiert, dass beide Augen permanent mit dem richtigen Bild versorgt wurden. Der visuelle Eindruck der Stereogramme von diesem Bildschirm war sehr gut. Der Nachteil ist, dass nur jeweils ein Betrachter das Stereogramm sehen konnte. Wegen der aufwendigen Mechnik zur Verschiebung des optischen Systems oder des Balkengitters war das Gerät nicht gerade preiswert und hat deshalb keine weite Verbreitung gefunden, auch angesichts der neueren Entwicklungen bei den Datenbrillen.

Fliegenauge-Folien

Die Erweiterung des Lentikular-Verfahrens ist die Verwendung von getrennten Linsen anstatt des Halbzylinder-Gitters. In Anlehnung an den Aufbau eines Insektenauges aus sehr vielen Einzelaugen wird die Technik auch ''fly's eye'' genannt. Die Linsen sind Kugelsegmente in einem rechteckigen oder hexagonalen Gitter. Das beste Bild ergeben angeschnittene Kugelsegmente in hexagonaler Anordnung, weil sie die Ebene ohne Zwischenräume ausfüllen (Abb. 21-7).

Ähnlich wie für die Halbzylinder werden die originale Rasterbilder mit einem Computerprogramm getrennt und wieder so zusammengesetzt, dass hinter jeder Linse eine

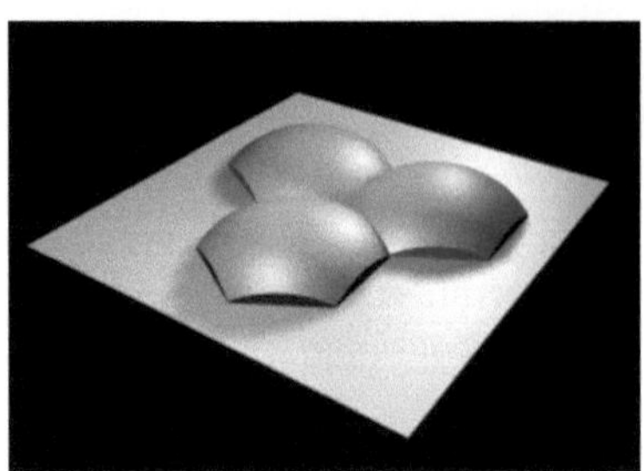

Abbildung 21-7
Hexagonales Linsen-Raster für die Fliegenauge-Technik

Kombination aus allen Einzelbildern liegt. Das Gesamtbild wird unter die Linsenfolie platziert oder direkt auf die Rückseite der Folie gedruckt. Beim Betrachten fügt das Auge-Gehirn-System die Teile wie bei den Halbzylindern wieder zusammen. Das 3D-Bild, die Animationssequenz oder das Wackelbild werden sichtbar.

Die Fliegenauge-Technik hat den Vorteil, dass der Zeichnungsträger aus allen Richtungen betrachtet werden kann, nicht nur in einer Gerade senkrecht zur Orientierung der Halbzylinder. Der Nachteil der Fliegenauge-Technik ist, dass hinter jeder Linse ein vollständiges Muster (*pattern*) liegen muss, nicht nur ein Streifen aus den Originalbildern wie bei den Halbzylindern. Deshalb muss das "Pattern" hinter der Linse mit möglichst großer Auflösung gedruckt werden, am besten direkt auf die Rückseite der Linsenfolie. Eigene Versuche mit einem Inkjet-Drucker und Linsenfolien sind möglich, die Auflösung des Druckers und die Linsendichte setzen aber Grenzen für die erzielbare Qualität.

Zu den Algorithmen zur Bildtrennung und -zusammensetzung für Fliegenauge-Folien ist relativ wenig bekannt und publiziert. Deshalb führt kein Weg daran vorbei, für die Bilderzeugung auf kommerzielle Software zurückzugreifen. Bei höheren Qualitätsansprüchen und Auflagen sollte der Druck bei spezialisierten Dienstleistern durchgeführt werden (siehe Links).

Autostereogramme

In den Jahren 1993 und 1994 wurden die Buchhandlungen überschwemmt von Büchern mit „einäugigen" Stereogrammen. Die Faszination dieser Bilder liegt darin, dass auf den ersten Blick nur ein regelmäßiges oder unregelmäßiges Muster in zwei Dimensionen erkennbar ist. Hat man durch Übung die richtige Augenstellung gefunden, dehnt sich das Bild auf einmal in die dritte Dimension aus. Der Begriff *Autostereogramm* für diese Familie von Raumbildern soll darauf hinweisen, dass die stereoskopische Information in einem Bild enthalten ist und das Stereogramm ohne zusätzliches Gerät erfasst werden kann.

SIRDS

Die bekannteste Familie von Autostereogrammen sind die SIRDS (*single image random dots stereogram*, Zufallspunkt-Raumbilder). Die Urform ist ein Bild mit einer zufallsverteilten Menge von schwarzen und weißen Punkten. In dem scheinbar bedeutungslosen Muster sind visuelle Informationen verborgen, die bei der richtigen Ausrichtung der Augen das Stereogramm sichtbar werden lassen. Wenn man so will, handelt es sich um eine optische Täuschung, die den Eindruck des Raumbildes vermittelt. Weitere Bezeichnungen nach der Art der Darstellungstechnik sind SIS (*single image stereogram*) oder SIRTS (*single image random text stereogram*). Einige Firmen haben sich ihre Technik der Herstellung schützen lassen und dafür noch weitere Namen erfunden. Das Prinzip und die Technik der 3D-Betrachtung sind aber überall gleich.

Auf den ersten Blick verblüffend ist die Wirkung von Autostereogrammen wie in Abbildung 21-8, wenn das Bild nur aus monochromen oder farbigen Punkten besteht und sonst kein Muster oder Bild zu erkennen ist. Das war die ursprüngliche Version der SIRDS, wie sie in der neurologischen Forschung zur Anwendung kamen.

Die Wirkungsweise von Autostereogrammen ist seit langer Zeit bekannt und in wissenschaftlichen Aufsätzen beschrieben worden. Es würde an dieser Stelle zu weit führen, die Erklärungen für das Entstehen der Raumbilder nachzuvollziehen. Es sei nur soviel dazu gesagt, dass in den Bildern visuelle Hinweise versteckt sind, die bei einer bestimmten Konvergenz der Blickrichtungen (nicht bei der üblichen Fixierung auf einen Punkt) die Illusion der Tiefe auslösen.

Die zahlreichen Bücher mit Autostereogrammen schweigen sich über das Prinzip meistens aus. Zum einen ist es für das Betrachten der Bilder nicht notwendig, das wissenschaftliche Prinzip dahinter zu verstehen. Zum anderen lassen die Urheber die Käufer lieber im Dunkeln darüber, wie einfach die Erzeugung der meisten in den Büchern abgebildeten Autostereogramme ist. Nähere Ausführungen zu den wissenschaftlichen Grundlagen findet man zum Beispiel bei TYLER (1983), eine populärwissenschaftliche Erklärung des Phänomens bei SCHIRAWSKY (1994).

Im Buch von WATKINS & MALLETTE (1996) werden mehrere Arten von Stereogrammen und die Techniken und Algorithmen zu ihrer Herstellung beschrieben. Dem erwähnten Buch liegt eine Diskette mit Programmen zur Erzeugung von Stereogrammen bei. Viele Programme sind als Versionen für Arbeitsplatzrechner mit den Betriebssystemen MS-Windows käuflich zu erwerben oder kostenlos verfügbar. Im WWW findet man mehrere Quellen für Programme und fertige Autostereogramme.

Techniken der Betrachtung von Autostereogrammen

Die Technik zur Bildbetrachtung, dass heißt die korrekte Einstellung der Konvergenz beider Augen, ist schwerer zu erlernen und braucht längere Übung als die getrennte Zuführung der Bilder, etwa über ein Linsenraster oder einen binokularen Stereobetrachter. Deshalb muss hier ein kurze Anleitung zum Erkennen der Autostereogramme folgen, bevor wir uns den Abbildungen zuwenden. In einem Buch (SCHWARTZKOPFF et al. 1994) ist eine kurze Anleitung zum Betrachten von Autostereogrammen enthalten, die nicht in allen Punkten ernstzunehmen ist (die vier Punkte sind wörtliche Zitate):

- **Augendreher:** Halten Sie das Bild in Leseentfernung, versuchen Sie, die Augen nach außen zu drehen, als ob sie ein Objekt in unendlicher Entfernung sehen wollen.
- **Papierküsser:** Berühren Sie mit der Nasenspitze das Bild. Dann führen Sie das Bild ganz langsam in Leseentfernung, ohne das Bild zu fixieren oder die Augenstellung zu ändern.
- **Narziss:** Legen Sie eine Glasplatte auf das Bild. Betrachten Sie sich selbst im Spiegel. In der Tiefe, in der Sie sich selbst sehen, formt sich nun das Stereogramm.
- **Absatzsteigerung:** Stechen Sie in der Mitte des Bildes zwei Löcher im Abstand des Musters (meistens etwa 3,5 cm). Halten Sie Ihren Finger hinter das Bild, so dass Sie ihn mit beiden Augen sehen können. Etwa in Höhe des Fingers formt sich das 3D-Bild. Wenn Sie die Löcher an der falschen Stelle gestochen haben, kaufen Sie sich ein neues Autostereogramm.

Wer die verborgenen 3D-Bilder auch nach längerem Probieren nicht erkennen kann, möge sich damit trösten, dass nach den Schätzungen der Experten etwa fünfzehn Prozent der Menschen nichts mit Autostereogrammen anfangen können (CLAUSSEN & PÖPSEL 1994). Auf der anderen Seite soll man nicht zu früh aufgeben. Das Einstellen der Blickrichtung erfordert Ruhe und Konzentration, die unter äußerem Druck nicht aufgebracht werden kann. Man sollte in diesem Fall das SIRDS weglegen und es zu einem späteren Zeitpunkt wieder versuchen.

Oberfläche der Zeitentfernung als Autostereogramm

In den Abbildungen 21-8 bis 21-10 sind die Zeitentfernungen zu den KLV-Bahnhöfen als Oberfläche in der Aufsicht wie in einer normalen Karte dargestellt. Bei Abbildung 21-8 wurde die ursprüngliche Form mit zufallsverteilten farbigen Punkten benutzt. Mit einer der beschriebenen Betrachtungstechniken wird nach etwas Übung und Ausprobieren die Oberfläche sichtbar.

In Abbbildung 21-9 ist die gleiche Oberfläche versteckt, diesmal in fast identischen Kacheln mit Bildern. Am oberen scheinen mehrere Oberflächen mit den schon bekannten Schichtflächen der Zeitentfernung über der Grundebene zu schweben. Damit lässt sich die Höhe an bestimmten Punkten der Oberfläche im SIRDS schätzen. Die schwebenden Mini-Oberflächen mit den Schichtstufen sind eine Art Höhenlegende für die große Oberfläche. Eine echte Kodierung der Klassen durch Farben ist in einem Autostereogramm nur über den Umweg der Legende möglich. Wenn die Tiefenwirkung entsteht, ist der Umriss der Bundesrepublik Deutschland zu erkennen, leicht vom Untergrund abgehoben. Die lokalen Maxima treten hervor, insbesondere die Gipfel nordwestlich von Berlin, in der Eifel und im Südosten des Landes Bayern.

Die Abbildung 21-10 zeigt eine weitere Möglichkeit zur Realisierung eines Autostereogramms. Eine zusätzliche Hilfe zur Kontrolle der Augenstellung sind die beiden schwarzen Quadrate über dem SIRDS. Wenn beim Betrachten mit Veränderung der Konvergenz aus den zwei Quadraten scheinbar drei Quadrate geworden sind, ist die richtige Augenstellung für das Erkennen der Tiefeninformation erreicht.

Abbildung 21-8
SIRDS aus scheinbar zufallsverteilten Farbpunkten. Erreichbarkeits-Oberfläche der KLV-Bahnhöfe

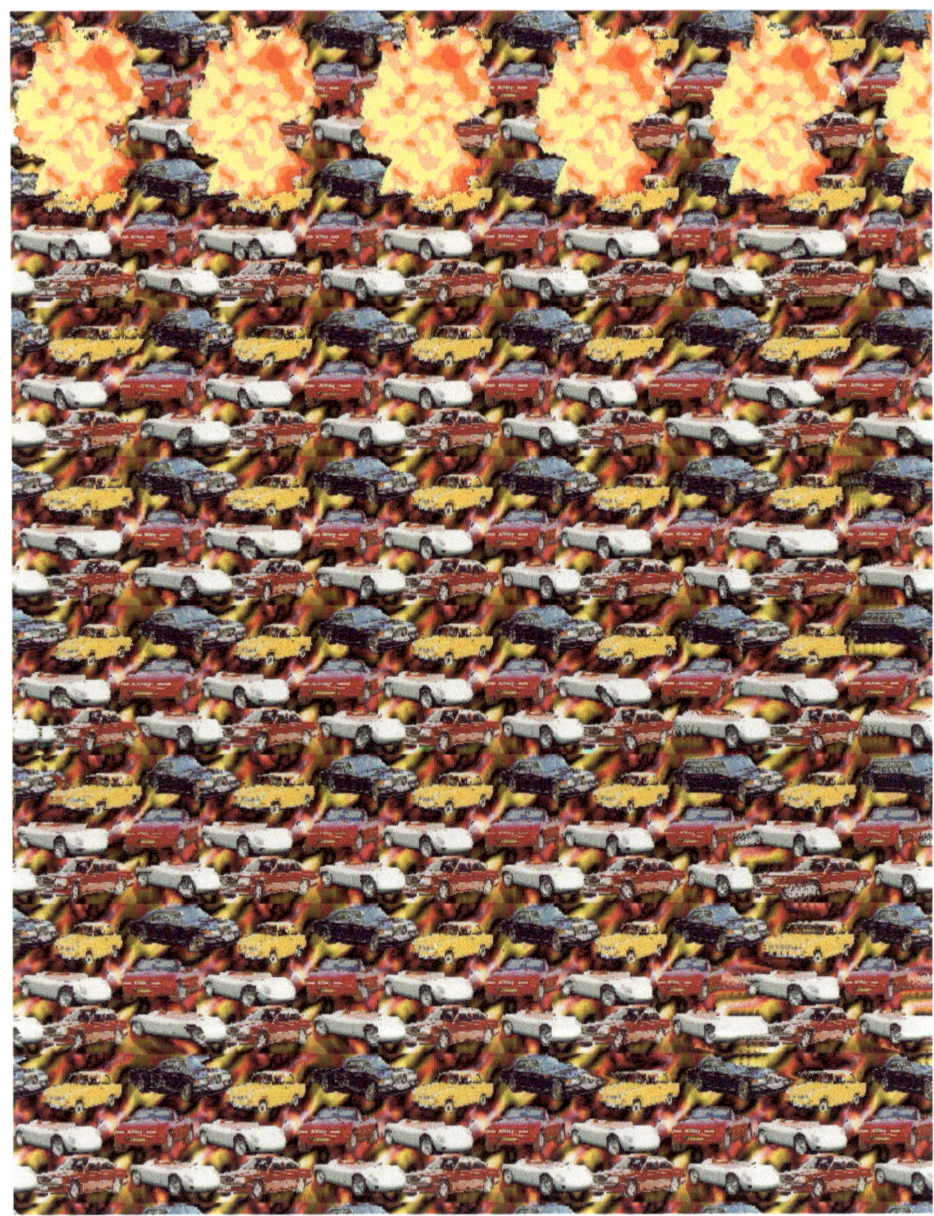

Abbildung 21-9
Autostereogramm mit der Erreichbarkeits-Oberfläche der KLV-Bahnhöfe

Abbildung 21-10
Erreichbarkeits-Oberfläche. Die beiden schwarzen Quadrate sollen die Augenstellung erreichen helfen, die für die Stereopsis notwendig ist.

Anstatt der zufallsverteilten Punkte kann man auch ein beliebiges Muster aus Rasterpunkten verwenden. Das Muster wiederholt sich über die Fläche des Bildes, deshalb spricht man auch von *Kacheln*. In der horizontalen Richtung muss ungefähr der halbe Augenabstand eingehalten werden. Ein Muster mit geringen Kontrasten und ohne ausgeprägte Richtung scheint am besten geeignet, die Oberfläche zu erkennen.

Versuche haben ergeben, dass manche Menschen den Stereoeffekt eher mit schwarzen und weißen Punkten, andere wiederum leichter mit farbigen Punkten erfahren. Es ist, wie schon erwähnt, nicht möglich, mit dem Muster eine bedeutungstragende Textur der 3D-Oberfläche zu erzeugen, etwa Schichtflächen oder sogar die Visualisierung einer vierten Dimension. Gleichwohl sind durch geeignete Auswahl der Kachelmuster vielleicht Assoziationen mit der Bedeutung der Oberfläche herzustellen, wie mit den Autos in Abbildung 21-9.

Besser als in Abbildung 21-8 mit den zufallsverteilten Punkten kann man in den Abbildung 21-9 und 21-10 erkennen, dass der Effekt des Autostereogramms durch gezielte Versetzung der Rasterpunkte erreicht wird. Einige Algorithmen für die Versetzung der Bildpunkte sind unter anderem bei THIMBLEBY et al. (1994), CLAUSSEN & PÖPSEL (1994) oder WATKINS & MALLETTE (1996) beschrieben.

Autostereogramme können nicht beliebig verkleinert oder vergrößert werden. Sie funktionieren nur richtig, wenn der Augenabstand, mit dem das Raster erzeugt wurde, auch im Bild ungefähr erhalten bleibt. Im allgemeinen können Menschen, die mit einen Stereobetrachter nicht stereoskopisch sehen können, auch keine 3D-Bilder in SIRDS erkennen. Es scheint aber auch Ausnahmen von dieser Regel zu geben (WATKINS & MALLETTE 1996). Nach CLAUSEN & PÖPSEL (1994) sollen etwa fünfzehn Prozent der Menschen nicht in der Lage sein, das 3D-Bild im Autostereogramm wahrzunehmen.

Der Wert von Autostereogrammen liegt weniger in der schnellen intuitiven Erfassung der Oberfläche. Dafür sind andere stereographische Techniken besser geeignet. Mit SIRDS kann man den Überraschungseffekt nutzen, wenn plötzlich das 3D-Bild erscheint, das auf den ersten Blick nicht sichtbar war. SIRDS sind eher ein Konversationsobjekt, um über das technische Verfahren zum Inhalt zu kommen, der darin verborgen ist.

Beste Simulation der Wirklichkeit mit Stereogrammen

In der Abbildung 21-11 sind die Techniken der Erzeugung von Stereogrammen in Abhängigkeit vom Grad der intuitiven Erfassung und der graphischen Qualität eingeordnet. Die SIRDS in der linken unteren Ecke können nur die Form wiedergeben. In der rechten oberen Ecke sind die realen 3D-Modelle positioniert, weil sie mit der höchsten Qualität der Visualisierung und der besten intuitiven Erfassung auftreten. Hologramme sind zwar ähnlich gut in Graphik und Erfassung, sind aber wegen der hohen Produktionskosten heute keine ernstzunehmenden Mitbewerber für die weniger aufwendigen Techniken.

Stereogramme, erzeugt mit Bildpaaren und einem binokularen Betrachter, sind nach den "echten" 3D-Modellen (siehe Kapitel 22) die beste bekannte Annäherung an die Wirk-

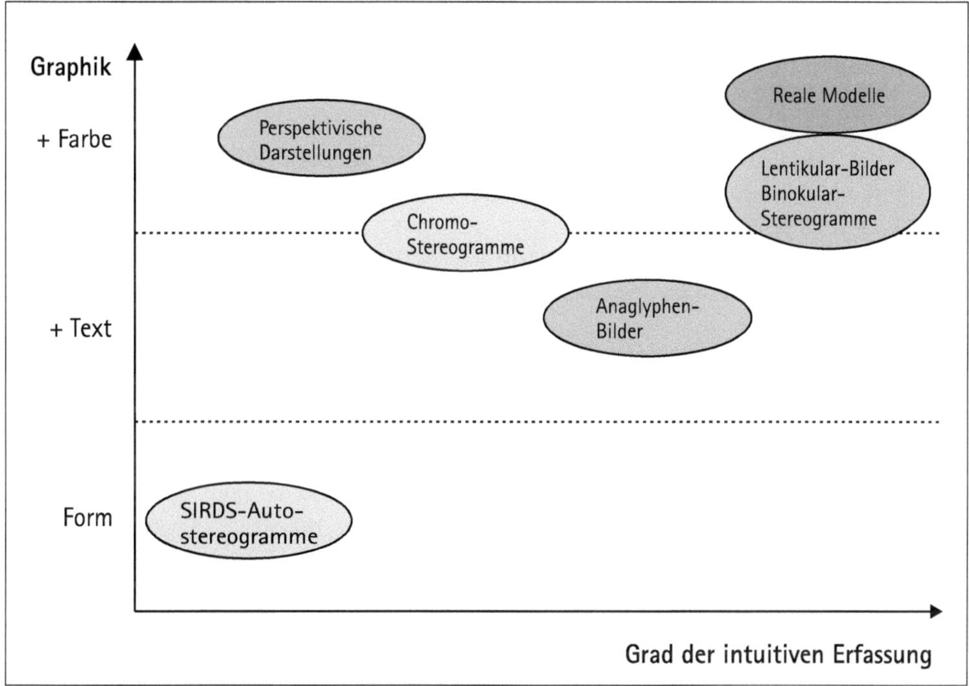

Abbildung 21-11
Techniken der Erzeugung von Stereogrammen in Abhängigkeit vom Grad der intuitiven Erfassung und der graphischen Qualität

lichkeit. Für die Betrachtung von Anaglyphenbildern wird nur eine Brille mit unterschiedlichen Farbfiltern benötigt, aber die Anwendung ist auf quasi-monochrome Bilder beschränkt. Die Anaglyphenbilder haben den großen Nachteil, dass möglicherweise zwei Arten von Fehlsichtigkeit aufeinandertreffen, die für für Farbe und Stereopsis. Damit erhöht sich die Wahrscheinlichkeit, dass das Stereogramm nicht wahrgenommen werden kann.

Binokulare Stereogramme können alle Informationen enthalten, die auch in perspektivischen Darstellungen möglich sind, also neben der Höhendarstellung beliebige Linien und Flächen. Die Oberflächentextur kann für die Darstellung der vierten Dimension genutzt werden. Anaglyphenbilder verfügen nur über einen sehr eingeschränkten Farbumfang, weil die Farbinformation für die Bildtrennung reserviert ist. Autostereogramme vermitteln keine Informationen über die reine Höhendarstellung hinaus. Für das Erkennen der Oberflächenform aus Autostereogrammen ist einige Übung notwendig, dafür ist der Überraschungseffekt und das Erfolgserlebnis umso größer.

Literatur

ALBRECHT H, SCHMITT S (2015) Wie echt! Räumliche Bilder erleben, digitale Welten betreten: Die Virtual-Reality-Technik erreicht den Alltag. DIE ZEIT, Nr. 49, 3. Dezember 2015, 39

ALBRECHT H, LUBBADEN J, SCHMITT S (2015) Weltflucht in vier Schritten. Der Stand der VR-Technik von Pappe bis Achterbahn: Was gibt es schon? Was kommt bald? DIE ZEIT, Nr. 49, 3. Dezember 2015, 39

AUSTINAT R, GIESELMANN H, JANSSEN JK (2015) Neue Holodecks. Ausprobiert: Kommende Virtual-Reality-Brillen im Praxis-Check. c't Magazin für Computertechnik 17/2015, 124–127

BÄHR HP, VÖGTLE, T (Hrsg) (2005) Digitale Bildverarbeitung: Anwendung in Photogrammetrie, Kartoraphie und Fernerkundung. 4., völlig neubearb. Aufl., Wichmann

BERTIN J (1974) Graphische Semiologie. Diagramme, Netze, Karten. de Gruyter, Berlin

BUCHROITHNER MF, BOULOS MNK, ROBINSON LR(2012) Stereoscopic 3-D solutions for online maps and virtual globes. In: BUCHROITHNER M, True3D in Cartography. Autostereoscopic and solid visualisation of geodata. Springer, Heidelberg, 391–412

BUCHROITHNER M, HABERMANN K, GRÜNDEMANN T (2005) Modeling of three-dimensional geodata sets for true-3D lenticular foil displays. Photogrammetrie, Fernerkundung, Geoinformation 1/2005, 47–56

Chromatek (2013)
http://chromatek.com (11/2015)

CLAUSSEN U, PÖPSEL J (1994) Im Rausch der Tiefe. Autostereogramme in Eigenproduktion. c't Magazin für Computertechnik, Heft 7/1994, 230-238

DUTTON G (1979) American Graph Fleeting. United States population growth 1790–1970. A computer-holographic map animation. Graphic summary, overview, and technical synopsis. Laboratory for Computer Graphics and Spatial Analysis, Harvard University

DigiArt, Programm 3DZ
http://www.lenticularsoftware.de (11/2015)

EDLER D, EDLER S, DICKMANN F (2015) Eine empirische Studie zu Effekten von simulierter Grünblindheit (Deuteranopie) auf das kartenbasierte Positionsgedachtnis. Kartographische Nachrichten 4/2015, 183–194

GRÜNDEMANN T, BUCHROITHNER MF, HABERMANN K (2006) Multitemporale und echt-dreidimensionale Hartkopie-Visualisierungen von Geodaten. In: Wiener Schriften zur Geographie und Kartographie, Band 18, 270–276

JANNSEN JK (2015) Pappe ante portas. Smartphone-VR-Halterungen aus Pappe im Test. c't Magazin für Computertechnik,20/2015, 78-79

KIRSCHENBAUER S (2004) Empirisch-kartographische Analyse einer echt-dreidimensionalen Darstellung am Beispiel einer topographischen Hochgebirgskarte. Mensch & Buch Verlag, Berlin

METZ R (2015) Kleine Blaue Monster. Technology Review 05/2015, 36–38

NewArt Illusion, Programm 3D-Easy SPACE
  http://www.3d-easy.de (1/2016)

Ostrowski JI (2013) Holografie. 2. Aufl., Vieweg+Teubner

Pfeiffer B, Weimann G (1991) Geometrische Grundlagen der Luftbildinterpretation. Einfachverfahren der Luftbildauswertung. 2., neubearb. Aufl., Wichmann, Karlsruhe

Rase WD (2003) Von 2D nach 3D – Perspektivische Darstellungen, Stereogramme, reale Modelle. In: Kartographische Schriften, Band 7: Visualisierung und Erschließung von Geodaten. Kirschbaum-Verlag, Bonn, 13–24
  http://www.wdrase.de/Von2Dnach3D.pdf (11/2015)

Rase WD (2002) VR zum Anfassen – Reale Modelle von GIS-Objekten mit Techniken des rapid prototyping. In: Strobl, Blaschke, Griesebner (Hrsg.), Angewandte Geographische Informationsverarbeitung XIV. Beiträge zum AGIT-Symposium Salzburg 2002. Wichmann, Heidelberg, 436–445
  http://www.wdrase.de/VRzumAnfassen.pdf (11/2015)

Roberts DE (2003) History of lenticular and related autostereoscopic methods. Leap Technologies, Hillsboro, WI
  http://lenticulartechnology.com/history-lenticular-autostereoscopic-methods/

Schirawsky N (1994) Das Geheimnis der 3-D-Bilder – hier wird es endlich gelüftet. PM Peter Moosleitners interessantes Magazin, 8/1994, 50-55

Schneider S (1974) Luftbild und Luftbildinterpretation. Lehrbuch der Allgemeinen Geographie Band XI, de Gruyter, Berlin

Schwartzkopff P, Bartl K, Bartl R, Ernstberger A (1994) PEP ART. 3-D-Bilder der neuen Art. Südwest Verlag, München

Schwidefsky K (1963) Grundriß der Photogrammetrie. 6., neubearb. und erw. Aufl., Teubner, Stuttgart

Stern (1995) Heft 1 vom 28. 12. 1995

Thimbleby HW, Inglis S, Witten IH (1994) Displaying 3D Images: Algorithms for single-image random-dot stereograms. IEEE computer, October 1994, 38-44

Tyler CW (1983) Sensor processing of binocular disparity. In: Schor, Ciufredda KJ (ed.) Vergence eye movements: basic and clinical aspects. Butterworths, Boston, 199-294

Volbracht S (1996) Empirische Bewertung dreidimensionaler Moleküldarstellungen. Diplomarbeit, Universität-GH Paderborn, Fachbereich Informatik

Watkins CD, Mallette V (1996) Stereogram programming techniques. Charles River Media, Rockland, MA, USA

Links zu Stereogramm–Software und Dienstleistern

3D-Labor GmbH. Material, Dienstleistungen zu 3D-Displays
  http://www.3d-lab.de (11/2015)

ARTX Designagentur Berlin e. K. Gestaltung, Lentikular-Druck
  http://www.artx.de (11/2015)

Digi-Art, Visuelle Medien in Kunst und Design. Software, Material und Dienstleistungen
  für Lentikularbilder
  http://www.digi-art.de (11/2015)
Imagiam High Image Techs. Lentikular-Software
  http://www.imagiam.com (11/2015)
New Art Illusion, Software 3D-Easy SPACE für Anaglyphen und Lentikularbilder,
  Lentikularfolien
  http://www.3d-easy.de (11/2015)
Ogon3D, ColorCode 3-D
  http://ogon3d.com (1/2016)
TriAxes, 3DMasterKit. Lenticular printing
  http://3dmasterkit.en.softonic.com (11/2015)
Vogt Foliendruck. Lentikular-Druck
  http://www.vogt-druck.de (11/2015)
wackel-wackel. Lentikular-Druck
  http://www.wackel-wackel.de (11/2015)

22

22 Reale 3D-Modelle

Techniken der Virtuellen Realität (VR) werden seit einigen Jahren in Architektur, Städtebau und Raumplanung genutzt. Architekten oder Raumplaner können Gebäude oder Landschaften betrachten, die in der Wirklichkeit (noch) nicht existieren, sondern nur als Entwurf, als numerisches Modell in einem Informationssystem gespeichert sind. Die Techniken reichen von fotorealistischen Bildern der virtuellen Objekte über Stereogramme bis simulierten Überflügen oder Durchgängen durch ein Gebäude, vielleicht noch bei verschiedenen Tageszeiten und Lichtverhältnissen. Die zeitliche Dimension wird durch eine Animationssequenz realisiert, entweder vorproduziert und zeitversetzt vorgeführt oder in Echtzeit mit interaktiver Steuerungsmöglichkeit. Mit einer Kamera kann die reale Umgebung aufgenommen und in das Bild passgenau die virtuellen Gegenstände eingeblendet werden.

Die logische Fortführung der perspektivischen Darstellungen und Stereogramme sind „echte" 3D-Modelle. Bei Architektur-Wettbewerben werden immer noch reale Modelle der eingereichten Entwürfe gefordert. Eigentlich sind die aufwendigen Modelle von Gebäuden und baulichen Ensembles überflüssig, denn mit VR-Techniken sind mehr visuelle Informationen verfügbar: nicht nur die Ansicht von außen, sondern auch die Darstellung der Innenräume unter verschiedenen Lichtverhältnissen, der Blick durch ein Fenster nach außen auf die Umgebung, dazu wechselnde Perspektiven in einer Animationssequenz, die einen Gang durch das Bauwerk simuliert.

Man kann nur spekulieren, warum sich angesichts der Möglichkeiten der künstlichen Realität die echten Modelle immer noch so großer Beliebtheit erfreuen. In Relation zu den Bausummen, um die es bei Architekturwettbewerben üblicherweise geht, sind die zusätzlichen Kosten für den Bau der Modelle nicht sehr hoch. Der Aufwand für die Realisierung der virtuellen Realität ist noch sehr groß, angefangen von der Datenerfassung über die Modellerstellung bis zur Vorführung. Animationen in Echtzeit erfordern leistungsfähige Computersysteme. Wahrscheinlich haben Architekten auch eine besondere Präferenz für handwerklich geschaffene Gegenstände. Wichtig ist sicher auch das haptische Erlebnis, die Möglichkeit des Anfassens, des *Begreifens* im wörtlichen und übertragenen Sinn.

Reale Modelle von dreidimensionalen GIS-Objekten, etwa Oberflächen, werden so gut wie nie realisiert. Das Fehlen einer Tradition für den Modellbau wie in der Architektur mag ein Grund sein, ein anderer die Kosten für die Fertigung des Modells im Vergleich zu den Kosten von Karten auf Papier. Das physische Modell eines Gebäudes hat manchmal Vorteile gegenüber den Techniken der VR. Insbesondere bei Diskussionen und Entscheidungsfindungen in einer Gruppe haben 3D-Modelle einige Vorteile, zum Beispiel die Möglichkeit der verbalen und nichtverbalen Interaktion zwischen den Gruppenmitgliedern. Bei einer Präsentation mit einem Projektor auf einen Bildschirm oder bei Nutzung von VR-Systemen sind kaum Blickkontakte als Voraussetzung für eine persönliche Interaktion möglich (Faulkner 2006). Das ist wohl auch ein Grund, warum bei Architekturwettbewerben immer noch die Gebäudemodelle verlangt werden.

Dennoch bleibt die Frage, ob reale Modelle von kartographischen Oberflächen auch zu einer besseren Visualisierung der raumbezogenen Informationen und zu erweiterten Einsichten führen können. Die Fertigung der farbigen Modelle ist trotz der erheblichen Kostensenkungen in den letzten Jahren immer noch teurer als die Herstellung von Karten mit einem zweidimensionalen Medium.

3D-Drucker für den Endverbraucher

In den letzten Jahren haben 3D-Drucker für den privaten Gebrauch den Markt erreicht. Technisch interessierte Konsumenten können einen kleinen 3D-Drucker als Bausatz oder Fertiggerät erwerben. Mit dem Drucker lassen sich relativ preiswert 3D-Modelle selbst bauen. Bei einigen Druckern kann der Thermo-Druckkopf gegen einen Fräsmotor ausgetauscht werden. Mit diesem Antrieb sind kleinere Fräsarbeiten in drei Dimensionen möglich, auch Bohr- und Schneidarbeiten, etwa für Elektronik-Platinen oder der Schnitt von Beschriftungen auf Klebefolien. Geräte mit Zusätzen für Laser-Gravur sind verfügbar. Damit können zum Beispiel professionell aussehende Frontplatten für Elektronikgeräte gefertigt werden.

Die numerische Repräsentation des Werkstücks wird in der Regel mit einer Software für mechanische Konstruktion (CAD) vorbereitet. Eine Möglichkeit ist die Erfassung eines existierenden Werkstücks mit einem 3D-Scanner. Die Scanner gibt in unterschiedlichen Ausführungen, auch als Zusatzeinrichtung für 3D-Drucker. Die Kosten können je nach Bauart, Genauigkeit und Bedienungskomfort sehr weit auseinander liegen (Hanselmann & Micieli 2014). Viele Modell-Dateien lassen sich aus einer Datenbank herunterladen. Datensammlungen mit frei verfügbaren Modellen und Bauteilen werden immer zahlreicher und umfangreicher.

Das Werkstück wird meistens aus den thermoplastischen Kunststoffen ABS oder PLA aufgebaut. Informationen und Tests zu diesen Druckern und dem Druckmaterial findet man in vielen Fachzeitschriften für Informations- und Computertechnik (zum Beispiel Gerber 2016). Die Kunststoffe gibt es in vielen Farben, auch durchscheinend und mit Neon-Effekt. Seit neuestem ist das Material mit Zusatzstoffen erhältlich, die das Werkstück wie aus Holz oder Metall aussehen lassen.

Schnelle Prototypen–Fertigung

Die mehr professionelle Anwendung dieser Techniken ist die schnelle Produktion von Prototypen als Vorstufe für die industrielle Fertigung (*rapid prototyping*). An dem Werkstück aus dem 3D-Drucker – wenn notwendig auch mit Farbgebung – kann das Design beurteilt werden, ohne dass ein Modell aus dem Original-Material gebaut werden muss. Weiterhin lassen sich schnell, ohne Verbrauch von teurem Material und Einsatz von kostspieligen Werkzeugen, das Aussehen von Teilen prüfen, die später im Produktionsprozess mit spanabhebenden Techniken oder durch Metallguss realisiert werden (Chua & Leong 2015).

Die Prototypen von Werkstücken dienen in der Regel zur Beurteilung der Form, manchmal auch der mechanischen Funktion. Sie müssen nicht unbedingt aus dem Material bestehen, das für den eigentlichen Verwendungszweck vorgesehen ist. Für die Beurteilung eines Lenkrad-Designs oder eines Sportschuhs genügt zum Beispiel ein Material geringerer Festigkeit, weil der Prototyp keine extremen Kräfte wie etwa ein Lenkrad in einem realen Automobil aushalten muss. Deshalb haben Prototypen oft nur das Aussehen, vielleicht auch die mechanischen Beweglichkeit, aber nicht die mechanische Festigkeit des endgültigen Werkstücks. Der technische Fortschritt bei den RP-Verfahren hat dazu geführt, so dass inzwischen auch Teile gefertigt werden, die erhöhten mechanischen Belastungen standhalten können (*rapid manufacturing*).

Auftragsfertigung

Für die Anwender, für die sich kein eigener 3D-Drucker rentiert, setzen Auftragsfertiger die numerischen Entwürfe in ein Werkstück um. Das Teil kann aus unterschiedlichen Materialien gefertigt werden: aus mehreren Arten von festen, flexiblen und transparenten Kunststoffen, aus Gips- oder Keramikpulver mit Kleber und Farbe, aus Metall mit verschiedenen Oberflächeneffekten, aus glasiertem Steinzeug, in verschiedenen Farben oder mit hochauflösendem Farbauftrag.

Ein bekannter Auftragsfertiger ist die Firma *Shapeways*. Die Firma hat sich in wenigen Jahren aus dem Spinoff eines bekannten niederländischen Elektronik-Konzerns zu einem großen, weltweit tätigen Unternehmen für Auftragsfertigung entwickelt. Shapeways hat heute seinen Hauptsitz in den USA, aufgrund der großen Nachfrage von jenseits des Atlantiks. Designer haben die Möglichkeit, einen eigenen Shop bei Shapeways einzurichten. Die Kunden können über das WWW eines der 3D-Modelle bestellen, das aus unterschiedlichen Materialien und Farben gefertigt wird. Nach der Fertigstellung liefert Shapeways das Modell direkt an die Besteller aus.

Die Nachfrage nach einem Service in diesem Feld ist unerwartet groß. In einem großen Bau- und Hobbymarkt an meinem Wohnort wurde vor einigen Monaten ein preiswerter 3D-Drucker aufgestellt. Die Kunden können den Drucker für die Fertigung eigener Modelle nutzen, gegen Kostenersatz für Material und Betreuung. Die Modell-Dateien wird zum Beispiel auf einem Datenträger (USB-Stick o. ä.) mitgebracht. Inzwischen sind aus dem einen Drucker drei Drucker geworden, einer sogar mit einer mit einer Zusatz-Einrichtung zur 3D-Erfassung von Werkstücken. Damit können die Kunden auch Teile nachbauen, für die sie keine digitale Repräsentation besitzen. In einer Vitrine auf dem Hauptpostamt meines Stadtteils baute vor einiger Zeit ein 3D-Drucker Modellhäuser in Echtzeit, als Werbung für die Bausparkasse der Postbank.

Technische Lösungen für RP

Im Folgenden werden die am häufigsten verwendeten technischen Lösungen für *rapid prototyping* im Hinblick auf die Verwendung in der Kartographie und in raumbezogenen Informationssystemen kurz beschrieben. Die Verfahren der schnellen Fertigung von Prototypen lassen sich drei großen Gruppen zuordnen, die ihre Äquivalente in der bildenden Kunst haben:

- **Abbau** (Methode *Michelangelo*): Von einem Materialblock wird durch Bearbeitung mit einem Werkzeug Material entfernt, bis die endgültige Form erreicht ist. So entsteht auch aus einem Marmorblock die Skulptur durch Materialabbau mit Hammer und Meißel.
- **Verformung** (Methode *Chillida*): Das Material wird durch Einwirkung von Energie – Kraft und Hitze – verformt, so wie ein Schmied eine Stange Eisen in eine Sense verwandelt. Die große Plastik von Eduardo Chillida vor dem Bundeskanzleramt in Berlin ist durch Verformen von glühenden Eisenstangen entstanden.
- **Aufbau** (Methode *Rodin*): Das Modell wird aus dem Material aufgebaut, bis die Form dem Konzept entspricht. Eine Skulptur oder eine verkleinerte Vorlage werden aus Gips oder einem anderen plastischen Material modelliert.
- **3D-Zeichnung:** (Methode *Dürer*) Die Technik der Glasinnengravur ist das dreidimensionale Äquivalent einer monochromen Zeichnung oder Radierung.

Michelangelo: Abbau durch spanabhebende Techniken

Die Oberfläche wird mit einer numerisch gesteuerten Werkzeugmaschine (NC-Maschine) aus dem vollen Block des Materials gefräst. Für glatte Oberflächen und kleinräumige Formen müssen relativ feine Werkzeuge benutzt werden. Die abbauende Fertigung durch spanabhebende Techniken ist generell zeitaufwendiger als die anderen Verfahren, auch bei Verwendung von Kunststoff.

Die Firma *Solid Terrain Modeling* (STM) in Fillmore, Kalifornien, fertigt im Kundenauftrag 3D-Geländemodelle aus Hartschaumstoff an. Der Kunde liefert die numerische Definition der Oberfläche und ein Rasterbild der Oberflächen-Textur. Mit einer computergesteuerten Fräsmaschine wird das Modell aus Blöcken von Hartschaumstoff gefräst. Anschließend wird mit vier Sprühköpfen mit den Farbkomponenten Cyan, Magenta, Gelb und Schwarz die farbige Textur auf die Oberfläche aufgetragen. Die einzelnen Teile des Modells können bis zu 120x240x20 cm groß sein.

Modelle mit größeren Abmessungen werden aus mehreren Teilen zusammengesetzt, wie etwa das Reliefmodell von British Columbia, Kanada, mit einer Ausdehnung von ca.

12x22 Metern, bestehend aus 100 einzelnen Kacheln (http://www.stm-usa.com/bc.htm). Die Modelle werden im Normalfall bei STM in Kalifornien gefertigt und anschließend zum Kunden transportiert.

Vor einigen Jahren wurde an der Technischen Universität Dresden ein Modell des Dresdener Beckens angefertigt. Das Grundmaterial waren Blöcke aus Polyurethetan mit den Ausmaßen 20 mal 15 cm, die mit Fräswerkzeugen abnehmenden Umfangs bearbeitet wurden. Die fertigen Blöcke wurden zum Gesamtmodell zusammengesetzt. Die Oberflächen-Textur wird als rechnergesteuerte Animationssequenz auf die weiße Oberfläche projiziert, um die historische Entwicklung zu visualisieren (HAHMANN et al. 2012). Das Modell ist im Stadtmuseum von Dresden zu besichtigen.

Chillida: Verformung

In vielen Buchhandlungen in Frankreich wurden vor einigen Jahren dreidimensionale Modelle mit der Oberflächengestalt des jeweiligen Départements angeboten. Die Oberfläche besteht aus einer stabilen Folie, auf die Höhenstufen, Gewässer, Straßen und Siedlungen beziehungsweise ihre kartographischen Symbole aufgedruckt sind. Die Form der Oberfläche entsteht durch die Vakuum-Verformung der bedruckten Folie unter Hitzeeinwirkung. Die formgebende Matrize wird wahrscheinlich auf einer numerisch gesteuerten Fräsmaschine gefertigt. Die 3D-Modelle sind relativ preiswert, weil die Herstellungskosten der Matrize auf viele 3D-Modelle umgelegt werden können, vergleichbar mit dem Druck von Karten. Für Unikate wäre der Herstellungsprozess unverhältnismäßig teuer. Deshalb kann man in diesem Fall eigentlich nicht von schneller Prototypen-Fertigung sprechen, da immer mehrere Exemplare hergestellt werden.

Die erwähnten 3D-Karten in den französischen Buchhandlungen produzierte die französische Firma *GéoRelief* (www.georelief.fr) und vertrieb die Karten auch im Online-Handel. In der Schweiz gibt es eine andere Firma mit dem ähnlichen Namen *Georelief* (www.georelief.ch), mit einer deutschen Niederlassung in Dresden (www.georelief.de). Die Schweizer Firma existierte nachweislich vor der französischen Firma. Die beiden Firmen scheinen das gleiche Fertigungsverfahren zu nutzen, das Lieferprogramm ist aber sehr unterschiedlich. Der fast gleiche Name und die bis auf die Länderkennung identischen www-Adressen sorgen ab und zu für Verwirrung.

Rodin: Aufbau aus Schichten

Eine weitere technische Lösung ist der Aufbau des Modells aus Materialschichten, die übereinander gesetzt werden. Im Prinzip sind nur Oberflächen geeignet, die an einem Punkt in der Grundfläche nur einen Höhenwert haben (2½D-Oberflächen). Konkave Werkstücke, also Körper mit Eindellungen und Überhängen, sollten so im Raum orientiert werden, dass eine 2½D-Oberfläche entsteht. Wenn das nicht möglich ist, wird das Modell aus mehreren Teilstücken zusammengesetzt. Bei einigen Techniken reicht jedoch die Festigkeit oder die Stützwirkung des Materials aus, um Hohlräume und Unterschneidungen zu überbrücken. Fragile Teile des Modells können auch mit Verstrebungen oder

Pfeilern abgestützt werden. Die Stützen werden nach Abschluss der Fertigung entfernt, entweder mit mechanischen Werkzeugen oder durch chemische Auswaschung des löslichen Zweitmaterials.

Stereolithographie

Das älteste Verfahren für die schnelle Prototypen-Herstellung ist die Stereo-Lithographie (SLA, von *stereo lithography apparatus*). Es wird seit den achtziger Jahren routinemäßig in der industriellen Fertigung verwendet. Das Verfahren nutzt die Eigenschaft von bestimmten Kunststoffen, bei der Belichtung mit UV-Licht vom flüssigen in den festen Aggregatzustand durch Polymerisation zu wechseln. Schicht für Schicht wird mit einem rechnergesteuerten Laserstrahl die Oberfläche der Flüssigkeit innerhalb des Querschnittes für das Werkstück belichtet. An den Stellen, die vom Lichtstrahl getroffen werden, polymerisiert der Kunststoff und wird fest. Nach und nach wird aus den vielen dünnen Schichten ein zusammenhängender Körper in einer fast beliebigen Form aufgebaut.

Mehrere Varianten des Grundprinzips unterscheiden sich durch die Art des Photopolymers oder des Lasers. Die Stereolithographie ergibt sehr glatte Werkstück-Oberflächen, aber das Gerät ist teuer und deshalb der Modellbau kostspielig. Der Farbauftrag während des Aufbaus ist nicht möglich. Die neueste Weiterentwicklung dieser Technik sind Drucker mit kleinem Bauraum für den Privatgebrauch (Gerber 2016). Es bleibt abzuwarten, ob sich der Drucker gegenüber den Druckern mit thermoplastischen Verfahren am Markt halten kann, sowohl hinsichtlich der Kosten als auch der Qualität.

Kontur-Schichten aus Papier

Eine einfache Möglichkeit mit nur geringer maschineller Unterstützung ist das Ausschneiden der Modellkonturen aus Karton oder Styropor-Platten, entweder von Hand oder mit einer numerisch gesteuerten Schneidemaschine. Die einzelnen Lagen werden von unten nach oben passgenau zur Oberfläche zusammengesetzt. Die automatisierte Version dieser Technik waren rechnergesteuerte Maschinen, die das Anfertigen der Schichten und ihr Zusammenfügen zum Modell unter Rechnerkontrolle durchführten. Die Teile, die nicht zum Modell gehörten, mussten nach Fertigstellung manuell entfernt werden. Die ersten Geräte waren der Konkurrenz anderer Techniken nicht gewachsen und verschwanden wieder vom Markt.

Eine Neuauflage des *layered object manufacturing* (LOM) ist ein 3D-Drucker, der das Modell aus bedruckten Papierblättern zusammensetzt. Auf jedes Blatt wird mit Sprühköpfen Farbe aufgetragen, in der Auflösung, wie man sie aus Tintenstrahldruckern kennt. Die Konturen des 3D-Modells werden ausgeschnitten und maschinell zum Papierblock aufeinandersetzt. Das Ergebnis ist ein farbiges 3D-Modell. Ganz aktuell ist ein Drucker für den Endverbraucher vom gleichen Hersteller (Mcor), mit kleinerem Bauraum und optimiertem Papierschnitt (König 2016).

Mit dem kostenlosen Programm 123D Make von Autodesk wurde die Technik auch für den Endverbraucher zugänglich, der selbst das Modell aus Kontur-Schichten zusammensetzen möchte. 123D Make erzeugt Druckvorlagen mit den Konturen des 3D-Modells in wählbarem Abstand. Der Anwender muss die Konturen auf das Plattenmaterial übertragen, die Konturprofile ausschneiden und zum 3D-Modell zusammensetzen.

Schichten aus thermoplastischem Material

Eine andere Realisierungsmöglichkeit ist das Auftragen der Materialschicht mit einem Düsensystem, das über die Grundfläche bewegt wird, ähnlich wie bei einem Tintenstrahl-Drucker. Das Material wird nur an den Stellen der Schicht abgesetzt, die zum Modell gehören. Eine Möglichkeit ist ein thermoplastisches Material, das in einem beheizten Thermokopf (Extruder) geschmolzen und durch eine Düse auf die darunter liegende Schicht abgelegt wird. Nach dem Austritt aus dem Extruder erkaltet das Material, wird wieder hart und klebt auf der unteren Schicht fest. Nach diesem Prinzip arbeiten alle preiswerten 3D-Drucker für die private Nutzung.

Ein Gerät für professionelle Anwendungen verwendet zwei Düsensysteme, eines für das Material, aus dem sich das Modell zusammensetzt, ein zweites für das Material, mit dem die Hohlräume gefüllt werden oder Verstrebungen zum Stützen überhängender Teile. Das Füllmaterial wird nach der Fertigstellung durch chemische Lösung entfernt, die Stützen auch durch mechanische Abtrennung.

Die Anzahl der Druckköpfe beschränkt die Anzahl der Materialien und damit der Farben für ein Werkstück, zumindest bei den preiswerten Druckern. Mehr als zwei Extruder sind im engen Bauraum des Druckers kaum unterzubringen. Theoretisch lässt sich zwar das Material und damit die Farbe während des Drucks eines Werkstücks wechseln. In der Praxis ergeben sich aber viele Probleme mit dem Materialwechsel, so dass diese Option so gut wie nie genutzt wird.

Ein Entwickler hat jetzt einen neuen Thermokopf entwickelt, mit dem sich viele Farbtöne erzeugen lassen (http://reprap.me). Drei thermoplastische Materialien in den Grundfarben werden in drei getrennten Kammern verflüssigt. In einer Mischkammer werden die drei Materialien programmgesteuert zu einem fast beliebigen Farbton gemischt. Alle Probleme sind noch nicht zufriedenstellend gelöst. Was macht man zum Beispiel mit dem Material, während eine neue Farbe gemischt wird? Wohin mit diesen „Fehlfarben"? Eine erweiterte Version mit fünf Grundfarben ist bereits in Arbeit. Ob das alles so funktioniert, wie der Entwickler den Kunden vermitteln möchte, ob wirklich ein Bedarf dafür besteht und ob die Verbraucher den höheren Preis zu bezahlen bereit sind, muss sich noch zeigen.

Schichten aus Pulver

In einer Maschine wird auf die Arbeitsfläche eine dünne Schicht eines Pulvers (Stärke, Gips, Kunststoff oder Metall) aufgebracht. Im Bereich der Schicht, der zum Modell gehört, werden die Pulverteilchen miteinander und mit der darunter liegenden Schicht verbunden, zum Beispiel durch Aufbringen eines Klebemittels. Metallpulver kann durch lokales Erhitzen mit einem Laserstrahl verfestigt werden (Selektives Laser-Sintern, SLS). Ist die Schicht fixiert, wird die nächste Schicht aufgetragen. Der Prozess wird solange fortgesetzt, bis die letzte Schicht des Modells aufgebracht ist. Nach Fertigstellung des Werkstücks wird das nicht fixierte Pulver manuell durch Schütteln oder durch Ausblasen mit einem Luftstrahl entfernt und kann wieder für den Aufbau neuer Modelle genutzt werden.

Bei einem Verfahren wird jede Schicht des Metallpulvers nach dem Sintern mit dem Laserstrahl zusätzlich plangeschliffen. Dadurch ist die Dicke der Schicht besser kontrollierbar, die Schichten können dünner und gleichmäßiger aufgetragen werden. Das Modell wird insgesamt genauer, ein wichtiger Gesichtspunkt zum Beispiel für die Schmuckindustrie, die mit sehr kleinen und fein gegliederten Werkstücken arbeiten muss. Werkstücke aus Sintermetall erhalten durch Eintauchen in flüssiges Metall mit niedrigem Schmelzpunkt eine höhere Festigkeit. Mit diesem Verfahren fertigt zum Beispiel die Künstlerin *Bathsheba Grossman* ihre Skulpturen, die auf mathematischen Oberflächen und Konzepten der Topologie basieren (GROSSMAN 2016).

Die Modelle aus Stärke- oder Gipspulver werden nach dem Aufbau in der Regel mit Wachs, Kunstharz (Epoxy), Cyanoacrylat (vulgo Sekundenkleber) oder einem anderen Festiger getränkt. Dadurch wird die mechanische Stabilität erhöht, die Empfindlichkeit gegen Feuchtigkeits- und Temperaturschwankungen vermindert und die Farbintensität erhöht. Mit dem Festiger infiltrierte Modelle können wie Holz nachbearbeitet werden, etwa durch Schleifen oder Polieren. Ein Farbauftrag oder die Metallbeschichtung mit galvanischen Verfahren ist möglich. Durch eine geeignetes Pulvermaterial und die dazu passende Infiltrierflüssigkeit lassen sich auch flexible Modelle mit dünnen Wänden herstellen.

Mit der Kombination von Stärkepulver und Wachs als Imprägniermittel können Modelle gebaut werden, die ohne weitere Zwischenschritte für den Metallguss nach dem Prinzip der verlorenen Form verwendet werden können. Das Modell wird in eine Gussform aus hitzefestem Material eingebettet. Beim Eingießen des flüssigen Metalls verbrennt das Modell ohne Rückstände.

3D-Drucker mit hochauflösendem integriertem Farbauftrag

Die Fertigung von Werkstücken mit RP-Verfahren war bis vor einigen Jahren auf einfarbige Modelle beschränkt. Das Einfärben der Modelle mit Pinsel oder Airbrush ist natürlich möglich, die Personalkosten für das Auftragen der Farbe sind aber im Verhältnis zu den Herstellungskosten sehr hoch. Fotochemische Verfahren – also Beschichtung mit einer fotoempfindlichen Schicht, Belichtung und Entwicklung – sind denkbar, aber bei komplexen Formen schwierig zu realisieren, einmal abgesehen von den Problemen mit der Feuchtigkeitsempfindlichkeit des Materials.

Wenn die visuelle Variable *Farbe* unbedingt notwendig ist wie in der Kartographie, muss das Aufbringen der Farbe in die Fertigung integriert werden. Nur so kann man die Kostenvorteile der schnellen Herstellung bewahren. Zur Zeit können nur die 3D-Drucker, die von der Firma ZCorp (heute 3D Systems) entwickelt wurden, 3D-Farbmodelle mit hoher Auflösung der Farbtöne und des Pixelrasters herstellen. Die Drucker, die das Modell aus Papierschichten zusammensetzen, sind ihnen hart auf den Fersen, mit ungewissen Ausgang des Wettbewerbs.

In Abbildung 22-1 sind die wichtigsten Arbeitsschritte für den Bau des Modells aus Schichten aufgeführt. Nach dem Auftrag und Glätten des Pulvers werden die Teile der jeweiligen Schicht, die zum Modell gehören, mit einem farblosen und drei oder vier farbigen Klebern fixiert. Für das Auftragen der Farben werden die gleichen Druckköpfe verwendet wie bei einem handelsüblichen Tintenstrahldrucker, mit den Farben Cyan, Magenta und Gelb (CMY), bei den teureren Modellen mit zusätzlichem Schwarz (CMYK). Durch die Farbe Schwarz wird die die Wiedergabe von Schwarz- und Grautönen deutlich verbessert.

Abbildung 22-1
Produktion einer Schicht mit einem 3D-Farbdrucker

Diese Drucker werden seit längerem im Maschinen- und Anlagenbau eingesetzt, auch für das Mode- und Produktdesign. Andere Anwendungsgebiete nutzen die Fähigkeiten der Farbdrucker, etwa die Medizin für den Bau von 3D-Modellen aus Daten der medizinischen Bildgebung zur Vorbereitung von Operationen, die Architektur, die Stadt- und Landschaftsplanung. Archäologie, Anthropologie und Biologie oder Strukturforschung profitieren ebenfalls von der Möglichkeit, Modelle und Werkstücke mit hoher Farbtreue herzustellen.

Glasinnengravur

Seit einiger Zeit ist ein technisches Verfahren verfügbar, das ein dreidimensionales monochromes Bild im Inneren eines Glaskörpers festhält. In vielen Städten gibt es Andenkenläden, die 3D-Darstellungen von Gebäuden, Denkmälern, Pflanzen oder Tieren im Inneren eines Glasblocks anbieten. Einige Läden sind auch mit einer 3D-Kamera ausgerüstet, mit der die Käufer fotografiert werden. Anschließend wird das 3D-Modell des Gesichts oder Kopfes in ein numerisches Modell umgesetzt und in den Glasblock graviert.

Die 3D-Zeichnungen im Glasblock werden mit Glasinnengravur in einem computergesteuerten Gerät hergestellt. Ein in drei Achsenrichtungen geführter und fokussierter Laserstrahl schmilzt einen eng begrenzten Bereich im Glaskörper. An diesen Stellen wird das Glas trüb und undurchsichtig. Die Schmelzpunkte werden von unten nach oben in Schichten angelegt, damit der Bereich des Glaskörpers darüber für den Laserstrahl transparent bleibt. Die Führung des Laserstrahls bzw. des Fokuspunktes wird aus einem numerischen Modell der Zeichnung abgeleitet, in unserem Fall einer kartographischen Oberfläche als VRML-Datei (Abb. 22-2).

Streng genommen ist die Glasinnengravur kein RP-Verfahren, weil kein Werkstück als Prototyp für die Fertigung entsteht. Es werden aber die gleichen Modelldefinitionen, der schichtweise Aufbau und vergleichbare Steuerungstechniken für die Positionierung des Laserstrahls benutzt. Die 3D-Zeichnungen in den Glasblöcken sind naturgemäß mono-

Abbildung 22-2
Glasblock mit der Oberfläche
der Baulandpreise 2002

chrom. Wegen der verhältnismäßig niedrigen Herstellungskosten eignet sich diese Technik sehr gut für personalisierte Geschenke und Auszeichnungen, in die ein individueller thematischer Bezug eingearbeitet werden kann.

Rapid manufacturing

Inzwischen ist sind die RP-Verfahren so weit fortgeschritten, das auch Werkstücke preisgünstig gefertigt werden, die höheren mechanischen Belastungen standhalten können. Man spricht dann von *rapid manufacturing* oder *rapid tooling*, um den Unterschied zur Fertigung von Prototypen herauszustellen. Im wesentlichen sind das technische Lösungen, bei denen ein Metallpulver schichtweise aufgetragen und durch lokale Hitzeeinwirkung, etwa durch einen starken Laserstrahl, zu einem festen Metall verschmolzen wird (Selektives Laser-Sintern, SLS). Damit lassen sich Einzelstücke und Kleinserien wirtschaftlich produzieren, weil die Kosten geringer sind als bei der konventionellen spanabhebenden Fertigung mit einer Fräsmaschine.

Auch Künstler bedienen sich inzwischen der schnellen Prototypen-Fertigung, um dreidimensionale Objekte zu erschaffen, die mit den bisher verwendeten bildhauerischen Techniken nicht realisierbar sind (GROSSMAN 2016). Zum Beispiel sind Teile der Skulptur so verdeckt, dass der Künstler sie nicht nicht mit den traditionellen Formwerkzeugen oder einem Meißel erreichen kann. Hier hilft nur die Konstruktion mit einem CAD-Programm, um die nicht direkt erreichbaren Stellen zu formen. Aus ähnlichen Gründen ist die Skulptur nicht für die spanabhebende Fertigung oder den Metallguß geeignet.

3D-Modelle von Oberflächen

Die in den letzten Jahren entwickelten Techniken des *rapid prototyping* können auch zur Fertigung von 3D-Modellen von GIS-Objekten angewendet werden (COOPER 2001, KREMPL 2006). Die Kosten für einen kommerziellen 3D-Farbdrucker sind nicht unerheblich, weit höher als für die 3D-Drucker für den Hausgebrauch. Bei geringen Stückzahlen ist es deshalb wirtschaftlich sinnvoll, die Prototypen im Auftrag fertigen zu lassen. Einige Firmen bieten Dienstleistungen für den 3D-Druck mit unterschiedlichen Verfahren an. Der Kunde schickt das numerische Modell in einem geeigneten Format an den Auftragnehmer. Dieser produziert das Werkstück und führt, wenn gewünscht, auch die Nachbearbeitung durch, etwa Infiltration, Glättung, das Aufbringen von Farbe oder Elektroplatierung mit einem Metall. Nach der Fertigstellung wird das Modell mit einem Paketservice an den Kunden geschickt.

Die Modelle in den folgenden Abbildungen wurden von der Firma 4Dconcepts aus Groß Gerau auf dem 3D-Farbdrucker Z510 gebaut. 4Dconcepts erhält die Datei mit der numerischen Repräsentation des Modells als Anhang an eine E-Mail. Die Firma macht den Kunden nach der Prüfung der Dateien auf Wunsch ein Angebot mit den geschätzten Fertigungskosten. Nach Auftragserteilung wird das Modell mit dem 3D-Drucker Z510 oder seinen Nachfolgemodellen aufgebaut. Anschließend wird der Block mit dem gewünschten Festiger infiltriert und an den Kunden versandt. Normalerweise vergehen drei bis vier Tage, bis das fertige Modell beim Kunden ankommt. Für besonders eilige Aufträge gibt es auch einen Express-Service für die Fertigung über Nacht. Inzwischen bieten noch andere Dienstleister den Bau von Modellen auf 3D-Farbdruckern an.

Numerische Repräsentation des Modells

Das Modell besteht aus der 2½D-Oberfläche, den Seitenwänden, dem Boden (der Rückseite) oder einem Sockel. Dazu kommen die Körper der Höhenlegende, die Maßstabsleiste, die Grenzen und andere Linien, weiterhin die Textketten einschließlich der Zahlen in den Legenden. Die äußere Haut des Modells wird durch 3D-Dreiecke definiert, die für eine glatte Oberfläche ausreichend klein sein müssen. Jedes Dreieck kann eine individuelle Farbe tragen. Die Software des 3D-Druckers berechnet aus den Dreiecken die Teile der Schicht, die zum Modell gehören, vergleichbar mit den Höhenlinien in einer topographischen Karte. Die Koordinaten der Konturen und die Farbinformationen werden an den 3D-Drucker übermittelt, der daraus das Modell Schicht für Schicht aufbaut.

Die numerische Beschreibung des Modells muss in einer standardisierten Form an das Servicebüro übermittelt werden. Für Modelle mit Farbinformationen ist das Format VRML (*Virtual Reality Markup Language*) gut geeignet. Für die Definition der Modelle sind nur die Befehle für die Beschreibung der Geometrie einschließlich der Farbe notwendig. Für die Konvertierung von anderen 3D-Formaten in das VRML-Format sind geeignete Konverter verfügbar. Die Konvertierung wird auf Wunsch des Kunden auch von der Firma 4DConcepts ausgeführt.

Linien als Röhren

Für die Orientierung auf dem Modell sind topographische Anhaltspunkte wünschenswert, denn nicht jeder Betrachter ist in der Lage, auf Anhieb die Bundesländer oder die Städte und Ballungsräume im Modell zu identifizieren. Gute Hilfen zur Verortung können zum Beispiel die Grenzen der Bundesländer, die großen Flüsse und Kanäle oder wichtige Verkehrswege (Autobahnen, Bundestraßen, IC-Trassen) sein, je nach dargestelltem Thema. Auf der anderen Seite behindern zu viele topographische Angaben die intuitiven Erfassung der Botschaft, weil die wichtigen Informationen visuell in den Hintergrund gedrängt werden werden. Es muss ein geeignetes Gleichgewicht zwischen Fachdaten und topographischen Angaben gefunden werden.

Das sonst in der Computergraphik übliche Verfahren der Liniendarstellung als Textur auf den Dreiecken ist nur bedingt für kartographische 3D-Modelle geeignet. An steilen Hängen „verschmieren" die Pixel der Textur aufgrund der projektiven Umformung zu einem unansehnlichen Muster. Deshalb sollten die Linien im Modell als dünne Röhren konstruiert werden, die wiederum aus sehr kleinen Dreiecken aufgebaut sind. Die Linien liegen in der Regel nur in zwei Dimensionen vor. Zur Verortung der Linien auf der Oberfläche wird der Höhenwert jedes Punktes der Linien auf den Dreiecken der Oberfläche berechnet. Die einfachste Lösung ist die C^0-Interpolation im regelmäßigen Gitter oder Dreiecksnetz.

Die feine Struktur der Röhren resultiert in einer hohen Anzahl von sehr kleinen Dreiecken, meistens mehr als die Dreiecke der eigentlichen Oberfläche. Für den Bau des Modells auf dem 3D-Drucker spielt die Anzahl der Dreiecke insgesamt aber eine vernachlässigbare Rolle und wirkt sich insbesondere nicht auf die Baugeschwindigkeit aus. Die VRML-Datei wird allerdings erheblich umfangreicher und kann ohne Komprimierung möglicherweise das E-Mail-Postfach beim Versand der Datei verstopfen.

3D-Textketten

Die Umrisse der Zeichen sind in den Dateien für die TrueType-Schriften als geschachtelte Polygone (*glyphs*) definiert. Die Polygone werden aus den TrueType-Dateien extrahiert und mit wählbarer Auflösung in die dritte Dimension extrudiert, so dass ein dreidimensionaler geschlossener Körper entsteht. Verschiedene Optionen für die Form der Extrusion und der Seitenwände sind wählbar, auch das Abschrägen (Fasen) und Verformen der Kanten mit unterschiedlichen Parametern. Der 3D-Körper des Zeichens wird wieder als Menge von Dreiecken in der VRML-Datei gespeichert.

Leider halten sich nicht alle Designer von TrueType-Schriften strikt an die Spezifikationen. In manchen Schriften bzw. TrueType-Dateien ist der Drehsinn der Glyphen falsch, was beim normalen Gebrauch auf einem 2D-Drucker nicht sichtbar wird. Bei der Extrusion in die dritte Dimension führt dieser Fehler aber zu einer falschen Orientierung der Dreiecke und damit zu einer fehlerhaften Definition des 3D-Körpers. Gute Prüfprogramme für 3D-Modelle stellen die korrekte Orientierung der Dreiecke fest und warnen den Anwender, wenn die Dreiecke falsch orientiert sind. Diese Warnhinweise sollte man beachten – das gilt nicht nur für die Textketten –, um sich unnötige Kosten für Fehldrucke zu ersparen.

Textur

Die Software des 3D-Drucker Z510 kann eine farbige Textur auf den Dreiecken erzeugen. Die Textur wird in einer Rasterdatei gespeichert, deren Dateiname in der Modell-Datei angegeben wird. Diese Option wird für feine Muster angewendet, die schon als Rasterdateien vorliegen, etwa eine topographische Karte oder ein Satellitenbild. Die Textur wird über das durch die Dreiecke definierte 3D-Modell drapiert. Auf die exakte Passung von Textur und geometrischer Grundlage bzw. dem Dreiecksnetz des Modells ist zu achten.

3D-Modelle für die großräumige Planung

Zur Evaluierung der technischen Möglichkeiten wurden einige Modelle von GIS-Objekten (Oberflächen) mit Informationen aus der Laufenden Raumbeobachtung des Bundesinstituts für Bau, Raum- und Stadtforschung (BBSR) angefertigt. Die Geometrie-Dateien und die Indikatoren wurden mit dem Software-Paket ArcGIS von ESRI aufbereitet. Die Interpolation der Oberflächen erfolgte mit den Programmen ArcGIS, Konkar und Surfer. Für die Erzeugung der Modell-Dateien aus den Oberflächen wurde damals das Programm Konkar benutzt. Man kann die Oberflächen zusammen mit anderen Körpern auch in ein

CAD-Programm exportieren und dort die endgültige Fassung der Modelldatei für den 3D-Drucker interaktiv fertigstellen.

Einige Zahlen zum 3D-Drucker und Modellbau

Mit dem benutzten 3D-Farbdrucker von ZCorp/3DSystems können Modelle bis zu den Dimensionen 25x38x20 cm gefertigt werden. Die Dicke der einzelnen Schichten ist von 0,089 bis 0,2 mm einstellbar. Das Modell in Abbildung 22-3 entspricht ungefähr den maximalen Abmessungen des Druckers in der xy-Ebene und ist etwa 70 mm hoch. In diesem Fall wurde eine Schichtdicke von 0,1 mm gewählt. Der optimale Wert für die Dicke der Schicht hängt vom Pulvermaterial und dem Verwendungszweck des Modells ab. Die Fertigungszeit ist linear proportional zur Anzahl der Schichten. Bei farbigen Werkstücken werden etwa zwei Schichten pro Minute aufgetragen, bei monochromen Modellen bis zu sechs Schichten. Der Aufbau des Modells aus dünneren Schichten dauert deshalb länger. Das Modell wurde nach dem Aufbau mit Epoxy-Harz infiltriert, um die mechanische Festigkeit, die Farbintensität und den Widerstand gegen Feuchtigkeit zu erhöhen.

Durchschnittliche Preise für baureifes Land

Aus den durchschnittlichen Preisen für baureifes Land in den Kreisen der Bundesrepublik Deutschland (MÜLLER-KLEISSLER & RACH 2004) wurde mit dem Verfahren der pyknophylaktischen Interpolation eine stetige Oberfläche berechnet. Das Interpolationsverfahren stellt sicher, dass bei flächenbezogenen Variablen das Volumen über jeder Bezugseinheit dem ursprüngliche Volumen wie bei den Prismen in der 3D-Choroplethenkarte entspricht, mit einer sehr geringen Fehlermarge. Die Interpolation wandelt die 3D-Choroplethenkarte in eine kontinuierliche Oberfläche um. Innerhalb des Bezugspolygons kann deshalb die Höhe variieren, um den Ausgleich zum unmittelbar benachbarten Polygon herzustellen. Der Durchschnitt der Höhe für jedes Polygon bleibt aber konstant, weil sich Volumina und Grundflächen nicht verändern (TOBLER 1979, RASE 2001).

Die Oberfläche in Abbildung 22-3 wurde mit einer Farbkodierung für die Klassen von 0 bis 50, 50 bis 100, 100 bis 150, 150 bis 300 und über 300 Euro/m² versehen Die Grenzen der Bundesländer und der benachbarten Länder im Kartenausschnitt sind durch dünne Röhren repräsentiert. Eine kombinierte 3D-Legende für Höhen und Höhenklassen erlaubt sowohl die Zuordnung von Isoflächen in der Karte zu einer Klasse als auch den direkten Höhenvergleich, etwa durch einen Blick von der Seite auf das Modell. Das Inset in Abbildung 22-3 zeigt einen Teil des Körpers für die Höhenlegende und den Legendentext, dazu die grünen und grauen Röhren der Grenzlinien.

Zeitentfernung zum nächsten Oberzentrum

Das Modell in Abbildung 22-4 visualisiert die Zeitentfernung von jedem Punkt in der Bundesrepublik Deutschland zum nächstgelegenen Oberzentrum. Die Höhe der Oberfläche im Modell ist proportional zur Reisezeit in Minuten, die notwendig ist, um das Oberzentrum auf dem Schienenweg (Bundesbahn, S-Bahn, Straßenbahn) zu erreichen. Die Zeitentfernungen von jedem Punkt im Verkehrsnetz zum nächsten Oberzentrum wurden mit

Abbildung 22-3
Durchschnittliche Preise für baureifes Land 2003, Legende und Text vergrößert (rechts)

Daten aus dem Erreichbarkeitsmodell des Bundesamtes für Bauwesen und Raumordnung berechnet (PÜTZ & SPANGENBERG 2006). Aus den Datenpunkten wurden die Höhenwerte der Oberfläche mit der Methode der modifizierten Shepard-Interpolation interpoliert (RENKA 1988). Die Interpolation ist notwendig, um aus den Datenpunkten eine glatte Oberfläche mit ausreichender Dichte zu erzeugen.

Wie erwartet treten die längsten Reisezeiten in der Nähe der Bundesgrenze und in den Gebieten mit niedriger Bevölkerungsdichte auf. In diesen Gebieten liegen die Oberzentren weiter auseinander und das Schienennetz ist weniger dicht. Im Modell sind die wichtigsten Schienenwege als blaue Linien dargestellt, aber nicht alle Schienenwege zum jeweiligen Oberzentrum, weil diese Angaben das Modell überfrachtet hätten. Die Höhenlegende hat die gleiche Funktion wie beim Modell mit den Baulandpreisen.

Bruttoinlandsprodukt in den Raumordnungsregionen

In der Abbildung 22-5 ist ein 3D-Modell der Oberfläche des Bruttoinlandsprodukts pro Erwerbstätigen dargestellt. Die Oberfläche wurde mit volumenerhaltender Interpolation aus den Raumordnungsregionen der Bundesrepublik Deutschland interpoliert. Die Gebiete mit hoher Wirtschaftskraft – München und Umland, das Rhein-Main-Gebiet, die Stadt Hamburg – ragen gut sichtbar heraus. Das Bruttoinlandsprodukt pro Einwohner ist

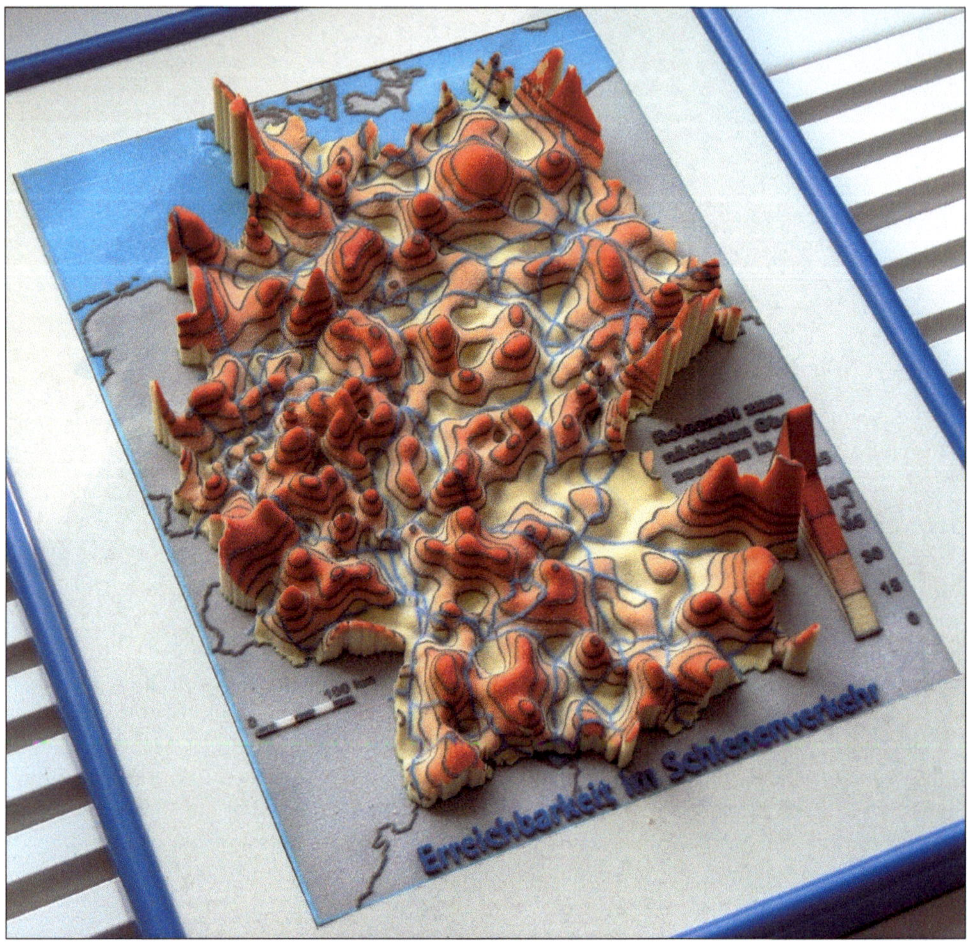

Abbildung 22-4
Zeitentfernung zum nächsten Oberzentrum im Schienenverkehr. Die Höhe der Oberfläche ist
proportional zur Reisezeit im Schienenverkehr zum nächsten Oberzentrum.

für die Regionen in den neuen Bundesländer im Vergleich mit Westdeutschland deutlich
niedriger. Das kann sich seit 2004 verändert haben.

Bau von Landschaftsmodellen über das Internet

Für viele Outdoor-Aktivisten war es bisher ein Wunschtraum, ihre Touren im Kanu, auf
dem Fahrrad, die Wander- und Klettertouren in einem dreidimensionalen Modell zu ver-
ewigen. Das Modell kann man zuhause ins Regal stellen, als Erinnerung an unvergessli-

che Erlebnisse in der Natur. Natürlich konnte man damit auch die Freunde beindrucken, insbesondere, wenn das Gelände überhöht dargestellt ist und die Steigungen schwerer aussehen, als sie in Wirklichkeit waren.

Pionierarbeit in der Fertigung von 3D-Oberflächenmodellen für Endverbraucher hat die Firma LandPrint geleistet. Über einen Standard-Browser lud sich der Anwender ein Java-Programm auf seinen Rechner. Mit diesem Programm konnte ein Rechteck auf der Erdoberfläche, die Textur für die Oberfläche in Form eines Satellitenbildes oder einer Karte und weitere Parameter angegeben werden. LandPrint übernahm die Beschaffung der Höhendaten, der Satellitenbilder für die Bodenbedeckung und des Kartenmaterials. Auch eine eigene Textur als Oberflächenbedeckung und die Darstellung von GPS-Routen mit Linien unterschiedlicher Farbe waren möglich.

Abbildung 22-5
Oberfläche des Bruttoinlandsprodukts pro Einwohner in den Raumordnungsregionen der Bundesrepublik, Methode der volumenerhaltenden Interpolation

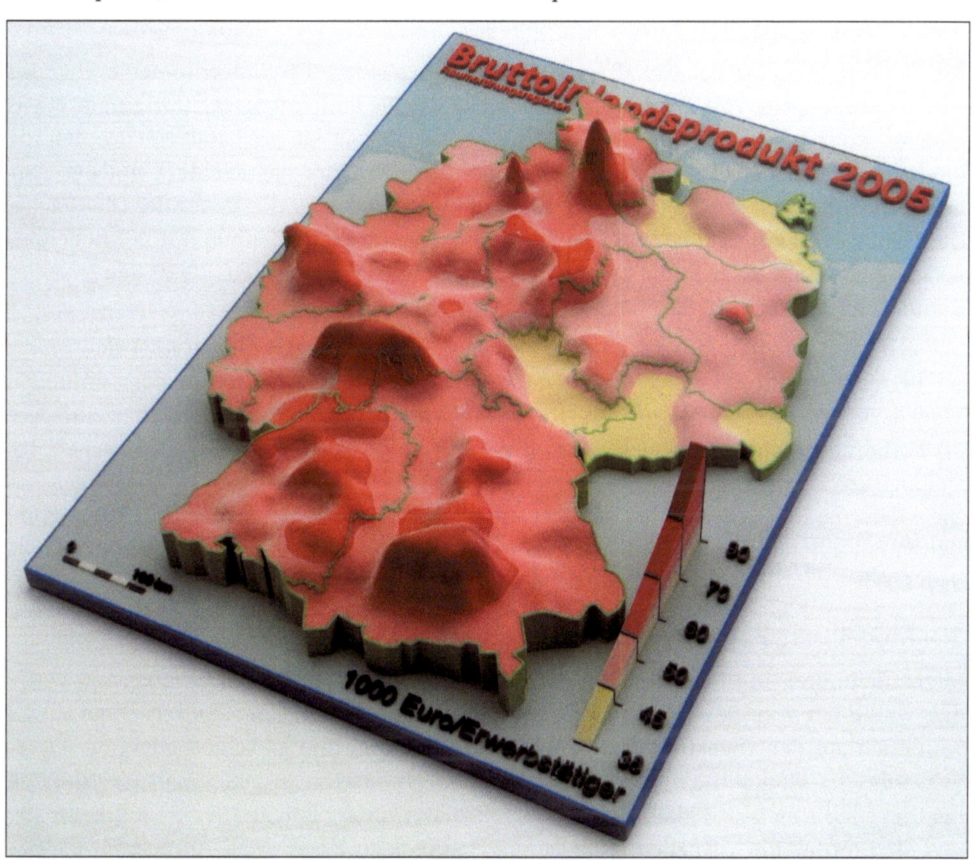

Im Server bei LandPrint wurde aus diesen Angaben ein virtuelles Modell konstruiert. Der Anwender konnte mit dem Browser bzw. dem Java-Benutzerinterface das virtuelle Modell betrachten, mit Drehen, Kippen und Zoom. War er mit dem Aussehen zufrieden, wurde der Bestellvorgang einschließlich Zahlung abgeschlossen, das Modell gedruckt und versendet.

Ein Problem mit der Nutzung des LandPrint-Services war die Beschränkung der Versands der 3D-Modelle auf USA und Kanada. Das zweite Problem war, dass nur Karten vom US Geological Survey, also allein für die USA, verfügbar waren. LandPrint hat deshalb versucht, Lizenznehmer in Europa zu finden, um die Modelle mit lokalen Karten zu drucken und den Versand in Europa zu ermöglichen. Zwei Dienstleister in Dänemark und in Großbritannien haben einige Zeit den LandPrint-Service mit europäischen Karten bereitgestellt. Die Zeit war dafür noch nicht reif, deshalb sind die Dienstleister bald wieder ausgestiegen. Ende 2013 hat LandPrint seine Internet-Seite geschlossen und ist als Firma nicht mehr auffindbar.

Bau von 3D-Modellen durch ShapeWerk

Die Fertigung von 3D-Landschaftsmodellen als Einzelstücke für Endverbraucher über das WWW wurde 2014 von der Firma ShapeWerk wieder aufgenommen. Mit einem etwas anderen Konzept für die Abwicklung der Modellfertigung als bei LandPrint werden die Modellparameter definiert. Der Anwender wählt im Browser das Rechteck auf der Erdoberfläche und andere Parameter, wie Überhöhungsfaktor oder die Textur der Oberfläche. Die Textur kann eine topographische Karte sein oder ein Satellitenbild mit der Bodenbedeckung. Möglich ist auch die Übernahme von eigenen GPS-Routen, die in gewünschter Breite und Farbe auf die Oberfläche gezeichnet werden.

Nach einer Bearbeitungszeit kann der Anwender das virtuelle Modell über den Browser betrachten und eventuell noch Änderungen vornehmen. Ist er mit dem virtuellen Modell zufrieden, erteilt er den Auftrag zur Fertigung. Nach dem Modellbau auf dem 3D-Farbdrucker wird das Modell mit einem Paketdienst zugestellt. Die Zeit zwischen Bestellung und Zustellung richtet sich nach dem gerade anliegenden Auftragsvolumen des Dienstleisters. Der Druck ist der zeitlich aufwendigste Arbeitsschritt, deshalb kann es im Extremfall schon bis zu drei Wochen dauern, bis das Modell beim Auftraggeber angekommen ist.

3D-Modell mit Radtouren in Oberitalien

Meine Radtouren in Oberitalien, im Rechteck zwischen Bozen, dem Gardasee und Venedig, wollte ich gern auf einem 3D-Modell der Region visualisieren. Durch einen Zufall wurde ich auf den Dienstleister ShapeWerk aufmerksam und entschied mich, bei dieser Firma das 3D-Modell interaktiv im Word Wide Web fertigen zu lassen. Für die Nutzung der Dienstleistung ist lediglich ein Standard-Browser für die Eingabe der Modellparameter und die Prüfung des virtuellen Modells notwendig, dazu eine E-Mail-Adresse für die Benachrichtigungen und den Abschluss der Bestellung und die Verfügbarkeit der im Internet üblichen Zahlungsmittel.

Vorbereitung der GPS-Routen

Die GPS-Routen der Touren wurden mit einem Fahrrad-Navigator aufgenommen. Andere Geräte oder auch die preiswerten GPS-Recorder ohne Kartendisplay und Navigationsfunktion sind dafür geeignet. Die sehr punktreichen Routen wurden für den Modellbau etwas vereinfacht und das proprietäre Format jpx in das mehr gebräuchliche Format gpx umgesetzt. Für die Datenreduktion und Formatumsetzung wurde eine kostenfreie Dienstleistung im WWW genutzt. Die Strecke über den Gardasee (siehe Abb. 22-6 und 22-7) wurde natürlich nicht mit dem Fahrrad zurückgelegt, sondern an Bord eines Schiffes mit Fahrzeugtransfer. Die Autofähre ist eine wichtige Verbindung auf dem Lago di Garda. Sie läuft Städte und Dörfer an beiden Ufern an, deshalb die Zickzack-Linie über das Wasser.

Definition der Modellparameter

Durch Anwahl der Adresse www.shapewerk.de gelangt man auf die Leitseite des Dienstleisters. Von den dort angeboten Services für 3D-Druck wählt man die Rubrik *Anschauung* aus. Von dort geht es über die Schaltfläche *In 20 Sekunden generieren* oder *Meine 3D-Vorschau erzeugen* zum ersten Schritt der Modell-Definition (der Text auf den www-Seiten kann sich inzwischen verändert haben). Das Gebiet, das in dem Modell dargestellt werden soll, kann über eine Ortsangabe, entweder eine Stadt wie Verona, oder eine Landmarke, etwa den Gardasee, näher eingegrenzt werden. Die Begrenzung für das Modell wird durch Aufziehen eines Rechtecks in der Karte festgelegt. Die üblichen interaktiven Funktionen sind vorhanden, wie Verschieben auf der Karte oder Vergrößern und Verkleinern mit dem Mausrad. Die vier Seiten des Rechtecks lassen sich einzeln verschieben, um den endgültigen Ausschnitt festzulegen. Zur Orientierung bei der Auswahl kann als Hintergrund entweder ein schattiertes Geländemodell oder ein Satellitenbild mit einem vereinfachten Straßennetz ausgewählt werden.

Ist das Rechteck festgelegt, wird durch Klicken auf das Feld *Diese 3D-Vorschau erzeugen* die Konstruktion des Modells angefordert. Nach einer kurzen Wartezeit erhält der Anwender eine E-Mail mit einem Link zum Entwurf des Modells. Nach dem Anklicken des Links öffnet sich eine Seite, in der weitere Parameter gesetzt werden können. Dazu gehören der Überhöhungsfaktor (in diesem Beispiel fünffach) und mehrere Möglichkeiten für die Textur:

- Satellitenbild mit Hauptwegenetz (derzeit *Bing Maps Hybrid Service*),
- Topographische Karte (derzeit *World Topo ArcGis Service*),
- Satellitenbild 1 (derzeit *World Imagery ArcGis Service*),
- Satellitenbild 2 (derzeit *Bing Maps Service*),
- Satellitenbild 3 (derzeit *Google Maps Service*),
- keine Textur, Oberfläche bleibt weiß.

Abbildung 22-6
Foto des fertigen 3D-Modells mit den Strecken der Radtouren in Oberitalien; Überhöhungsfaktor
5, Maßstab ca. 1 : 500 000

In Zukunft werden wahrscheinlich noch weitere Datenquellen zur Bodenbedeckung zur
Verfügung stehen, etwa die amtlichen topographischen Karten des Bundesamts für Kartographie und Geodäsie oder die Daten aus dem OpenStreetMap-Projekt.

Als Höhenmodell für dieses Beispiel wurde die ASTER-Datenbasis (NASA und METI)
mit einer vertikalen Genauigkeit von ca. 30 m am Äquator genutzt. Die Genauigkeit ist
für diesen Maßstab ausreichend. Für kleinräumige Projekte, etwa in der Landschaftsplanung, wird auf Höhendaten mit verbesserter Genauigkeit (2 bis 10 m) zurückgegriffen,
die zum Beispiel aus Geländeaufnahmen der Vermessungsverwaltungen oder des Auf-
traggebers stammen.

Die Abmessungen des fertigen Modells sind in diesem Arbeitsschritt wählbar. Der
Bauraum des 3D-Druckers beträgt ca. 25x38x20 cm. Überschreitet ein Werkstück diese
Dimensionen, kann das virtuelle Modell per Software geteilt und die Teile nach dem
Druck zum Gesamtmodell zusammengesetzt werden. Diese Möglichkeit wird oft bei grö-

ßeren Ausstellungsstücken für repräsentative Zwecke genutzt, etwa für Museen oder Ausstellungen. Bei 3D-Stadtmodellen ist die Möglichkeit der Teilung eine erwünschte Funktion, um bei Bedarf nur Teile im Gesamtmodell ersetzen zu müssen, wenn sich im Laufe der Zeit Änderungen im Gebäudebestand oder den Verkehrswegen ergeben.

Nach Anklicken des Feldes *Angebot erfragen* wird der Modelldruck weiter bearbeitet. Nach diesem Arbeitsschritt können auch eigene GPS-Routen per E-Mail an den Dienstleister ShapeWerk übermittelt werden, mit Angabe der Linienbreite und Farbe für jede Strecke. Beim ShapeWerk werden diese Linien auf die Oberfläche des numerischen 3D-Modells gelegt (Abb. 22-7).

Endprüfung des 3D-Modells, Bestellung und Versand

Das ShapeWerk-Team schickt dann nach einer kurzen Wartezeit eine weitere E-Mail mit einem Angebot einschließlich des Preises. Der Auftraggeber kann eigenen Text übermitteln, der auf die Seitenwände aufgebracht wird. Als zusätzliche Leistungen können zum Beispiel die Lackierung mit einem UV-Schutz und ein Rahmen zum Aufhängen des Modells ausgewählt werden. In der Mail ist wieder ein Link auf die endgültige Version des

Abbildung 22-7
Vergrößerter Ausschnitt aus dem Modell von Norditalien mit den GPS-Routen als Linien

Modells enthalten, das man mit dem Browser von allen Seiten betrachten kann. Ist der Anwender mit dem Entwurf einverstanden und hat die gewünschten Zusatzleistungen im Formular angewählt, bestätigt er die Bestellung. Änderungen am Modell sind dann nicht mehr möglich. Danach wird der Aufbau des Modells auf einem 3D-Farbdrucker durchgeführt. Nach der Infiltrierung mit einem Festiger wurde dieses Modell zusätzlich mit einer UV-Schutzlackierung versehen. Ob diese Beschichtung wirklich vor dem Verblassen der Farben schützt, kann wahrscheinlich erst im langjährigen Versuch herausgefunden werden.

Nach dem Drucken wird das 3D-Modell mit einem Paketdienst an den Besteller verschickt. Die Lieferfristen sind unterschiedlich, ja nach Größe des Modells und der Belastung des Dienstleisters. Mein Modell mit den Radtouren kam wegen der großen Nachfrage vor Weihnachten nach etwa drei Wochen bei mir an. Das Modell ist auf der Rückseite hohl, um Baumaterial zu sparen. Zur Erhöhung der Stabilität ist das Modell auf eine feste Bodenplatte geklebt.

Shapewerk bietet außer der Fertigung des Modells zusätzliche Serviceleistungen an. Das ist zum Beispiel die Auftrennung in Teilmodelle, wenn die Modellgröße die Baugröße des 3D-Druckers überschreitet. Das fast unsichtbare Zusammenfügen nach dem Druck der Einzelteile gehört ebenfalls zum Service. Weiter im Angebot sind die Fertigung und das Einsetzen von Landmarken, die aus unterschiedlichen Gründen nicht gleichzeitig mit dem Oberflächenmodell gedruckt werden können. Das sind zum Beispiel Windgeneratoren, Liftanlagen in Skigebieten, Bäume und andere Vegetation, Brücken oder Gebäude.

3D-Oberflächenmodelle für die räumlichen Planung

Zur Visualisierung von Planungen in der Landschafts- und Stadtentwicklung sind reale 3D-Modelle sehr gut geeignet. Die Information über die vorgesehenen Maßnahmen wird verbessert durch die intuitive Erfassung des Modells. Das 3D-Modell mit dem geplanten Zustand kann aus beliebigen Blickwinkeln durch Veränderung des Standorts betrachtet werden. Mehrere Betrachter können gleichzeitig das Modell ansehen und dabei auch verbale und nichtverbale Informationen austauschen, ein nicht unwichtiger Nebeneffekt bei der Beurteilung von Alternativen oder bei Wettbewerben. Auch bei immateriellen Oberflächen, die aus demoskopischen oder ökonomischen Grunddaten interpoliert werden, kann ein 3D-Farbmodell ein gute Hilfe zum Erfassen der Verteilung und zum besseren Verständnis der räumlichen Vorgänge sein.

Für kleinräumige Anwendungen, etwa für die Visualisierung eines Skigebiets oder eines Freizeitparks, ist die Genauigkeit der üblicherweise genutzten Höhendaten nicht immer ausreichend. Dann muss auf die Höhenmodelle der Vermessungsverwaltungen oder sogar eigene Erfassungen zurückgegriffen werden. Der Einsatz von Multikoptern mit Kamera und LiDAR eröffnet hier neue Möglichkeiten für spezialisierte Dienstleister, relativ preiswert das Gelände im Kundenauftrag zu erfassen und digitale Höhenmodelle mit ausreichender Genauigkeit abzuleiten.

Nicht nur gucken, auch anfassen

Eine perspektivische Darstellung des dreidimensionalen Objekts in den zwei Dimensionen des Papiers vermittelt die Information der dritten Dimension ohne die Notwendigkeit der Kodierung und Dekodierung von visuellen Variablen. Die perspektivische Darstellung entspricht mehr den allgemeinen Sehgewohnheiten des Menschen, deshalb erfolgt die Erfassung der Oberflächengestalt mehr oder weniger intuitiv. Ein reales 3D-Modell hat alle Vorteile einer perspektivischen Darstellung und vermeidet ihre Nachteile. Durch geringfügige Veränderungen des Augenpunktes, zum Beispiel durch Drehen oder Heben des Kopfes oder Bewegen des Körpers, werden die Teile des Modells sichtbar, die bei einer fest eingestellten Perspektive verdeckt sind. Die Schätzung von Entfernungen oder der Höhenvergleich von lokalen Maxima gelingt sehr gut, weil die lebenslange Erfahrung jedes Menschen in der Erfassung von 3D-Szenen und der Interpretation von Tiefen-Indikatoren (*depth cues*) genutzt werden kann.

Ein weiterer Effekt, der für die Eignung realer Modelle für bestimmte Kommunikationssituationen spricht, ergab sich gänzlich unerwartet. Als ich die Modelle zum ersten Mal einigen Kollegen zeigte, griffen fast alle spontan auf die Oberfläche. Die Erfassung des Materials und der Oberflächenformen mit dem Tastsinn ist offensichtlich ein sensorisches Grundbedürfnis wie Sehen, Hören, Riechen und Schmecken. Das haptische Erlebnis, das *Begreifen* im wörtlichen Sinn, ist ein sinnlicher Reiz, der für die Übermittlung der Botschaft genutzt werden kann.

Repräsentative Funktion und Konversationsobjekt

Ein reales Modell ist das geeignete Medium, wenn mehrere Personen gleichzeitig einen raumbezogenen Sachverhalt erfassen und beurteilen sollen. Das trifft zum Beispiel zu für eine Besprechung oder Diskussion im kleineren Kreis. Anders als bei einer Präsentation auf Leinwand oder Monitor oder bei der Nutzung von VR-Techniken wird die verbale und nonverbale Interaktion zwischen den Teilnehmern nicht behindert. Das ist vielleicht auch eine Ursache – neben dem haptischen Reiz – warum bei Architekturwettbewerben immer noch reale Modelle der Bauwerke verlangt werden. VR-Installationen sind auch nicht einfach an einen anderen Ort transportierbar.

3D-Modelle wie auch Glasblöcke mit Laserinnengravur sind sehr wirkungsvolle Konversationsobjekte. Das Modell wirkt als Blickfang oder Anknüpfungspunkt für weitergehende Gespräche, insbesondere mit Entscheidungsträgern ohne direkten Bezug zur großräumigen Planung, Raumbeobachtung und Kartographie. Die Erklärung der Technik wird genutzt, um den dargestellten Sachverhalt und seine Auswirkungen auf die räumliche Entwicklung zu vermitteln („subversive Kartographie"). Reale Modelle von GIS-Objekten haben auch eine wichtige repräsentative Funktion für Präsentationen und Ausstellungen. Das dreidimensionale Modell der Oberfläche kann wirkungsvoll die Aufgabe einer Institution symbolisieren. Mit der Technik der Glasinnengravur lassen sich preiswert repräsentative Unikate herstellen, etwa personalisierte Geschenke mit thematischem Bezug oder Auszeichnungen für Preisträger von Wettbewerben.

Technische Verbesserungen

An den Beispielen wurde gezeigt, wie mit den Verfahren der schnellen Prototypenfertigung reale dreidimensionale Modelle von GIS-Objekten hergestellt werden können, einschließlich des Farbauftrags während des Modellaufbaus. *Rapid prototyping* durch Aufbau aus Schichten und integrierter Farbauftrag ist für diese Anwendung schneller und kostengünstiger als der subtraktive Modellbau mit NC-Maschinen. Gefräste Teile sind darüber hinaus monochrom und müssen nach der Fertigung mit einer Farbe oder Textur versehen werden.

Die Software für die Konstruktion der Modellbeschreibung ist in einigen Teilen noch verbesserungsfähig, etwa die Höhenanpassung von 2D-Daten an die Oberfläche oder die Repräsentation von Linien (Isolinien, Grenzlinien, Verkehrswege) als dünne Röhren. Die Form der Linienenden und Knickstellen und die Textur der Röhren sollen variierbar sein. Die Überlagerung der Oberfläche mit einer Textur, zum Beispiel ein Höhenmodell der Erdoberfläche mit einem Satellitenbild, ist wünschenswert. Das Rasterbild muss aber georeferenziert sein, um die ausreichend genaue Positionierung auf dem Höhenmodell zu gewährleisten.

Weitere Möglichkeiten für die Anwendung der 3D-Modelle sind denkbar, etwa ein 3D-Modell eines Ausschnitts der Erdoberfläche, auf das computergesteuert wechselnde Texturen projiziert werden. Damit lassen sich, etwa bei einer Ausstellung, auf dem 3D-Relief die unterschiedlichen Schichten oder Faktoren der Raumstruktur darstellen. Auch die Visualisierung der zeitlichen Dimension ist möglich, etwa die Entwicklung der Bodenbedeckung oder die langfristige Veränderung der Siedlungsfläche in computergenerierten Animationssequenzen. Für diesen Anwendungsfall sollte das Höhenmodell einfarbig sein.

Karten für Blinde und Sehbehinderte

Die Verfahren für die schnelle Prototypen-Fertigung und der 3D-Druck sind auch sehr gut geeignet, um schnell und kostengünstig tastbare Karten für Blinde und Sehbehinderte anzufertigen, nicht nur mit den hier gezeigten Inhalten und Darstellungsformen (KOCH 2012).

Literatur

CHUA CK, LEONG KF (2015) 3D printing and additive manufacturing, 4th edition. World Scientific, Oxon

COOPER KG (2001) Rapid prototyping technology. Verlag Marcel Dekker

FAULKNER L (2006) Physical terrain modeling in a digital age. In: Military Modeling and Simulation Symposium (MMS'06)
http://fliphtml5.com/jfkt/zsnl (11/2015)

GERBER T (2016) Schichtarbeiter. 3D-Drucker für Hobby und Gewerbe. c't magazin für computertechnik, 2/2016, 128–133

GROSSMAN (2016) Bathsheba Sculpture
https://www.bathsheba.com

HAHMANN T, EISFELDER C, BUCHROITHNER MF (2012) Cartographic representation of Dresden's historcial development of projecting a movie onto a solid terrain model. In: BUCHROITHNER M, True3D in Cartography. Autostereoscopic and solid visualisation of geodata. Springer, Heidelberg, 281–296

HANSELMANN J, MICIELI R (2014) Coole Objekte mit 3D-Druck: Von der Idee zum gedruckten Objekt: Materialien, Druckverfahren, Programm, 3D-Scan und Druck. Franzis-Verlag

KOCH WG (2012) State of the art of tactile maps for visually impaired people. In: BUCHROITHNER (2012) True3D in Cartography. Lecture Notes in Geoinformation and Cartography, Springer, Heidelberg, 137–152

KÖNIG P (2016) Kompakte Modellierer. Neue 3D-Drucker und verbesserte Extruder. c't magazin für computertechnik3/2016, 27

KREMPL S (2006) Homo fabber – Vom Personal Computer zum Personal Fabricator. c't Magazin für Computer-Technik 5/2006, 100–105

MÜLLER-KLEISSLER R, RACH D (2004) Struktur und Entwicklung der Grundstücksmärkte für Bauland und bebaute Grundstücke. In: Bundesamt für Bauwesen und Raumordnung (Hrsg.), Bauland- und Immobilienmärkte, Ausgabe 2004. Berichte Band 19, 9–38

PÜTZ T, SPANGENBERG M (2006) Zukünftige Sicherung der Daseinsvorsorge. Wie viele Zentrale Orte sind erforderlich? Informationen zur Raumentwicklung, Heft 6/7.2006, 337–344

RASE WD (2001) Volume-preserving interpolation of a smooth surface from polygon-related data. Journal of Geographical Systems (2001) 3, 199–213
http://www.wdrase.de/JournalPycno.pdf (11/2015)

RASE WD (2006) Physical Models of GIS Objects by Rapid Prototyping Methods. In: Wiener Schriften zur Geographie und Kartographie, Band 17, Wien 2006, 286–291
http://www.wdrase.de/GICON2006_RaseSmall.pdf (11/2015)

RASE WD (2010) Karten aus dem 3D-Drucker. Kartographische Nachrichten, Jahrgang 60, Heft 1, Februar 2010, 38–41
http://www.wdrase.de/KN_S_38-41.pdf (11/2015)

RASE WD (2012) Creating physical 3D maps using rapid prototyping techniques. In: BUCHROITHNER (2012) True3D in Cartography. Lecture Notes in Geoinformation and Cartography, Springer, Heidelberg, 119–134
http://www.wdrase.de/CreatingPhysical3DMapsRP.pdf (10/2015)

RENKA RJ (1988) Algorithm 660: QSHEP2D, Quadratic Shepard method for bivariate interpolation of scattered data. ACM Transactions on Mathematical Software, Vol. 14, No. 2, June 1988, 149–150

TOBLER WR (1979) Smooth pycnophylactic interpolation for geographical regions. Journal of the American Statistical Association, Vol. 74, No. 357, 519–535

Links

3DConcepts, Groß-Gerau http://www.3dconcepts.de (11/2015)

DGS 3D http://www.dgs3d.com.au (11/2015)

Datenreduktion und Konvertierung von GPS-Routen-Dateien
   http://www.gpsies.com/convert.do (11/2015)

Georelief Deutschland, Schweiz http://www.georelief.de (11/2015)

Géorelief Frankreich http://www.georelief.fr (11/2015)

Farbmisch-Thermokopf http://reprap.me/ (11/2015)

Shapeways http://www.shapeways.com (11/2015)

Shapewerk http://www.shapewerk.de (10/2015)

STM Solid Terrain Modelling http://www.stm-usa.com (11/2015)

23

23 Text- und Handbücher, Software

Die hier angeführten Werke sind Textbücher, Handbücher, Nachschlagewerke und Programmbibliotheken für die Bereiche Geo-Informationssysteme, Visualisierung, Computergraphik, Interpolation, Mathematik und Geometrie. Ein Teil davon ist auch bei den Literatur-Referenzen in den Kapiteln aufgeführt, wenn sich ein direkter Bezug aus dem Text ergab.

Geo-Informationssysteme

BARTELME N (2005) Geoinformatik: Modelle, Strukturen, Funktionen. 4. Auflage. Springer, Berlin

BILL R (2016) Grundlagen der Geo-Informationssysteme. 6., völlig neu bearbeitete Auflage. Wichmann-Verlag

BRINKHOFF T (2013) Geodatenbanksysteme in Theorie und Praxis. Einführung in objektrelationale Geodatenbanken unter besonderer Berücksichtigung von Oracle Spatial. 3., überarbeitete und erweiterte Auflage, Wichmann-Verlag

BURROUGH PA, McDonnell RA, Lloyd CD (2015) Principles of geographical information systems, 3rd edition. Oxford University Press

EHLERS M, SCHIEWE J (2012) Geoinformatik. Wissenschaftliche Buchgesellschaft

FLACKE W, DIETRICH M, GRIWODZ U, THOMSEN B (2015) Koordinatensysteme in ArcGIS: Praxis der Transformationen und Projektionen, 3., neu bearbeitete Auflage. Wichmann-Verlag

GI GEOINFORMATIK (2015) ArcGIS 10.3: Das deutschsprachige Handbuch für ArcGIS for Desktop mit allen Funktionen von ArcGIS online für Desktopanwender. Wichmann-Verlag

GOLDEN SOFTWARE (2015) Surfer 13. Powerful contouring, gridding and 3D surface mapping. Full User's Guide

HEYWOOD I, CORNELIUS S, CARVER S (2011) An introduction to Geographical Information Systems, 4th revised edition. Prentice Hall

KRIVORUCHKO K (2011) Spatial statistical data analysis for GIS users. Book on DVD. ESRI Press

DE LANGE N (2013) Geoinformatik in Theorie und Praxis, 3. Auflage. Springer, Berlin

LI Z, ZHU Q, GOLD C (2004) Digital terrain modeling: Principles and methodology. CRC Press

LLOYD CD (2009) Spatial Data Analysis. An introduction for GIS users. Oxford University Press

MUMMENTHEY RD (2014) ArcGIS for Desktop. Band 1: Anwendungsorientierte Grundlagen für Einsteiger. Band 2: Anwendungsbezogene ArcGIS-Geoverarbeitung. Wichmann-Verlag

MUMMENTHEY RD (2015) ArcGIS Spatial Analyst: Geoverarbeitung mit Rasterdaten, 2., neu bearb. Auflage. Wichmann-Verlag

O'SULLIVAN D, UNWIN D (2010) Geographic Information Analysis, 2nd ed. John Wiley & Sons

Visualisierung

ANDRIENKO N, ANDRIENKO G (2005) Exploratory analysis of spatial and temporal data. A systematic approach. Springer, Berlin

BERTIN J (1974) Graphische Semiologie. Diagramme, Netze, Karten. de Gruyter, Berlin

BERTIN J, SCHARFE W (Bearb.) (1982) Graphische Darstellungen und die graphische Weiterverarbeitung der Information. de Gruyter, Berlin

DICKMANN F, ZEHNER K (2001) Computerkartographie und GIS, 2. Aufl. Westermann

HAKE G, GRÜNREICH D, MENG L (2001) Kartographie. Visualisierung raum-zeitlicher Informationen. 8. vollständig neu bearbeitete und erweiterte Auflage. de Gruyter, Berlin

HENNERMANN K, WOLTERING M (2014) Kartographie und GIS: Eine Einführung, 2. Auflage. Wissenschaftliche Buchgesellschaft

KOHLSTOCK P (2014) Kartographie, 3. überarb. Auflage. UTB GmbH, Stuttgart

MACH R, PETSCHEK P (2006) Visualisierung digitaler Gelände- und Landschaftsdaten. Springer, Berlin

SCHUMANN H, MÜLLER W (2013) Visualisierung. Grundlagen und allgemeine Methoden. Springer, Berlin

Computergraphik, Interpolation, Mathematik, Geometrie

ANGELL IO, GRIFFITH GH (1989) Praktische Einführung in die Computer-Graphik mit zahlreichen Programmbeispielen. Hanser, München

DE BERG M, CHEONG O, VAN KREVELD M, OVERMARS M (2009) Computational geometry. Algorithms and applications, 3rd ed. Springer, Berlin

BLUNDELL BG (2008) An introduction to computer graphics and creative 3-D environments. Springer, London

BOWYER A, WOODWARK J (1983) A programmer's geometry. Butterworths, London

DALE P (2005) Introduction to mathematical techniques used in GIS. CRC Press, Boca Raton

HOSCHEK J, LASSER D (1989), Grundlagen der geometrischen Datenverarbeitung. Teubner, Stuttgart

HUGHES JF, VAN DAM A, McGUIRE M, SKLAR DF, FOLEY JD, FEINER SK, AKELEY K (2013) Computer Graphics: Principles and Practice, 3rd ed. Addison-Wesley, Reading, Mass.

MARSCHNER S, SHIRLEY P (2015) Fundamentals of Computer Graphics, 4th revised ed. Apple Academic Press

MORTENSEN ME (2006) Geometric Modeling, 3rd ed. Industrial Press

NISCHWITZ A, FISCHER M, HABERÄCKER P, SOCHER G (2011) Computergraphik und Bildverarbeitung, 3., neu bearb. Auflage. Band I: Computergraphik. Band II: Bildverarbeitung. Vieweg + Teubner, Wiesbaden

O'ROURKE J (1997) Computational geometry in C, 2nd ed. Cambridge University Press

PAUL BOURKE'S HOMEPAGE, Literatur, Algorithmen und Programme
http://www.paulbourke.net/ (10/2015)

RAUBER T (1993) Algorithmen in der Computergraphik. Teubner, Stuttgart

SCHIELE HG (2012) Computergraphik für Ingenieure. Eine anwendungsorientierte Einführung. Springer, Berlin

SHIRLEY P, MARSCHNER S (2009) Fundamentals of computer graphics, 3nd ed. A. K. Peters/ CRC Press

VINCE J (2013) Mathematics for Computer Graphics, 4th ed. Springer, London

Software-Pakete für GIS und Visualisierung

ArcGIS for Desktop with Extensions
http://www.esri.com, http://www.esri.de

Blender, 3D modelling software
http://www.blender.org (10/2015)

Contour Maps Software 3DField
http://3dfmaps.com (8/2015)
http://www.realtimerendering.com/resources/GraphicsGems/ (8/2015)

GRASS Geographic Resources Analysis Support System
http://grass.osgeo.org (10/2015)

NewArt Illusion, Programm 3D Easy SPACE
http://www.3d-easy.de (1/2016)

OCAD 12 Thematic Mapper, OCAD 12 Professional
http://www.ocad.com (1/2016)

POV-Ray Persistence of Vision Raytracer (Freeware)
http://www.povray.org (10/2015)

QGIS Freies Open-Source-Geographisches-Informationssystem
http://www.qgis.org/de/site/ (10/2015)

SAGA System for Automated Geoscientific Analyses
  http://www.saga-gis.org (10/2015)

Surfer V13 Contouring, Gridding, and 3D Surface Mapping Software for Scientists and Engineers
  http://www.goldensoftware.com/products/surfer (10/2015)

Programmbibliotheken für Geometrie und Computergraphik

ACM Transactions on Mathematical Software, Collected algorithms of the ACM
  http://calgo.acm.org/

AMENTA N (1997) Directory of Computational Geometry Software
  http://www.geom.uiuc.edu/software/cglist/ (8/2015)

BURKARDT J, John Burkardt' homepage: Bibliotheken für Fortran und C
  http://people.sc.fsu.edu/~jburkardt (10/2015)

Computational Geometry Algorithms Library (CGAL)
  http://www.cgal.org/ (10/015)

Contour Maps Software 3DField
  http://3dfmaps.com (8/2015)

EPPSTEIN D Geometry in action
  http://www.ics.uci.edu/~eppstein/geom.html (10/2015)

Geostatistiscal Software Library (GSLIB)
  http://www.gslib.com (8/2015)

Graphics Gems Repository
  http://www.realtimerendering.com/resources/GraphicsGems/ (8/2015)

INTERACTIVE SOFTWARE SERVICES (2015) Winteracter - The Fortran GUI toolset, V10
  http://www.winteracter.com (10/2015)

MOREAU P (2009) Least squares approximations in Fortran 90
  http://jean-pierre.moreau.pagesperso-orange.fr/f_lstsqr.html (9/2015)

SUNDAY D (2012) Geometry Algorithms Home
  http://GeomAlgorithms.com (8/2015)

Surfer V13 Contouring, Gridding, and 3D Surface Mapping Software for Scientists and Engineers
  http://www.goldensoftware.com/products/surfer (10/2015)

Triangle, A two-dimensional quality mesh generator and Delaunay triangulator
  http://www.cs.cmu.edu/~quake/triangle.html (10/2015)

Stichwörter

Symbole

3D-Dreieck 302
3D-Druck 187
3D-Drucker 172, 292, 298
3D-Farbdrucker 187, 301
3D-Farbmodell 298
3D-Geländemodell 294
3D-Körper 183
3D-Maus 271
3D-Modell 109, 131, 171, 183, 187, 291, 292, 308
3D-Relief 314
3D-Scanner 292
3D-Szene 244, 250, 252
3D-Textketten 303
3D-Zeichnung 300

A

Abbildung
  isometrisch 244
Abbruchbedingung 103, 105
Ableitung 149
adaptiv 94
Agglomeration 108
Akkomodation 267
ALOS 44
Anaglyphenbild 266, 287, 288
Analyse
  Punktmuster- 133, 134
  Quadrat- 137
Anamorphose
  kartographisch 190
Angleichungsbetrag 104
Animationssequenz 172, 254, 291
Anisotropie 6, 69
Anmutung 146, 261
antialiasing 250
Apertur
  variabel 248
Approximation 59, 85, 123
  Güte der 125

Arithmetische Operationen 145
artistic screening 236
aspect 151
ASTER GDEM 43
ATKIS 38, 161
  -Basis-DLM 45
Attraktivität
  visuell 155
Aufsichtsprojektion 187, 210, 241, 242, 244, 249, 254
Auftragsfertigung 293
Augenpunkt 210
augmented reality 272
Ausgleichskurve 124
Autostereogramm 280, 281, 282
Azimut 209, 214

B

Balkengitter 279
Band 232
Bandbreite 138, 141
bandwidth 138, 141
Barriere 6, 56, 86
basin 159
Becken 159, 161
Beleuchtung 253
  analytisch 205
  berechnet 205
  imaginär 205
  Modell 207
  Simulation der 205, 206
  simuliert 6, 51, 63, 99, 203, 206, 215, 216, 217, 218, 222, 241, 242, 245, 255, 257
Bezugseinheit
  flächenhaft 52, 100, 114
Bezugspolygon 108
Bild
  Anaglyphen- 273, 274
  Lentikular- 277
Bildgebung

medizinisch 183
Bildplan 243
Bildschärfung 147
Bildstadtplan 246
Bing Maps Service 46
Blockbild 244
Bodenbedeckung 45
breakline 6, 57, 160, 183
  hard 56
  soft 56
breakpoint 160
Brille
  Anaglyphen- 273
  Blenden- 270
  Chromadepth- 276
  ColorCode- 276
  Immersions- 271, 272
  Shutter- 271
  VR- 271
Bruchkante 56, 82
Bruchlinie 6, 28, 54, 86, 160, 183
Bruchpunkt 160
bull's eye 68
bump mapping 253

C

CAD 29, 92, 183, 292
CAM 29
cartogram 190
CDT 175
Charakteristika
  dreidimensional 52
  linienförmig 52
  punktförmig 51
Charakteristische
  Flächen 159
  Linien 159
  Punkte 159
Chromadepth-Verfahren 276
CityGML 172
clamping 58, 71

CMYK 210
ColorCode 3D 275
computer assisted design 29
computer assisted manufacturing 29
Computergraphik 207, 302
constructive solid geometry 252
course line 159
crowdfunding 40
crowsourcing 40
CSG 252
curvature 154

D
dale 163
Darstellung
  dreidimensional 100
  kartenverwandt 242
  multidimensional 200
  Oberflächen 187
  perspektivisch 99, 241, 242,
    243, 291
  proportional 245
  wertproportional 225
Darstellungsmodell 92
Dateiformat 32
Daten
  nutzergeneriert 41
  polygonbezogen 99
Datenbrille 272
Datenmodell 21, 32
  adaptiv 166
Datenreduktion 120, 171, 172,
  178, 179, 180
  punktbezogen 182
Datenstruktur 21, 32
Delaunay
  constrained triangulation 29
  -Kriterium 28, 32
  -Netz 28
  -Triangulation 28, 92
  -Triangulierung 72, 95
DEM 166
Densitometer 225, 236, 238
depth cue 208, 245, 313

Dezimierung
  Punkt- 183
Dezimierungsverfahren 185
DGM 19, 42, 166, 171
digital elevation model 166
Dirichlet
  -Bedingung 106
  -Tessellation 29
Disaggregierung 55
Diskontinuität 56
Disparität
  regional 99
DKM 38
DLM 38
Douglas-Peucker-Algorithmus
  176
Drehwinkel 209
Dreieck
  gleichseitig 24
Dreiecksnetz 106
  unregelmäßig 26, 91, 97, 110,
    112, 117, 153, 166, 174, 252
Druckraster
  amplitudenmoduliert 233

E
Ebenengleichung 210
Effekt
  atmosphärisch 250, 253
Eichmodell 54
Erdellipsoid 37
Erinnerungsprojektion 198, 215,
  226
Erreichbarkeit 161, 245
Erreichbarkeitsmodell 162
Exposition 151, 152, 153
Extrapolation 59
Extruder 297

F
Facette 117, 233, 235
Fahrzeug-Navigation 40
Falllinie 159, 166
Farbassoziation 198
Farb-Fehlsichtigkeit 226

fault 6, 56, 57, 160, 183
FEM 26, 92
Fenstergröße 141
Filter
  digital 146
  Hochpass- 147
  Konvolutions- 147
  künstlerisch 146
  nichtlinear 147
  Tiefpass- 147
finite element method 26, 92
Fischauge 247
Flächennormale 153, 210
Fliegenauge
  -Folie 279
  -Technik 280
fly's eye 279
Fokussierung 267
Fotorealismus 207, 208
fotorealistisch 92
Fotovoltaik 156

G
Geländekante 214
Geländemodell 8, 44
  digital 19, 42, 166, 171
Generalisierung 13, 15, 120,
  171, 172
Geo-Basisdaten 37, 39
Geodatenzugangsgesetz 39
Geodesign 16
Geoid 19, 37
Geo-Informationssystem 2, 3, 4,
  17, 21, 161, 189, 206
Geomorphometrie 156
georeferenziert 161, 314
Georeferenzierung 37
Geostatistik 57, 61
GIS 21
  -Objekt 314
  -Software 3
Gitter 25
  Dreiecks- 24
  Rechteck- 24
  rechteckig 166

regelmäßig 6, 22, 91, 109, 112, 117, 174
  Sechseck- 24
Glanzlicht 212
Glasinnengravur 300, 314
glyph 303
goodness of fit 126, 127
Gouraud 211
GPS 272
  -Recorder 309
  -Route 308, 309
Gradientenschätzung 68
Graphische Semiologie 19, 188, 197, 199, 215, 226, 257
GRASS 9
grid 25
GTOPO30 42

H
Halo 228
  -Effekt 250
Hang
  -exposition 269
  -neigung 149, 151, 152
  -wölbung 152
heightfield 252
Helligkeit 236
  Facetten- 206
hill 159
Histogramm
  bivariat 137, 138
HLS 210
Höhen
  -feld 252
  -legende 258
  -wert 196
Hologramm 272, 287
Holographie 272
Horizontalwölbung 155
Hügel 159, 161
Hülle
  konvex 97

I
IDW 64, 79

INKAR 47
Innovationszyklus 5, 187
Interferenzmuster 272
interpolation
  areal 113, 114
Interpolation 2, 59
  Algorithmen 28
  bilinear 117, 118
  biquadratische Spline- 119
  exakt 85
  flächenbezogen 99, 113
  Gitter- 120
  modifizierte Shepard- 69
  optimal 76
  pyknophylaktisch 4, 101, 109, 113, 114
    Dreiecksnetz 110
  Shepard- 67, 112
  Spline- 81, 84, 119
  volumenerhaltend 5, 110, 112, 131
  von Oberflächen 51
Inversionseffekt 210
inverted distance to a power 64
inverted distance weighted interpolation 64
Irritation
  optisch 228, 238
Isofläche 196, 198
isoline
  weighted 197
Isolinie 6, 51, 63, 195, 215, 225, 256
  gewichtet 197
  mit Schatten 203
  schattiert 217
Isoplethe 6, 63, 195, 196, 198, 215
Isotropie 24

K
Kardinalskala 191
Karte
  3D-Choroplethen- 112, 203
  Choroplethen- 1, 2, 12, 99,

124, 192, 218, 219, 220
  Isolinien- 195
  Isoplethen- 1
  mit Streupunkten 238
  multidimensional 222
  Proportionalsymbol- 2
  Punktstreuungs- 235
  thematisch 241
  topographisch 212, 241
  Vogelschau- 243, 248
Kartogramm 190
Kavalierperspektive 244
KDE 16, 138, 141
Kerndichte-Schätzung 16, 138, 140, 141, 143
kernel 138
kernel density estimation 16, 138
Kodierung
  geometrisch 21
  topologisch 21
Konstanz des Vertrauten 254
Kontur-Schichten 296
Konvergenz 267
Konversationsobjekt 286, 313
Konvolution 147
Kreis
  proportional 226, 228
kriging
  co- 75
  disjunctive 75
  global 76
  local 76
  ordinary 75, 76
  simple 75, 76
  universal 75, 76
Kriging 62, 75
Krümmung
  minimal 85, 86

L
Lambertsches Gesetz 209
Landmarke 38, 312
Landnutzung 45, 46
Landschaftsmodell 307

digital 38
layered object manufacturing 296
least squares 124
Legende 192
Lentikular-Folie 278
Lentikular-Gitter 277, 278
Level of detail 172
Lichteinfall 208
LiDAR 171, 268, 313
Liniensymbol
  proportional 228
Linsengitter 278, 279
local weighted averaging 64
LOD 172
LSQ 78, 124
Luftperspektive 214

M
Maske 25
MAUP 113
Mengenoperator 252
Mikrogitter 233
Militärperspektive 244, 262
minimum curvature 85, 87
Mittelwert
  entfernungsgewichtet 112
  gewichtet 64
Modell
  3D- 99
  -bildung 133
  konzeptionell 4
  logisch 4
  -rechnung 100
moving averages 64
moving least squares 79
Multidimensionalität 248
Multigitter-Strategie 86
Multikopter 44, 313
multipatch geometry type 33
multiquadratisch-biharmonische
  Methode 73

N
Nanosat 46

Nano-Satellit 46
Nationale Geoinformationsstrategie 39
natural neighbor 72
natürlicher Nachbar 72
Neigung 152, 153
Neigungswinkel 209
Netz
  adaptiv 110
  aus unregelmäßigen Dreiecken 27
  -entwurf 37
  Qualitäts- 92
  Tetraeder- 31
Netzwerk
  -Kante 112
Neumann-Bedingung 106
NGDI-DE 39
Nominalskala 190

O
Oberfläche 22
  2½D- 22, 30, 184
  Eigenschaften 51
  Entfernungs- 161
  Erreichbarkeits- 52
  Freiform- 92
  gestuft 217
  immateriell 2, 18, 19, 55, 161, 163, 166, 168, 193, 208, 212, 252, 254, 266
  irisierend 253
  Kappung 226
  kartographisch 2, 11, 184, 292
  kontinuierlich 16, 99, 100, 184
  konzeptionell 18
  Potenzial- 143
  Referenz- 131
  Regressions- 124
  Schrägansicht 242
  stetig 100, 102, 103, 163
  Stetigkeit 55
  Trend- 2, 13, 14, 123, 124, 127, 228
  virtuell 18

Oberflächengraph 173
Objektkante 184, 185
Ochsenaugen 68
Omnimax 247
Op Art 228
OpenStreetMap 40
Ordinalskala 190
oversampling 250

P
Panorama 247, 248
Panoramabild 243
Parallelisierung 253
Pass 159, 161
peak 159
Phong 211, 222
Photogrammetrie
  Erd- 268
  Nahbereichs- 268
pit 159
point density 138
point pattern analysis 134
Polarisation 270
Polynom
  Ausgleichs- 79
  bivariat 79, 100, 124
  lokal 78, 124
Potenzial 143
Profillinie 6, 245
Profilwölbung 149
Prognose 100
Projektion
  orthogonal 247
  schiefwinklig 243, 244
Proportionalsymbol 236, 249
  sprechend 238
Prototyp 293
Pseudo-Tanaka 217
Punkt
  zufallsverteilt 233
Punkt-in-Polygon-Algorithmus 25, 101
Punktmuster 134
Punktsymbol
  größenproportional 226

Q

QGIS 9
Quadrat
  wertproportional 230
Quadrate
  kleinste 124
Quadtree 178
Qualitätsnetz 8, 29, 113
quality mesh 92

R

Radiale Basisfunktionen 73
radiosity 207
rapid manufacturing 293, 301
rapid prototyping 92, 293, 294,
  301, 314
rapid tooling 301
Raster 25
  künstlerisch 235, 236
Rauheit 107, 108
Raytracing 251
Redundanz 197, 200, 215, 241,
  256
  Erhöhung der 193
Reflexion 252
  diffus 208, 212, 249
  gerichtet 249
  indirekt 207
Refraktion 252, 255
Regressionsanalyse 124
Reliefenergie 23, 27, 156, 173,
  177, 180
Reliefumkehrung 208
Residuen 80, 126
  -Analyse 127
  -Oberfläche 131
response surface 124
Restfehler 127
RGB 210
ridge line 159
Rinne 159, 161
RP-Verfahren 301
R-Statistik 134
Rücken 159
Rückwärtsverfolgung 250

S

SAGA 10
Sandstrand 106, 114
Satellitenbilder 243
Sattelpunkt 159
Schattenplastik 205, 206, 216
Schattenwurf 156, 207
Schattierung 205, 206
  analytisch 206, 214
Schichtfläche 196, 198, 256
Schlagschatten 206, 255
Schlüssel
  visuell 208
Schnelle Prototypen-Fertigung
  293
Schnittlinie 196
Schraffur 205
Schrägbild
  grundrisstreu 245
schräge Schnittflächen 201
Schummern 205
Schummerung 205, 206
  Schräglicht- 206
Schwarm 41
  -finanzierung 41
  -intelligenz 41
Schwärzungsgrad 235, 236, 238
Schweizer Manier 205
Sechseck
  wertproportional 230
Selektives Laser-Sintern 297,
  301
Semivariogramm 61
Sensor-Netzwerk 42
Shapefile 33
ShapeWerk 308
Shepard 65
  modified 121
  modifiziert 87
Sichtbarkeit 155
Sichtstrahl 243
SIRDS 281, 282
SIRTS 281
SIS 281

slope 151
spanabhebend 294
Spannungsfaktor 84
Spektralfarbe 198
Spur 196
SRTM 43
Steilhang 160
Steilküste 106, 114
Steiner-Punkt 92, 93, 95
Stellvertreter
  geometrisch 100
Stereobetrachter 266, 268
Stereogramm 5, 187, 265, 266,
  267, 276, 277, 287, 291
  einäugig 280
Stereolithographie 296
Stereopsis 265, 266, 287
STL 34
Strahlbaum 250
Strahlungsintensität 156
Strahlverfolgung 207, 208, 244,
  250, 260
Streifen 232
Streupunkte 233
Streustrahl 250
Stufen der Erfassung 188, 189
subsampling
  random 174
  regular 173
Suchradius 141
Symap 1, 66
Symbol
  sprechend 230
Symbolgröße 227, 238

T

Tafelberg 110
Taschen-Stereoskop 268, 269,
  270
terrain analysis 161
TerraSAR-X/TanDEM-X 44
Tetraeder
  -Netz 183
Textur 248, 252, 303
Thermokopf 297

Thiessen-Polygone 29
Tiefen-Indikatoren 241
Tiefenpriorität 249
TIN 5, 26, 91, 93, 95, 112
  -Verdichtung 97
Transkribierung
  graphisch 262
Trend
  räumlich 127
Triangle 8, 93, 94, 110
  Programm-Parameter 95
triangular irregular network 5,
  8, 26
Triangulierung 174
Typisierung 166

U
Überhöhungsfaktor 309
Ultra-Weitwinkel 247
Umgebungshelligkeit 255
Umschätzung 55
Unstetigkeit 56

V
Variable
  Farb-Muster- 190, 193
  visuell 188, 189, 192, 225
Variogramm 61
Verdichtung 110
Verkantung 248
Verwerfung 56
Verzerrung
  perspektivisch 242
Vibration 228
Vier-Farben-
  Satz 218
  Theorem 218
  Vermutung 218
viewshed 155
VIP-Algorithmus 175
virtuelle Realität 291
Visualisierung 5, 17
  3D- 241
  kartographisch 187
Visualisierungstechnik 187

Volumenerhaltung 54, 100
volunteered geographic informa-
  tion 41
Voronoi
  -Diagramm 29, 72, 73, 200
  -Netz 95
Voxel 30
  -Repräsentation 30
  -Struktur 31
VRML 34, 302

W
Wasserscheide 159, 161, 163
weighted moving averages 64
well-shaped 93
well-sized 93
Windhöffigkeit 134, 141, 143
Wirkungsmodell 166
Wölbung 154

X
X3D 34

Z
Zeichen
  wertproportional 225
Zeichnung
  perspektivisch 5, 187
Zeilendrucker 1, 206
Zentralperspektive 244
  progressiv 248
Zufallspunkt-Raumbilder 281
Zufallszahlen-Generator 233